专利申请文件撰写指导丛书

# 电学领域专利申请文件撰写精要

李永红／主　编
肖光庭／副主编

知识产权出版社
全国百佳图书出版单位

**图书在版编目（CIP）数据**

电学领域专利申请文件撰写精要/李永红主编. —北京：知识产权出版社，2016.6（2019.1 重印）（2022.5 重印）

ISBN 978 – 7 – 5130 – 4237 – 6

Ⅰ.①电… Ⅱ.①李… Ⅲ.①电学—专利申请—文件—写作 Ⅳ.①G306.3

中国版本图书馆 CIP 数据核字（2016）第 138242 号

**内容提要**

本书紧密围绕电学领域专利申请的特点，以案例分析的方式详细介绍该领域专利申请文件撰写的要点和难点。全书分为三部分：第一部分重点介绍电学领域专利申请文件撰写的关键环节与常见问题；第二部分针对参加全国代理人资格考试的应试者，通过对往年试题分析及仿真练习使读者掌握应试的知识要点及必要的应试技巧；第三部分结合电学领域审查实践中的难点问题从专利申请文件的撰写角度提出建议，帮助读者解除工作中的困扰。

**读者对象**：专利申请人、专利代理人及参加全国专利代理人资格考试的应试者、专利审查员及相关领域工作人员。

责任编辑：龚　卫　胡文彬　　　　　　责任校对：董志英
封面设计：棋　锋　　　　　　　　　　责任印制：刘译文

专利申请文件撰写指导丛书

# 电学领域专利申请文件撰写精要

李永红　主　编　　肖光庭　副主编

| | | | |
|---|---|---|---|
| 出版发行： | 知识产权出版社 有限责任公司 | 网　　址： | http：//www.ipph.cn |
| 社　　址： | 北京市海淀区气象路 50 号院 | 邮　　编： | 100081 |
| 责编电话： | 010 – 82000860 转 8116 | 责编邮箱： | wangruipu@cnipr.com |
| 发行电话： | 010 – 82000860 转 8101/8102 | 发行传真： | 010 – 82000893/82005070/82000270 |
| 印　　刷： | 三河市国英印务有限公司 | 经　　销： | 新华书店、各大网上书店及相关专业书店 |
| 开　　本： | 720mm×1000mm　1/16 | 印　　张： | 25.25 |
| 版　　次： | 2016 年 6 月第 1 版 | 印　　次： | 2022 年 5 月第 3 次印刷 |
| 字　　数： | 470 千字 | 定　　价： | 88.00 元 |

ISBN 978-7-5130-4237-6

出版权专有　侵权必究

如有印装质量问题，本社负责调换。

# 编委会

**主　编**：李永红

**副主编**：肖光庭

**编　委**（按姓氏笔画为序）：

王京霞　石　清　师彦斌　刘　平

刘红梅　邹　斌　林　柯　郭永菊

# 前　言

三十多年前，国人大多不知专利为何物。而今，"专利"二字已然见诸各种媒体，遍及寻常百姓身边。专利日益被人们关注的重要原因是：专利制度是从创新走向产权的一道桥梁。

然而，创新能否转化为利益丰厚的产权，其影响因素不仅取决于创新本身的质量，包括创新的智慧含量、市场需求，另一重要影响因素是专利申请文件撰写的质量。

专利申请文件的撰写工作是集技术与法律为一体的智力劳动。根据《专利法》，并非所有创新都可以成为专利保护的客体。那么，哪些内容属于专利保护的客体？这些内容又如何表达在权利要求中？说明书如何撰写才能恰到好处地公开发明创造？权利要求书如何撰写才能体现发明的精髓并得到最大保护范围？凡此种种问题，即便对于从事专利代理多年的专业人员，同样需要反复斟酌，方能撰写出一份高质量的专利申请文件。

在电学领域，上述问题往往更加复杂。特别是，涉及计算机程序的发明创造，究竟应当写成方法专利还是产品专利？其各自差别是什么？随着计算机技术与各类技术更加广泛的融合，接踵而来的将是更多新的问题、新的挑战。

在专利审查领域从业多年，令人深感疼惜之事莫过于一项发明创造仅因专利申请文件撰写不当而错失获得授权的机会，或即便获得授权最终也不能得到有效的保护。

为此，让更多的创新者或希望为创新者提供服务的从业者了解专利申请文件撰写的技能成为本书撰写的宗旨。

本书的特点有三：

1. 技术领域特点

由于专利申请文件的撰写与技术领域息息相关，因而本书将结合电学领域的专业技术特点与专利审查规则介绍有关专利申请文件撰写知识。

在电学领域中，诸如计算机技术的迅猛发展等新情况的出现对专利申请文件撰写规则提出了新的挑战。如何运用正确的撰写方式成为这个领域中普遍关注的问题，其中涉及如何撰写能够体现出其技术特点、如何撰写能够体现其恰当的保护范围、如何撰写能够突出其创造性所在等。此外，由于电学领域与其他领域广泛融合的特性，对于领域交叉的发明如何正确撰写专利申请文件，同样是业界关注的问题。

本书通过一些案例重点讲解了电学领域中的一些特有的撰写方式并阐述了其背后的法理。

2. 分类指导特点

本书针对四类读者提供帮助和指导。第一部分针对没有任何专利申请文件撰写经验的创新者，提供一些基本的、与权利实体关系密切的撰写常识，以帮助他们自行撰写专利申请文件或委托他人撰写专利申请文件时能够掌握一些基本知识。第二部分针对有意参加全国专利代理人资格考试的群体，提供考试中需要重点注意的知识点并结合案例予以讲解。第三部分针对有一定代理经验的专利代理人，就电学领域中专利申请文件撰写的一些难点问题提供案例及案例分析。而这些内容对于从事审查业务工作的专利审查员也具有切实的指导作用。

不同人群可根据各自的需求选择重点阅读的部分。

3. 力求精要

书不在厚，解决问题则宜。本书在选择案例时，以问题为导向，力求以较少的篇幅解决较多的问题。不过，因能力所限，本书是否能够实现初衷，尚需读者评判。

本书撰写工作分工如下：

第一部分第一章、第二章由郭永菊撰写；第一部分第三章由邹斌撰写；第二部分第四章、第五章由师彦斌撰写；第二部分第六章由刘平、师彦斌撰写；第三部分第七章由石清、王京霞撰写；第三部分第八章由林柯撰写；第三部分第九章由刘红梅、石清、王京霞撰写。

本书由李永红、肖光庭、郭永菊、师彦斌、石清、刘红梅、邹斌统稿。

此外，谢志远、洪岩、董方源、郭春春、徐珍霞、苏丹、柴德娥、张健、罗文辉、夏涛、杨子芳、王鹏等人也参与部分案例的撰写；周江、王丹、尹璐旻等人提供了典型案例供研究。

在此一并感谢。

李永红<br>
2016 年 3 月 5 日

# 目　录

## 第一部分　专利申请文件撰写的基本要求

### 第一章　专利申请文件是什么 … 3
第一节　说　明　书 … 4
第二节　权利要求书 … 11
第三节　说明书摘要 … 14

### 第二章　专利申请文件如何撰写 … 16
第一节　说明书的撰写要点 … 16
第二节　权利要求书的撰写要点 … 52
第三节　说明书摘要的撰写要点 … 68

### 第三章　电学领域专利申请文件撰写需注意的问题 … 73
第一节　电路结构类 … 74
第二节　工艺流程类 … 85
第三节　计算机程序类 … 89

## 第二部分　全国专利代理人资格考试中的申请文件撰写指导

### 第四章　专利代理实务考试怎么考 … 105
第一节　专利代理实务试题形式 … 105
第二节　专利代理实务试题分析 … 109

### 第五章　专利代理实务考试怎么答 … 111
第一节　权利要求必须满足的重要要求 … 111

第二节　权利要求考查的应答思路 ……………………………… 115
　　第三节　其他应答思路 …………………………………………… 120

## 第六章　考试真题与模拟试题解析　125
　　第一节　2011年专利代理实务试题分析与参考答案 …………… 125
　　第二节　2013年专利代理实务试题分析与参考答案 …………… 149
　　第三节　2014年专利代理实务试题分析与参考答案 …………… 170
　　第四节　热响应开关案例分析与参考答案 ……………………… 195
　　第五节　电源系统案例分析与参考答案 ………………………… 215
　　第六节　电动牙刷案例分析与参考答案 ………………………… 233

# 第三部分　专利申请文件撰写的难点及热点

## 第七章　涉及"非技术性"内容的申请如何撰写 …………………… 259
　　第一节　概　　述 ………………………………………………… 259
　　第二节　记录介质 ………………………………………………… 261
　　第三节　用户界面 ………………………………………………… 266
　　第四节　算　　法 ………………………………………………… 277
　　第五节　商业方法 ………………………………………………… 300

## 第八章　涉及程序申请的产品权利要求如何撰写 …………………… 320
　　第一节　概　　述 ………………………………………………… 320
　　第二节　产品权利要求的类型 …………………………………… 321
　　第三节　产品权利要求的组成要素 ……………………………… 333
　　第四节　产品权利要求的撰写策略 ……………………………… 342

## 第九章　交叉领域的发明专利申请如何撰写　352
　　第一节　概　　述 ………………………………………………… 352
　　第二节　基于计算机程序的疾病诊断治疗方法 ………………… 353
　　第三节　利用计算机程序控制的电力系统 ……………………… 360
　　第四节　涉及化学材料的元器件 ………………………………… 365
　　第五节　参数限定的产品 ………………………………………… 375
　　第六节　方法或用途限定的产品 ………………………………… 384

# 第一部分
# 专利申请文件撰写的基本要求

您也许是一位技术研发者，或者是一位发明人，您也许以前从来没有接触过专利申请文件撰写方面的事儿，但是您又想自己动手写，那么，建议您抽时间好好看看这部分内容。它将告诉您什么是专利申请文件以及撰写专利申请文件的基本要求是什么。虽然通过阅读这部分内容，不一定让您撰写出一份非常完美的专利申请文件，但如果您掌握了这部分内容中的所有撰写要点，可以让您撰写出的专利申请文件符合《专利法》的基本要求，会减少专利申请文件中因撰写问题导致的实质性缺陷和由此带来的专利权利损失。

本部分共分三章：第一章概括性地介绍专利申请文件的三个组成部分；第二章以理论结合实际案例的方式详细地介绍专利申请文件的撰写要点，第三章主要以案例的方式介绍电学领域专利申请文件撰写中常见的问题。

# 第一章 专利申请文件是什么

专利制度的作用可以简单地概括成"公开换保护",这个说法应该是业界人士比较熟悉的了。解释一下就是,申请人以向社会公众公开其作出的具备新颖性、创造性和实用性的发明创造,换取国家授予其一定期限之内的专利独占权。其结果是:一方面,申请人就其发明创造获得了法律保护,有利于鼓励其作出发明创造的积极性;另一方面,公众获得了新的技术信息,既能够在其基础上作出进一步改进,避免因重复研究开发而浪费社会资源,又能促进发明创造的实施,有利于发明创造的推广应用。因此对于一份合格的专利申请文件而言,申请人和公众都会从中获益,是一种双赢的结果,这也是实现《专利法》立法宗旨的基本保障。相反,如果专利申请文件不能为公众提供足够的技术信息,则其专利申请也就不能被授予专利权,其最直接的利益损失者是申请人。此外,也因为破坏了上述利益平衡,使得专利制度不能发挥其应有的作用。

那么,专利申请文件是什么?《专利法》第26条第1款规定:申请发明或者实用新型的,应当提交请求书、说明书及其摘要和权利要求书等文件。实际上,专利申请文件就是申请人在申请专利时提交的一种说明申请内容并请求获得特定范围的专利保护的技术文件,它包括说明书、权利要求书和说明书摘要三部分。说明书和权利要求书是专利申请文件最重要的两个组成部分。专利申请被授予专利权后,专利权的保护范围由权利要求限定,说明书用于充分公开权利要求书中请求保护的主题并对之进行详细说明，而说明书摘要是对说明书内容的简单概括。下面分别对这三部分的内容进行详细介绍。

# 第一节 说 明 书

## 一、说明书的作用

说明书是专利申请文件中必不可少的一部分，其记载了专利申请的最详细的技术信息，使得本领域技术人员通过充分公开的说明书内容，能够了解与专利申请主题相关的技术内容。说明书和权利要求书之间有着一种特殊而又密切的关系，对于权利要求书中请求保护的主题而言，说明书既要对其进行充分公开，又可以对其进行解释；而权利要求书中的每一项权利要求所请求保护的技术方案要以说明书为依据，不得超出说明书公开的范围。

那么，到底说明书是什么呢？其实说明书就是申请人在申请专利时必须提交的一种技术文书，起着传递信息的作用，它应当清楚、完整地叙述发明的内容，尤其是针对申请人在权利要求书中请求保护的技术方案，必须在说明书中有相应清楚、完整、详细的记载。也就是说，一份合格的说明书，它公开的技术信息应该让所属技术领域的技术人员结合他/她自身所掌握的专业技术知识，就能实现该专利申请所请求保护的技术方案。

这里引入了一个概念"所属技术领域的技术人员"，这是专利圈内常用的一个词儿，是指一个假想中的"人"，假定他知晓申请日或者优先权日之前发明所属技术领域所有的普通技术知识，能够获知该领域中所有的现有技术，并且具有应用该日期之前常规实验手段的能力，但他不具有创造能力。在判断专利申请是否符合《专利法》及其实施细则相关规定时，通常都需要利用这个假想的"人"来进行判断，以表明评判的客观和公正。

所以，如果一份专利申请的说明书公开的信息不能让所属技术领域的技术人员能够实现其技术方案、解决其技术问题并产生预期的技术效果，则该说明书属于公开不充分，这样的专利申请不可能被授予专利权。因此，说明书撰写不当将会导致申请人的专利权利损失。

关于说明书的撰写要求，《专利法》有严格规定，下面一起来看看《专利法》中对于说明书撰写要求的相关规定。

《专利法》第26条第3款、第4款规定："说明书应当对发明或者实用新型作出清楚、完整的说明，以所属技术领域的技术人员能够实现为准；必要的时候，应当有附图。摘要应当简要说明发明或者实用新型的技术要点。权利要求书应当以说明书为依据，清楚、简要地限定要求专利保护的范围。"

《专利法》的上述条款已经清楚限定了说明书的作用及其撰写要点，《专利审查指南2010》第二部分第二章对上述条款又进行了更详细的解释。由此可见，说明书作为申请人公开其发明或者实用新型的文件，其作用可以归纳为以下几个方面。

（一）信息公开

说明书的第一个作用归纳起来四个字"信息公开"。这里"信息公开"指的是应该清楚、完整地公开与申请人所请求专利保护的发明相关的所有信息，这些信息足以使所属技术领域的技术人员结合自身所掌握的技术知识，不但能够理解该专利申请请求保护的发明内容是什么，还能将其请求保护发明所涉及的技术方案具体实施出来，从而使得这份专利申请可以为社会作出相应的贡献。

（二）权利解释

说明书的第二个作用归纳起来又是四个字"权利解释"。说明书作为一份专利申请的权利要求书的基础和依据，在这份专利申请被授予专利权之后，特别是在发生专利确权和专利侵权纠纷时，说明书文字记载的内容及其附图所示的内容均可用于解释权利要求书，以便更为准确地确定该专利权的保护范围。

（三）审查基础

说明书的第三个作用归纳起来还是四个字"审查基础"。为什么这么说呢？前面讲过，专利申请文件是申请人在申请专利时向国务院专利行政部门即国家知识产权局提交的一份技术文件，实质是要求以"公开换保护"，那么其公开的程度和要求保护的范围等都需要国家知识产权局审查后确定。在具体审查时，说明书是确定"公开换保护"的基础。说明书中记载的该专利申请所涉及的技术领域、背景技术、其要解决的技术问题、解决其技术问题采用的技术方案、技术方案所能产生的有益效果以及具体实施方式等各方面的详细信息，是国家知识产权局在对该专利申请进行审查、判断是否能够授予专利权或者授予专利权的范围是否合适时的基础。

## 二、说明书的构成

说明书作为专利申请文件的重要组成部分，应该包含哪些内容，应该撰写成哪种形式，在《专利法实施细则》第17条都有明确的规定。虽然仅是撰写形式上的问题不会给专利申请的最终走向带来实质影响，但是为了便于公众理解专利申请的内容，确实有必要按照《专利法实施细则》第17条的相关规定进行撰写。说明书由文字部分和附图两部分构成，下面针对这两个部分作简要说明。

（一）文字部分

首先，说明书应该写明发明名称。顾名思义，发明名称就是反映这份专利申请涉及的发明主题的相关内容，而且应当与请求书中记载的名称相一致。发明或者实用新型的名称应当采用所属技术领域通用的技术术语，清楚、简要、全面地反映要求保护的发明或者实用新型的主题和类型，字数一般不得超过25个字，写在说明书首页正文部分的上方居中的位置。

其次，说明书的主题内容包括五个部分，即技术领域、背景技术、发明或者实用新型的内容、附图说明以及具体实施方式。这五个部分具体涉及哪些内容以及如何撰写，下面逐个进行简要说明。

1. 技术领域

该部分应当写明发明或者实用新型直接所属或者直接应用的具体技术领域，而不是上位的或者相邻的技术领域，也不是发明或者实用新型本身。

例如，一项涉及对风灯的内部结构进行改进的实用新型专利申请，技术领域写成"本实用新型涉及一种灯具，具体涉及一种风灯"就可以了。

2. 背景技术

该部分应当就申请人所知，写明对发明或者实用新型的理解、检索、审查有用的背景技术，并且尽可能引证反映这些背景技术的文件。换句话说，这部分内容应该是发明人作出发明创造的基础，在这些技术背景的基础上，分析当前技术中存在的问题、找出原因，进而为该申请提出的要解决的技术问题和采用的技术手段提供铺垫，因此这部分内容对于公众理解发明或者实用新型是非常重要的。

例如，对于上述风灯的实用新型专利申请，为了克服已有风灯只能使用蜡烛或者灯泡作为光源的问题，该实用新型专利申请要解决的技术问题是如何实现一灯多用、节约、环保，它的改进点在于灯内部结构的改进，它的背景技术可以写成如下形式：

风灯经常被用于户外照明，或作为室内装饰。目前市场上的风灯的光源一般有两种：蜡烛和灯泡。这些风灯存在的问题是只能单独使用蜡烛或者灯泡作为光源，品种简单，用途有限。

当然，这个例子涉及的是一项实用新型专利申请，说明书背景技术部分撰写得比较简单。实际上，在撰写背景技术部分内容时，最好能够明确引证现有技术文献，以便于公众更好地理解和查阅现有技术状况，从而更容易理解该专利申请相对于现有技术所作出的改进。

3. 发明或者实用新型的内容

该部分主要记载的内容为：申请人为什么要做这项研究（发明或者实用新型要解决的技术问题是什么）、如何做（采用的技术手段是什么）以及做得怎么样（达到怎样的有益效果）。其中，要解决的技术问题应当与背景技术部分写明的现有技术中存在的问题相对应，可以是其中一个问题，也可以是其中多个问题，但是都应当能够被发明或者实用新型的技术方案所解决；采用的技术手段应当与权利要求所要求保护的技术方案相对应，至少应当反映独立权利要求所要求保护的技术方案；有益效果应当是采用该专利申请的技术方案所必然能够实际产生的并带来积极影响的效果。

简要地说，所要解决的技术问题是根据背景技术部分中记载的现有技术中存在的技术问题提出的，采用的技术方案是为了解决这个技术问题而采用的具体措施，有益效果是采用这种措施解决提出的技术问题所最终产生的积极效果。

还以上述风灯的实用新型专利申请为例，它的实用新型内容部分可撰写如下：

**实用新型内容**

[0003] 本实用新型的目的是提供一种能同时使用蜡烛和电灯泡作为光源的风灯，实现多种用途。

[0004] 为了实现以上目的，本实用新型采用如下技术方案：一种风灯，包括蜡烛托、防风罩和底座，所述蜡烛托设置在防风罩内，所述防风罩和底座可拆卸地连接，防风罩内设置有电灯接口，所述底座为中空体。电灯接口用于

连接电灯等光源设备，中空的底座用来安置供电装置。

[0005] 防风罩上设有顶盖，所述顶盖与防风罩可拆卸地连接。当选择电灯作为光源时，顶盖被盖上，用来保护电灯和电灯所在的电路；当选择蜡烛作为光源时，顶盖被拿掉，给蜡烛的燃烧提供充分的空气。当顶盖被拿掉时，防风罩内可以放置干花束，此时所述风灯还可以用做花瓶。

[0006] 本实用新型的技术方案使普通的风灯具有多种用途，可以用蜡烛照明，也可以用电灯照明，还可以用来做放置干花束的花瓶。

该例的实用新型内容包括实用新型要解决的技术问题（见第[0003]段内容）、采用的技术方案（见第[0004]段到第[0005]段内容）以及达到的有益效果（见第[0006]段内容）。需要说明的是，这个部分的技术方案内容包括了独立权利要求的内容和部分从属权利要求的内容，但如前所述，发明或实用新型的内容只包括独立权利要求的内容即可。

4. 附图说明

对于有说明书附图的专利申请，在说明书文字部分应当有相应的附图说明，针对说明书附图中的每一幅附图给出简要说明，让所属技术领域的技术人员了解每一幅图所显示的内容是什么，以有助于理解发明或者实用新型要保护的技术方案。还如上述风灯的实用新型例子，因为说明书中只有一幅附图，因此它的附图说明就可以写成：

图1是本实用新型提供的一种风灯的实施例的结构示意图。

5. 具体实施方式

该部分应当详细写明申请人认为实现其发明或者实用新型的优选方式，有附图的应当对照附图进行说明，并且在提及的部件后面注上附图标记，便于公众理解。具体实施方式是发明和实用新型专利申请的说明书最为关键的部分，说明书为公众提供的技术信息主要由该部分反映。这部分内容的撰写一定要求注意与前述"发明或者实用新型的内容"的关系，即整体与局部、抽象与具体或者上位与下位等关系。实际上，这部分内容就是对发明或者实用新型的内容部分中提到的具体措施（即采用的技术方案）进行更详细、更具体的描述，也是体现说明书应当满足充分公开的主要部分所在。仍以上述风灯的实用新型专利申请为例，截取它的具体实施方式的一部分内容如下：

[0008] 如图1所示，本实施例提供的一种风灯，包括蜡烛托1、防风罩2和底座3，所述蜡烛托1设置在防风罩2内，所述防风罩2和底座3可拆卸地连

接，防风罩2内设置有电灯接口6，所述底座3为中空体。

[0009] 防风罩2上设有顶盖4，所述顶盖4与防风罩2可拆卸地连接。

[0010] 底座由相互连接的底板和顶罩组成，所述底板3可拆卸。

[0011] 防风罩2内还设置有固定装置5。

[0012] 电灯接口6设置在固定装置5上。

……

（二）附　　图

大家都知道，婴幼儿在最初读懂和理解世界万物的时候就是通过图形，因为与文字相比，图形显示的内容更直观、更容易理解，而且它显示的内容可以不受国家、种族、语言的限制，可以被所有人读懂。图形被称为工程师的"语言"，它所表达的技术信息量常常很大。因此，为了便于公众能够更清楚地理解发明创造的内容，在发明专利申请的说明书中，可以辅以附图；在实用新型专利申请的说明书中必须辅以附图。虽然发明专利申请的说明书中并没有强制要求必须辅以附图，但是对于有附图的专利申请，尤其对于机械和电学领域的专利申请，它对技术内容的理解确实更容易些，特别涉及与结构改进相关的保护主题时，在判断说明书是否充分公开的问题上，附图经常起到至关重要的作用。因此，建议在发明专利申请文件的撰写中，在能够辅以附图的情况下，尽量附上附图。附图的具体绘制要求可以参考《专利审查指南2010》第一部分第一章，此处不再赘述。

## 三、说明书的示例

前面针对说明书的整体内容进行了简要说明，为便于读者更加清楚认识说明书的内容，下面将上述风灯的实用新型专利申请的整体说明书（文字和附图）显示出来，供读者参考。

这个风灯的实用新型专利申请案情比较简单，说明书内容也不多，并且我们对发明名称以及说明书的五个部分加了辅助说明，可以让读者对说明书的格式和内容一目了然。另外，在说明书附图中，阿拉伯数字是附图标记，用以表示风灯的各个部件，在说明书文字部分提及这些部件时会在相应部件后面带有这些附图标记。不同的部件应该使用不同的附图标记表示，以便于区分不同的部件。

# 说 明 书

风灯

## 技术领域

[0001] 本实用新型涉及一种灯具，具体涉及一种风灯。

## 背景技术

[0002] 风灯经常被用于户外照明，或作为室内装饰。目前市场上的风灯的光源一般有两种：蜡烛和灯泡。这些风灯存在的问题是只能单独使用蜡烛或者灯泡作为光源，品种简单，用途有限。

## 实用新型内容

[0003] 本实用新型的目的是提供一种能同时使用蜡烛和电灯泡作为光源的风灯，实现多种用途。

[0004] 为了实现以上目的，本实用新型采用如下技术方案：一种风灯，包括蜡烛托、防风罩和底座，所述蜡烛托设置在防风罩内，所述防风罩和底座可拆卸地连接，防风罩内设置有电灯接口，所述底座为中空体。电灯接口用于连接电灯等光源设备，中空的底座用来安置供电装置。

[0005] 防风罩上设有顶盖，所述顶盖与防风罩可拆卸地连接。当选择电灯作为光源时，顶盖被盖上，用来保护电灯和电灯所在的电路；当选择蜡烛作为光源时，顶盖被拿掉，给蜡烛的燃烧提供充分的空气。当顶盖被拿掉时，防风罩内可以放置干花束，此时所述风灯还可以用做花瓶。

[0006] 本实用新型的技术方案使普通的风灯具有多种用途，可以用蜡烛照明，也可以用电灯照明，还可以用来做放置干花束的花瓶。

## 附图说明

[0007] 图1是本实用新型提供的一种风灯的实施例的结构示意图。

## 具体实施方式

[0008] 见图1所示，本实施例提供的一种风灯，包括蜡烛托1、防风罩2和底座3，所述蜡烛托1设置在防风罩2内，所述防风罩2和底座3可拆卸地连接，防风罩2内设置有电灯接口6，所述底座3为中空体。

[0009] 防风罩2上设有顶盖4，所述顶盖4与防风罩2可拆卸地连接。

[0010] 底座3由相互连接的底板和顶罩组成，所述底板可拆卸。

[0011] 防风罩2内还设置有固定装置5。

[0012] 电灯接口6设置在固定装置5上。

[0013] 底座3内设置有供电装置7，所述供电装置7与电灯接口6电连接。

[0014] 固定装置5与蜡烛托1之间设置有防火隔膜9。

[0015] 防风罩2底部开设有第一通孔，所述底座3顶部开设有与第一通孔对应的第二通孔。

[0016] 所述供电装置7包括开关，所述开关设置在底座3上。所述电灯接口6可以安装电灯。电线8穿过第一通孔和第二通孔连接供电装置7和电灯接口6，当电灯接口6安装上电灯后，所述风灯就采用电灯照明。

[0017] 本实用新型的技术方案使所述风灯一灯多用，节约、环保。

**说明书附图**

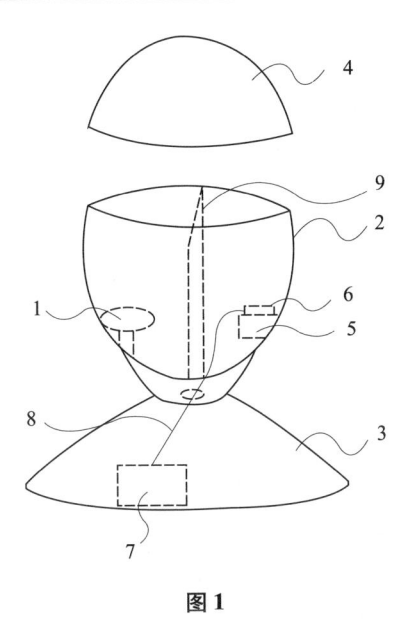

图1

# 第二节 权利要求书

## 一、权利要求书的作用

专利申请文件的另一个重要组成部分就是权利要求书,权利要求书中涵盖了专利申请的所有精华内容。《专利法》第59条第1款规定:发明或者实用新型专利权的保护范围以其权利要求的内容为准,说明书及附图可以用于解释权利要求的内容。因此,权利要求书是确定专利权保护范围的依据,也是判定他人是否侵权的依据。简单地说,权利要求书的作用可以归纳为以下两个方面。

(一)界定专利权的保护范围

对于一份专利申请而言,申请人想获得多大的权利,应当体现在专利申请人提交的权利要求书中,因此权利要求书的一个作用是体现申请人请求保护的范围。但该请求保护的范围只有在专利行政部门经过审查得到确权后才能生效,即专利权人能获得多大的权利,应当由审查确权后的权利要求书的保护范围确定。这就是说，权利要求书的根本作用是界定发明或实用新型的保护范围，也即专利权的保护范围。

（二）判定侵权的主要依据

由于专利权的范围是由权利要求书界定的，因此在确定权利要求的保护范围时，权利要求中的所有特征均应当予以考虑，而每一个特征的实际限定作用应当最终体现在该权利要求所要求保护的主题上。在侵权判定时，将被控侵权物或方法与专利保护的权利要求进行特征对比，看其是否覆盖了该权利要求的全部特征。因此，权利要求书的另一个作用就是侵权判定的主要依据。

当然，权利要求书除上述两个最基本也是最重要的作用外，还有其他作用，因篇幅所限，在此不再赘述。

## 二、权利要求的类型

权利要求书中可以包括一项或多项权利要求。权利要求的类型按保护对象区分，可以分为产品权利要求和方法权利要求；按撰写方式区分，可以分为独立权利要求和从属权利要求，下面分别进行介绍。

（一）产品权利要求和方法权利要求

权利要求按照其保护对象的不同，可以分为产品权利要求和方法权利要求两种类型。

产品权利要求保护的对象包括物质、物品、设备、机器、系统等；方法权利要求保护的对象包括制造方法、使用方法、已知产品的新用途、将产品用于特定用途的方法等。发明专利申请和专利的权利要求书可以包含产品权利要求，也可以包含方法权利要求；但实用新型专利申请和专利的权利要求书只能包含产品权利要求，不能包含方法权利要求。

产品权利要求适用于产品发明或者实用新型，通常应当用产品的结构特征来描述。例如，一份涉及风灯的实用新型专利申请，它的独立权利要求 1 可以撰写成："一种风灯，包括蜡烛托、防风罩和底座，所述蜡烛托设置在防风罩内，其特征在于：所述防风罩和底座可拆卸地连接，防风罩内设置有电灯接口，所述底座为中空体。"特殊情况下，当产品权利要求中的一个或多个技术特征无法用结构特征予以清楚表征时，允许用物理或化学参数，或者借助于方法特征来表征。

方法权利要求适用于方法发明，通常应当用工艺过程、操作条件、步骤流程等技术特征来描述。例如，一份涉及半导体器件制造方法的专利申请，它的独立权利要求1可以写成："一种半导体器件制造方法，包括如下步骤：提供半导体衬底，在该半导体衬底上依次形成阻挡层和牺牲层，并进行图案化；全面性沉积侧墙材料层；各向异性地回刻蚀所述侧墙材料层；……"此外，需要注意的是，用途权利要求属于方法权利要求。

随着技术的进步与发展，产品权利要求和方法权利要求的边界在不断被虚化。目前在电学技术领域，例如计算机技术领域和通信技术领域大量出现将依靠计算机程序实现的功能产品化的权利要求。

（二）独立权利要求和从属权利要求

权利要求按照撰写方式的不同，可以分为独立权利要求和从属权利要求两种类型。一项发明或者实用新型应当只有一项独立权利要求，并写在从属权利要求之前，在符合单一性要求的情况下，可以在权利要求书中撰写两项以上独立权利要求。在一件专利申请的权利要求书中，独立权利要求所限定的一项发明或者实用新型的保护范围最宽。从属权利要求包含了其引用的权利要求的所有技术特征，并且其保护范围落在其引用的权利要求范围之内。

### 三、权利要求的构成

一份专利申请的权利要求书中，应当至少有一项独立权利要求，可以有也可以没有从属权利要求。任何一项权利要求都包含主题名称和用于限定其主题的技术特征。主题名称用于体现一项权利要求的类型即为产品权利要求还是方法权利要求以及申请人请求保护的主题；权利要求中的所有技术特征与其主题名称一起作为一个整体用于限定该权利要求的保护范围。从属权利要求中应当写明引用的权利要求的编号及其主题名称，并用附加技术特征对引用的权利要求作进一步限定。

独立权利要求可以分为前序部分和特征部分两部分进行撰写，前序部分要求写明主题名称和该申请与最接近的现有技术共有的必要技术特征；特征部分采用"其特征在于……"等类似表述方式，写明该申请区别于最接近的现有技术的技术特征，这些技术特征与前序部分的技术特征一起用于限定该申请请求保护的范围。

### 四、权利要求书的示例

为便于读者了解权利要求书的构成，下面显示前面所述风灯专利申请的权利要求书，用方框标出了权利要求的各个组成部分，供读者参考。

## 权利要求书

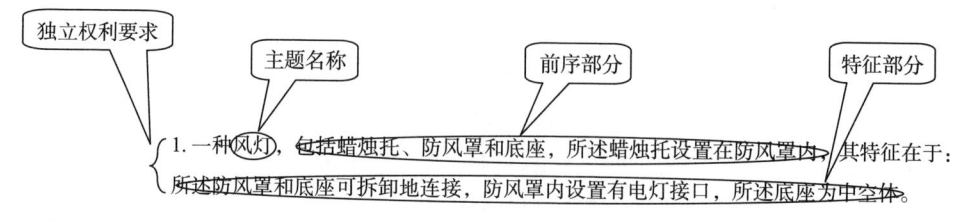

**独立权利要求**（主题名称、前序部分、特征部分）

1. 一种风灯，包括蜡烛托、防风罩和底座，所述蜡烛托设置在防风罩内，其特征在于：所述防风罩和底座可拆卸地连接，防风罩内设置有电灯接口，所述底座为中空体。

**从属权利要求**

2. 根据权利要求1所述的风灯，其特征在于：所述防风罩上设有顶盖，所述顶盖与防风罩可拆卸地连接。

3. 根据权利要求1所述的风灯，其特征在于：所述底座由相互连接的底板和顶罩组成，所述底板可拆卸。

4. 根据权利要求1所述的风灯，其特征在于：所述防风罩内还设置有固定装置。

5. 根据权利要求4所述的风灯，其特征在于：所述电灯接口设置在固定装置上。

6. 根据权利要求5所述的风灯，其特征在于：所述底座内设置有供电装置，所述供电装置与电灯接口电连接。

7. 根据权利要求4所述的风灯，其特征在于：所述固定装置与蜡烛托之间设置有防火隔膜。

# 第三节　说明书摘要

## 一、说明书摘要的作用

专利申请文件除了说明书和权利要求书之外，还包括一部分内容，就是说明书摘要，它是对说明书记载内容的概述，但它仅是一种技术信息，不具有法律效力。说明书摘要的内容不属于发明或者实用新型原始记载的内容，不能作为以后修改专利申请文件的依据，也不能用来解释专利权的保护范围。

## 二、说明书摘要的构成

说明书摘要包括文字部分和附图。文字部分应当包括专利申请的名称、所属技术领域，并清楚地反映所要解决的技术问题、解决该问题的技术方案的要点以及主要用途等，其中以权利要求书中独立权利要求请求保护的技术方案为主。

在说明书有附图的情况下，说明书摘要还要包括附图，摘要附图来自说明书附图中最能反映该申请的主要技术特征的一幅附图。

## 三、摘要的示例

下面显示的是上述风灯专利申请的说明书摘要及其摘要附图的示例，供读者参考。

<h3 style="text-align:center">说明书摘要</h3>

本实用新型公开了一种风灯，包括蜡烛托、防风罩和底座，所述蜡烛托设置在防风罩内，所述防风罩和底座可拆卸地连接，防风罩内设置有电灯接口，底座为中空体。防风罩上设有顶盖，顶盖与防风罩可拆卸地连接。底座内设置有供电装置，供电装置与电灯接口间连接。本实用新型的技术方案使普通的风灯具有多种用途，可以用蜡烛照明，也可以用电灯照明，还可以用来做放置干花束的花瓶。

<h3 style="text-align:center">摘要附图</h3>

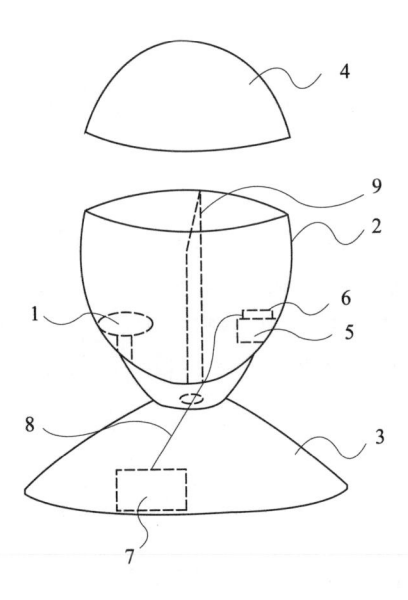

# 第二章 专利申请文件如何撰写

通过第一章的介绍，读者基本上已经了解了专利申请文件各个部分的内容，在此基础上，本章主要讲讲专利申请文件各部分的撰写要点。

## 第一节 说明书的撰写要点

前面讲过说明书的三个作用，首要作用就是信息公开，因此在说明书的撰写要求中，最重要的一点就是要做到充分公开。如果说明书存在公开不充分的缺陷，通常难以通过后期的补正和/或陈述意见来克服，这就意味着，即使是一项很好的发明创造，如果因为说明书撰写问题导致其不满足充分公开的要求，这份申请有可能不能被授予专利权，因此充分公开是说明书撰写应当满足的首要要求。另外，说明书还应当满足对所要求保护的技术方案支持的要求，并且在专利申请被授权后，说明书还可以用于解释权利要求。下面通过案例的方式进行详细说明，让读者更充分地了解说明书的撰写要点。

### 一、说明书应当满足充分公开的要求

"充分公开"这个词在《专利法》层面上是有特定含义的。《专利法》第26条第3款对说明书的公开程度作了明确规定，即说明书公开的程度应该以所

属技术领域的技术人员能够实现为准，只有达到这个要求，才能视为说明书充分公开。《专利审查指南2010》对"能够实现"给出了进一步更详细的说明：所属技术领域的技术人员能够实现，是指所属技术领域的技术人员按照说明书记载的内容，就能够实现该发明或者实用新型的技术方案，解决其技术问题，并且产生预期的技术效果。这句话的含义就是说，说明书中记载的内容，能够让所属技术领域的技术人员根据其自身掌握的专业技术知识并结合说明书记载的内容，能够知道该发明的技术方案如何实施，从而解决发明所针对的技术问题，并达到预期的技术效果。

不过，这里需要强调的一点是，说明书应该满足充分公开的要求，针对的是权利要求书中请求保护的技术方案，对于权利要求书中未请求保护的内容，并不要求在说明书中给出相应充分的公开。如果说明书对权利要求书未请求保护的内容也作出了充分公开并且是申请人的自愿行为，则此时可以将该部分内容视为对公众的捐献。

下面通过案例的方式更为直观地介绍说明书在满足充分公开方面存在的撰写问题以及解决措施。

【案例2-1】

1. 相 关 案 情

这个案例涉及一种编程存储器的制造，现有技术中的一次编程存储器因其结构为平面形式而导致多晶硅的使用面积特别大，因此这种存储器存在的缺陷是因硅表面积太大而不利于芯片集成度的提高。因此，该申请要解决的技术问题在于如何减小多晶硅面积，提高芯片集成度。申请人针对这样的技术问题提出的改进措施在于：通过在硅基板内挖沟槽来形成这种存储器。那么，针对这样的发明构思，申请人是如何撰写专利申请文件的呢？下面一起来看看。

首先，申请人撰写的权利要求1如下：

1. 一种一次编程存储器的制造方法，其特征在于，包括以下步骤：

第一步，在硅基板内挖出沟槽；

第二步，注入一次编程存储器晶体管的源和漏；

第三步，成长电容介质膜；

第四步，沉积多晶硅，将整个槽填满；

第五步，抛光硅基板表面，去除多余的多晶硅；

第六步，成长晶体管门多晶硅，并和槽内的多晶硅接触形成电学导通。

从权利要求1中我们可以看到，申请人的改进点主要体现在第一步，即在硅基板内挖出沟槽。此外，第四步和第六步也跟沟槽相关。针对这个权利要求保护的内容，说明书是如何撰写的呢？下面是该申请的说明书全部内容。

# 说 明 书

**一次编程存储器的制造方法**

**技术领域**

本发明涉及一种半导体制造方法，尤其涉及一种一次编程存储器的制造方法。

**背景技术**

一次编程存储器由一个电容和一个晶体管组成，电容的下极板为 N 井或 P 井，上极板为平铺在井上的多晶硅。在一次编程存储器编程过程中，大面积的多晶硅和井电容耦合系数使电容耦合过程快速、有效，使编程时间缩短，编程电压降低。现有的一次编程存储器以大面积的多晶硅覆盖在硅表面以达到足够高的耦合系数，其缺点是增加了硅表面积，不利于芯片集成度的提高。

**发明内容**

本发明要解决的技术问题是提供一次编程存储器的制造方法，它可以在不降低多晶硅和井耦合系数的同时，减少硅表面积，提高芯片的集成度。为解决上述技术问题，本发明所述的一次编程存储器的制造方法，包括以下步骤：

第一步，在硅基板内挖出沟槽；

第二步，注入一次编程存储器晶体管的源和漏；

第三步，形成电容介质膜；

第四步，沉积多晶硅，将整个槽填满；

第五步，抛光硅基板表面，去除多余的多晶硅；

第六步，成长晶体管门多晶硅，并和槽内的多晶硅接触形成电学导通。

本发明的一次编程存储器的制造方法，在硅基板上刻出槽后，形成电容介质膜，再以多晶硅填满沟槽，由此形成电容。减少了硅表面积，提高芯片的集成度。

**附图说明**

图1为本发明一次编程存储器的制造流程示意图。

**具体实施方式**

如图1所示，在硅基板上用等离子体干刻的办法刻出槽，槽深300~600nm。然后做一次编程存储器晶体管源和漏的注入。为增大电容的表面积，可以在槽内的硅上成长半球形晶粒，使槽的内表面起伏不平。半球形晶粒的直径为0.2~1μm。然后做电容介质膜，半球形晶粒表面先氧化，后氮化，再氧化，形成氧化物-氮化物-氧化物的电容介质膜，电容介质膜的膜厚是5~10nm。然后沉积300~600nm的多晶硅，多晶硅可以很好地把整个槽填满，做成一次编程存储器电容的极板。再用化学机械抛光把硅基板表面的多晶硅磨去，化学机械抛光停止在硅基板表面的氧化硅上。然后沉积并刻蚀一次编程存储器晶体管的栅多晶硅，使其覆盖在一次编程存储器电容多晶硅上，并和槽里的电容多晶硅形成电学导通，这样一次编程存储器电容的电压信号就可以传递到晶体管上。

说明书附图如下：

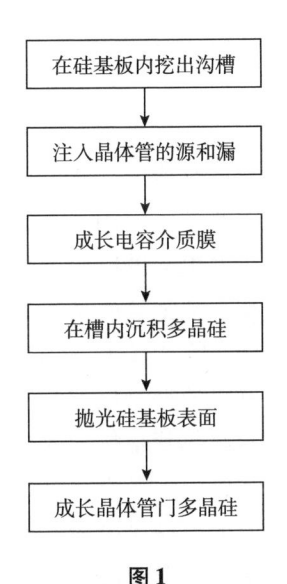

```
┌──────────────────┐
│ 在硅基板内挖出沟槽 │
└────────┬─────────┘
         ↓
┌──────────────────┐
│ 注入晶体管的源和漏 │
└────────┬─────────┘
         ↓
┌──────────────────┐
│   成长电容介质膜   │
└────────┬─────────┘
         ↓
┌──────────────────┐
│  在槽内沉积多晶硅  │
└────────┬─────────┘
         ↓
┌──────────────────┐
│   抛光硅基板表面   │
└────────┬─────────┘
         ↓
┌──────────────────┐
│  成长晶体管门多晶硅 │
└──────────────────┘
```

**图1**

2. 案例分析

该专利申请的说明书撰写存在的主要问题是没有充分公开涉及改进点的技术内容，使得所属技术领域的技术人员无法理解其要求保护的技术方案，也就无法实现其技术方案。那么，未充分公开主要体现在哪些方面呢？下面我们将针对说明书的每个部分进行详细分析。

（1）我们先来看看说明书的背景技术部分，其中记载了已有的一次编程存储器由一个电容和一个晶体管组成，电容的下极板为N井或P井，上极板为平铺在井上的多晶硅。说明书背景技术部分针对已有一次编程存储器的结构描述只有这些，其他描述都是写这种存储器的优点和缺点的。因此从字面上看，该存储器的结构表述得很笼统，具体细节没有写出来，那么，这种写法是不是会影响所属技术领域的技术人员来理解已有编程存储器的结构呢？不一定。因为专利法意义上的所属技术领域的技术人员具有特定含义，他是一种假设的

"人",他知晓申请日之前发明所属技术领域的所有普通技术知识,能够获知该领域中所有的现有技术,并且具有应用申请日之前常规实验手段的能力,但是他不具有创造能力。

因此,虽然该申请的说明书背景技术只用了简单的语言描述了现有的一次编程存储器的结构,但不会影响所属技术领域的技术人员对这种存储器结构的理解。接下来呢,说明书背景技术部分对这种存储器的缺点进行了描述,从而为引出发明要解决的技术问题作了铺垫。所以,总体来说,背景技术部分的撰写没有实质性缺陷,虽然这种撰写方式并不是推荐的写法(原因将在后面介绍),但不会影响说明书充分公开。

(2)再来看发明内容部分。发明内容部分首先写明了发明要解决的技术问题,即减少硅表面积,提高芯片的集成度,然后提出发明的技术方案。从发明要解决的技术问题看出,由于多晶硅主要用于电容的一个极板,因此申请人提出的技术方案的改进点主要在于对电容的结构和形成方法的改进,而对晶体管的形成及结构应该没有太大改变。从记载的技术方案上看,第一步是在硅基板内挖出沟槽,这一点写得很明确,第二步关于源和漏的注入是用于形成晶体管的步骤,虽然没有写明注入在基板的哪个位置,但我们可以理解为与现有技术相同,因为其发明点并不涉及对晶体管结构的改进。但从第三步到第六步,这个方法结束之后,我们发现,其形成的电容只有电容介质膜和由填满沟槽的多晶硅构成的一个极板,缺少电容的另一个极板,也就是说,该方案中电容的形成是不完整的。那么,电容的另一个极板形成在哪里呢?如果也按照现有技术方式形成电容可以吗?这一点是有疑问的。因为该申请的改进点就在于电容结构,也就是说,其电容的结构就是与现有技术中的电容不同,才能节省硅表面积,才能提高芯片集成度。但是,根据目前发明内容部分的描述,所属技术领域的技术人员并不知道其整个电容的结构是什么样的,电容的形成流程是怎样的,这些内容确实在这部分中未记载清楚。不过,此时,我们还不能下结论说说明书公开不充分,因为我们还没有考虑说明书的具体实施方式部分的内容。

(3)一般来说,体现发明的技术方案的最具体、最详细的部分就是说明书的具体实施方式部分。那么,该申请的这部分内容又是如何写的呢?下面一起来看看。

具体实施方式部分首先记载了在硅基板上刻出槽,并给出了槽的具体深度,然后就是对晶体管源和漏的注入,然后就是如何形成电容介质膜,最后沉积多晶硅,多晶硅填满整个槽并作为电容的上极板,再后面的步骤就是关于栅极(门多晶硅)的形成以及使其与槽里的电容多晶硅电导通等,由此完成该存储器的形成。从说明书实施例部分记载的内容看，作为存储器要求的两个部件，即电容和晶体管，至此说明书公开的内容仍然没有形成完整的电容，因为其中仅涉及电容的一个极板的形成，即由多晶硅构成的极板，而电容的另一个极板形成在哪里，如何形成，均未介绍。那么我们是不是可以将其理解为现有技术的电容结构呢？不可以。因为该申请的改进点就在于电容结构，如果电容与现有技术中的电容相同，则不能解决该申请要解决的技术问题。而且，在现有技术的一次编程存储器中，由于电容为平面结构，即电容的上下两极板为上下平行放置，电容介质膜形成在两极板之间，尤其是下极板通过 N 井或 P 井形成（参见背景技术部分的描述）。该申请的改进点就在于将平面结构电容改为沟槽结构。这种沟槽结构在现有技术中没有任何记载，那么电容的另一个极板应该形成在什么位置才能解决该申请要解决的技术问题呢？这些内容在说明书中没有明确记载。而所属技术领域的技术人员是不具有创造能力的，因此，所属技术领域的技术人员根据说明书记载的内容无法得知另一个极板的机构而实现其请求保护的技术方案，故存在未充分公开的嫌疑。那么，此时为什么不能直接下结论说就是未充分公开呢？因为还有一部分说明书内容没有考虑，那就是说明书附图。

（4）再来看看说明书附图。很显然，看了说明书的附图，我们确实彻底失望了，因为附图中的内容与发明内容部分对技术方案的记载几乎完全一致，与权利要求书的内容也完全一致，除了形式上以流程图的方式表述之外，实质内容没有任何区别，也就是说，附图对帮助所属技术领域的技术人员来理解发明的技术方案没有起到任何作用。

至此，我们已经阅读完了说明书的全部内容，其中没有任何一处记载了关于电容的完整形成方法及其完整结构，所属技术领域的技术人员根据目前说明书的表述情况，根本无法实现权利要求 1 请求保护的技术方案，由此，可以肯定地得出结论：该申请的说明书未充分公开，不符合《专利法》第 26 条第 3 款的规定。对于说明书不符合充分公开要求的专利申请，是不能被授予专利权的。

那么，该申请说明书的撰写缺陷究竟出在哪里呢？下面一起来讨论一下。

通过前面的分析可以看出，该申请的说明书撰写中存在的最致命缺陷在于具体实施方式部分的撰写没有达到要求。《专利审查指南 2010》第二部分第二章对于说明书的具体实施方式部分的撰写要求给出了具体规定，这部分的内容应该对发明请求保护的技术方案给出详细描述，使发明所属技术领域的技术人员能够实现该发明。而该申请的说明书的具体实施方式部分，并没有写清楚如何形成电容的完整结构，而电容的形成步骤及其结构又恰恰是该申请的改进点所在，所属技术领域的技术人员根据说明书记载的内容无法实现其改进后的一次编程存储器，也就无法实现其请求保护的技术方案。因此该申请的说明书撰写中最大的问题在于具体实施方式部分撰写不合要求，没有达到充分公开发明的要求。

此外，说明书在撰写方面还存在其他不足之处。首先，关于说明书附图。凡是对专利申请文件有所了解的人员都知晓，附图中所示的内容也属于发明公开的内容，所以说明书附图可以用来帮助理解发明技术方案。因此，对于带有附图的专利申请而言，如果说明书文字部分针对发明改进点没写清楚但在附图中清楚图示出了，那这部分内容同样可帮助所属技术领域的技术人员理解发明，对于说明书的充分公开也是有用的。但该案中，附图的内容就是权利要求内容的重复，因此这个附图可有可无，完全没有起到辅助作用。

另外，关于说明书背景技术部分的撰写，虽然目前这种撰写方式理论上并不妨碍所属技术领域的技术人员对现有技术的存储器的理解，但是如果背景技术部分对现有技术内容描述得更加清楚、完整，而且明确引证具体的现有技术文献的话，则更有利于公众对发明改进点的理解，也更利于专利申请的审批。因此，推荐的撰写方式是，在背景技术部分针对已有的一次编程存储器给出更详细的说明，尤其针对现有技术存在的问题方面，并且尽可能引用具体的现有技术文献。

针对上述案例在说明书撰写中存在的缺陷，下面给出一个推荐的说明书撰写案例，它与上述案例非常相似，主题也是涉及一种编程存储器，可供读者参考。

## 【案例 2-2】

1. 相关案情

该案涉及一种"单次可编程存储器及其制造方法"的发明专利申请，它要解决的技术问题是如何缩小元件尺寸，从而提高集成度，这一点与【案例 2-1】类似。其发明改进点在于存储单元的浮置栅极和选择栅极的结构及形成方法。下面是这个案例请求保护的独立权利要求 1。

1. 一种单次可编程存储器的制造方法，包括：

于基底中形成阶梯状的开口，该开口包括上层的阶部与下层的凹陷部；

于该凹陷部底部的该基底中形成第一掺杂区，于该阶部底部的该基底中形成第二掺杂区，并于该阶部顶端的该基底中形成第三掺杂区；

于该基底上形成导体材料层；以及

移除部分该导体材料层，于该凹陷部侧壁形成浮置栅极，并于该阶部侧壁形成选择栅极。

那么，针对请求保护的独立权利要求 1，其说明书是如何撰写的呢？下面就来看看其说明书的主要部分即发明名称、背景技术、附图说明、具体实施方式以及说明书附图的撰写情况（省略发明内容部分）。

# 说　明　书

## 单次可编程存储器及其制造方法

**背景技术**

[0002] 非易失性存储器可以依照数据存入的方式而细分为掩模式唯读存储器（Mask ROM）、可抹除且可编程唯读存储器（Erasable Programmable ROM，EPROM）、可电抹除且可编程唯读存储器（Electrically Erasable Programmable ROM，E2PROM）、单次可编程唯读存储器（One Time Programmable ROM，OTPROM）等。

[0003] 请参照图1，美国专利US 6678190公开了一种单次可编程唯读存储器，以设置于N井100上的两串接的P型晶体管P1、P2的栅极分别作为选择栅极110和浮置栅极120。由于无须配置控制栅极，因此具有能够与CMOS工艺整合的优点。

[0004] 然而，随着集成电路产业的发展，业界莫不以制作出速度更快、尺寸更小、元件集成度更高的产品为目标，上述存储器的尺寸庞大，占据了相当的晶片面积，不符合当前业界的需求。再者，元件的尺寸缩小，线宽也会随之缩短，这往往会导致短沟道效应的发生。短沟道效应除了会造成元件阈值电压（$Vt$）下降以及栅极电压（$Vg$）对晶体管的控制发生问题之外，热电子效应的现象也将随着沟道尺寸的缩短而产生，影响MOS晶体管的操作。这些问题，都会造成存储器产生数据误判的情形，而降低了存储器的可靠度。

**发明内容**

略。

**附图说明**

[0033] 图1是已知的一种单次可编程存储器的结构剖面图。

[0034] 图2A至图2F是绘示本发明一实施例的一种单次可编程存储器的制造流程图。

[0035] 图2G至图2H是绘示本发明另一实施例的一种单次可编程存储器的制造流程图。

**具体实施方式**

[0054] 图2A至图2F为本发明一实施例的一种单次可编程存储器的制造流程剖面图。

[0055] 请参照图2A，首先提供基底200，基底200例如是硅基底。接着，

于基底200上依序形成一层垫层201与一层掩模层205。其中，垫层201的材质例如是以热氧化法形成的氧化硅。掩模层205的材质例如是氮化硅，其形成方法例如是化学气相沉积法。然后，图案化掩模层205和垫层201，其例如是先于掩模层205上形成一层图案化光致抗蚀剂层（未绘示），然后利用干式蚀刻法，移除部分掩模层205和垫层201，之后再移除图案化光致抗蚀剂层。接着，以掩模层205为掩模，移除部分基底200，而形成阶部210。

[0056] 继而，请参照图2B，在掩模层205、垫层201和阶部210的侧壁形成间隙壁225。间隙壁225的材质与基底200的材质具有不同的蚀刻选择性，例如是氧化硅等。间隙壁225的形成方法例如是先在基底200上形成一层间隙壁材料层（未绘示），接着进行等向性蚀刻工艺，移除部分间隙壁材料层，留下位于掩模层205、垫层201和阶部210侧壁的部分，而形成间隙壁225，并裸露出阶部210的部分底面。而后，以间隙壁225和掩模层205为掩模，移除阶部210底部的部分基底200，而形成阶梯状的开口220。阶梯状的开口220例如是由上层的阶部210与下层的凹陷部215所组成。移除部分基底200的方法例如是干式蚀刻法，如反应离子蚀刻。阶部210和凹陷部215的深度可以根据工艺的需要，控制蚀刻进行的深浅而定，在一实施例中，凹陷部215的深度例如是大于阶部210的深度。

[0057] 接下来，请参照图2C，移除掩模层205、间隙壁225和垫层201，移除的方法例如是干式蚀刻法或湿式蚀刻法。之后，于基底200上形成一层介电层230。介电层230的材质例如是氧化硅，其形成方法例如是热氧化法或化学气相沉积法。然后，可以选择性地于基底200上形成一层图案化掩模层235。图案化掩模层235例如是一层图案化正光致抗蚀剂，其形成方法例如是先以旋转涂布方式于基底200上形成光致抗蚀剂材料层（未绘示），于曝光后进行图案的显影而形成之。

[0058] 而后，请参照图2D，利用之前形成的图案化掩模层235为掩模，对基底200进行离子注入工艺，于凹陷部215底部的基底200中形成掺杂区240a，于阶部210底部的基底200中形成掺杂区240b，并于阶部210顶端的基底200形成掺杂区240c。掺杂区240a、240b、240c之中所注入的杂质形态例如是硼、硼离子或铟等P型杂质，或是磷、砷等N型杂质。本实施例中，掺杂区240a、240b、240c例如是P型掺杂区。之后再移除图案化掩模层235，移除的方法例如是湿式去光致抗蚀剂与干式去光致抗蚀剂。

[0059] 接着，于基底200上形成一层拱形的导体材料层245。这层导体材料层245的材质例如是掺杂多晶硅，其形成方法例如是利用化学气相沉积法形

成一层未掺杂多晶硅层后，进行离子注入步骤以形成之，当然也可以采用原位注入杂质的方式以化学气相沉积法形成掺杂多晶硅层。导体材料层245例如覆盖住整个基底200与开口220的表面，如图2D所示。

［0060］接着，请参照图2E，移除部分导体材料层245，于凹陷部215侧壁形成浮置栅极250，并于阶部210侧壁形成选择栅极260。其中，形成浮置栅极250与选择栅极260的方法例如是回蚀刻导体材料层245，而留下位于凹陷部215侧壁与阶部210侧壁的导体材料层245。

［0061］然后，请参照图2F，在基底200上形成一层间介电层265a作为后续接触窗与浮置栅极250的蚀刻隔离层，接着再形成另一层间介电层265b填满开口220并覆盖住整个基底200上表面。层间介电层265a与265b的材质例如分别为氮化硅与氧化硅，其形成方法例如是化学气相沉积法。接着，利用光刻蚀刻的方式，移除部分层间介电层265a、265b，并形成导体层270a与导体层270b，分别作为连接掺杂区240a与掺杂区240c的接触窗。

［0062］除上述导体层270a此种接触窗的连接方法外，接触窗还可以是以另一种方法与掺杂区相连接。图2G至图2H是接续着图2E而进行，绘示了另一种单次可编程存储器的制造流程图。请参考图2G，在形成浮置栅极250与选择栅极260之后，依序于基底200表面形成层间介电层267a与层间介电层267b。其中，层间介电层267a的材质例如是氧化硅，层间介电层267b的材质例如是氮化硅，其形成方法例如是化学气相沉积法。层间介电层267a、267b的厚度例如是各约200埃。

［0063］接着，请参照图2H，使用干式蚀刻法将掺杂区240a与掺杂区240c上的部分层间介电层267a、267b移除，随后再以湿式蚀刻法将层间介电层267b去除。之后，立即于开口220中填满导体层280。导体层280例如是以化学气相沉积法将掺杂多晶硅层填满整个开口220、覆盖住基底200的上表面，并回蚀刻多晶硅层形成栓柱形多晶硅层，以增加元件的可靠度。之后，于基底200上形成另一层层间介电层267c，并于层间介电层267c、267a之中形成导体层285a与285b，电连接基底200中的掺杂区240a与240c。后续完成此单次可编程存储器的方法应为本领域技术人员所周知，在此不赘述。

［0064］上述单次可编程存储器的制造方法，利用掩模层205与间隙壁225，于基底200中形成了一个阶梯状的开口220。使选择栅极260与浮置栅极250可以设置在开口220上、下层（阶部210、凹陷部215）的侧壁。如此一来，将可以大大地缩减单个存储器在晶片上所占的空间，提升元件的集成度。

［0065］此外，由于阶部210与凹陷部215的深度，可以依照元件的设计，借

由蚀刻工艺来控制其深浅，如此一来，掺杂区 240a、240b、240c 之间的沟道长度便能够随之调整，进而避免短沟道效应的发生，加强元件的可靠度与其效能。

[0066] 以下说明本发明一实施例的一种单次可编程存储器的结构，请参照上述图 2F，此单次可编程存储器包括多个存储单元，这些存储单元设置于基底 200 上。基底 200 中设置有阶梯状开口 220，开口 220 包含了上层的阶部 210 与下层的凹陷部 215。各存储单元由浮置栅极 250、选择栅极 260、掺杂区 240a、掺杂区 240b 与掺杂区 240c 所组成。

[0067] 浮置栅极 250 设置于凹陷部 215 侧壁，选择栅极 260 设置于阶部 210 侧壁。浮置栅极 250 与选择栅极 260 的材质例如是掺杂多晶硅。浮置栅极 250 与凹陷部 215 之间、选择栅极 260 与阶部 210 之间例如设置有介电层 230，作为栅介电层。介电层 230 的材质例如是氧化硅。

[0068] 掺杂区 240a 设置于凹陷部 215 底部的基底 200 中，掺杂区 240b 设置于阶部 210 底部的基底 200 中，掺杂区 240c 则设置于阶部 210 顶端的基底 200 中。掺杂区 240a、240b、240c 例如是含有硼、硼离子、铟等 P 型杂质的 P 型掺杂区，或者是含有磷、砷等 N 型杂质的 N 型掺杂区。

[0069] 开口 220 中可以设置有一层层间介电层 265a 与 265b。其中，层间介电层 265a 例如是设置于基底 200 上表面，层间介电层 265b 例如是填满该开口，并覆盖住基底 200 的上表面。层间介电层 265a、265b 之中例如设置有一层导体层 270a，与凹陷部 215 底部的掺杂区 240a 电连接。层间介电层 265a、265b 中还可以设置有导体层 270b，与掺杂区 240c 相连接。层间介电层 265a 与 265b 的材质例如是介电材质，如氮化硅与四乙氧基（TEOS）氧化硅。导体层 270a 与 270b 例如是作为连接掺杂区 240a 与 240c 的接触窗，其材质例如是掺杂多晶硅、金属或金属硅化物。

[0070] 开口 220 中也可以是设置有一层填满开口 220 的导体层 280，与掺杂区 240a 电连接，如图 2H 所示。层间介电层 267a 例如是设置于导体层 280 与浮置栅极 250，以及导体层 280 与选择栅极 260 之间，将导体层 280 与两栅极隔绝开来。基底 200 上设置有另一层层间介电层 267c，覆盖住导体层 280 与基底 200 的上表面。导体层 285a 贯穿此层间介电层 267c，与导体层 280 相连，并借由导体层 280 与掺杂区 240a 电连接。导体层 280 的设置可以降低内连线的阻值，提高元件的效能。层间介电层 267c 中还可以设置有另一层导体层 285b，与掺杂区 240c 电连接。导体层 285a、285b 例如是作为连接掺杂区 240a、240c 的接触窗之用。上述层间介电层 267a、267c 的材质例如是氧化硅等介电材料，导体层 280 的材质例如是掺杂多晶硅，导体层 285a、285b 的材质例如是掺杂多晶

硅、金属或金属硅化物。

［0071］上述单次可编程存储器，利用阶梯状开口220的设置，于上层的阶部210侧壁设置选择栅极260，于下层的凹陷部215侧壁设置浮置栅极250，因此，得以进一步地缩小存储器在晶片表面占据的面积。换言之，应用本发明提出的单次可编程存储器，在同样大小的晶片面积中，可以设置更多、更密集的存储器，从而提高元件的集成度。

［0072］另外，由于浮置栅极250与选择栅极260是设置在侧壁，因此，掺杂区240a、240b、240c之间的沟道长度，能够利用凹陷部215与阶部210的深度来控制，从而避免短沟道效应的发生，促进元件可靠度与元件效能的提升。

［0073］虽然本发明已以较佳实施例公开如上，然其并非用以限定本发明，任何本领域普通技术人员在不脱离本发明的精神和范围内，当可进行一些更动与润饰，因此本发明的保护范围当以所附权利要求书界定的为准。

## 说明书附图

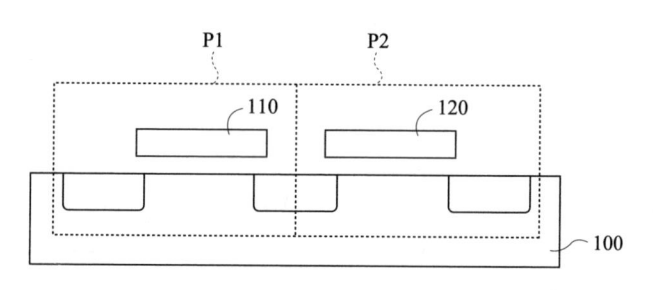

图1

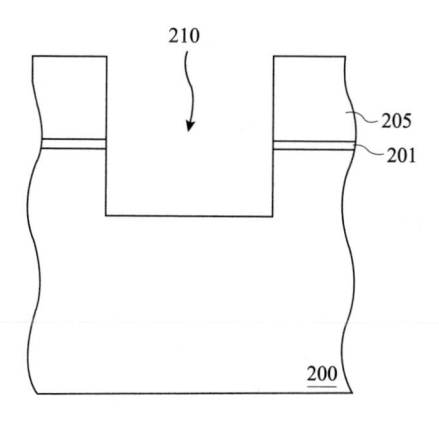

图2A

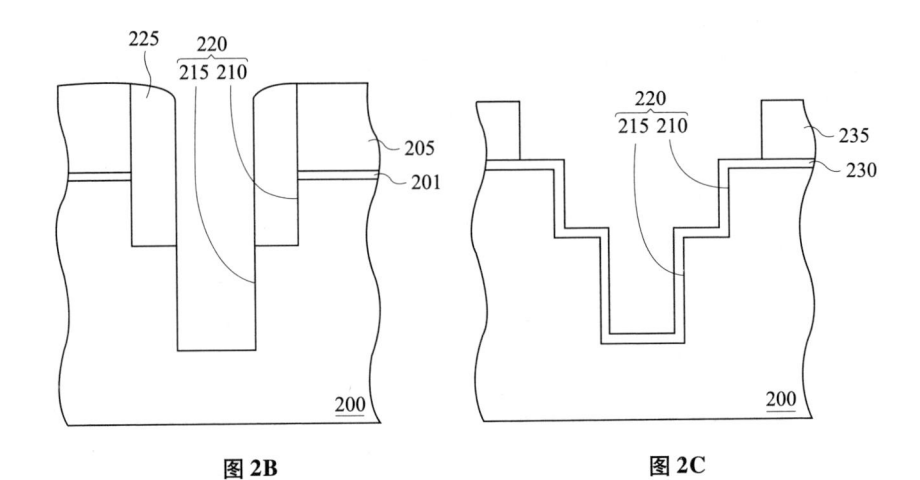

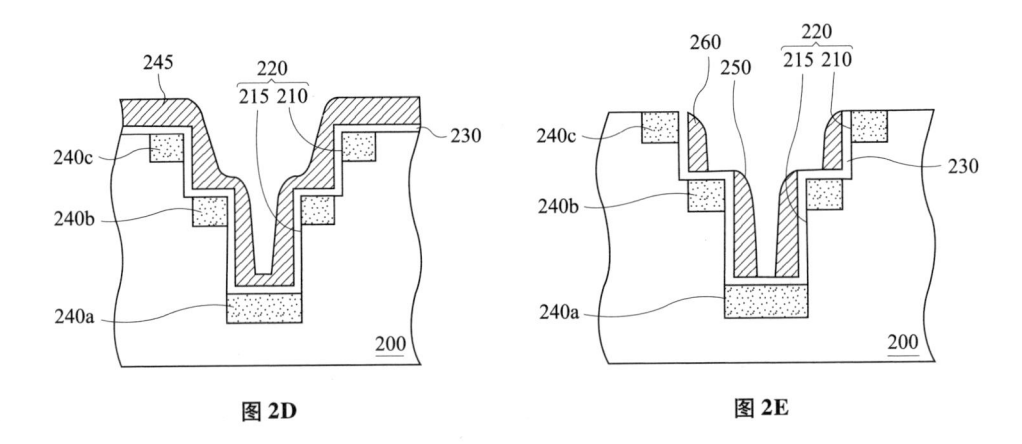

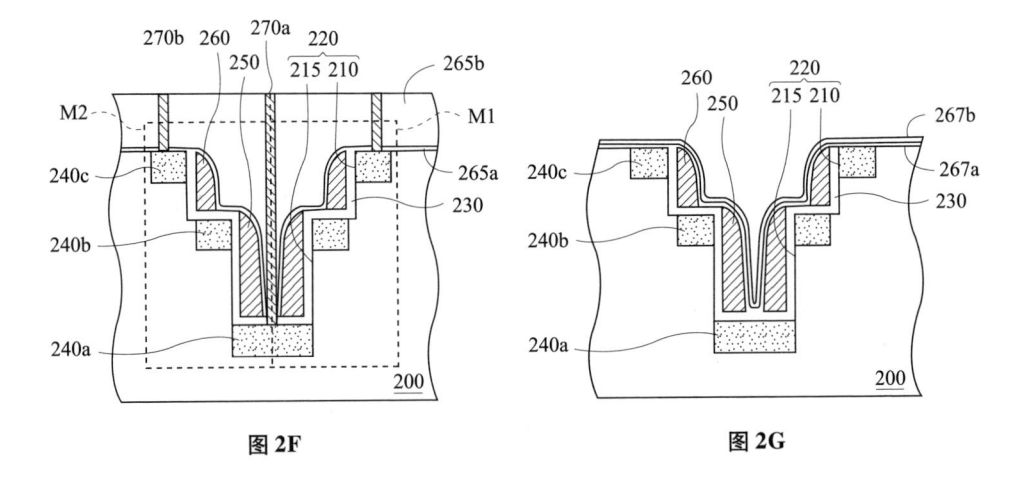

图 2B

图 2C

图 2D

图 2E

图 2F

图 2G

图 2H

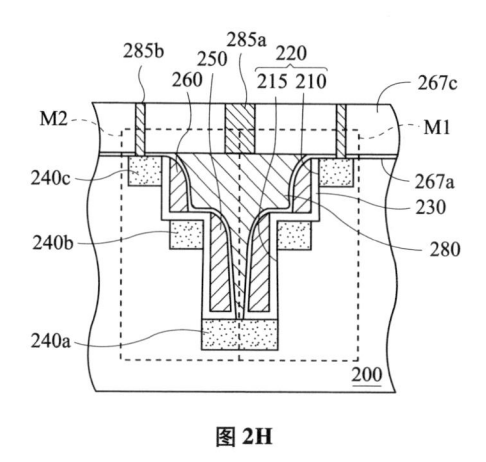

2. 案例分析

下面一起来分析一下这个案例中说明书撰写的是否得当。

首先，说明书的背景技术部分通过引证一篇美国专利文献来阐述与该案最相关的现有技术，并借助附图示出了现有技术中这种存储器的一般结构，然后简明扼要地指出这种现有技术的存储器的优点和缺点，由此引出该申请为了克服现有技术中存在的缺陷而要解决的技术问题，即为了解决现有的存储器的尺寸庞大、占据了相当大的晶片面积的问题，提出了一种具有较小元件尺寸的单次可编程存储器，这种撰写方式使得所属技术领域的技术人员能够一目了然地了解到现有存储器的基本结构是怎样的，这种结构存在什么样的问题，从而突出该申请要解决的技术问题和其改进点所在。

其次，由于该申请的改进点在于存储单元中浮置栅极和选择栅极的结构及其形成方法，作为优选实施例，说明书中给出了两个具体实施方式，并通过参考附图的方式进行了非常具体、详细的说明。具体地说，首先通过各种具体形成方法如热氧化法、化学气相沉积法、蚀刻等方法在基板中形成阶部 210 和凹陷部 215，然后详细写明了如何在凹陷部 215 的侧壁形成浮置栅极 250，在阶部 210 的侧壁形成选择栅极 260，以及再通过其他步骤最终形成存储器。附图中也按照形成工艺中的各个阶段的剖面图的方式，给出了清楚的表示，让所属技术领域的技术人员通过具体实施方式部分的文字记载以及参考附图所示内容，能够非常清楚地理解并实现该申请的技术方案。

因此，总体上说，该申请的说明书撰写得比较适当，清楚记载了其请求保护的技术方案，尤其对于涉及改进点的内容都描述得非常清楚、翔实，而且在撰写格式和语言表述等方面也做得比较好。特别是该申请的说明书附图以清晰的剖面图形式，清楚地示出了实施每一个步骤之后的器件结构情况，这样的附图才切实起到了协助文字部分、便于所属技术领域的技术人员理解发明的作用。该案在撰写上恰好克服了【案例2-1】的缺陷,是个值得推荐的例子。

## 二、说明书应当支持权利要求

说明书除了应该满足对请求保护的技术方案做到充分公开之外,还应该满足与权利要求书的另一种密切关系,即作为权利要求的依据,支持权利要求,也就是应满足《专利法》第26条第4款规定的"权利要求书应当以说明书为依据"。由于权利要求书的主要作用是界定专利保护范围,而不是为公众提供为实施发明或实用新型所需的具体技术信息,因此申请人为了获取尽可能宽的保护范围,其撰写的独立权利要求一般都是对说明书记载的一个或多个具体实施方式的概括,而不是、也不推荐完全照抄说明书中披露的具体实施方案。那么,这是不是就意味着无论说明书给出几个具体实施方式,申请人都可以要求很宽的保护范围呢?显然这是不可能的。如果把权利要求请求保护的范围画成一个圆的话,那么说明书中给出的具体实施方式就应该是位于这个圆当中散落在不同位置的、具有代表性的一个或几个"点",如果所属技术领域的技术人员根据说明书中给出的这些代表性的"点"能够画出一个与权利要求请求保护范围一样的圆,则权利要求的概括就是适当的,否则就是不适当的。

这里引入一个新概念"概括"。那么什么是概括呢?百度百科上给出的解释是:从思想中把某些具有一些相同属性的事物中抽取出来的本质属性,推广到具有这些属性的一切事物,从而形成关于这类事物的普遍概念。简单地说,就是归纳、总括。在专利法意义上的概括可以简单地解释为:如果所属技术领域的技术人员可以合理预测说明书给出的实施方式的所有等同替代方式或明显变型方式都具备相同的性能或用途,则允许申请人将权利要求请求保护的范围概括至覆盖其所有的等同替代或明显变型的方式,即允许申请人将其作为请求保护的范围撰写在权利要求书中。例如,说明书中给出构成电极材料的两个实施例分别是铜和钨,申请人在权利要求书中请求保护一种电极材料,并将其限定成"由金属构成",其中金属就是对铜和钨的概括,其含义不仅包括铜和钨,还包括具有相同特征的其他金属。由于金属是铜和钨的上位概念,我们将这种概括称为"上位概念概括"。再如,说明书中给出半导体器件中使用的由$In_xGa_{1-x}As$制成的层,其主要起缓冲作用,如果权利要求书中将该层概括成"缓冲层",这种概括一般称为"功能性概括"。上位概念概括和功能性概括是比较常见的两种概括方式,其他概括方式还包括效果概括、性能参数概括等,只要概括适当,都是允许的。当然,上述例子中,权利要求的概括是否允许,还需专利行政部门在审查过程中进行判断。

但是，在专利申请文件的实际撰写当中，确实存在很多概括不当的情况，原因可能有两个方面：一方面是权利要求的撰写问题，即把权利要求的保护范围概括得太宽了；另一方面是说明书的撰写问题，即说明书的具体实施方式写得太少了，导致说明书不能支持权利要求的概括方式。这种专利申请是不能被授予专利权的，申请人必须通过修改申请文件来克服这个缺陷。由于对专利申请文件的修改受到《专利法》第33条的限制，通常说明书中不能增加新的具体实施方式，因此这种情况下，往往只能修改权利要求书，即根据原始说明书中给出的具体实施方式的情况，缩小权利要求的保护范围，以满足权利要求以说明书为依据的要求。所以说，如果这种缺陷是因为说明书的撰写不当导致的，那么，申请人的利益必然会受到损失。下面借助两个案例进行详细说明。

**【案例2-3】**

1. 相 关 案 情

该案涉及一种光源，背景技术部分针对现有的光源存在的问题进行了简要说明，即现有技术中，由于用于沿海设施、摩天大楼或灯塔的人造光源使用不当，使得夜间迁徙的鸟在陆地和海上容易迷航，经研究表明，鸟的迷航的程度与光的颜色相关。而且，有些光源发出的光还对人的视觉产生不舒服的感觉。因此为了减少对迁徙鸟的干扰影响和对于人类具有更好的舒适可见性，该申请提出一种新的光源。这种新光源的改进点在于通过选择某种类型的光源的发光层材料，使得光源发出的光的波长 $\lambda$ 和总显色指数 $Ra$ 函数的光谱功率分布满足特定的关系，通过这种技术手段可以解决光源对迁徙鸟的迷航影响以及可以改善对人类视觉的舒适度。针对这种发明构思，申请人请求保护的权利要求是如何撰写的呢？下面一起来看看。

1. 一种用于产生具有380～780nm范围至少一部分的光谱发射的光的光源，该光具有为波长 $\lambda$ 和总显色指数 $Ra$ 函数的光谱功率分布 $E(\lambda)$，

其中575nm≤$\lambda$≤650nm的第一范围与380nm≤$\lambda$≤780nm的第二范围上积分光谱功率分布的比率由下述关系给出：

$$\frac{\int_{575}^{650} E(\lambda)\,d\lambda}{\int_{380}^{780} E(\lambda)\,d\lambda} = B_b$$

且其中 $0 < B_b \leq 0.15$ 且 $Ra \geq 20$。

首先，看一下这个权利要求1的保护范围。从权利要求1的撰写形式上看，其主题要求保护的是一种光源，光源的含义非常广泛，我们通常把自己能发光且正在发光的物体叫做光源。光源分为三种：热辐射光源、气体放电光源和电致发光光源，因种类不同，它们的工作原理也相差甚远。所以，从主题名称上看，权利要求1的主题含义比较宽泛。其次，再来看看用于限定这个权利要求保护范围的技术特征都是什么。很显然，权利要求1是产品权利要求，产品权利要求一般应当用结构技术特征来限定，当然也不是完全排除用功能、参数、效果等特征进行限定。但是，该申请的权利要求1中用于限定其保护范围的特征完全是参数，即光谱、波长$\lambda$、总显色指数$R_a$函数的光谱功率分布$E(\lambda)$以及$B_b$，或者，我们还可以说，这种限定是效果限定，因为这些参数满足的要求实际上就是这种光源所要达到的效果。权利要求1中没有任何结构特征，通过这些参数或效果的限定，无法限定其光源的类型，也就是说，只要满足这种参数要求或达到这种效果要求的所有光源都被限定在权利要求1的保护范围内，显然，权利要求1的保护范围是相当大的。

那么，这样的权利要求是不是能够被允许呢？我们目前还不能下结论，因为还要看看其说明书是如何撰写的。

该申请的说明书具体实施方式部分只给出了一种光源，其相关描述如下："一种单个外壳中包括3个36W的低压汞气体放电灯（TLD）的照明系统，两个TLD作为光源是根据本发明的光源且能够发射夜光光谱，一个TLD作为附加照明元件能够发射类日光光谱，例如具有外观色温约为3400K的光谱的TLD/84。当仅附加照明单元处于开状态，即TLD发射给与日光印象的光源时，系统的显色指数$R_a$约为82，红色显色指数$R9$约为83，且参数$B_b > 0.15$。因而，提供了对于人类是舒适且安全的极好的光源，同时也可以避免对夜间迁徙鸟的影响。当仅光源处于开态，即两个TLD以开态发射夜光光谱时，显色指数约为33，且参数$B_b$约为0.05。"

此外，说明书对于这种低压汞气体放电灯的具体结构、满足的相应参数、其发光层使用的具体材料等所有细节都描述得很清楚，但是发光层使用的材料仅给出了一种，即该发光层包括$BaMg_2Al_{16}O_{27}$：Eu以及Mn和$BaMgAl_{10}O_{17}$：Eu的混合物，并且还给出了这两种混合物的总量比，例如$BaMg_2Al_{16}O_{27}$：Eu，Mn的重量除以$BaMgAl_{10}O_{17}$：Eu的重量的比率在1.5～13的范围内，优选地在1.5～2的范围内；更优选在1.8～1.9的范围内。说明书中记载的这种光源能满足的参数要求与权利要求1记载的内容完全一致。另外，说明书中还附有附图，具体示出了这种低压汞气体放电灯作为光源的结构以及其满足的光谱图。

那么,对于这样的权利要求以及这样的说明书,是否满足支持的要求呢?

2. 案 例 分 析

在照明领域中,光源的概念很宽,仅涉及用于沿海、摩天大楼或灯塔等设施上的光源就至少包括低压汞气体放电灯、LED(发光二极管)灯和高压金属卤化物放电灯。实际上,权利要求1中关于光谱以及其他参数的限定,相当于效果限定,而说明书中仅给出了一种光源,即低压汞气体放电灯,这是一种特定结构的灯,该申请的改进点在于通过这种特定结构的灯并采用一种特定的发光层材料(如上所述)来解决其要解决的技术问题,说明书中并没有给出其他类型的光源,如 LED 灯或者金属卤化物放电灯如何通过改进结构或者其发光层的材料等来解决这个问题,而所属技术领域的技术人员根据说明书记载的内容,也无法预见其他类型的光源是否也可以解决该申请要解决的技术问题并达到相同的技术效果,因为不同类型的灯,其工作原理是不同的,例如 LED 灯与低压汞气体放电灯的工作原理就差异很大,因此两者在结构上、发光性能等方面都会有很大差异。低压汞气体放电灯是通过灯管内的气体放电,然后激发管壁上的发光材料发光的;而 LED 灯的主要结构包括由 P 型和 N 型半导体材料构成的半导体晶片,其发光原理在于:在这两种类型的半导体材料之间形成 P–N 结,当电流通过导线作用于这个晶片时,电子被推向 P 区,在 P 区电子和空穴复合,然后发光。可见,LED 灯和低压汞气体放电灯在结构和发光原理上都完全不同,因此在说明书实施例中仅给出一种采用特定发光材料的低压汞气体放电灯作为具体实施方式的情况下,所属技术领域的技术人员无法预见这种材料如何应用于其他类型的光源如 LED 灯中解决该发明要解决的技术问题,并达到该发明的效果,即无法预见其他类型的光源能实现满足权利要求1中所限定的 $E(\lambda)$ 和 $B_b$ 之间的关系。实际上,这种情况下,我们只能推测:申请人在申请日之前并没有实现除了具有这种特定发光层材料的低压汞气体放电灯以外的其他类型的灯来解决其技术问题的技术方案,也就是说,在该申请中,申请人要求的权益大于其对社会作出的贡献,专利行政部门不可能把这部分权利授予申请人,否则对公众是不公平的。因此,该申请的权利要求1不满足《专利法》第26条第4款有关支持的规定。

3. 撰 写 建 议

那么,该申请应如何撰写才能满足说明书对权利要求的支持呢?

针对这个案子的情况,一方面,如果申请人对社会作出的贡献就在于提供了具有特定结构和发光材料的低压汞气体放电灯来达到这样的光谱参数要求,那就只能将权利要求1的"光源"限定成具有这种特定结构和发光材料的低压汞气体放电灯。另一方面，如果申请人在申请日之前已经作出了针对其他类型光源的这种光谱参数要求，例如针对 LED 灯以及本领域常用的其他类型的光源，那么，就必须在说明书中具体写明针对这些光源的结构和材料作了哪些具体改进，并满足上述光谱参数的要求，使得所属技术领域的技术人员在阅读说明书中给出涉及不同种类光源的几个具体实施方式的基础上，能够预见本领域中其他光源采取何种结构同样也能解决该申请要解决的技术问题并达到相同的技术效果，才能符合说明书对目前撰写的权利要求 1 支持的要求。

判断说明书是否支持权利要求是撰写和专利审查中的难点所在，下面再介绍一个例子，以便加深读者对这个撰写要点的认识。

## 【案例 2-4】

*1. 相关案情*

该案涉及一种有机电致发光器件（OLED），属于一种半导体器件。根据说明书的记载，现有的这种 OLED 器件具有很多优点，如自主发光、低电压直流驱动、视角宽等，并且与液晶显示器相比，响应速度可达液晶显示器的 1000 倍，但是这种 OLED 在性能上也存在一定的缺点，例如发光效率低等，因此该申请要解决的技术问题就是如何提高发光效率，从而提高器件性能。该申请采用的技术手段是在器件的一层有机功能层中掺杂某种金属材料或金属化合物材料，通过调节空穴、电子的注入和传输来平衡二者浓度，由此提高发光效率，提高器件性能。针对这样的发明构思，申请人要求保护的权利要求 1 如下：

1. 一种有机电致发光器件，依次包括阳极层、有机功能层和阴极层，有机功能层中包括发光层、空穴注入层、空穴传输层、电子传输层、电子注入层和空穴阻挡层中的至少一层，其特征在于，有机功能层中的至少一层掺杂有由选自镧系金属、镧系金属的卤化物、镧系金属的氧化物或镧系金属的碳酸盐中的至少一种材料。

从这个从权利要求 1 中明显看出，其改进点体现在技术特征"有机功能层中的至少一层掺杂有由选自镧系金属、镧系金属的卤化物、镧系金属的氧化物或镧系金属的碳酸盐中的至少一种材料"上。这个技术特征实际上包含了两个概念的概括性限定：（1）一个是"有机功能层中的至少一层"；（2）另一个是"选自镧系金属、镧系金属的卤化物、镧系金属的氧化物或镧系金属的碳酸盐中的至少一种材料"。那么，这两个概括性的限定是否能够得到说明书的支持，仅从权利要求 1 的撰写上是看不出来的，我们需要进一步详细阅读说明书的内容才能给出正确判断。

下面我们简单介绍一下说明书的内容。

该申请说明书背景技术中记载了这种 OLED 器件的一般结构及工作原理，即：

有机电致发光器件的一般结构依次包括：基体、阳极、有功能机层和阴极，而有机功能层包括发射层、空穴注入层和/或空穴传输层以及电子传输层和/或电子注入层，还可以包括位于发射层与电子传输层之间的空穴阻挡层等。OLED 的工作原理如下：当电压施加于阳极和阴极之间时，空穴从阳极通过空穴注入层和空穴传输层注入到发射层中，同时电子从阴极通过电子注入层和电子传输层注入到发射层中，注入到发射层中的空穴和电子在发射层复合，从而产生激子（exciton），在从激发态转变为基态的同时，这些激子发光。

说明书中记载的该申请要解决的技术问题、技术手段以及达到的技术效果如下：

有机电致发光器件（OLED）由于其在平板显示和照明方面有潜在的应用优势，近年来引起国际国内学术界和产业界的广泛关注。目前，高效率、高稳定性的 OLED 器件是推动其在产品中快速和全面应用的重要因素。在传统的双层或多层结构器件中，空穴传输层的空穴传输的能力要强于电子传输能力 10～1000 倍，这会导致器件的效率下降和寿命加速衰减。为了提高 OLED 器件性能，就必须调节空穴、电子的注入和传输，平衡二者的浓度，达到平衡。

针对上述问题，本发明提供一种可以大大提高发光效率的 OLED 器件。

该发明采取的手段主要是通过向作为有机功能层之一的空穴传输层中掺杂镧系金属、镧系金属卤化物、镧系金属的氧化物、镧系金属碳酸盐中的至少一种材料。

取得的效果如下：

1. 有效地提高了器件的发光效率。因为在空穴传输层掺杂了特定材料，能够调控载流子的浓度，使空穴和电子达到最佳匹配，大大提高了空穴和电子的复合效率，即达到了提高器件发光效率的目的。

2. 空穴传输的减弱使得 Alq3 正离子生成的几率降低，有利于减缓工作器件的衰减。

3. 器件的发光光谱不受掺杂材料的影响，保证了色纯度。

另外，说明书中给出的 7 个实施例均是涉及对空穴传输层进行不同镧系金属、镧系金属氧化物、镧系金属卤化物以及镧系金属碳酸盐等进行掺杂的例子，其中涉及的镧系金属材料给出了多个具体例子，如镱、钕、镨、钬、钐等，以及这些金属的氧化物、卤化物以及碳酸盐等具体材料，例如三氟化镱、二氟化镱、三氯化镱、二氯化镱、三溴化镱、三碳酸二镱等，并且具体实施方式中还给出了掺杂后的这些器件的各种具体性能数据与现有技术器件（未掺杂）的性能对比情况。

2. 案例分析

首先，来分析一下权利要求1中的技术特征"有机功能层中的至少一层"概括得是否合适。

从说明书记载的内容可知，该申请所要解决的技术问题是如何调节空穴、电子的注入和传输，使二者浓度达到平衡，从而提高OLED的发光性能。该技术问题的提出是基于传统的双层或多层结构器件中，空穴传输层的空穴传输的能力要强于电子传输能力10～1000倍，这会导致器件的效率下降和寿命加速衰减。即：由于目前的器件结构中空穴传输层的传输能力要大大强于电子传输层的传输能力，导致注入到发光层中空穴数量大大多于电子数量，从而使两者浓度明显失衡，导致发光效率下降。针对以上问题，该申请说明书中给出了多个实施例，均是对空穴传输层进行镧系金属、镧系金属氧化物、镧系金属卤化物以及镧系金属碳酸盐等进行掺杂的例子，以减弱或阻碍空穴在空穴传输层中的传输能力，减少注入到发光层中空穴的数量，从而使注入到发光层中的空穴和电子浓度达到平衡，进而提高了器件的发光效率。

而该申请的权利要求1中记载的是"有机功能层中的至少一层……"，因此权利要求1的技术方案除了包括在空穴传输层中掺杂的情况外，还包括在空穴注入层、发光层、电子传输层、电子注入层以及空穴阻挡层中的至少一层进行掺杂的情况。首先，从该申请记载的内容以及本领域普遍知晓的内容可知，空穴注入层的性能以及在器件中所起的作用与空穴传输层相似，两者可以采用相同的材料制取，因此所属技术领域的技术人员通过说明书中给出的空穴传输层的掺杂方式能够预期到在空穴注入层中也可以掺杂这种物质，从而解决技术问题并取得预期效果，因此从空穴传输层的具体实施方式概括成"空穴传输/注入层"是能够得到说明书支持的。其次，本领域技术人员都知晓，电子传输层的传输能力普遍弱于空穴传输层的传输能力，如果对电子传输层进行同样的掺杂，本领域技术人员无法预见是否能达到平衡两者传输能力的效果，也难以预见能否提高发光效率。再者，即使存在电子传输层的传输能力强于空穴传输层的情况，但是，将能有效降低空穴传输层对空穴的传输能力的掺杂物质掺杂到电子传输层中，却不一定能够同时起到降低电子传输层对电子的传输能力的作用，因为电子和空穴在传输层的能带结构中存在和传输的机理是不同的，能调控和阻碍空穴的掺杂物质不一定能同样对电子起到同样的调控和阻碍作用。最后，对于在发光层中掺杂的情况，由于发光层是由注入层/传输层注入的电子和空穴进行复合发光的区域,空穴和电子在发光层中的浓度已经相对稳定,这时再在发光层中进行掺杂以阻碍某一载流子的传输,将很难达到预期效果。另外,不言而喻,空穴阻挡层与空穴传输层在性能上、在器件中所起的作用上也完全不同,因此不可能通过将掺杂在空穴传输层中的特定材料掺杂到空穴阻挡层中以达到相同的效果。

由以上的分析看出,申请人要求保护的权利要求1中限定了一个较宽的保护范围,即限定了有机功能层中的至少一层均可通过掺杂所述镧系金属及化合物材料,但是所属技术领域的技术人员根据其自身掌握的普通专业技术知识以及说明书给出的技术内容,无法预期除了在空穴注入/传输层中掺杂的技术方案以外的其他技术方案均能解决该申请要解决的技术问题,例如在发光层、电子传输层、电子注入层和空穴阻挡层中的至少一层中掺杂选自镧系金属、镧系金属的卤化物、镧系金属的氧化物或镧系金属的碳酸盐中的至少一种材料。因此,权利要求1因记载的"有机功能层中的至少一层"概括过宽而得不到说明书支持。

然后,再来看看权利要求1中关于镧系金属相关特征的概括是否合适。

权利要求1中记载的掺杂材料为"选自镧系金属、镧系金属的卤化物、镧系金属的氧化物或镧系金属的碳酸盐中的至少一种材料",关于镧系金属,说明书中具体给出了5种材料即镱、钕、镨、钬、钐。所属技术领域的技术人员都知道,镧系金属是元素周期表IIIB族中原子序数为57~71的15种金属,它们具有基本相同的性能,该申请将镧系金属及其卤化物、氧化物、碳酸盐掺杂到空穴传输层中,目的在于利用镧系金属的原有性能,减弱或阻碍空穴在空穴传输层中的传输能力,使注入到发光层中的空穴和电子浓度达到平衡,由此提高器件发光效率,提高器件性能。因此在说明书中已经给出5种具体镧系金属的情况下,所属技术领域的技术人员可以预期采用其他镧系金属如铕也可以同样达到该申请的预期效果。

此外,掺杂镧系金属的氧化物、卤化物、碳酸盐等镧系金属化合物的形式也是通过镧系金属元素在其所掺杂层(空穴传输层)中所起的作用,达到使注入到发光层中的空穴和电子浓度达到平衡、提高器件发光效率的效果,而且在说明书中已经记载了上述5种镧系金属的氧化物、卤化物、碳酸盐的具体实施方式的情况下,所属技术领域的技术人员可以明确预期,该申请中还可以采用其他镧系金属的氧化物、卤化物、碳酸盐等同样能达到该申请的效果。因此,权利要求1中限定的"选自镧系金属、镧系金属的卤化物、镧系金属的氧化物或镧系金属的碳酸盐中的至少一种材料"是可以得到说明书支持的。

3. 撰写建议

通过这个案例可以看出,申请人在撰写说明书和权利要求书时,针对两者的关系上还是存在缺陷的。那么,对于这个案子而言,说明书应如何撰写才能克服不支持的问题呢?简单地说,如果申请人请求保护的范围用上位概念或功能性特征来限定,则应该在说明书中给出足够的具体实施方式。那么,多少个实施方式算是足够呢?这是不可能通过一刀切来量化的,要根据申请人实际请求保护的范围来确定。就该申请而言,如果要使权利要求1得到说明书的支持,说明书中就必须给出关于有机功能层中性能不同、材料不同的各个层进行这种掺杂的具体例子,例如说明书中应给出在空穴注入/传输层、电子注入/传输层、发光层以及空穴阻挡层中分别掺杂相关镧系金属及其化合物材料的四种情况的具体实施方式,因为这些层在材料、性能、作用方面均不相同,给出其中一种层掺杂的例子并不能概括出其他层掺杂的情况。而对于材料、性能、作用基本相同的部件,如在前面论述镧系金属掺杂的特征是否得到说明书支持时所涉及的情况,在撰写说明书时就没有必要都一一给出具体实施方式。

### 三、说明书用于解释权利要求

前面讲过,说明书对于权利要求书有解释作用,无论在实质审查阶段还是在授权后续阶段,这种解释作用都非常重要。对于专利权被授予之后,特别是在无效和专利侵权判定阶段,说明书及其附图对于权利要求书的解释作用就更显突出了。发明人或申请人都知道,发明创造的最详细的内容是记载在说明书中,在专利权被授予之后,在确权或侵权判定中如果对权利要求书中记载的内容存在疑议,说明书及其附图可以用于解释权利要求书,这类问题出现比较多的情况是申请人在专利申请文件中使用的表达方式不是本领域公知的表达,如果撰写不当,可能会使申请人利益受到损失。下面举例阐述说明书对权利要求书的解释作用。

**【案例 2-5】**

1. 相关案情

该案涉及一项名称为"新型环形电容"的实用新型专利,它要解决的技术问题是提高环形电容对电磁干扰的抑制性能和耐高压性能以及更易于焊接安装使用。其改进点主要涉及对电容各个组成部分的结构上的改进以及材料的选择。权利要求1及说明书相关内容如下:

1. 一种新型环形电容,包括环形平板电容器(3)和凹形屏蔽外壳体(1),其特征在于所述的环形平板电容器(3)放置在凹形屏蔽外壳体(1)内,且环形平板电容器(3)的一个电极与凹形屏蔽外壳体(1)压合并焊接,在环形平板电容器（3）外压有凹形内壳体（4），且环形平板电容器（3）的另一个电极与凹形内壳体（4）压合并焊接，在凹形屏蔽外壳体（1）与凹形内壳体（4）之间所形成的腔体填充有高绝缘性树脂。

说明书第［0006］段关于介绍该实用新型所达到的有益效果时，写道："同时可在凹形屏蔽外壳体与凹形内壳体间自然形成的腔体内填充高绝缘性树脂，从而使环形平板电容器在2.5kV（AC）条件下不产生飞弧现象，大幅提高了环形平板电容器的耐高压性能。"

该实用新型专利被授权后，某无效请求人针对该案提出了无效请求，无效请求的理由之一是：权利要求1中提到的"高绝缘性树脂"含义不清楚，导致权利要求1保护范围不清楚，不符合《专利法》第26条第4款的规定。

专利复审委员会经审查后最终作出决定，认为权利要求1符合《专利法》第26条第4款的规定。其理由是：权利要求1中提到"在凹形屏蔽外壳体与凹形内壳体之间所形成的腔体填充有高绝缘性树脂"，在说明书第［0006］段提到"从而使环形平板电容器在2.5kV（AC）条件下不产生飞弧现象，大幅提高了环形平板电容器的耐高压性能"。据此，本领域技术人员能够知晓，权利要求1中的"高绝缘性树脂"即是指环形平板电容器能够在需要的场合下不发生飞弧现象所采用的材料。本领域技术人员根据这种使用要求和选择范围，可以确定高绝缘性树脂为哪些具体材料，因此权利要求1的保护范围是清楚的。

2. 案例分析

在该案中，权利要求1中出现的"高绝缘性树脂"并非本领域常用、公知的术语，在电子器件领域中，"绝缘性树脂"是常用的、具有公知含义的材料表达方式，其代表性材料有环氧树脂、聚酰亚胺树脂等，但哪些树脂具有"高绝缘性"，且绝缘性高到何种程度才能称为高绝缘性，在所属技术领域中并没有明确的定义。因此，针对该案而言，如果仅从权利要求1记载的内容来确定其保护范围，确实存在歧义。但是，说明书中记载了该实用新型专利对这种高绝缘性树脂的使用要求，即"使环形平板电容器在2.5kV（AC）条件下不产生飞弧现象，大幅提高了环形平板电容器的耐高压性能"，据此，所属技术领域的技术人员结合其自身掌握的技术知识，就知道如何在现有的绝缘性树脂材料中进行选择，以达到这个使用要求。也就是说，根据说明书对权利要求1的解释之后，权利要求1的保护范围实质上是清楚的。由此该案从一定程度上体现了说明书对权利要求的解释作用。相反，如果该案说明书和权利要求书中记载的内容一致，即仅记载"高绝缘性树脂"，而没有涉及任何关于其使用要求、其所要达到的效果或实现的功能等相关内容,也就是说,说明书中没有关于"高绝缘性树脂"的进一步解释的内容,则该实用新型专利很有可能因不清楚而被无效。

3. 撰写建议

虽然该案因说明书可以用于解释权利要求而并未造成专利权损失,但是该案说明书的撰写并不完美,还存在一定瑕疵。由于采用高绝缘性树脂填充在凹形屏蔽外壳体(1)与凹形内壳体(4)之间的腔体内属于该实用新型专利的改进点之一,树脂材料的绝缘性参数具体为多少才能满足高绝缘性的要求或者该申请具体采用了哪种树脂材料等相关信息应该在说明书中给出较为详细的说明,最好能给出这种树脂材料的具体例子,以使所属技术领域的技术人员能够更好地理解该实用新型的技术方案,达到所期望的有益效果,这样也可以避免后续可能发生的确权纠纷。

## 四、说明书附图的要求

前面讲过,实用新型专利申请的说明书中必须辅以附图,发明专利申请的说明书中虽然不是强制要求必须要有附图,但是在很多情况下,因为附图能够很好地帮助公众理解发明的内容,因此建议在条件允许的情况下,发明专利申请的说明书中尽量辅以附图。既然附图的主要作用是帮助理解发明创造,那么什么样的附图才能真正起到这个作用呢?下面就以本部分提到的上述【案例2-1】和【案例2-2】的情况作个对比加以说明。

【案例2-1】和【案例2-2】这两件专利申请的情况非常类似,两者的技术领域和要解决的技术问题很相似,两者的改进点也都是涉及可编程存储器的制造,但是,从两者说明书的撰写上,尤其是附图的内容上看,其撰写方式相差非常大。【案例2-1】中是以流程图的方式给出,图中所示的文字与说明书文字部分的表述没有太大差异,几乎是说明书文字部分的重复表述,完全没有起到附图的作用。在说明书文字部分没能说清楚的情况下,附图也没有起到辅助作用。而【案例2-2】则不同,由于实施例中主要针对如何制造可编程存储器进行详细表述,为了便于更直观地理解器件的制造过程,在附图中,按执行每一步骤之后得到的器件结构,给出相应的器件结构的剖面图,让读者能一目了然地明白每个制造步骤之后,器件的结构大概是什么样子的,器件的各个组成部分之间的相对位置关系、形状等通过附图标记的形式都显示得非常清楚,对于说明书的充分公开起着至关重要的作用。下面就把【案例2-1】和【案例2-2】的说明书附图再展示一下,供读者参考。

【案例2-1】的说明书附图(不推荐):

第二章　专利申请文件如何撰写

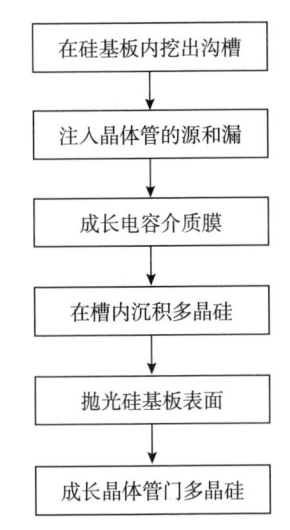

```
┌─────────────────┐
│ 在硅基板内挖出沟槽 │
└────────┬────────┘
         │
┌────────▼────────┐
│ 注入晶体管的源和漏 │
└────────┬────────┘
         │
┌────────▼────────┐
│   成长电容介质膜  │
└────────┬────────┘
         │
┌────────▼────────┐
│  在槽内沉积多晶硅 │
└────────┬────────┘
         │
┌────────▼────────┐
│   抛光硅基板表面  │
└────────┬────────┘
         │
┌────────▼────────┐
│ 成长晶体管门多晶硅│
└─────────────────┘
```

【案例2-2】的说明书附图（推荐）：

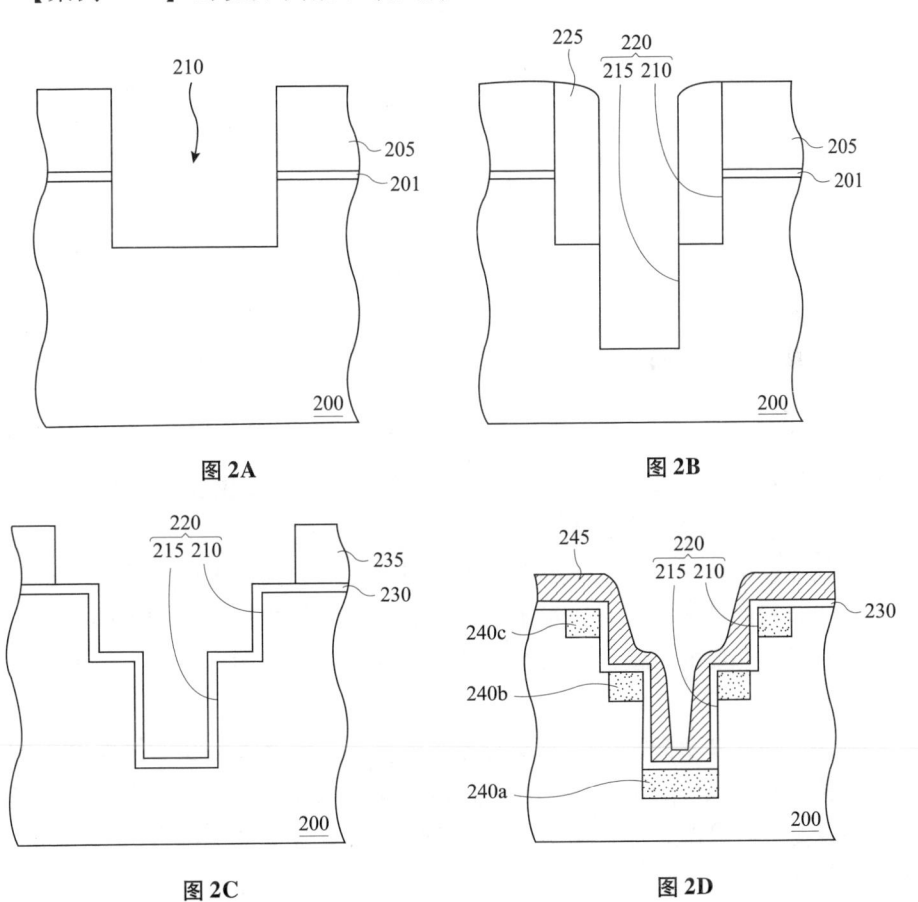

图 2A

图 2B

图 2C

图 2D

图 2E

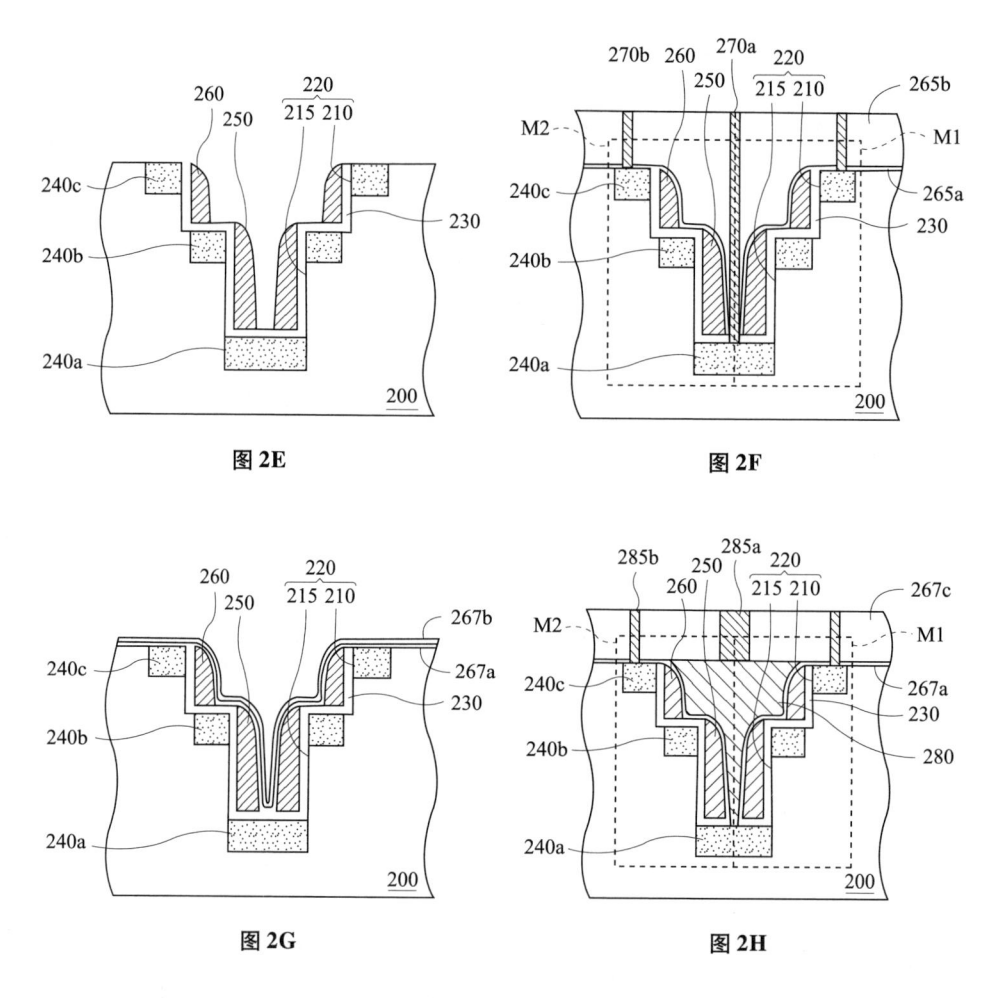

图 2F

图 2G

图 2H

那么，什么样的专利申请应该辅以什么样的附图才能真正起到附图的作用呢？下面针对电学领域中几种常见的情况，提出几条建议供读者参考。

1. 涉及器件或装置的结构方面的专利申请

这类专利申请的改进点一般在于器件或装置的结构，因此为了能够正确表述器件或装置的结构与现有技术不同，就需要在附图中用结构的不同方位的视图进行表示，必要的时候，还需要用器件或装置的分解图、不同方位的剖面图加以表示。

例如：一种涉及光源组件的发明专利申请，它的改进点在于光源结构的改进，以便于光源组件的小型化、轻量化以及充分散热，其权利要求书中请求保护的主题是一种光源组件，属于一种器件或装置。说明书中给出的附图说明以及相关附图如下。

## 说　明　书

**附图说明**

图1（a）、（b）是表示第一实施方式的光源组件的外观的图；

图2（a）、（b）是表示上述光源组件的结构的剖面图；

图3是表示上述光源组件的结构的分解立体图；

图4（a）、（b）是表示上述光源组件的第一变形例的图；

图5（a）、（b）是表示上水光源组件的第二变形例的图；

图6是表示上述光源组件安装于照明装置的状态的剖面图。

## 说明书附图

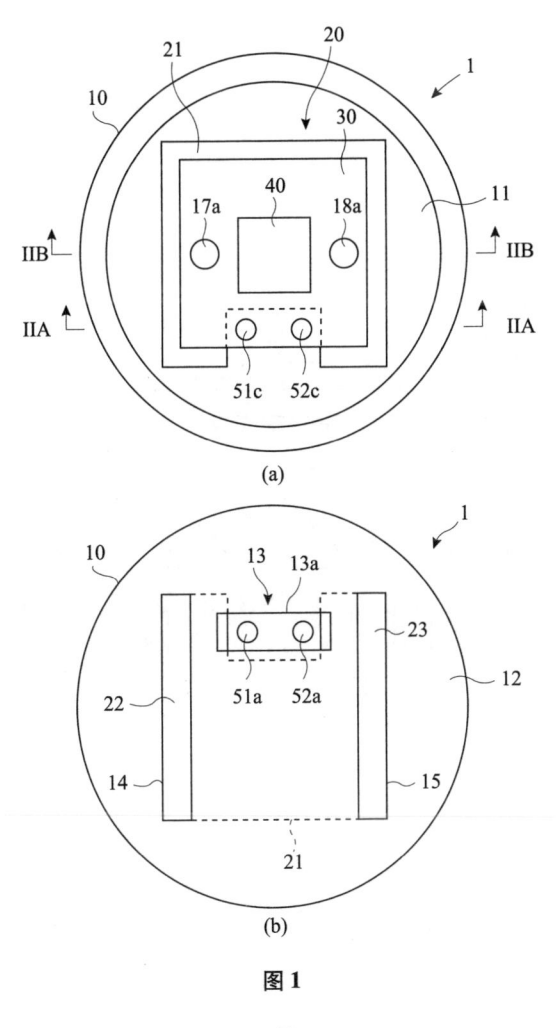

图1

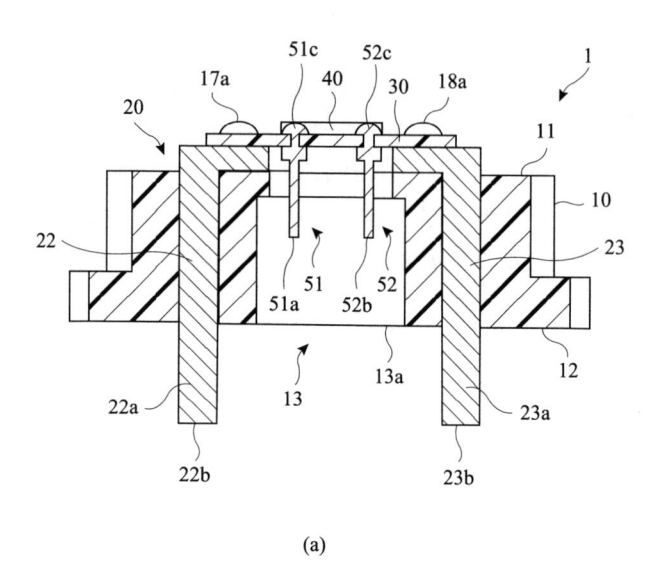

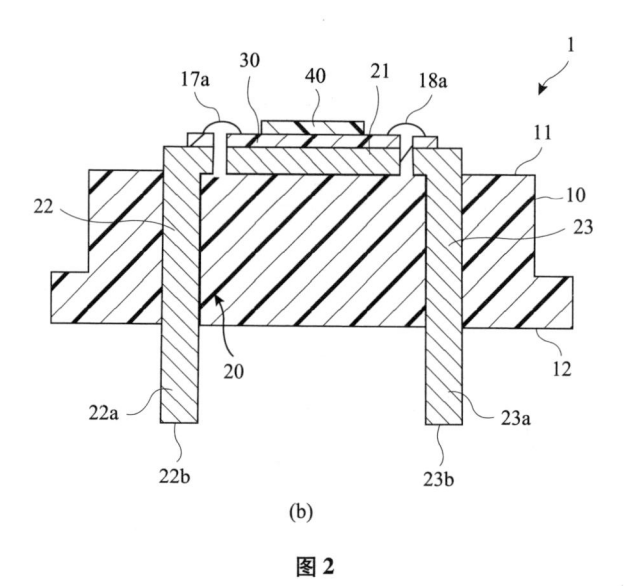

图 2

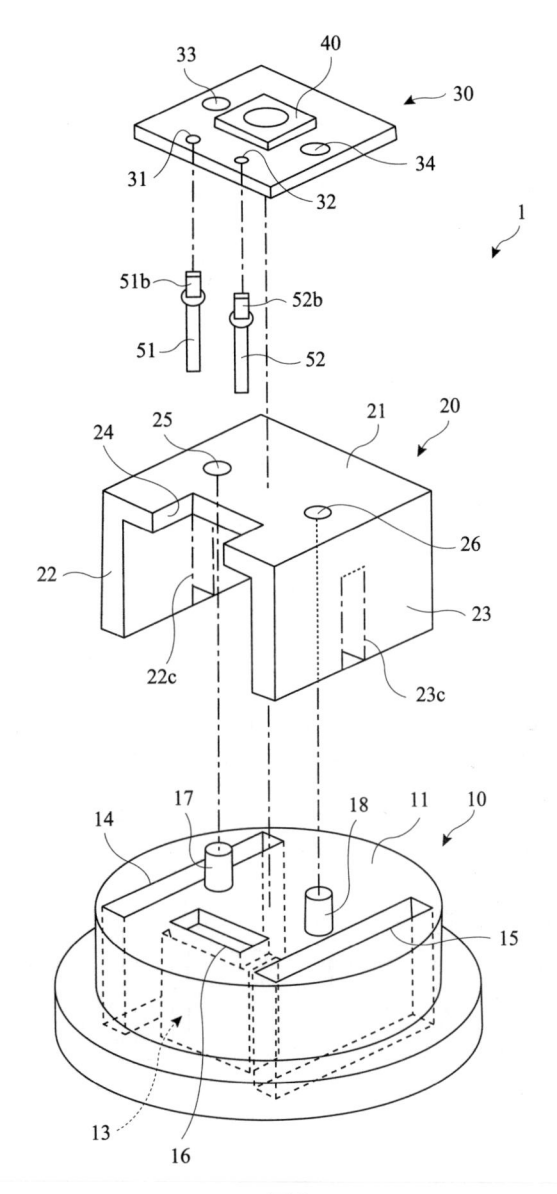

图 3

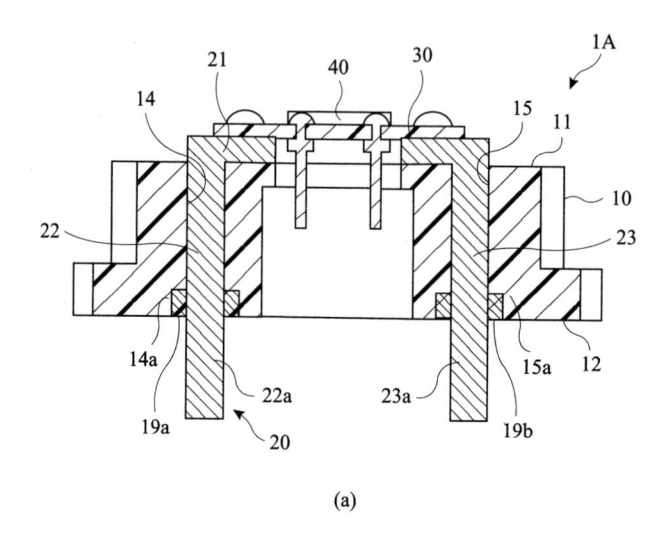

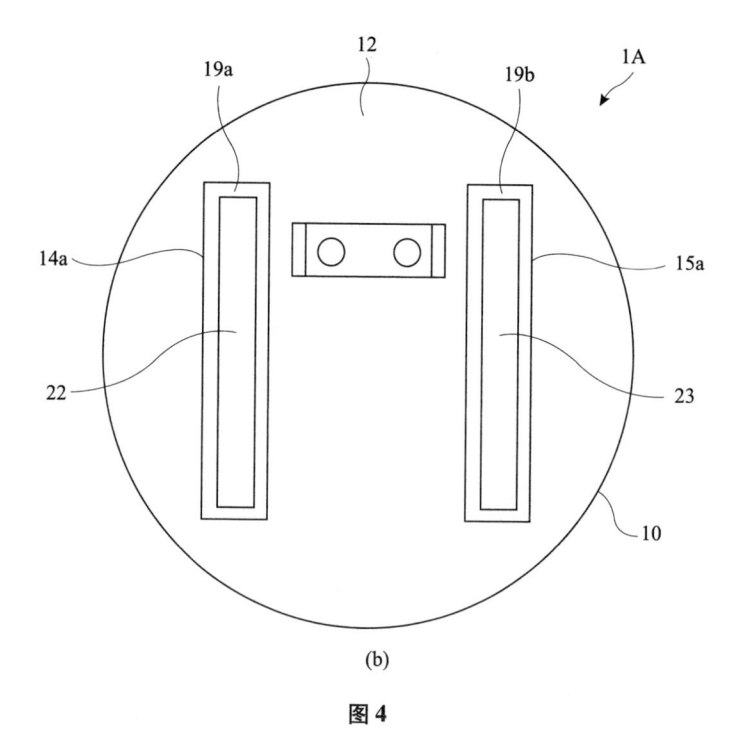

图 4

第二章 专利申请文件如何撰写

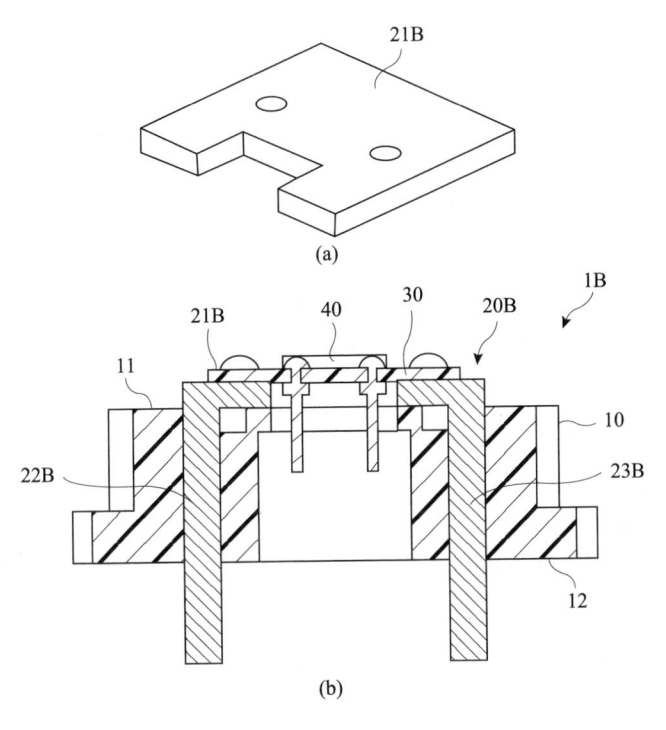

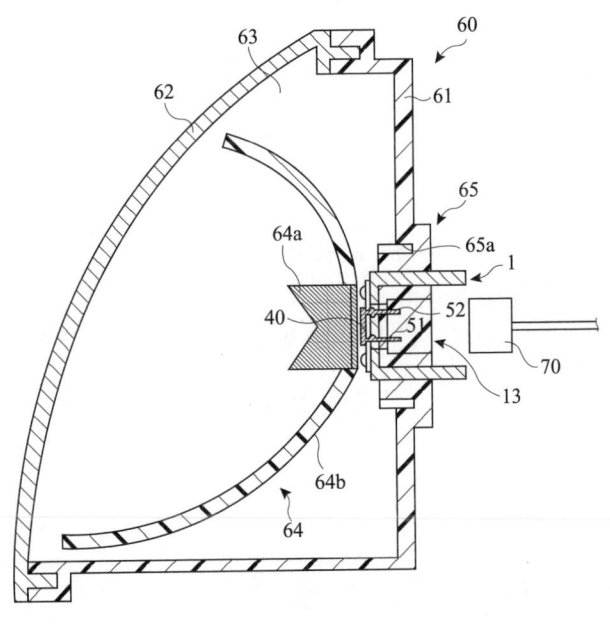

图 5

图 6

· 47 ·

上述附图中包括了光源组件的外观图、结构剖面图、分解立体图以及安装状态图等，非常清楚地显示了其光源组件的结构以及安装状态等，这样的附图才能帮助理解发明创造的内容，起到很好的辅助作用。

2. 涉及器件或装置的制造方法的专利申请

这类专利申请改进点一般在于制造步骤、工艺流程等方面，因此附图最好用制造过程中的器件或装置的结构图或剖面图来表示。

正如本部分提到的【案例2-2】中，它的改进点在于可编程存储器的制造工艺，因此说明书附图中采用每个工艺步骤之后得到的器件的剖面图进行一系列显示，非常清楚地表明每个工艺步骤执行之后，器件的结构是怎样的，器件的各个组成部分的结构、形状及它们之间的相对位置关系等，与仅使用文字进行表述的情况相比，更加清晰、明了。

3. 涉及电路结构的专利申请

与电路结构改进相关的专利申请，说明书附图一般采用电路图和/或电路框图的方式加以显示。

例如，一件涉及USB供电电路的专利申请，它的改进点在于电路结构本身，权利要求1请求保护的主题是一种USB供电电路，并具体限定了该USB供电电路包括开关控制电路、电流检测电阻和差动放大电路，以及这三部分的具体结构和功能。该申请的说明书中的附图说明以及附图如下。

## 说 明 书

**附图说明**

图1为本发明实施例提供的USB供电电路的结构框图；

图2为本发明实施例提供的开关控制电路的示意图；

图3为本发明实施例提供的差动放大电路的示意图；

图4为本发明实施例提供的USB供电电路具体的结构示意图。

## 说明书附图

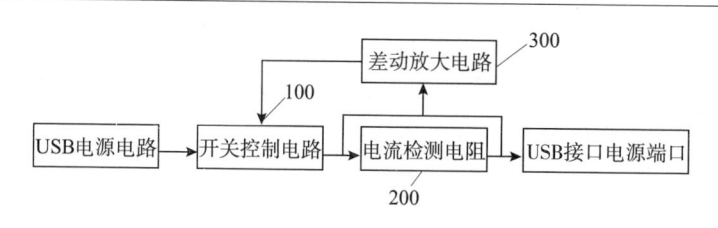

图1

第二章 专利申请文件如何撰写

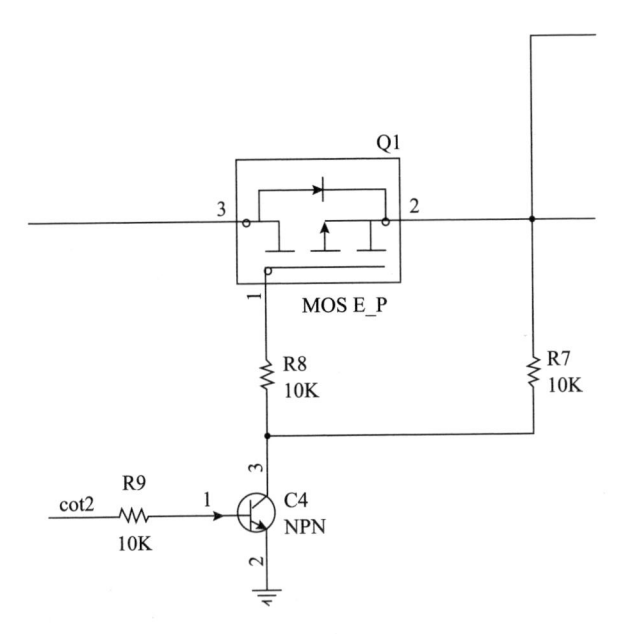

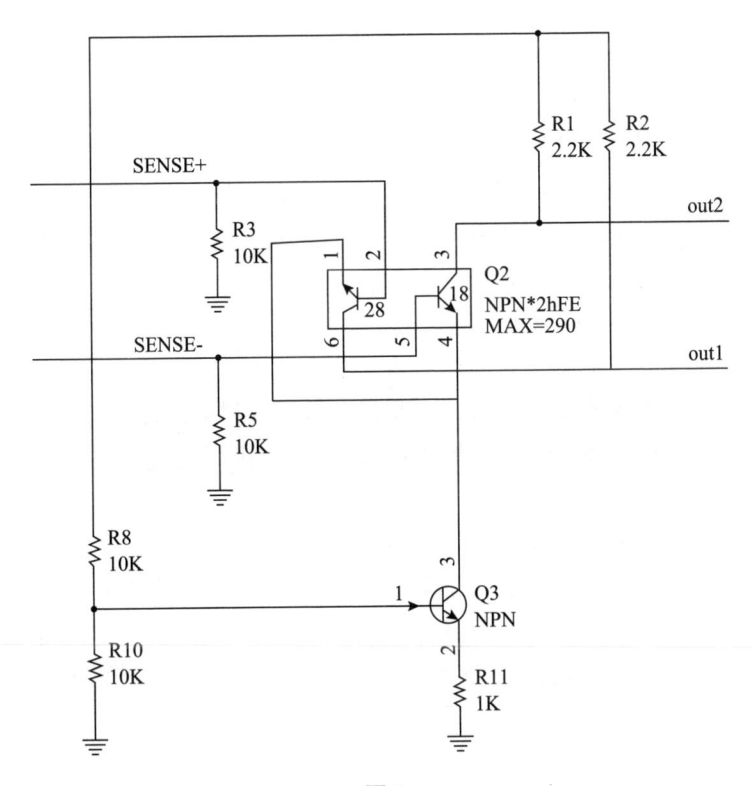

图 2

图 3

· 49 ·

图4

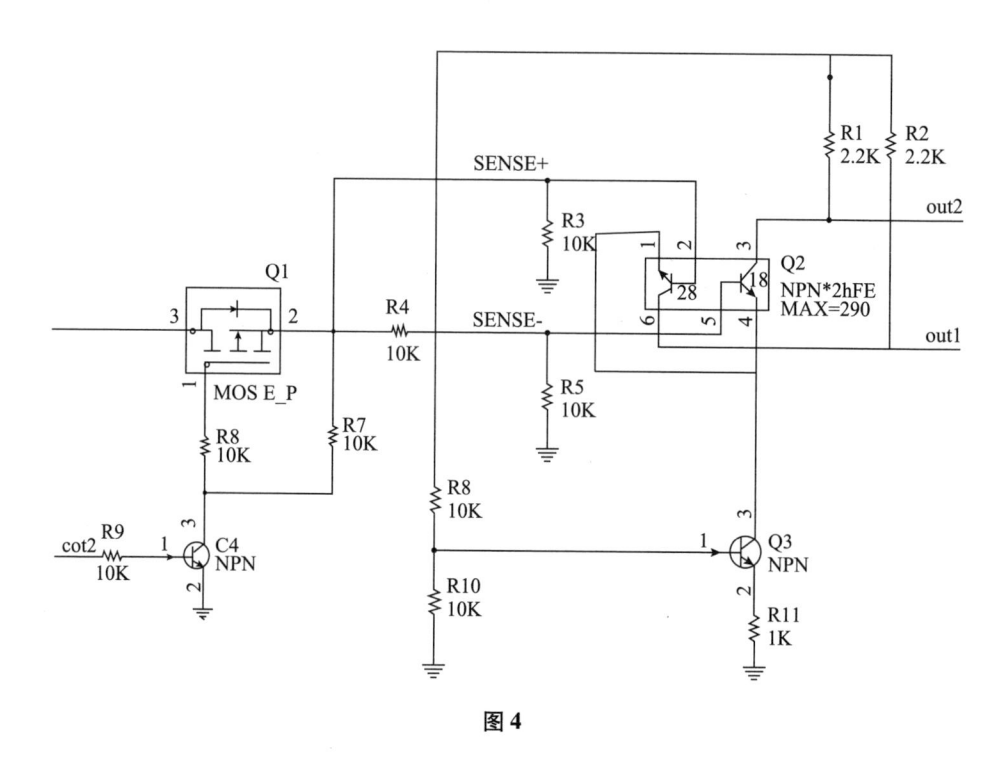

该案中，图1以电路框图的方式，比较清晰地显示了USB供电电路的几个组成部分之间的连接关系和电流走向，图4以构成USB供电电路的各个组成部分的电路结构图的方式，利用本领域常用的表示电路元件的符号和标记，非常清楚地显示出了各个电路元件的种类、它们之间的连接关系以及通电情况等，使本领域技术人员很容易理解其技术方案。需要注意的是，采用框图进行表示时，框内应标以必要的文字或符号。

4. 涉及控制、处理等与流程相关的专利申请

在计算机技术领域涉及控制、处理等方面的专利申请比较多，这类专利申请一般都与处理流程或控制流程相关，所以说明书附图也通常以流程图的方式进行显示。

例如，一件涉及手机游戏的暂停控制方法的专利申请，其要解决的技术问题是更加灵活方便地进行游戏暂停操作。改进点主要涉及控制步骤，其权利要求1请求保护的主题是一种手机游戏的暂停控制方法，并具体限定了在游戏运行过程中如何通过控制来灵活方便地暂停游戏。其附图说明和说明书附图如下。

# 说　明　书

**附图说明**

图1是本发明实施例手机游戏的暂停控制方法的流程示意图。

## 说明书附图

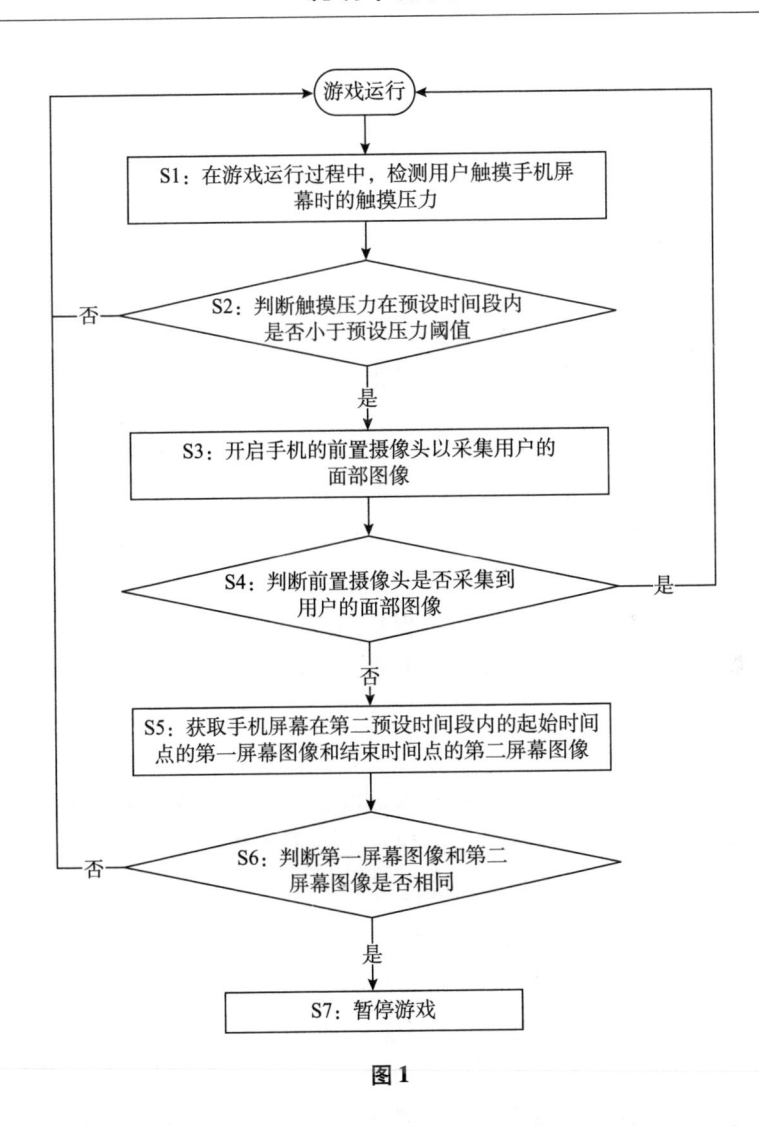

图1

在该案中，说明书附图通过流程图的方式，清楚、简要地显示出了该案在手机游戏运行过程中如何灵活地进行暂停控制，非常有助于本领域技术人员理解其技术方案。同样需要注意的是，说明书附图采用流程图显示时，表示各个流程的框内应标以必要的文字或符号。

5. 其他专利申请的情况

除了以上几种情况以外，说明书附图还可以利用曲线图、照片等形式进行显示，采用这种附图用以帮助理解技术效果的情况居多。

在撰写专利申请文件时，具体应该采用哪种附图进行显示，申请人可以根据具体情况而定，只要能够辅助说明书文字部分进一步理解专利申请的技术方案即可。当然，说明书附图的绘制要求，如大小、清晰度、绘制线条等，应当满足《专利申请指南 2010》第一部分第一章第 4.3 节中的具体要求，这里不再赘述。

# 第二节 权利要求书的撰写要点

## 一、权利要求书应当清楚、简要

前面讲过，对于一份专利权而言，权利要求的主要作用是界定专利权的保护范围，因此权利要求的内容和表述应当清楚、简要，这是一个最基本的要求。试想一下，如果一项权利要求的类型不清楚和/或它的某个或某些技术特征的表述不清楚，又或者是各个技术特征之间的关系不清楚，无法判断其所要表达的含义是什么，该如何确定权利要求的保护范围呢？因此，一项权利要求的撰写中最基本的要点，就是要求权利要求的类型、技术特征的表述都是清楚的。另一方面，如果权利要求中存在多处重复描述的技术特征或者采用不必要的、例如对原因、理由等进行不必要的表述，或者采用商业性宣传用语等表述，这些不简要的情况也势必会影响所属技术领域的技术人员对权利要求的技术方案的理解，严重时，可能导致权利要求的保护范围不清楚。下面针对权利要求撰写中常见的不清楚和不简要的几种情况进行说明。

（一）每项权利要求的类型应当清楚

主题名称是确定权利要求类型的重要依据，因此主题名称应当能够体现其为产品权利要求还是方法权利要求，主题名称中不允许使用含糊不清的表达方式。例如，一项权利要求的主题名称为"一种半导体器件"，另一项权利要求的主题名称为"一种半导体器件的制造方法"，这两项权利要求的主题名称都清楚地表明了其权利要求的类型，即第一项权利要求为产品权利要求，第二项权利要求为方法权利要求，这两种撰写方式都是允许的。

但是，如果权利要求的主题名称写成"一种通信技术"，由于一项技术可以用产品体现，也可以用方法体现，因此这种主题名称无法表明它是产品权利要求还是方法权利要求。另外，如果一项权利要求的主题名称写成"一种半导体器件及其制造方法"，因为一项权利要求中包含了两种类型，也不能确定它到底是哪一种类型。这两种撰写方式都是不允许的。

（二）每个技术特征的含义应当清楚

由于一项权利要求的保护范围依据其所用词语的含义来理解，因此权利要求中的每一个词语以及每一个句子的含义都应当清楚，并且，一般情况下，权利要求书中的词语所表达的含义应当是所属技术领域通常具有的含义。当然，如果权利要求书中对某词的特殊含义进行了明确限定，这种情况也是允许的。

下面通过举例的方式，介绍权利要求中出现了哪些不清楚的表述，导致其保护范围不清楚。

【案例2-6】

1. 相关案情

该申请涉及一种随机存取存储器，如静态随机存取存储器，特别涉及如何减小静态随机存取存储器的泄漏电流。它要求保护的权利要求1如下：

1. 用于将静态随机存取存储器（SRAM）阵列的虚地节点维持在数据保持水平的系统，包括：

用于产生阈值参考电压的阈值参考电压产生电路，阈值参考电压基于静态随机存取存储器阵列中的存储器单元晶体管的阈值电压；

耦合到阈值参考电压产生电路以接收阈值参考电压并且输出等于正供给电压和倍增因数与存储器单元晶体管的阈值电压的乘积之间的差的虚地参考电压的乘法器电路；及

耦合到乘法器电路以接收虚地参考电压并且将耦合到静态随机存取存储器阵列的虚地节点维持在虚地参考电压的虚地泄漏减小电路，

其中，乘法器电路包括包含第一反馈链元件和第二反馈链元件的反馈路径电路，倍增因数基于第一反馈链元件与第二反馈链元件的比率。

2. 案例分析

从权利要求1的每个用词来看，似乎看不出撰写上存在什么问题，但经过仔细斟酌其每个语句的含义发现，该权利要求1中最后一句"倍增因数基于第一反馈链元件与第二反馈链元件的比率"有点问题，这里面出现了第一反馈链元件和第二反馈链元件，在所属技术领域中，反馈链元件一般指能够起反馈作用的一个或几个电路元件。那么，问题来了，既然第一和第二反馈链元件相当于一个或几个电路元件，那么其中出现的"比率"一词是何含义？指的是元件的什么比率？显然这是不清楚的，而且从该权利要求技术方案的整体考虑，也难以判断比率的含义，比率的含义不清楚的话，倍增因数也就不清楚，使得对乘法器电路的限定不清楚，从而导致这项权利要求的保护范围就不清楚了，因此，权利要求1的这种撰写是不符合《专利法》第26条第4款有关清楚的规定的。

3. 撰写建议

针对该案的情况，因为在本领域中第一反馈链元件和第二反馈链元件的比率的含义并不是公知的，因此在说明书中应该有相应的记载，使得本领域技术人员能够明了其含义，并且，由于权利要求请求保护的技术方案与这个技术特征息息相关，因此应该将其含义明确记载在权利要求1中。

当然，如果在实质审查阶段发现了权利要求1存在这个缺陷，那是否能够通过修改来克服这个缺陷呢？这就要看说明书的撰写情况了。如果说明书中明确记载了第一反馈链元件和第二反馈链元件的比率的含义，则可以依据说明书的内容来修改权利要求1，由此克服这个缺陷。但是，如果说明书中也没有清楚记载第一反馈链元件和第二反馈链元件的比率的含义，则该案很可能因无修改依据而不能被授予专利权。

【案例2-7】

1. 相关案情

再来看看这个例子。它涉及一种带一体式天线的非接触界面SIM卡，属于智能卡制造技术领域，其要解决的技术问题是提供一种带一体式天线的非接触界面SIM卡，能够嵌入移动终端，支持SIM卡功能的同时也支持移动支付。权利要求1如下：

1. 一种非接触界面SIM卡，包括：一体式SIM卡基板和设置于所述一体式SIM卡基板上的带有非接触和接触功能的SIM卡IC以及外围电路，天线装置；……其特征在于，所述一体式SIM卡基板与所述天线装置的天线连接部分通过焊接连接，再通过塑封封装成一个整体；所述塑封使用的材料为TE-1100BS-53C树脂材料……

2. 案例分析

权利要求1请求保护一种非接触界面SIM卡，其中限定了通过塑封将SIM卡基板与天线连接部分封装成一个整体，并进一步限定了"所述塑封使用的材料为TE-1100BS-53C树脂材料"，其中的"TE-1100BS-53C树脂材料"，从表面上看,应该是树脂材料的型号,但是,这种型号到底代表哪一种树脂材料呢?权利要求中没有明确说明,说明书中也没有对其进行详细记载,所属技术领域的技术人员根据其自身掌握的知识也无法判断是哪种材料,也就是说,这个型号并不是本领域已知的型号,权利要求中使用这种型号对树脂材料进行限定,难以清楚确定其为哪种树脂材料,由此也就无法清楚地确定权利要求1的保护范围。

3. 撰写建议

对于专利申请文件中出现的产品型号,应该是本领域已知的型号,以便本领域技术人员根据该型号能够确定其为何成分。如果该型号不是本领域已知的,则应该在说明书中给出详细说明。例如,对于该案的情况,说明书中应该针对这种型号给出具体说明,最好给出树脂的具体化学式,使得本领域技术人员能够知晓其具体成分。

(三) 权利要求的主题名称应当与其技术内容相适应

除了用语和句子表述含义清楚之外,权利要求的撰写还应当满足主题名称与其技术内容相适应的要求,也就是说,申请人想要保护什么主题,必须用与该主题相关的技术内容加以限定,不能"张冠李戴",使其保护范围不清楚。下面通过一个案例加以说明。

**【案例 2-8】**

1. 相关案情

该案请求保护一种正弦波发生器,其权利要求1如下:

1. 一种正弦波发生器,其特征在于:包括第一变压器T1、第二变压器T2,所述第一变压器T1的输入线圈依次与二极管D2和电子开关K2串联后接地,设有电容C2与所述电子开关K2并联,所述第一变压器T1的输入线圈、二极管D2、电子开关K2和电容C2组成第一LC谐振电路;所述第二变压器T2的输入线圈依次与二极管D1和电子开关K1串联后接地,所述二极管D1和电子开关K1串联后与电容C1并联,所述第二变压器T2的输入线圈、二极管D1、电子开关K1和电容C1组成第二LC谐振电路;所述变压器T1和T2的输出线圈互为反向且并联。

相应的附图如下:

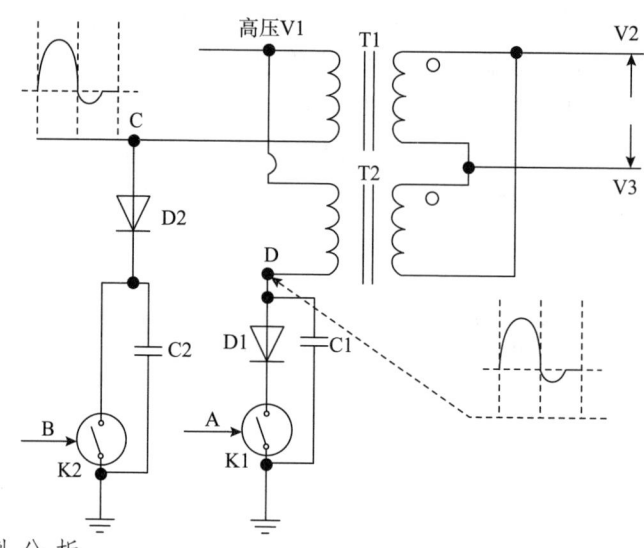

**2. 案例分析**

从权利要求 1 的每一个技术特征的描述来看，其含义都是清楚的，不存在含义不确定的用语，那么，这样的权利要求保护范围是不是就一定清楚呢？这还得看这项权利要求作为整体是否清楚。

首先，来看看主题名称。权利要求 1 的主题名称为一种正弦波发生器，也就是说，不管这项权利要求采用什么样的技术特征进行限定，其限定的技术方案至少应当是反映正弦波发生器的，这是对权利要求撰写的最基本要求。然后，再来看看其限定的技术内容。其中涉及技术特征"所述第一变压器 T1 的输入线圈依次与二极管 D2 和电子开关 K2 串联后接地，设有电容 C2 与所述电子开关 K2 并联"，如上述附图所示，二极管 D2 串联在振荡电路中，由于二极管 D2 的反向阻挡作用，电容 C2 上的电压在达到最高值后并不会向变压器 T1 的输入线圈放电形成振荡的波形，因此无法形成半个周期的正弦波，合成后经变压器也无法生成正弦波。也就是说，该权利要求 1 通过技术特征限定得到的电路并不能产生正弦波，这种电路结构无法构成正弦波发生器。因此，该权利要求中用于限定主题的技术内容与其主题名称"正弦波发生器"不相适应，使得权利要求 1 的保护范围不清楚。

由此看出，如果一项权利要求中限定的技术特征与其主题名称不相适应甚至相互矛盾，其保护范围也是不清楚的。

**3. 撰写建议**

在该案中，如果申请人确实想要保护的是正弦波发生器，就应该根据说明书记载的内容，重新撰写技术内容部分，用正弦波发生器的技术特征对其进行限定；如果申请人想要保护的主题并非正弦波发生器而是其他电路结构，则应该修改主题名称，使其与技术内容相适应。

（四）权利要求书应当简要

权利要求书应当简要这一要求一般包含两个方面的含义。

一方面，权利要求应当采用发明或者实用新型技术方案的技术特征来限定其保护范围，不应包含其他内容，例如对原因、理由作出的不必要说明，或者出现一些商业性宣传用语等。

另一方面，权利要求书作为整体应该简要，不要出现重复的权利要求项目或者重复的技术特征表述。

虽然，通常情况下，权利要求中出现不简要的问题不会对保护范围有大的影响，但是也不能排除在案情复杂的情况下，不简要的问题会影响对权利要求技术方案的理解。鉴于这种情况，同时也是为了规范权利要求书的撰写，建议申请人在撰写权利要求时应尽量避免出现不简要的问题。下面举例说明。

【案例2-9】

1. 相 关 案 情

该案请求保护一种风灯，现有技术中已有的风灯通常品种简单、用途有限，一般只能使用蜡烛或者只能使用电灯作为光源，为了克服这个缺陷，该申请请求保护一种风灯，它既可以采用蜡烛作为光源，也可以采用电灯泡作为光源，即可以实现一灯多用。针对这样的发明创造，申请人撰写的权利要求1如下：

1. 一种风灯，包括蜡烛托、防风罩和底座，所述蜡烛托设置再防风罩内，其特征在于：所述防风罩合底座可拆卸地连接，防风罩内设置有电灯接口，所述底座为中空体，本实用新型的风灯可以实现一灯多用。

2. 案 例 分 析

该案的权利要求1撰写的是否合适呢？我们一起来看看。从权利要求1对风灯结构的描述来看，读者很容易理解它请求保护的技术方案是什么，对风灯所应具有的必要技术特征也描述得很清楚。但是，我们发现权利要求1最后一句话"本实用新型的风灯可以实现一灯多用"并非是对风灯结构的限定，那么，它对请求保护的风灯起到什么样的作用呢？其实，这句话就是对这种风灯能够解决的技术问题（一灯多用）进行的说明，而这些说明对权利要求1请求保护的风灯没有起到限定作用，因为这种灯能够实现"一灯多用"已经通过对结构的限定体现出来了，如权利要求1中记载的，这种风灯包括蜡烛托和内设电灯接口的防风罩，显然，这已经明确表明权利要求1的风灯可使用蜡烛和/或电灯作为光源，从而实现了一灯多用。因此该权利要求1中出现的"本实用新型的风灯可以实现一灯多用"对其保护范围不起任何限定作用,反而造成权利要求不简要。

3. 撰写建议

针对该案的情况,由于权利要求1中关于风灯的结构限定已经比较清楚了,因此建议删除权利要求1中的"本实用新型的风灯可以实现一灯多用"即可,而这个特征可以作为该案能达到的技术效果,记载在说明书中。

【案例2-10】

1. 相关案情

该申请涉及一种用于液晶显示装置等的背景光源的冷阴极荧光灯,现有的冷阴极荧光灯在灯电流大且灯管管径细的情况下,使得筒状电极的内表面和外表面都放电,这样会加剧由放电产生的电极溅射物质增加和灯内的水银损耗,即所谓水银陷阱现象,使得荧光灯的寿命受到很大影响。为了克服这个缺陷,该申请请求保护一种冷阴极荧光灯,其权利要求书撰写如下:

1. 一种冷阴极荧光灯,在密封且内表面涂布有荧光体(3)的发光管(1)的端部设有筒状电极(4),通过放电在所述发光管(1)的内部产生的紫外线激励荧光体(3)而获得可见光,其特征在于,控制所述发光管的内表面与所述筒状电极的外表面之间的距离(d),使所述放电以筒状电极(4)的内表面为主体进行。

2. 如权利要求1所述的冷阴极荧光灯,其特征在于,

所述发光管的内径D1在1~6mm的范围内,所述筒状电极的外径D2在D1-0.4(mm)≤D2<D1的范围内,并且最大灯电流大于5mA。

3. 如权利要求2所述的冷阴极荧光灯,其特征在于,

所述发光管的内径D1在1~6mm的范围内,所述筒状电极的外径D2在D1-0.4(mm)≤D2<D1的范围内,并且最大灯电流大于5mA;所述发光管的内表面与所述筒状电极的外表面的距离d在0<d≤0.2mm的范围内。

2. 案例分析

该申请的权利要求书包括三项权利要求,一项独立权利要求1和两项从属权利要求2和3。从属权利要求2引用了其在前的权利要求1,从属权利要求3引用了其在前的权利要求2,这种引用关系是非常常见的,也是允许的。从属权利要求的保护范围由其引用的在前的权利要求的所有技术特征以及其自身的附加技术特征共同来限定。由于权利要求3引用了权利要求2,而权利要求2又引用了权利要求1,因此权利要求3的保护范围应该由权利要求1、2和3中的所有技术特征进行共同限定。

那么，目前撰写的从属权利要求 3 是不是存在什么问题呢？细心的读者一定会发现，从属权利要求 3 中记载的技术特征"所述发光管的内径 D1 在 1～6mm 的范围内，所述筒状电极的外径 D2 在 D1－0.4（mm）≤D2＜D1 的范围内，并且最大灯电流大于 5mA"与其引用的从属权利要求 2 的附加技术特征完全相同，前面已经说过，权利要求 3 的保护范围由权利要求 1～3 的所有技术特征共同限定，那么，在权利要求 2 中已经记载了这些技术特征的情况下，从属权利要求 3 又引用了权利要求 2，重新将这些技术特征作为附加技术特征的一部分进行限定，就是属于重复描述，导致权利要求 3 撰写不简要。

3. 撰写建议

针对该申请的情况，在不修改权利要求 1 和 2 的前提下，建议权利要求 3 撰写成如下形式：

3. 如权利要求 2 所述的冷阴极荧光灯，其特征在于，

所述发光管的内表面与所述筒状电极的外表面的距离 d 在 0＜d≤0.2mm 的范围内。

权利要求 3 的这种撰写方式与原始撰写方式在保护范围上没有任何差别，但克服了不简要的缺陷。

## 二、权利要求书应当以说明书为依据

说明书是对发明或者实用新型内容的详细介绍，权利要求是在说明书记载内容的基础上，用构成发明或者实用新型技术方案的技术特征来限定专利申请或者专利权的保护范围，因此，权利要求的内容与说明书的内容不能脱节，两者之间应当有一种密切的关联。《专利法》将这种关联表述为"权利要求书应当以说明书为依据"，也就是《专利法》第 26 条第 4 款规定的内容，还可以表述成"权利要求应当得到说明书的支持"。其基本含义是指每一项权利要求所要求保护的技术方案在说明书中都应当有清楚充分的记载，使所属技术领域的技术人员能够从说明书公开的内容中得到或者概括出该技术方案。

简单地说，如果一项权利要求请求保护的范围是完全照抄说明书具体实施方式中明确记载的技术方案，则权利要求能够满足以说明书为依据的要求，但这样的权利要求不能使申请人的利益获得充分保护；为使申请人的利益获得充分保护，通常情况下，权利要求请求保护的范围都是在说明书记载的一个或几个具体实施方式的技术方案的基础上以上位概念、功能特征、效果特征等方式概括出来的。这种概括是否允许，要看权利要求概括的内容是否超出了说明书公开的范围。如果权利要求概括的内容包含了申请人推测的内容，而且其效果

又难以预先确定和评价，则认为这种概括超出了说明书公开的范围，这种情况下权利要求书就属于没有以说明书为依据，不能被允许。

例如，本章前面提到的【案例2-3】涉及光源的案例，它要解决的技术问题是解决对迁徙鸟的迷航影响和改善对人类视觉的舒适度，说明书中只给出了一种类型的光源，即低压汞气体放电灯。由于光源的种类很多，不同种类光源的工作原理也不同，本领域技术人员在说明书仅给出一种类型光源的情况下，难以预见其他类型的光源也能解决同样的技术问题，达到同样的效果，因此对于"光源"这样概括的权利要求请求保护的主题是不允许的。再如，本章前面提到的【案例2-4】，说明书中给出了多个实施例均是关于对有机电致发光器件的空穴传输层进行特定金属掺杂，而权利要求概括成"对有机功能层的至少一层掺杂有该特定金属"，由于不同有机功能层采用的材料不同，其性能也不同，在有机电致发光器件中所起的作用也不同，各个有机功能层是否能够采取相同的掺杂金属材料并获得相同效果是不能确定的，因此这种概括也是不允许的。

关于权利要求书应当以说明书为依据的撰写示例，读者可以参考本章的【案例2-3】和【案例2-4】，这里不再赘述。

此外，在此有必要说明，在我国的司法实践中，权利要求书应当以说明书为依据是在专利权确权阶段必须遵守的法律要求，在专利权确权后，例如司法程序的侵权判定中，重视的是说明书对权利要求书的解释功能，而权利要求书应当以说明书为依据的法律要求在很大程度上已经被其他侵权判定原则和标准所体现，因此一份高质量的权利要求书和说明书，不但要充分考虑权利要求书应当以说明书为依据的法律要求，还要考虑侵权判定中使用的各种判断原则与标准。

### 三、独立权利要求应当完整

前面已经介绍过，权利要求书至少包括一项独立权利要求，也可以包括从属权利要求，独立权利要求的保护范围最大，从属权利要求的保护范围落在其引用的独立权利要求的保护范围之内。与从属权利要求相比，独立权利要求在撰写上还要满足一项特殊要求，即《专利法实施细则》第20条第2款的规定：独立权利要求应当从整体上反映发明或者实用新型的技术方案，记载解决技术问题的必要技术特征。这项撰写要求又可表述为"独立权利要求应当完整"。

（一）什么是必要技术特征

在独立权利要求的撰写规定中，出现了一个非常重要的名词"必要技术特征"，要使独立权利要求满足完整的要求，就要先理解必要技术特征的含义。那么，什么是必要技术特征呢？如《专利审查指南2010》第二部分第二章第3.1.2节所述，必要技术特征是指，发明或者实用新型为解决其技术问题所不可缺少的技术特征，其总和足以构成发明或者实用新型的技术方案，使之区别于背景技术中所述的其他技术方案。看这种规定似乎有些不好理解，我们通过一个简单的例子来作进一步说明。前面我们已经说明了权利要求可分为产品权利要求和方法权利要求。对产品权利要求而言（方法权利要求同理），所述产品应理解为承载发明解决了所述技术问题的完整技术方案的产品。因此其必要技术特征应理解为解决了所述技术问题的完整技术方案被完整体现在该权利要求的所述产品中而需要的全部必不可少的技术特征，而不能理解为从该产品的完整性角度考虑该产品本身所需要的全部必不可少的技术特征。例如，一项关于改善地面附着力的汽车轮胎的发明，如果独立权利要求要求保护的主题撰写为"汽车"，则此时该独立权利要求的必要技术特征应该理解为包含为解决改善地面附着力这一技术问题而与汽车轮胎相关的完整技术方案的全部必不可少的技术特征，对汽车这一完整产品而言，虽然诸如底盘、发动机等技术特征也是必不可少，但对改善地面附着力的汽车轮胎的技术方案而言，这些技术特征则并非必不可少。这样表述之后，读者是不是对独立权利要求应当满足完整的撰写要求有了更感性的认识了呢？下面再通过具体案例，向读者介绍如何撰写完整的独立权利要求。

（二）如何撰写完整的独立权利要求

前面介绍了独立权利要求应该记载所有的必要技术特征，由于产品权利要求和方法权利要求针对必要技术特征的撰写方式存在些许差别，下面就通过两个例子分别讲讲如何撰写完整的产品独立权利要求和方法独立权利要求。

【案例2-11】

1. 相关案情

这个案子涉及一种LED日光灯管的驱动电路，现有的LED日光灯管驱动电路在消除电磁干扰方面效果不好，该申请为了解决LED日光灯管与其他电器之间的电磁干扰问题，通过对LED日光灯管的驱动电路进行改进，具体地说，是在驱动电路中增加了同时具有差模电感和共模电感的特定结构的EMI（电磁干扰）滤波模块，这样的驱动电路可以有效地消除差模、共模形式的传导电磁干扰，避免了电路的电磁污染，提高了电路的稳定性。那么，对于这样的一份专利申请，独立权利要求应该撰写到什么程度才能满足完整的要求呢？

下面先来看看申请人撰写的独立权利要求1：

1. 一种日光灯管的驱动电路，包括依次连接的市电输入端、过流保护模块、一次整流模块、PFC校正滤波模块、π型滤波模块、DC-AC功率转化模块、二次整流滤波模块以及LED负载。

2. 案例分析

现在一起来分析一下独立权利要求1是不是完整的，即是否能够解决该申请要解决的技术问题。如说明书中所述，该申请要解决的技术问题是避免LED日光灯管与其他电器之间的电磁干扰，其采取的技术手段是在驱动电路中增加EMI滤波模块，并且这个滤波模块不是普通的滤波模块，而是一种特定的结构，否则无法解决该申请要解决的干扰问题，即该申请中所采用的EMI滤波模块包括与市电输入端并联的滤波电容以及顺次连接的差模电感和共模电感。很显然，这个特定结构的EMI滤波模块是解决避免电磁干扰的必要技术特征。而目前撰写的权利要求中并不包括这个特定结构的EMI滤波模块，而这个技术特征恰恰是解决该申请要解决的技术问题所必不可少的，因此权利要求1在缺少这个技术特征的情况下是不能解决电磁干扰问题的，即权利要求1是不完整的。

为了使独立权利要求能够解决电磁干扰问题，我们已经确定权利要求1应该包括上述特定结构的EMI滤波模块，但是，由于权利要求1请求保护的是一种驱动电路，其各个电路元件和/或模块之间还涉及连接关系问题，因此在撰写当中还应注意EMI滤波模块与其他模块和/或元件之间的连接关系。对于该案的情况，可以参考说明书中的文字描述以及说明书附图，来确定权利要求1的撰写方式。

该案的说明书附图如图1、图2所示：

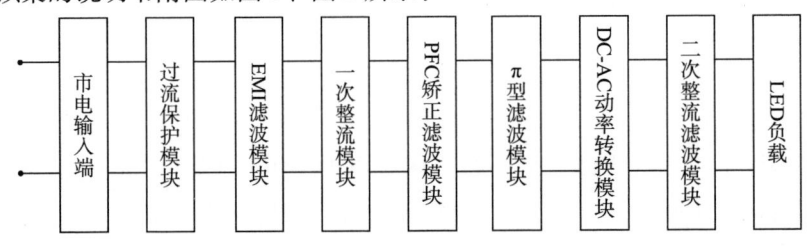

图1

图 2

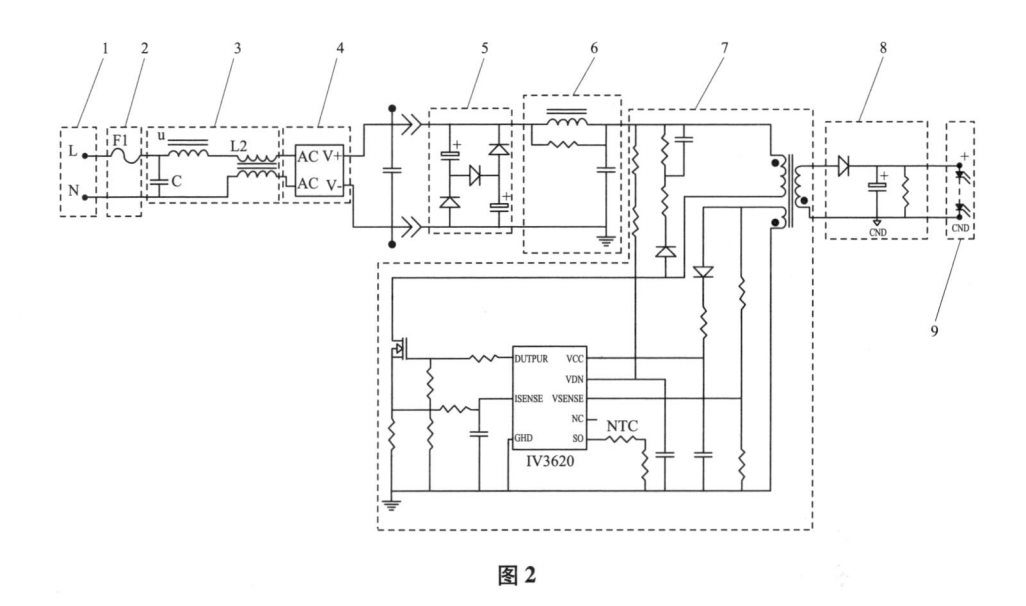

附图中的标记及其分别表示的内容如下：

1：市电输入端；2：过流保护模块；3：EMI 滤波模块；4：一次整流模块；5：PFC 校正滤波模块；6：π 型滤波模块；7：DC-AC 功率转化模块；8：二次整流滤波模块；9：LED 负载。

3. 撰写建议

结合说明书文字以及上述附图内容，建议权利要求 1 撰写如下：

1. 一种日光灯管的驱动电路，包括依次连接的市电输入端、过流保护模块、EMI 滤波模块、一次整流模块、PFC 校正滤波模块、π 型滤波模块、DC-AC 功率转化模块、二次整流滤波模块以及 LED 负载，其特征在于所述 EMI 滤波模块包括与市电输入端并联的滤波电容以及顺次连接的差模电感和共模电感，所述共模电感的输出端与一次整流模块的输入端连接。

【案例 2-12】

1. 相 关 案 情

该申请涉及一种用于燃料电池的电极催化剂层的制造方法。以往在燃料电池的阴极表面和/或阳极表面设置含有电极用催化剂的层，即电极催化剂层，现有技术中有使用铂作为电极催化剂层的，虽然铂作为电极催化剂层有很多优势，但是因铂价格高且资源量受限，所以要求开发可替代的催化剂材料。作为铂催化剂的替代品，近年来，金属氧化物因其在酸性电解质中和/或高电位下不腐蚀且稳定而被作为燃料电池的电极催化剂层备受关注，但是目前使用的金属氧化物存在氧还原能力低的问题。由此引出该申请要解决的技术问题是：如何提高金属氧化物催化剂的氧还原能力。

那么，针对这样的技术问题，该申请是通过什么技术手段来解决的呢？在该申请的说明书中很明确地记载了：通过采用特定的制造方法制得的金属氧化物构成电极催化剂层，即在500℃~1000℃的高温下、在1~10小时的时间内对金属有机化合物，即铌、钛、钽和锆的金属醇盐、金属羧酸盐、金属酰胺以及金属β-二酮配位化合物中的一种，进行热分解，由此得到的金属氧化物催化剂具有高的氧还原能力，能够很好地适用于燃料电池中的电极催化剂层。说明书中还记载：在此温度范围和时间范围以外通过热分解金属有机化合物制得的金属氧化物由于热分解不充分或者存在粒生长等问题而使得得到的金属氧化物并不适用于电极催化剂层。由此可以很明确地看出，该申请用于解决上述技术问题的技术手段就是在上述特定温度和特定时间范围内对金属有机化合物进行热分解，由此制得金属氧化物催化剂。也就是说，该申请的发明构思是：从解决金属氧化物催化剂的氧还原能力出发，发现热分解金属有机化合物的温度和时间对制得的金属氧化物氧还原能力有影响，从而确定在特定温度和特定时间内通过热分解金属有机化合物可以制得满足氧还原能力要求的电极催化剂层。

在明确了该申请要解决的技术问题、技术手段以及达到的技术效果之后，再来看看申请人针对这样的发明构思是如何撰写独立权利要求的。

该申请的权利要求1如下：

1. 一种电极催化剂层的制造方法，包括对金属有机化合物进行热分解，得到金属氧化物，通过所述金属氧化物形成电极催化剂层，其特征在于：

构成上述金属有机化合物的金属元素为选自铌、钛、钽和锆中的一种金属元素，上述金属有机化合物为选自金属醇盐、金属羧酸盐、金属酰胺和金属β-二酮配位化合物中的一种金属有机化合物。

2. 案例分析

针对该案的案情，我们来分析一下这样的独立权利要求是否能够解决该申请要解决的技术问题。

根据该申请说明书的记载，其要解决的技术问题是提高金属氧化物催化剂的氧还原能力，那么，目前权利要求1记载的技术方案能否解决这个技术问题呢？显然是不能的。该申请说明书中很明确记载了要提高金属氧化物催化剂的氧还原能力，只有在500℃~1000℃的高温下、在1~10小时的时间内对金属有机化合物进行热分解，由此制得的金属氧化物催化剂才具有高的氧还原能力，才能适用于燃料电池的电极催化剂层，也就是说，这样制得的金属氧化物催化剂才是该申请实际想要保护的技术方案。而目前权利要求 1 中并未限定热分解温度和时间，也就是说，权利要求 1 中缺少关于热分解温度和时间的限定，而这个特定的热分解温度和时间恰恰是解决电极催化剂层的氧还原能力的必要技术手段，在缺少这个技术手段的情况下，权利要求 1 的技术方案无法得到氧还原能力提高了的电极催化剂层。由此可见，权利要求 1 缺少必要技术特征，是不完整的。

3. 撰写建议

通过上面的分析，读者应该清楚权利要求 1 中缺少了哪个技术特征了，也就知道权利要求 1 应如何撰写了，即建议权利要求 1 撰写如下：

1. 一种电极催化剂层的制造方法，包括对金属有机化合物进行热分解，得到金属氧化物，通过所述金属氧化物形成电极催化剂层，其中构成上述金属有机化合物的金属元素为选自铌、钛、钽和锆中的一种金属元素，上述金属有机化合物为选自金属醇盐、金属羧酸盐、金属酰胺和金属 $\beta$ – 二酮配位化合物中的一种金属有机化合物，其特征在于：

上述热分解在 500℃～1000℃的高温下进行 1～10 小时。

## 四、权利要求应该满足单一性要求

一件专利申请应当限于一项发明创造，这就是所谓专利申请的单一性原则。采用单一性原则，主要是为了防止申请人将内容上毫无关系的多项发明创造撰写在一份专利申请中，这样给专利行政部门审批、检索和审查专利申请带来很大麻烦，同时也给法院和管理专利工作的部门审理或者处理专利纠纷带来不便，当然，也妨碍公众有效利用专利文献。

从性质上看，单一性要求只是授予专利权的形式条件，不是授予专利权的实质性条件，这体现在即使一项专利权不符合单一性规定，也不能以不具备单一性为由请求宣告该专利权无效。但是，在授权之前，如果专利申请不符合单一性要求，在审批过程中是可以据此作出驳回决定的。因此在专利申请文件的撰写要求当中，单一性原则也是申请人应注意的。

（一）单一性判断原则

一件专利申请应当限于一项发明创造，并不是指一件专利申请中只能保护一项发明或者实用新型，属于一个总的发明构思的多项发明或者实用新型可以撰写在一份专利申请中。这一点在《专利法》第 31 条第 1 款中有明确规定："一件发明或者实用新型专利申请应当限于一项发明或者实用新型。属于一个总的发明构思的两项以上的发明或者实用新型，可以作为一件申请提出。"

上述条款的规定中涉及一个非常重要的概念，即"总的发明构思"，因为在判断多项发明或者实用新型是否可以撰写在一份专利申请中时，需要引入"总的发明构思"这个概念，由此才能判断它们是否符合单一性要求。

下面先来说说什么是总的发明构思。

判断一件专利申请中要求保护的两项以上的发明是否属于一个总的发明构思，就是要看权利要求中记载的技术方案是否包含使它们在技术上相互关联的一个或者多个相同或者相应的特定技术特征。在这个判断当中，又出现了一个概念，即"特定技术特征"，要正确掌握单一性的判断原则，还要理解什么是特定技术特征。特定技术特征是专门为评定专利申请单一性而提出的一个概念，应当把它理解为体现发明对现有技术作出贡献的技术特征，也就是使发明相对于现有技术具备新颖性和创造性的技术特征。换句话说，特定技术特征应同时包含两个方面的含义：一方面，特定技术特征是一项发明未被现有技术公开的技术特征，即体现该发明具备新颖性；另一方面，特定技术特征使得该发明对现有技术作出了贡献，即体现该发明具备创造性。由此可见，所属技术领域的惯用手段等公知常识应该不属于特定技术特征。这样解释之后，读者对特定技术特征的含义应该有了进一步的认识。在明白了特定技术特征的含义之后，再来理解什么是总的发明构思就比较容易了，两项以上的发明如果包含了在技术上相互关联的一个或多个相同或者相应的特定技术特征，我们就认为这些发明是属于一个总的发明构思的，也就是说，总的发明构思是通过相同或相应的特定技术特征来体现的。

因此，单一性判断原则就是：两项以上的发明是否具备单一性，就是看它们是否属于一个总的发明构思，即它们是否包含了在技术上相互关联的一个或多个相同或者相应的特定技术特征，如果它们包含了在技术上相互关联的一个或多个相同或者相应的特定技术特征，那么，它们就属于一个总的发明构思，具有单一性，否则就不具有单一性。

在专利申请文件实际撰写当中，尤其在案情比较复杂的情况下，出现单一性问题是常见的事情，特别是针对不明显的单一性问题，由于需要通过对现有技术进行检索才能判断，而因申请人在撰写专利申请文件时对现有技术掌握程度的局限性，导致出现这种不明显单一性问题的情况比较多。不过，没关系，如果在实质审查阶段该申请被指出存在单一性问题，申请人可以通过修改权利要求和/或分案来克服这个缺陷。

（二）如何避免明显不具有单一性的问题

前面针对单一性的判断原则进行了简单介绍。虽然单一性是可以通过修改和/或分案申请来克服的，但是为了节约审查程序，对于明显缺乏单一性的情况，因为判断起来相对比较容易，申请人在撰写专利申请文件时只要稍加注意，就可以避免。下面针对这种情况通过案例的方式进行说明。

**【案例 2-13】**

1. 相 关 案 情

这个案子涉及一种太阳能电池，具体涉及一种光伏装置，它要解决的技术问题在于如何改善太阳能电池的效率，以拓展太阳能电池的经济用途，具体措施是针对现有技术中光伏装置的反射层存在的不足，对反射层自身结构进行优化，从而提高太阳能电池的效率。申请人针对反射层结构的改进情况，撰写了如下两项独立权利要求。

1. 一种光伏装置，所述光伏装置包含：

反射层，所述反射层包含：

第一层；以及

第二层，所述第二层置于所述第一层上，其中所述第二层与所述第一层的折射率比率大于约 1.2。

2. 一种光伏装置，所述光伏装置包含：

反射层，所述反射层至于第一 p-i-n 结和第二 p-i-n 结之间且内含多个穿孔，其中所述多个穿孔中的每一个穿孔是通过在所述第二 p-i-n 结形成于所述反射层上之前，移除所述反射层的一部分材料而形成。

2. 案 例 分 析

上述两项独立权利要求是否符合单一性要求呢？我们运用单一性判断原则简单判断一下。

判断这两项独立权利要求是否具备单一性，要看这两项独立权利要求中是否同时包含了相同或者相应的特定技术特征。

那么，首先，我们就来看看这两项独立权利要求中是否包含"相同或者相应的技术特征"，这里需要提醒读者注意，这里说的是"技术特征"，不是"特定技术特征"。很显然，这两项独立权利要求中都包括的技术特征为"反射层"，也就是说，这个技术特征是这两项独立权利要求所包含的相同技术特征。

然后，我们再来判断这个相同的技术特征是不是特定技术特征。所属技术领域的技术人员都知晓，在光伏装置中，因其光电转换功能的需要，设有反射层是本领域的惯用技术手段，显然，本领域惯用手段不是其对现有技术作出贡献的技术特征，因此，上述两项独立权利要求中存在的相同技术特征并非特定技术特征。而且，它们两者之间也不存在相应的技术特征，也就更无从谈起相应的特定技术特征了。

那么，到此为止，已经判断出了这两项独立权利要求中存在的相同技术特征不属于特定技术特征，它们两者中又不存在其他相应的特定技术特征，由此就可以得出结论：独立权利要求1和2两者之间不存在相同或相应的、体现发明对现有技术作出贡献的特定技术特征，两者不属于一个总的发明构思，因此不具有单一性。

不过，有些细心的读者可能会问：这两项权利要求中还各自存在其他技术特征呢，它们也可能是特定技术特征，判断单一性时为何不考虑呢？能够提出这个问题的读者，表明他们对特定技术特征的含义理解得比较透彻。确实是，独立权利要求1和2中还各自存在的其他技术特征也可能是特定技术特征，但是，无论它们是否为特定技术特征，它们对判断这两项独立权利要求是否具有单一性都不会起到任何作用，因为其他技术特征不是这两项权利要求共有的技术特征，也不是相应的技术特征，因此也不可能构成它们两者的相同或相应的特定技术特征，所以我们在判断单一性时，无须考虑这两项独立权利要求中各自包含的、不相同也不相应的技术特征。

3. 撰写建议

针对该案的情况，申请人可以采取两种应对方式：一是将权利要求1和2分别作为两项发明进行分案申请；二是基于说明书中记载的内容修改权利要求1或2，使它们具有一个或多个相应或相同的特定技术特征。

如果该案按照目前的权利要求书形式提交申请，在实质审查阶段，审查员会首先发出分案申请通知书，要求申请人修改权利要求书使其符合单一性要求之后，该案才会正式进入实质审查程序。因此，与其他不存在单一性缺陷的案件相比，其审查周期必然延长了。由此，提醒注意的是，对于这种明显不具备单一性的情况，申请人结合自身掌握的现有技术情况很容易判断，因此在提交专利申请文件时应尽量避免这种缺陷，以免延长审查周期。

# 第三节　说明书摘要的撰写要点

虽然说明书摘要的撰写远不如说明书和权利要求书那么重要，但是有一点需要提醒读者注意的：说明书摘要的内容不属于发明或者实用新型原始记载的内容，不能作为以后修改说明书或权利要求书的依据，也不能用来解释专利权的保护范围，因此说明书摘要中一定不要记载不同于说明书的、具有创新性的技术信息，因为这些信息对该申请的专利权获得没有任何帮助。当然，如果申请人就想通过这种方式为所属技术领域无偿地做点技术贡献的话，当然也是可以的。

下面从规范专利申请文件的撰写出发，简要介绍一下说明书摘要的撰写要求。

## 一、说明书摘要的撰写要求

摘要的内容一般应包括发明或者实用新型的名称和所属技术领域，并清楚地反映所要解决的技术问题，采用的技术方案的要点及主要用途。有附图的专利申请，一般应制定一幅最能反映该发明或者实用新型技术方案的主要技术特征的附图作为摘要附图，摘要附图应当是说明书附图中的一幅。除了这些要求之外，为了简化摘要的撰写，它的字数也是有限制的，一般不超过300字。

## 二、说明书摘要的撰写实例

下面通过具体实例对说明书摘要的撰写进行简要说明。

【案例 2-14】

1. 相关案情

该申请涉及一种发光二极管封装，它要解决的技术问题是如何防止在LED光源单元射出的光集中在封装组中间产生与辐射性能相关的点阵形斑点，为了解决这个技术问题，该申请采用的技术手段是提供一种制造LED封装的方法，包括以下几个步骤：制备其上安装有LED的模框；形成具有倒圆锥形顶部部分和具有通过喷砂或微珠处理形成的霾粒的侧面部分的半球形透镜；以及将透镜固定到所述模框以封住LED。通过采用这样的技术方案，可以拓宽光的方向角度以提高光的散射，防止LED光仅在垂直方向射出，从而减少点阵形斑点，提高发光效率。

说明书附图如图1～图3B所示。

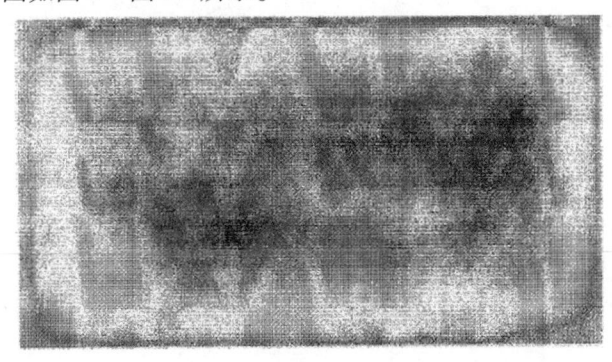

图1

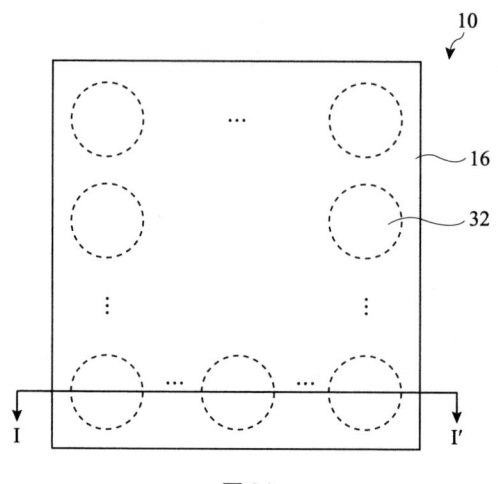

图 2A

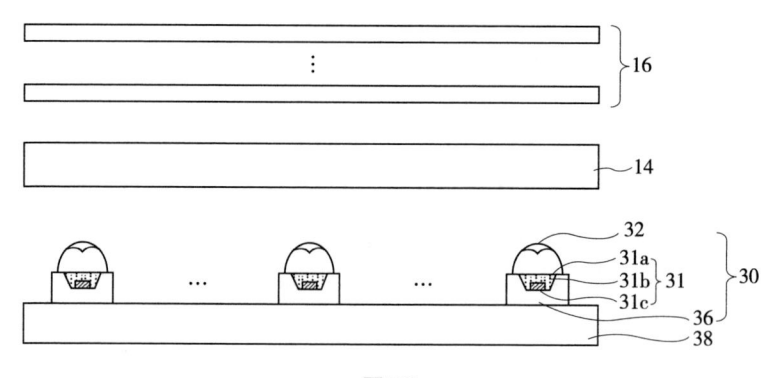

图 2B

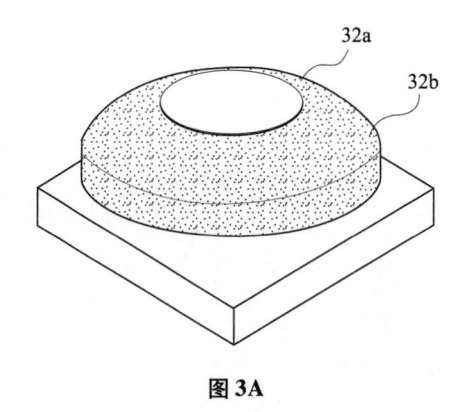

图 3A

**图 3B**

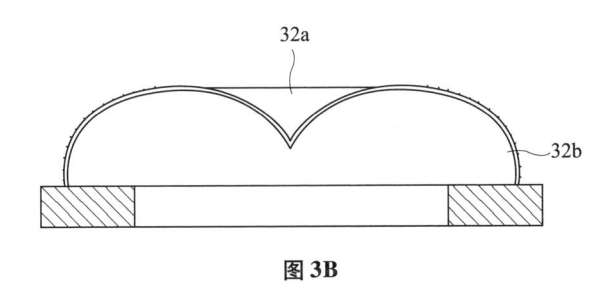

其中,图 1 是使用传统 LED 封装的光源单元的发光图案的照片(因是发光图案的照片,所以有些模糊不清);图 2A 和图 2B 分别是根据该发明示意性地示出光源单元的平面图和剖面图;图 3A 和图 3B 分别是根据该发明的示范性实施例示出 LED 封装中的透镜的透视图和剖面图。

2. 案例分析

下面从该申请的内容及其给出的附图情况来分析一下说明书摘要应该如何撰写。

先来看看说明书摘要的文字部分应如何撰写。前面已经说过了,摘要应该包括发明或者实用新型的名称、所属技术领域、要解决的技术问题、采用的技术方案的要点及主要用途。根据前面对该申请内容的记载,该申请应该是提供了一种新的 LED 封装,其中必然包括这种 LED 封装的制造方法、还可以包括具有这种 LED 封装的光源单元,因此,名称需要根据申请人请求保护的独立权利要求的主题名称来确定。解决的技术问题是防止形成点阵形斑点,采用的技术方案的要点是形成具有包含霾粒的侧面的半球形透镜,由此,根据这些内容,就可以撰写一个合格的说明书摘要了:

本发明公开了一种可以防止形成点阵形斑点的 LED 封装及其制造方法以及具有该 LED 封装的光源单元,制造该 LED 封装的方法包括:制备其上安装有 LED 的模框;形成具有倒圆锥形顶部部分和具有通过喷砂或微珠处理形成的霾粒的侧面部分的半球形透镜;以及将该透镜固定到模框以封住所述 LED。

文字部分撰写完毕之后,考虑到该申请的说明书有附图,因此还需要选择其中一幅作为摘要附图。摘要附图的要求是最能反映该发明或者实用新型技术方案的主要技术特征的附图,那么,该申请的技术方案的主要技术特征是什么呢?其实就是发明的改进点,很显然,该申请的改进点就是形成具有霾粒侧面的半球形透镜 32,因此在选择摘要附图时,最好选择能明显看出这个技术特征的附图。

一起来看看说明书的几幅附图。图 1 是表示传统 LED 封装存在问题的一张照片，显示内容不但模糊不清，而且也根本不能反映该申请的最主要技术特征，显然是不能用作摘要附图的；图 2A 和图 2B 示出的是该申请的光源单元，但是图 2A 是平面图，没有示出具有霾粒侧面的半球形透镜，也不能用作摘要附图；图 2B 是剖面图，确实示出了透镜 32，只是图示比较小，不能明确看出具有霾粒侧面；再来看图 3A 和图 3B，显然，这两幅图都明确示出了具有霾粒侧面的半球形透镜，但是考虑到图 3A 是透视图，比图 3B 的剖面图更能明确显示其具有霾粒侧面的半球形透镜，由此可以确定，该申请的摘要附图选择图 3A 是最佳的，因为它最能反映该申请的技术方案。

# 第三章 电学领域专利申请文件撰写需注意的问题

在对不同的产品或方法进行创造或改进的过程中，因涉及的具体技术不同，故而创造出的发明也被划分为多个技术领域，例如机械领域、电学领域、化学领域等。其中，电学领域的发明创造可能又会涉及基本电气元件、发电、变电或配电、基本电子电路、计算机技术、图像、信息存储、网络交互等更细、更具体的技术层面。

在对电学领域涉及的相关技术进行创新的过程中，有时为了延长LED灯的使用寿命，可能会对LED组群的排列位置重新划分、对导热材料的性能进行改进、对散热元件的电路结构进行改造；有时为了提升计算机的读写速度，会对处理器性能进行优化、对程序间的调度进行配置；有时为了使半导体器件的集成度更高，会对半导体集成电路的制造工艺进行调整。在根据上述发明创造撰写专利申请文件时，"电学领域"独有的特点就会随即显现出来。

本章将结合具体案例，对电学领域不同技术层面的专利申请给出撰写建议，以期让读者了解电学领域专利申请文件撰写的特殊规定，避免一些常见问题的发生。

# 第一节　电路结构类

涉及具体电路结构的发明创造，一般会以构成该电路的具体元件、功能及各个元件间的连接关系作为说明书的具体实施方式，同时提供该电路的具体电路图作为说明书附图。在撰写电路结构类产品权利要求时，可以依据电路的具体实现方式，在独立权利要求中记载组成该电路的元件名称以及各元件之间的连接关系；亦可根据各元件所起的作用，以功能性语言加以描述。有时，若仅将说明书附图所示的器件个数、名称及其连接关系，直接转换为文字记载在独立权利要求中，则按此撰写方式能够获得的专利权仅局限于该说明书附图所示的电路结构，如此狭窄的专利保护范围很容易被规避，使发明创造无法获得应有的专利保护力度。加之，每个人的语言表达习惯不同，比如在表述两个器件存在连接关系时，有人会撰写为"A 连接 B"，也有人会撰写为"将 A 与 B 相连"，虽然这两种表达方式都能表明 A 与 B 之间存在连接关系，但是在撰写不同类型的权利要求时，不规范的表达方式很可能会导致权利要求的保护范围无法清楚界定。

本节将通过典型示例，重点介绍电路结构类的发明专利申请的撰写要点。

## 一、功能性概括的问题

为了满足充分公开的要求，专利申请的说明书记载实现一项发明的全部技术细节，而权利要求书记载的技术方案是用来限定专利申请人最终获得专利权的范围大小。说明书和权利要求书因作用不同，在撰写时，对这两部分的详概、粗细也应加以区分。在撰写权利要求书的过程中，有时若照搬说明书具体实施方式部分记载的技术细节，如此撰写的权利要求书势必会造成专利权人的权利过小；反之，如果盲目追求范围最大化而将方案概括得过于宽泛，那么很可能会违反《专利法》及其实施细则中的相关规定。因此，撰写一份表述清楚、完整，范围概括合理的权利要求书是非常重要的。

【案例3-1】

1. 相关案情

现有无刷直流马达驱动电路一般利用霍尔感应元件即换相检测元件来检测马达线圈的磁性方向，以控制两组马达线圈三极管的导通与截止，以产生和霍尔感应元件磁性方向相同的磁场。当马达线圈产生的磁场方向与霍尔感应元件的磁性方向相同时，由于同性相斥，使得转子朝一个方向持续转动。当转子转至另一磁性区域时，霍尔感应元件检测到不同的磁性方向，控制此三极管由导通状态变成截止状态，而另一组马达线圈导通，又产生与霍尔感应元件相同的磁性，再一次推动转子转动。如此，连续不断地交换两组线圈的三极管导通与截止状态，便可使转子不断地运转。

现有无刷直流马达驱动电路常因马达的超载运转或长时间运转，导致马达线圈因温度过高而产生绝缘劣化，甚至烧毁。再者，由于马达线圈为电感性负载，线圈电流不能突变，故无法瞬间进行导通与截止的切换。如此造成三极管由导通状态切换至截止状态时，马达线圈的电感电流能量必须被强迫释放，因此常导致三极管烧毁。

由此，发明人想申请一种无刷直流马达驱动电路，其设有保护元件，以便大幅度降低马达线圈和驱动电路的故障率。其技术方案如下：

如图1所示的无刷直流马达驱动电路，其包括稳压二极管1，霍尔IC2，正温度系数（PTC）热敏电阻3，两组马达线圈4A、4B，三极管5B、5A、6，其中稳压二极管1的负极连电源线，稳压二极管1的正极经霍尔IC接地，霍尔IC2的信号输出端接三极管6的基极，三极管6的集电极接电源线，三极管6的集电极也接至三极管5A的基极，三极管5A的集电极接马达线圈4A的一端，其射极接地，三极管6的射极接三极管5B的基极，三极管5B的射极接地，其集电极接马达线圈4B的一端，处于电源线上的正温度系数热敏电阻3接马达线圈4A和4B的另一端。当电流过大而导致温度升高时，正温度系数热敏电阻3就会随之提高电阻值而形成限流，因此可使电流呈平稳状态，以抑制线圈电流的大幅度变化。同时，由于稳压二极管1和正温度系数热敏电阻3的功效，使得此方案可适用于多种电压，如12V、24V、36V、48V等。

作为进一步改进，可以在三极管6的集电极一端连接一稳压二极管61，该稳压二极管61的正极接三极管5A的基极。三极管6可以将霍尔IC2输出的信号加以放大处理，以适用于高功率直流马达的驱动控制，并可通过稳压二极管61的连接，以便提高电路工作的稳定性，防止漏电现象，以避免两组马达线圈4A、4B同时导通。

作为另一种改进，可以将限流电阻11串接在稳压二极管1与霍尔IC之间，利用稳压二极管1的逆向崩溃电压区的限流特性再配合限流电阻11，可以限制流过霍尔IC2的电流大小，以便进一步保护该霍尔IC2。

图1

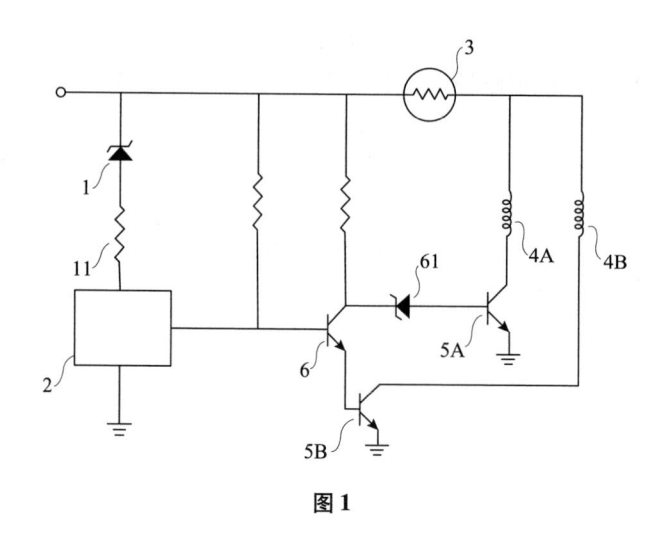

最初撰写的权利要求书如下：

1. 一种无刷直流马达驱动电路，包括：霍尔IC（2）、正温度系数热敏电阻（3）、第一马达线圈（4A）、第二马达线圈（4B）、第一三极管（5A）、第二三极管（5B）、第三三极管（6）、限流电阻（11）；其中，霍尔IC（2）的信号输出端连接该第三三极管（6）的基极；该第三三极管（6）的集电极连接电源线，该第三三极管（6）的集电极还与第二稳压二极管（61）的负极相接；该第二稳压二极管（61）其正极连接第一三极管（5A）的基极；该第一三极管（5A）的集电极接该第一马达线圈（4A）的一端，其射极接地；该第三三极管（6）的射极接第二三极管（5B）的基极，该第二三极管（5B）的射极接地，其集电极接第二马达线圈（4B）的一端；处于电源线上的正温度系数热敏电阻（3）接第一马达线圈（4A）和第二马达线圈（4B）的另一端；限流电阻（11）的一端与第一稳压二极管（1）的阳极相接，其另一端通过霍尔IC（2）接地。

2. 案例分析

上述权利要求书仅包含一项独立权利要求，独立权利要求中所记载的内容，仅仅是把说明书附图绘制的驱动电路各组成器件及连接关系转换为文字加以叙述，没有任何加工的过程。此种撰写方式仅仅是从图示到文字的直接翻译或转换，由此撰写的技术方案也更像是一种图解说明。

按照上述权利要求那样撰写的保护方案，仅记载了组成该驱动电路的具体器件名称和器件间的连接关系，倘若该专利申请按照当前记载的形式被授予专利权，那么，当有其他人利用别的器件来替换上述授权方案中相同功能的器件，或者在不影响器件原有功能的情况下变换授权方案中各部件的连接方式时，就可以完全规避授权方案的保护范围，由此，会给上述发明的专利权人的利益造成损害。因此，直接按照电路结构图进行文字表达的撰写方式不能使涉及电路结构方面改进的发明创造的发明构思得到充分的保护。

下面，我们一起来看看构成该无刷直流马达驱动电路的各器件要实现的具体功能，并且一起来想想在该技术领域中，是否还存在可以实现相同功能的其他可替代器件。

在这件专利申请中，稳压二极管的作用是稳压，本领域中的其他稳压元件（如线性稳压器）可以替代该稳压二极管实现相同的功能；霍尔 IC 在该发明中的作用是实现换相检测，而转子编码检测元件也可用于换相检测；正温度系数热敏电阻作为限流元件，其作用是限制流向马达线圈以及从马达线圈中流出的电流，但是电感器同样也能起到限流的作用；三极管 5A、5B 用于控制马达线圈的电流导通和截止，作为控制元件，例如晶闸管也能起到同样的作用；三极管 6 的作用在于将霍尔 IC 输出的信号加以放大处理，因此作为放大单元，其他的放大器（如运算放大器）件也可适用于该发明。

因此，通过对该驱动电路各组成部分的功能分析可以看出，基于该发明所要解决的技术问题，该申请的电路实现方式并不局限于附图和说明书实施例所给出的具体细节，根据该领域的普通技术常识即可知晓，该技术领域中还存在可以用来替代实施例中具体元器件的其他元件。故而，在撰写权利要求时，倘若仅按照具体实施方式（见图1）的电路结构来撰写权利要求书，那么，如此撰写的权利要求的保护范围明显过窄。同行或者其他想利用该专利技术的人员，只要利用该马达驱动领域中已知的其他元件来替代上述权利要求中记载的具体元件，即可绕开该专利的保护范围。

3. 撰写建议

对于涉及具体电路结构的发明创造，在撰写权利要求书时，可以从该电路结构各组成元件的功能入手，结合本领域的技术常识和常用技术手段，去发现可以实现相同功能的且适用于该发明的其他替代元件，对实现方案进行合理的概括，从而使权利要求的保护范围更加合理。

对于这件专利申请的权利要求，让我们再来看看下面的撰写方式。

1. 一种无刷直流马达驱动电路，包括：

至少一组马达线圈（4A，4B）；

换相检测元件（2），检测所述马达线圈的磁性方向并输出换相信号；

控制元件（5A，5B），接收所述换相信号以控制所述马达线圈的电流导通与截止；

放大单元（6），用于放大所述换相检测元件的输出信号；

限流单元（3），限制流过所述马达线圈以及控制元件的电流。

2. 根据权利要求1所述的无刷直流马达驱动电路，其特征在于还包括稳压单元（61），用于为所述换相检测元件提供稳定的工作电压。

3. 根据权利要求2所述的无刷直流马达驱动电路，其特征在于还包括限流电阻（11），限制流过所述换相检测元件的电流大小。

修改后的撰写方式，没有再将"换相检测元件"具体限定为"霍尔IC"，将"放大单元"和"控制元件"具体限定为"三极管"将"限流单元"具体限定为"正温度系数热敏电阻"。而是，在独立权利要求中仅记载了所述无刷直流马达驱动电路包括马达线圈、换相检测元件、控制元件、放大单元和限流单元这5个部分。同时，记载了所述"换相检测元件"的功能是"用于检测所述马达线圈的磁性方向并输出换相信号"；所述"控制元件"的功能是"用于接收所述换相信号以控制所述马达线圈的电流导通与截止"；所述"放大单元"的功能是"用于放大所述换相检测元件的输出信号"；所述"限流单元"的功能是"用于限制流过所述马达线圈以及控制元件的电流"。显然，修改后的独立权利要求采用了功能性限定的方式进行撰写，根据每一元件所要实现的功能，将驱动电路的各组成部分概括为能够实现不同功能的组成结构。

同时，上述撰写方式中以信号流向表明了各组成元件之间的连接关系，使权利要求记载的内容更加清楚、简明。由于实现上述限流、换相等功能的器件，在该领域中已经存在有多种可选择的具体元件，所以对构成该驱动电路各组成部分的器件功能进行概括，较直接在权利要求中对照电路图记载对电路结构的文字翻译，更能使发明获得合理的保护范围。

此外，阅读了本书第二章的有关内容后就能了解，在撰写独立权利要求时，应该记载必要技术特征。对于这件申请来说，其首要解决的技术问题是降低马达线圈和驱动电路的故障率，为此，发明人想出了通过设立保护元件使电流平稳，通过抑制线圈电流大幅度变化来降低故障率。对于该发明而言，限流电阻（11）和稳压单元（61）是在解决上述技术问题之外，为进一步实现保护霍尔IC以及提高电路工作稳定性的目的而设置的，因此，限流电阻和稳压单元更宜作为附加技术特征写入从属权利要求中，以使权利要求书的层次更加清楚。

但需注意的是，利用这种功能性的限定来撰写权利要求时，对电路各组成部分的功能的概括要合理、适度。因为，当采用功能性的限定来撰写权利要求时，意味着权利要求中该功能性限定的特征覆盖了所有能够实现所述功能的实施方式。例如，对于这件申请而言，当采用"限流单元（3），限制流过所述马达线圈以及控制元件的电流"的方式撰写时,意味着能够实现"限流"功能的所有元器件都涵盖在权利要求请求保护的范围内。倘若除了说明书中提及的"正温度系数热敏电阻"外,没有其他的元件可以替代该"正温度系数热敏电阻"来实现"限制流过所述马达线圈以及控制元件的电流"的特定功能,那么如此的概括就会因得不到说明书的支持而导致实质性的撰写缺陷。因而,在撰写说明书之初,能够多撰写几组实施例也是大有裨益的。

## 二、连接关系的问题

(一) 未限定连接关系

权利要求记载的技术方案的保护范围是否清楚,直接影响专利权人能否获得范围界定清晰的权利,特别是在电学领域,因电路元器件之间的连接关系复杂,信号流向错综多样,所以在撰写电学领域的专利申请文件时,需对电路间的连接关系格外注意。

【案例3-2】

1. 相关案情

申请人于2006年××月××日提交了一件名为"一种检测运行电器设备外壳漏电压的方法和二步防触电方案"的发明专利申请(简称"在前申请"),申请号为2006×××××××.×,公开号为CN×××××××A,该专利申请文件中记载了一种"电桥漏电压测量方法"。

申请人基于该件专利申请中公开的"电桥漏电压测量方法",于2009年××月××日又提交了一件名为"便携式电工电桥漏电压在线测量仪器"的发明专利申请(简称"在后申请")。

在后申请所要解决的技术问题是在线测量电器漏电压数值,通过分析绝缘材料的性能,检测绝缘层的优劣,防止人体触电。为了解决上述问题,发明人发明了一种"便携式电工电桥漏电压在线测量仪器"。在该在后申请的说明书中,记载了所述便携式电工电桥漏电压在线测量仪器的具体电路实现方式。简言之,检测电路测量出设备外壳(Z)的漏电压值$V_a$并由a电节点输出。设定电路通过多路分接开关K设定不同的漏电压设定值$V_b$并由b电节点输出。a和b两电节点分别经双二极管同时输入到比较指示电路,根据指示灯信号证明电桥平衡,确定电桥a和b对角线漏电压相同。数字电压表分别通过开关$K_3$测定a电节点漏电压值$V_a$或b电节点设定漏电压$V_b$。其中模拟电路a电节点通过$K_2$与设定电路b电节点比较通过发光二极管指示灯,验证该漏电压测量仪是否工作正常。

申请人在提交专利申请时,将独立权利要求1撰写为:

1. 一种便携式电工电桥漏电压在线测量仪器:包括漏电压测量电路,漏电压设定电路,电压比较电路,能够直接或间接测量电力设备外壳相对零地线的漏电压,电桥漏电压测量方法见〈一种检测运行电器设备外壳漏电压的方法和二步防触电方案〉(申请号:2006×××××××.×;公开号:CN×××××A)。

2. 案例分析

《专利审查指南2010》中规定,独立权利要求的"前序部分"需写明发明与最接近的现有技术共有的必要技术特征,此处提及的"技术特征"应理解为构成技术方案的组成要素。例如,对于产品权利要求而言,"技术特征"可以理解为构成该产品的具体部件、部件的结构以及各个组成部件之间的连接关系。上述权利要求1的主题名称为"一种便携式电工电桥漏电压在线测量仪器",可见,该权利要求属于产品权利要求,其特征部分可以用结构特征来限定,例如,组成部件、部件结构、各部件之间的连接关系等。但是,在后申请的权利要求1所记载的"根据前发明《一种检测运行电器设备外壳漏电压的方法和二步防触电方案》(申请号:2006×××××××.×;公开号:CN×××××××A)的电桥漏电压测量方法是本发明的原理"这些采用引用方式撰写的文献及原理等内容并非产品的结构特征,且这种引用其他文献的撰写方式也不能清楚限定要求保护的技术方案。

另外,虽然权利要求1中记载了该在线测量仪器"包括漏电压测量电路,漏电压设定电路,电压比较电路",但是,权利要求1中仅罗列了构成该测量仪器的电路名称,并未记载各电路之间的连接关系,仅根据上述记载,使人无法清楚该部件如何协同工作以实现该发明创造的发明目的。

3. 撰写建议

如相关案情部分介绍的那样,该发明创造的说明书中具体记载了该测量仪器的具体实施方式。根据说明书记载的方案,可以将权利要求直接撰写为如下形式。

1. 一种便携式电工电桥漏电压在线测量仪器,其特征在于,包括:漏电压检测电路(I)、模拟实验电路(II)、比较指示电路(III)、漏电压设定电路(IV);

所述漏电压检测电路(I),用于检测电器外壳(Z)的漏电压值,由外壳(Z)到开关接点$K_{2-1}$到电节点a到开关接点$K_3$到开关$K_4$到数字电压表到零地线N;

所述间接测量电路,一路由漏电压检测电路(I)中外壳(Z)到开关接点$K_{2-1}$到电节点a到双二极管$V_{D1}$、$V_{D2}$到比较指示电路(III),另一路由漏电压设定电路（Ⅳ）中电节点 b 到双二极管 $V_{D3}$、$V_{D4}$ 到比较指示电路（Ⅲ），二极管 LED 指示灯亮，两电节点 a 和 b 电位相同；

所述数字电压表电路（Ⅴ），由电节点 b 到开关接点 $K_{3-2}$ 到 $K_4$ 到数字电压表到零地线 N；

所述模拟实验电路（Ⅱ），由电节点 a′ 到开关接点 $K_{2-2}$ 到电节点 a 到双二极管 $V_{D1}$、$V_{D2}$ 到比较指示电路（Ⅲ）。

修改后的上述权利要求 1 具体限定了该便携式电工电桥漏电压在线测量仪器包括漏电压检测电路、模拟实验电路、比较指示电路、漏电压设定电路，并详细描述了每个组成电路的结构及节点连接关系，清楚限定了权利要求 1 的漏电压在线测量仪器的保护范围。

此外，通过这件专利申请可以看出，在撰写权利要求时，应该用技术特征对方案进行描述，写明请求保护的技术方案，而不应当采用引用专利文献的方式撰写或作为具体技术特征的替代。对于产品权利要求而言，"本发明采用……原理"这类表述亦非产品的结构特征。

顺便提及，申请人在撰写说明书时，有时会通过引用其他文献的方式阐述现有技术状况或说明某些技术手段的具体实现方式。但是在引证文件时需注意，引证文件还应当满足以下要求：

（1）引证文件应当是公开出版物，除纸件形式外，还包括电子出版物等形式。

（2）所引证的非专利文件和外国专利文件的公开日应当在本申请的申请日之前；所引证的中国专利文件的公开日不能晚于本申请的公开日。

（3）引证外国专利或非专利文件的，应当以所引证文件公布或发表时的原文所使用的文字写明引证文件的出处以及相关信息，必要时给出中文译文，并将译文放置在括号内。

**需要注意**，对于那些就满足充分公开要求而言必不可少的内容，不能采用引证其他文件的方式撰写，而应当将其具体内容写入说明书。

（二）连接关系限定不当

如第一部分第二章所述，权利要求的保护类型有两种，一是产品权利要求，二是方法权利要求。撰写方法权利要求时，应该利用实现该方法的各个具体步骤来限定，并应清楚限定各步骤间的执行顺序。而撰写产品权利要求时，应该利用构成该产品的具体部分以及各部分的连接关系来限定。但是，不同的人有不同的语言习惯，用于表达部件之间连接关系的描述方式也有多种，稍有不慎，就很可能因为语言习惯和表达习惯的问题，给权利要求的撰写带来问题。

## 【案例 3-3】

### 1. 相关案情

发明人拟申请一种翻译设备,能够将所输入的不同语系的语音翻译后,以用户期望的语系的语音输出,从而实现多种语系交谈时的同步互译。根据说明书撰写的内容可知,该案请求保护的多种语系同步交谈语言翻译机包括:语音接收电路、语音信号转换电路、语系比较翻译电路、电子信号转换电路、语音输出电路。语音接收电路用于接收不同语系的语音,语音信号转换电路用于将语音接收电路所接收的语音转化为电子信号,语系比较翻译电路用于将已转换的输入语系的语音的电子信号转换为用户期望语系的语音的电子信号,并经电子信号转换电路转换为待输出的语音信号,语音输出电路用于输出已转换为用户期望语系的语音。此外,所述多种语系同步交谈语言翻译机还可以连接外置麦克风和耳机。

在撰写权利要求时,出现了如下3种记载方式。

方式一:一种多种语系同步交谈语言翻译机,包括语音接收电路、语音信号转换电路、语系比较翻译电路、电子信号转换电路、语音输出电路,其中,语音接收电路与语音信号转换电路相连,语音信号转换电路与语系比较翻译电路相连,语系比较翻译电路与电子信号转换电路相连,电子信号转换电路与语音输出电路相连。

方式二:一种多种语系同步交谈语言翻译机,包括语音接收电路、语音信号转换电路、语系比较翻译电路、电子信号转换电路、语音输出电路,其中,将语音接收电路与语音信号转换电路相连,将语音信号转换电路与语系比较翻译电路相连,将语系比较翻译电路与电子信号转换电路相连,将电子信号转换电路与语音输出电路相连。

方式三:一种多种语系同步交谈语言翻译机,其中,将语音接收电路与语音信号转换电路相连,将语音信号转换电路与语系比较翻译电路相连,将语系比较翻译电路与电子信号转换电路相连,将电子信号转换电路与语音输出电路相连;将语音接收电路还与麦克风相连;还将语音输出电路与耳机相连。

### 2. 案例分析

从上述3种方式撰写的权利要求看,其主题名称都是"多种语系同步交谈语言翻译机",从保护类型看,申请人意欲以产品权利要求的形式对所发明的翻译设备进行保护,因此在权利要求中记载了该翻译机的电路结构及各电路之间的连接关系。

从上述3种撰写方式文字记载的内容看,该多种语系同步交谈语言翻译机包含语音接收电路、语音信号转换电路、语系比较翻译电路、电子信号转换电路、语音输出电路。但是,由于上述 3 种撰写方式在表述习惯上不尽相同,也造成了其保护范围的不同。

就以上 3 种撰写方式而言,方式一的撰写方式是最值得推荐的。在方式一中,明确记载了该多种语系同步交谈语言翻译机的组成部分"包括语音接收电路、语音信号转换电路、语系比较翻译电路、电子信号转换电路、语音输出电路",也清楚记载了各组成部分之间的连接关系"语音接收电路与语音信号转换电路相连,语音信号转换电路与语系比较翻译电路相连,语系比较翻译电路与电子信号转换电路相连,语音输出电路与电子信号转换电路相连"。

在方式二中,虽然也明确记载了该电路的组成部分,但是在描述各电路间的连接关系时所采用的语言表述方式(即,将××与××连接;将××与××连接)更类似于一种连接动作,即连接该电路的具体过程,这种撰写方式虽然不至于导致权利要求的保护范围不清楚,但与方式一相比,在语言表达习惯上并非优选。

在方式三中,没有明确撰写"多种语系同步交谈语言翻译机"具体包含哪些组成部分,而是采用"将××与××连接"这种表达习惯来记载,无法使人清楚得知该权利要求中记载的语音接收电路、语音信号转换电路、语系比较翻译电路、电子信号转换电路、语音输出电路、耳机、麦克风是作为组成部分包括在该翻译机内部,还是作为外围部件与该翻译机相连。因此,采用方式三的撰写方式会导致权利要求保护范围不清楚。从该案说明书记载的方案看,该翻译机并不包含作为外设的耳机和麦克风。所以,当撰写产品权利要求时,要清楚限定构成该产品的组成部分,使用规范的语言表达习惯来撰写部件之间的连接关系。

(三)间接限定连接关系

如上所述,对于产品权利要求而言,应该清楚限定构成该产品的各组成部分间的连接关系,但是,限定连接关系的表述是否仅局限于"A 的一端连接到 B,B 的另一端连接到 C",诸如此类呢?其实不然,对于产品权利要求而言,有时可以通过方案所处理的对象,如信号或数据,看出构成该产品的各部件的连接关系,此时,即便权利要求记载的方案中不出现"A 连接 B,B 再连接 C"的表述,依然可以清楚构成该产品的 A、B、C 三个组件间的连接关系,从而简化权利要求的撰写,使其更加简明。

【案例 3-4】

1. 相关案情

该申请涉及一种信息处理系统,通过利用本国语言的描述特征,即通过检测作为鉴别对象的文本的特定字符的出现率,同时观察在该语言中频繁出现的特定字符，由此实现鉴别输入文本语言的语言鉴别方法。该申请的产品权利要求撰写如下：

1. 一种信息处理系统，其特征在于，所述系统包括：

特定字符计数装置，用于从输入文本的所有字符中检测并计数具有检测的目标语言的特定字符代码的特定字符；

出现率计算装置，用于根据由所述特定字符计数装置检测的特定字符数和所述输入文本中的所有字符数，来计算特定字符出现率；

标准出现率存储装置，用于事先存储目标语言的特定字符的标准出现率；以及

比较装置，用于将从所述出现率计算装置计算得出的输入文本的特定字符出现率与所述标准出现率存储装置存储的标准出现率进行比较，以确定所述输入文本是否相应于具有与所述目标语言相配的特征的文本。

2. 一种确定文本匹配的处理系统，包括：

特定字符计数装置，用于从输入文本的所有字符中检测并计数具有检测的目标语言的特定字符代码的特定字符；

出现率计算装置，用于根据检测的特定字符数和所述输入文本中的所有字符数，来计算特定字符出现率；

标准出现率存储装置，用于事先存储目标语言的特定字符的标准出现率；以及

比较装置，用于将计算得出的特定字符出现率与事先存储的标准出现率进行比较，以确定所述输入文本是否相应于具有与所述目标语言相配的特征的文本。

2. 案例分析

权利要求1请求保护的"处理系统"具体包括"特定字符计数装置""出现率计算装置""标准出现率存储装置"和"比较装置"。从权利要求1当前的撰写方式来看，并未发现其中记载了"特定字符计数装置"与"出现率计算装置"相连，"标准出现率存储装置"和"比较装置"相连这类的描述。但是，该系统所要处理的对象是文本中的字符，该权利要求中以所要处理的"字符"为线索，首先，限定了"特定字符计数装置"是用来检测"字符"并且对其中的"特定字符"进行计数的，其次，该权利要求中限定了"对检测并计算得出的特定字符"要由"出现率计算装置"进行计算，从而得到"特定字符出现率"，显然，随着"特定字符"的信号走向，"特定字符计数装置"必然与"出现率计算装置"存在连接关系。最后，对于"出现率计算装置"计算得出的"特定字符出现率"，将由"比较装置"进行比较，比较的对象还包括"标准出现率存储装置"中存储的"标准出现率"，显然，根据该方案，"比较装置"与"标准出现率存储装置"和"出现率计算装置"必然存在连接关系，从而对这

两个装置存储的"标准出现率"和"特定字符出现率"进行比较。

即便如权利要求2所示方式撰写，在权利要求中未具体限定"特定字符""特定字符出现率""标准出现率"来自何装置，权利要求2依然可以清楚表达构成该系统的"特定字符计数装置""出现率计算装置""标准出现率存储装置"和"比较装置"之间的连接关系。例如，一种照相机，其特征在于，包括镜头，用于获取所要拍摄的图像；成像装置，用于对所获取的图像进行色彩渲染；显示屏，用于对渲染后的图像进行显示。显然，上述方案中虽然未限定镜头与成像装置相连，成像装置与显示屏相连，但是，对图像的获取、渲染和显示的流程，已经清晰表达出镜头、成像装置和显示屏之间的连接关系。

由此，对于某些产品权利要求而言，特别是撰写信息处理相关技术领域的专利申请文件时，所处理的信息或数据等处理对象的流向或走向，亦能清楚反映出构成该产品的各组件间的连接关系，此时，不必局限于"……连接……""相连"等字眼来表明连接关系。

## 第二节　工艺流程类

对于涉及半导体制造工艺的发明创造，其工艺步骤有时必须按部就班，一步一步有序进行；有时为提高效率，也会将半导体器件中的某些材料同时进行加工处理。对此，在撰写方法类型的权利要求时，对原本应该清楚限定步骤先后执行顺序的若没有限定，很可能会因得不到说明书支持而给专利申请文件带来实质性缺陷。但对不需要限定步骤执行顺序的工艺流程若进行了规定，又会使原本可以获得的权利保护范围被无辜缩小。由此，撰写工艺流程类的专利申请文件时，需对步骤执行顺序的限定格外谨慎。

在撰写方法权利要求时，往往会将关注的重点放在能否将实现该方法的每一步骤具体描述清楚，有时容易忽略这些步骤作为一个整体是否清楚、完整，是否能够得到说明书的支持。对于实现某方法的各个步骤而言，如果未在权利要求书中对各步骤的执行顺序进行明确限定，那么，很可能会因为步骤前后执行顺序不明确而导致权利要求的保护范围不清楚。

【案例3-5】

1. 相 关 案 情

在现有的半导体封装技术中，球栅阵列的封装方法已为业界所熟知。如图1所示。

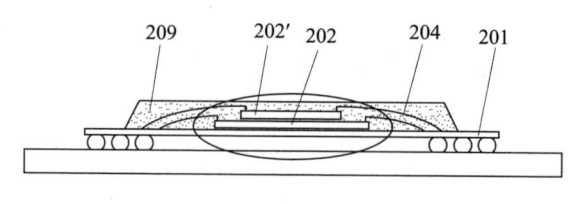

图1

这种层叠式的封装结构解决了两个或多个芯片封装在一个封装体内的问题，提高了封装的密度。然而，这种封装结构在制造过程中，由于采用在半导体芯片202的表面粘接芯片202′的方法，在粘接过程中容易发生粘接剂沾污，污染芯片表面；并且这种封装方式对半导体芯片的尺寸大小是有要求的，即层叠在上面的第二芯片202′不能大于第一芯片202。发明人意欲提供一种经改进的半导体芯片封装方法，该方法利用基板上下两个表面的空间进行半导体芯片封装，使封装结构具有更薄的外形，且对芯片的尺寸没有限制。

如图2所示，该发明的半导体芯片封装结构包括有基板1和半导体芯片2，采用粘接剂3（见图3）将半导体芯片2固定到基板1的上表面上。芯片2与基板1的电连接请参阅图3，芯片2通过金属引线4连接到基板1上表面上的引线焊盘5。在基板1贴有芯片2的一侧，用一种热固性树脂，采用注塑的方法形成一层塑封体9，从而完成对芯片2的封装。

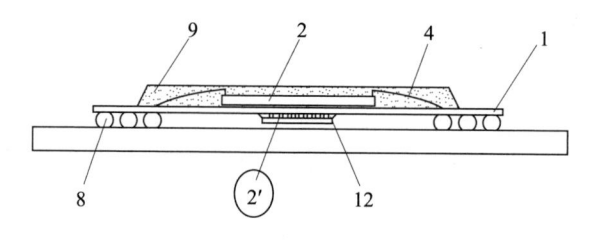

图2

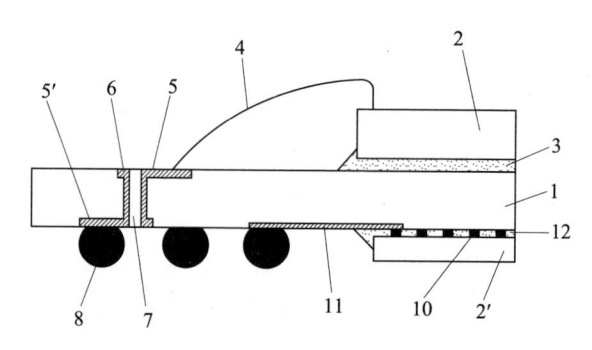

图3

与传统封装结构不同，该发明的封装结构还包括芯片 2′。在芯片 2′ 上形成有一组金属凸块 10，将芯片 2′ 上具有金属凸块 10 的一面面向基板 1，附接于基板 1 的下表面上。

同时，在基板 1 的下表面上，设置有凸块焊盘 11，这样凸块焊盘 11 根据连接的要求，分别与芯片 2′ 上的金属凸块 10 相连接。

如上，由于该封装方法将芯片 2′ 形成于基板 1 的下表面，而且，芯片 2′ 与基板 1 的电连接方式采用了金属凸块的形式，因此，可使该发明的封装结构变得更小且更薄。

下面将结合图 2A 至图 2C 来描述该发明的半导体芯片的封装方法。

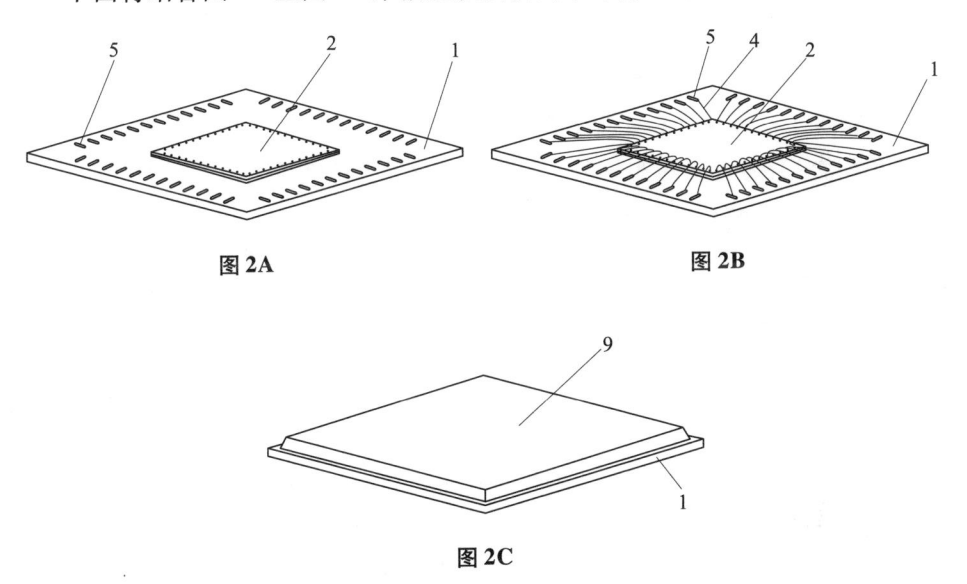

图 2A

图 2B

图 2C

首先，制备基板 1，其结构如图 2A 所示，在该基板 1 的上表面设置引线焊盘 5，在下表面上设置有焊球焊盘，引线焊盘 5 与焊球焊盘通过具有金属镀层的过孔相连接；另外，在基板 1 的下表面上还设置有凸块焊盘。其次，准备第一芯片 2′，在第一芯片 2′ 的表面上，使用电镀或沉积等方法，生成一组金属凸块，然后，使用高温回流焊的方式，使第一芯片的金属凸块熔化，将第一芯片 2′ 贴装到基板 1 的下表面上，使金属凸块与基板 1 下表面上的凸块焊盘相连。

将第二芯片 2 粘贴到基板 1 的上表面上。然后，利用金属引线 5，将第二芯片 2 上的焊盘分别与基板 1 上表面上的引线焊盘 5 相连，即将金属引线 5 的两端分别焊接到第二芯片 2 的焊盘和基板 1 的引线焊盘 5 上。本步骤后的结构如图 2B 所示。然后，在基板 1 贴有第二芯片的一侧，采用传统的环氧树脂注塑方法，形成塑封体 9。本步骤后的结构如图 2C 所示。

该发明采用如上的工艺顺序，即先在基板 1 的下表面焊接形成第一芯片 2′，再在基板 1 的上表面粘结形成第二芯片 2。这是由于回流焊的温度通常较高，如果采用相反的工艺顺序，即先形成第二芯片 2 再形成第一芯片 2′，则会因为回流焊的高温使得粘结第二芯片 2 所采用的粘结剂粘性劣化从而导致第二芯片 2 的剥离脱落。

最后，在基板 1 的下表面上的焊球焊盘上，焊接焊球引脚 8。

另外，如果第一芯片 2′ 的尺寸较大，还可以在将第一芯片 2′ 焊接到基板 1 下表面上后，在第一芯片的金属凸块的缝隙中充入树脂（也称为底冲胶），以保护金属凸块 10。

根据上述方案，初始撰写的权利要求书如下：

1. 一种半导体芯片封装方法，依次执行下列步骤：

a. 制备基板，在该基板的上表面设置有引线焊盘，在该基板的下表面上设置有焊球焊盘；另外，在基板的下表面上还设置有凸块焊盘；

b. 在第一芯片上生成一组金属凸块；

c. 将所述第一芯片贴装到所述基板的下表面，使所述第一芯片上的金属凸块与所述基板下表面上的凸块焊盘相连接；

d. 将第二芯片粘贴到所述基板的上表面上；

e. 将第二芯片上的焊盘分别与所述基板上表面上的所述引线焊盘通过金属引线相连；

f. 在所述基板贴有所述第二芯片的一侧，形成一塑封体；

g. 在所述基板下表面的焊球焊盘上，焊接焊球引脚。

2. 如权利要求 1 所述的半导体芯片封装方法，其特征在于，还包括在所述第二芯片的金属凸块的缝隙中充入底冲胶的步骤。

2. 案例分析

这件专利申请请求保护一种半导体芯片的封装方法。申请人根据此申请请求保护的技术方案撰写了两项权利要求，独立权利要求 1 的主题名称为"一种半导体芯片封装方法"，特征部分采用"依次执行下列步骤"的撰写方式对半导体芯片封装的工艺流程进行了清楚地描述。

从属权利要求 2 采用的是"还包括……的步骤"这样的撰写方式，具体记载的是："还包括在所述第二芯片的金属凸块的缝隙中充入底冲胶的步骤"。但是作为从属权利要求，在权利要求 2 中并未限定"充入底冲胶的步骤"与其引用的独立权利要求 1 中的步骤 a 至 g 的先后执行顺序。

根据该案说明书记载的解决方案可知，充入底冲胶的目的是为了当第二芯片 2′尺寸较大时用来保护金属凸块 10。为此，说明书中明确记载了"在将第二芯片 2′焊接到基板 1 下表面上后，在第二芯片的金属凸块的缝隙中充入树脂（也称为底冲胶）"。因而，根据说明书中记载的解决方案可知，从属权利要求 2 记载的步骤"在所述第二芯片的金属凸块的缝隙中充入底冲胶"是在权利要求 1 记载的步骤 f（将所述第二芯片贴装到所述基板的下表面，使所述第二芯片上的金属凸块与所述基板下表面上的凸块焊盘相连接）之后执行的。然而，当前权利要求 2 所记载的充胶步骤因未限定其与其他封装步骤之间的执行顺序，因而会导致该权利要求的保护范围不清楚。

3. 撰写建议

从属权利要求 2 可撰写为：

2. 如权利要求 1 所述的半导体芯片封装方法，其特征在于，在步骤 f 之后，还包括在所述第二芯片的金属凸块的缝隙中充入底冲胶的步骤。

该案提示我们，当利用具体的流程步骤限定方法权利要求时，要特别留意该方法所包括的各个具体执行步骤或工艺流程间的先后执行顺序。对于有特定执行顺序的，可以在撰写权利要求时利用"依序""依次"等词语对步骤前后执行顺序予以清楚限定，特别是在撰写从属权利要求时，对于进一步限定的步骤应清楚限定其与引用的权利要求的各步骤间执行顺序。

# 第三节　计算机程序类

随着计算机技术与网络技术的发展，涉及计算机程序的发明创造使虚拟世界或者网络世界与现实世界之间产生了强烈的对比，创造出涉及虚拟世界或者网络世界的各种智力成果。为使涉及计算机技术的发明创造，特别是涉及计算机程序的改进方案得到合理的专利保护，专利申请文件的撰写确实成为重点和难点。例如，为了更加直观地反映出某计算机程序所要实现的功能或者出于为了充分公开的需要，能否在撰写说明书时直接引用源程序来表明要公开的方案？对于涉及汉字输入法的发明创造，在权利要求书中必须记载哪些内容？对于某项技术、某种部件，当已有技术中没有专业术语可以用来表示时，在撰写专利申请文件的过程中该怎么办？

本节围绕以上问题，对涉及计算机程序的发明专利申请在撰写方面的常见问题进行了归纳。

## 一、程序的表达方式

涉及计算机程序的发明专利申请的说明书应当从整体上描述该发明的技术方案，以所给出的计算机程序流程为基础，按照该流程的时间顺序，以自然语言对该计算机程序的各步骤进行描述。说明书对该计算机程序主要技术特征的公开程度应当以本专业技术领域内的普通技术人员能够根据说明书所公开的流程图及其自然语言的描述自行编制出能够达到所述技术效果的计算机程序为准。为了清楚起见，如有必要，申请人可以用惯用的标记性程序语言简短摘录某些关键部分的计算机源程序以供参考，但不需要提交全部计算机源程序。

但是有些时候，在申请人所提交的专利申请文件中，对于计算机程序反映出的解决方案并非以自然语言来表述，而是全部在说明书中以伪代码或者源代码的方式在描述，导致专利申请文件在撰写上不符合《专利法》及其实施细则的相关规定。

此外，在撰写涉及计算机程序的发明专利申请的权利要求书和说明书时，有时仅注重将单个程序所要实现和完成的功能记载清楚，而忽略了计算机各程序流程之间的协调和控制，未能从解决方案的整体性上考虑，撰写完整的解决方案。

【案例 3-6】

1. 相关案情

随着计算机技术的发展，计算机操作系统，如 Windows 引入了多进程和多线程机制，同时也提供了多个进程之间的通信手段。针对带有特定输出缓冲区的 Console 程序，需要多个输入命令来完成任务。Console 程序因为有自己的输出缓冲区，一旦该进程接受来自外界的输入命令，就会自动进入自己的输出缓冲区，Console 程序在接受到第一个命令后就不再受控，执行命令后，只能使用非常规方法退出，增加系统的负担和风险。为此，发明人意欲申请一种 Console 程序自动控制方法的发明专利申请，目的在于控制 Console 程序的运行并截获其运行结果。该申请说明书撰写的具体实施方式如下。

本申请的解决方案通过控制模块运行一个中介程序以及一个工具程序，该中介程序调用需要调用的工具程序并随时获取该程序的输出信息，然后直接将信息用约定的进程间通信方式（比如匿名管道）传回。第一控制台把需要执行的命令以脚本（文件流）的方式传给控制模块，控制模块根据从第一控制台传送的脚本，逐个分析执行命令，并把中间过程所有信息返回给第一控制台。第一控制台取回全部命令返回信息。

其中脚本信息的格式如下所示：
Init Command：Console B 启动时需要的一些参数信息

... ⎫
... ⎬ Console A 自定义的命令流程
... ⎭

Exit Command：Console B 推出自己输出缓冲区的命令。
用我们提供的控制模块实现：
Make input script in. txt：
Controller list〈\ n〉
Open controller name〈\ n〉
Disk show space〈\ n〉
exit〈\ n〉
建立本地程序与控制进程的通信机制：
STARTUPINFO si；
PROCESS_ INFORMATION pi；
ZeroMemory（&si，sizeof（si））；
si. cb = sizeof（STARTUPINFO）；
si. dwFlags = STARTF_ USESTDHANDLES
si. hstdoutput = hChildstdoutwr；
si. hstdlnput = hChildstdinRd；
si. hstdError = NULL；
si. wshowwindow = SW_ HIDE；
Call Console Service Command Platform Process（cmd. exe）：
Create Process（NULL，//No module name（use command line）.
'cmd. Exe'，//Command line.
NULL，//Process handle not inheritable.
NULL，//Thread handle not inheritable.
TRUE，//Inherit handle. Must be TRUE！！.
0，//Create New Console
控制模块输入 in. txt，把消息存放到 out. txt 中：
WriteFile（hwriteFile，
_ T（'afacli〈in. txt〉out. txt \ r \ n'），
sizeof（_ T（'afacli〈in. txt〉out. txt \ r \ n'））

&dwByteswrite,
NULL)。

2. 案例分析

阅读本书第一部分第一章后可知，完整的说明书应当包括有关理解、实现发明所需的全部技术内容。凡是所属技术领域的技术人员不能从现有技术中直接、唯一地得出的有关内容，均应当在说明书中描述。说明书应当清楚地记载发明的技术方案，详细地描述实现发明的具体实施方式，完整地公开对于理解和实现发明必不可少的技术内容，达到所属技术领域的技术人员能够实现该发明的程度。

该发明创造的目的在于"提供一种控制台程序的自动控制方法，以便控制控制台程序的运行并截获其运行结果"。为了实现上述发明目的，说明书具体实施方式部分提出的具体解决方案是：通过一控制模块运行一个中介程序及一工具程序，该中介程序调用需要调用的工具程序并随时获取该程序的输出信息，然后直接将信息用约定的进程间通信方式（比如匿名管道）传回，其中工具程序与中介程序都是以隐藏的方式运行的，工具程序原本输出到 stdout 的信息被复位向到中介程序开辟的管道中，中介程序再创建的管道将信息实时传递到一个后台线程里。该申请与现有技术的区别就在于"在第一控制台程序和第二控制程序之间加入了一个控制模块，并利用该控制模块对第一控制台程序和第二控制台程序之间的通信进行控制"。然而，该申请说明书仅仅对该第一控制台程序与控制模块的相互作用关系进行了简述，但是没有描述该控制模块与第二控制台之间具体是何种相互作用关系。可是，要实现控制台程序自动控制这一目的，该第一控制台程序必然要通过该控制模块来与第二控制台发生联系，因此该申请说明书中给出的关于控制模块与第二控制台程序的作用关系的技术手段是含糊不清的，所属技术领域的技术人员根据说明书公开的内容根本无法实施。

虽然该申请的说明书中记载了大量实现控制模块的命令，但是在说明书中，并未利用自然语言对该解决方案所涉及的程序所要实现的功能进行详细描述，且说明书中的代码和命令，也未反映出控制模块与第二控制台程序的相关关系。在撰写涉及计算机程序的发明专利申请的说明书时，并不需要提交具体的源程序，在利用自然语言对计算机程序的各步骤进行描述的同时，如有必要，可以用惯用的标记性程序语言简短摘录某些关键部分的计算机源程序以供参考。但是，说明书中对请求保护的解决方案所涉及的计算机程序的描述程度应该以所属技术领域的技术人员能够根据说明书所记载的流程图及说明编制出能够达到其技术效果的计算机程序为准。

## 二、汉字输入法的撰写要点

涉及计算机程序的发明专利申请中，有一类非常特殊的申请，就是计算机汉字输入方法，例如，拼音输入法、五笔字型输入法等。但是此类申请常常因为撰写不当，导致无法获得授权。导致撰写不当的主要原因是未能在请求保护的解决方案中反映出"计算机汉字输入方法"，而仅仅记载"汉字的编码方法"。例如下面这个示例。

【案例3-7】

1. 相关案情

该申请请求保护一种记忆量小、拆字简单且重码少的汉字输入方法，它将汉字的笔画分为横"一"、竖"丨"、撇"丿"、点"、"、折"乙"五种基本笔画，对应将键盘上的字母键也分成横、竖、撇、点、折五个区，在26个字母键上对应有对汉字依笔顺取二笔画的25种组合、5种单笔画和30个定义部首，以达到易记、易拆、易学、重码少、输入速度快等优点。

最初撰写的权利要求如下：

1. 一种汉字编码方法，将汉字的笔画分为横"一"、竖"丨"、撇"丿"、点"、"、折"乙"五种基本笔画，对应将键盘上的字母键也分成横、竖、撇、点、折五个区，其特征在于，将对汉字依笔顺取二笔画的25种组合、5种单笔画和30个定义部首与26个字母键对应。

2. 案例分析

在上述示例中，权利要求的主题名称撰写为"汉字编码方法"，方案中记载的也仅仅是笔画的拆分和与组合数目，此类汉字编码方法属于一种信息的表述方法，它与声音信号、语言信号、可视显示信号或者交通指示信号等各种信息表述方式一样，解决的问题和采用的手段仅取决于人的表达意愿，也就是人为设置的笔画拆分规则和组合规则，实施该编码方法的结果仅仅是一个符号/字母数字串，因此，按照上述撰写方式撰写的解决方案不属于专利保护的客体，无法获得专利权。

对于此类申请，如果把汉字的编码方法与该编码方法可使用的特定键盘相结合，构成了计算机系统处理汉字的一种计算机汉字输入方法或计算机汉字信息处理方法，使计算机系统能够以汉字信息为指令运行程序，从而控制或处理外部对象或者内部对象，则这种计算机汉字输入方法或者计算机汉字信息处理方法构成技术方案，属于专利保护的客体。因此在撰写时，对此类申请要特别留意。

3. 撰写建议

对于此类申请，在撰写说明书时，应当在说明书中清楚、完整地记载借以形成计算机汉字输入法的汉字编码规则，其中应当明确、清楚和具体地指出赖以对汉字进行编码的编码码元，例如字根、笔划、部首等，上述编码输入码元与计算机键盘键位等用于输入编码码元的输入单元之间的相互映射关系以及在计算机键盘上输入汉字的步骤。所述汉字输入方法应当包括对各种结构汉字、包括独体字及合体字等以及各种词组的计算机输入方法。

在撰写权利要求书时应当注意，权利要求的主题名称应该反映出是汉字的输入方法，例如，可以撰写为"一种计算机汉字输入方法"，而不应当撰写为"一种计算机汉字编码方法"。同时，虽然在权利要求中必须记载编码码元与键盘的对应关系，但是，为使权利要求的类型清楚，不能将权利要求的主题名称撰写为"一种计算机汉字输入方法及其键盘（或输入装置）"。

涉及计算机汉字输入法的独立权利要求应当至少包括下述内容：（1）选择对汉字进行编码的编码码元的步骤，应当具体指出编码码元的数量和相应的编码码元及其代码；（2）将上述编码码元映射到相应输入装置（如计算机键盘）上的步骤，这里可以具体指出各编码码元与所述输入装置上相应输入单元之间的映射关系，也可以仅仅指出存在这种映射关系；（3）在计算机输入装置（如计算机键盘）上输入具体汉字的原则和先后顺序，如前三末一等。

汉字简码和词组的输入法可以作为所述独立权利要求的从属权利要求。在上述步骤（2）仅仅指出汉字输入法编码码元与计算机输入装置具有确定的映射关系（没有指出具体的相互映射关系）的情况下，所述编码码元与计算机输入装置的映射关系可以作为从属权利要求，其撰写格式应当是："根据上述权利要求所述的计算机汉字输入法，其特征是所述编码码元与计算机输入装置上输入单元的映射关系为……（汉字编码码元与计算机输入装置相应输入单元之间的具体、确定的对应关系）"。

根据上述要求，可以将权利要求撰写为如下形式。

1. 一种汉字编码方法，将汉字的笔画分为横"一"、竖"｜"、撇"丿"、点"、"、折"乙"五种基本笔画，对应将键盘上的字母键也分成横、竖、撇、点、折五个区，其特征是在 26 个字母键上对应有对汉字依笔顺取二笔画的 25 种组合、5 种单笔画和 30 个定义部首；

字母键为横区的"G、F、D、S、A"键对应汉字的二笔画"一一、一｜、一丿、一、、一乙"和部首"石、土、扌、木、艹"；字母键为竖区的"H、J、K、L、M"键对应汉字的二笔画"｜一、｜｜、｜丿、｜、、｜乙"、单笔画

"一、丨、丿、丶、乙"和部首"虫、纟、口、钅、山";字母键为撇区的"T、R、E、W、Q"键对应汉字的二笔画"丿一、丿丨、丿丿、丿丶、丿乙"和部首"犭、工、月、鱼、⺮";字母键为点区的"Y、U、I、O、P"键对应汉字的二笔画"丶一、丶丨、丶丿、丶丶、丶乙"和部首"火、疒、氵、忄、方";字母键为折区的"N、B、V、C、X"键对应汉字的二笔画"乙一、乙丨、乙丿、乙丶、乙乙"和部首"女、王、广、⻊、日";字母键"Z"键对应部首"革、目、车、米、饣";

取码规则为对汉字拆分成两部分依序取二笔、单笔或定义部首为一码,最多四码,取码不足四码时,打 U 键补足或用空格键结束取码,多于四码的,取前四码;

拆分时,可拆汉字每次拆分成两部分,按两部分成字、第一部分成字、第二部分成字的优先级拆分,定义部首当成字看待,且拆分时遵循成字取大的原则,均不成字时,从上拆分,单笔画与部首相离时拆分,相连时不拆分,有交叉笔画不拆分,汉字拆分兼顾直观;

拆分取码时,不可拆汉字按笔顺取前四码;每次取两笔为一码,不足两笔时取单笔画;可拆分汉字每次拆分成两部分,第一部分最多取二码,只够取一码时,第二部分则取三码,如第一部分取二码,第二部分则取二码;拆分后的第一部分和第二部分仍可拆分且需打二码时,继续按拆分规则将其拆分成两部分,每一部分取一码;拆分后的第二部分仍可拆分且需打三码,按拆分规则将其拆分成两部分,前一部分取一码,后一部分取二码,如后一部分还能拆分,按拆分规则拆分后,每一部分取一码。

此外,对于汉字输入方法的发明专利申请,应当至少给出一幅说明该计算机汉字输入法所有编码码元与计算机输入装置相应输入单元之间具体、确定的映射关系的附图,例如是说明该汉字输入法的编码码元与计算机键盘相应键位之间对应关系的附图。❶

## 三、充分公开的问题

说明书作为专利申请文件的一部分,记载着申请人以技术公开换取专利保护的重要内容,同时,也是对权利要求书进行合理布局和撰写的重要依据。因此,在撰写专利申请文件的过程中,把握发明实质,清楚、完整记载要保护的

---

❶ 相关规定参考:《专利审查概说》,知识产权出版社 2007 年版,张清奎主编,第二部分第 9 章第 9.7 节的相关内容。

技术方案是非常必要的。但是，有些申请人担心将发明创造公之于众后未能获得专利权，白白公开自己的研发成果，有些申请人将自己尚处于理论研究层面的论文直接当作专利申请文件递交申请，这些想法或做法，很可能会导致说明书中对请求保护的解决方案的具体实现手段记载的含糊不清或者完全缺失，从而因说明书公开不充分而造成权利的丧失。

**【案例 3-8】**

1. 相关案情

现有的安全气囊折叠工具是从压平的安全气囊制作折叠安全气囊的有限元模型。因此，需要一种可以将 3D 安全气囊模型转变为 2D 模型以创建一个鲁棒安全气囊模型的方法。该申请所要解决的问题是如何从一个完全展开的安全气囊的有限元模型创建一个折叠安全气囊的有限元模型。为了解决该问题，该申请采用的方案是：用一个有限元模型建立一个完全充气状态下的约束装置模型，以及利用完全充气状态下输入到有限元模型的数据重新建立从完全充气到完全放气和压平状态的约束装置模型。然后，将符合完全放气和压平状态的结果输入到一个有限元模型，该模型模拟该约束装置从完全放气和压平状态到折叠状态的折叠。为此，该申请的说明书具体实施方式部分记载了如下内容。

如图 1 所示，本模型从一个完全充气状态的安全气囊 10 开始。图 1 中的安全气囊与图 6 中的安全气囊相似，是用一个有限元模型模拟执行的结果，安全气囊 10 被放置在基础平面 18 和平板 14 之间。图 2 中，模拟安全气囊 10 在平面 18 和平板 14 之间被挤压变成放气和压平状态，对该结构变形的模拟使用完全充气状态的模拟得出的数据，之后继续进行有限元模型的模拟。压平过程的模拟包括模拟安全气囊 10 的气体压力。安全气囊 10 具有小放气孔以便在模拟压平过程中释放气体。

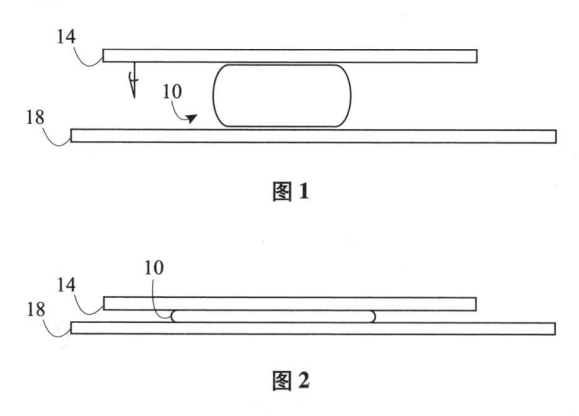

图 1

图 2

图 3、图 4 和图 5，表示了模拟连续折叠安全气囊 10 的全过程。该模拟是使用有限元模型，根据图 8 中的步骤 48 完成的。该有限元模型使用图 8 中步骤 46 得到的数据作为输入数据。该模型可以用于模拟图 8 中步骤 52 以产生如图 3 所示的压平、折叠状态或如图 4 所示的卷起状态或如图 5 所示的蜷缩状态或产生如图 6 所示的完全充气星形状态所需的其他的折叠状态。在图 3 中，安全气囊 10 通过硬块 22 与平面 18 保持接触，同时通过折合板 26 折叠。在图 4 中，安全气囊 10 通过卷轴 30 卷起。最后，在图 5 中，安全气囊 10 通过折叠心轴 34 形成蜷缩状态。每一种折叠都可以用一个有限元模型来模拟。

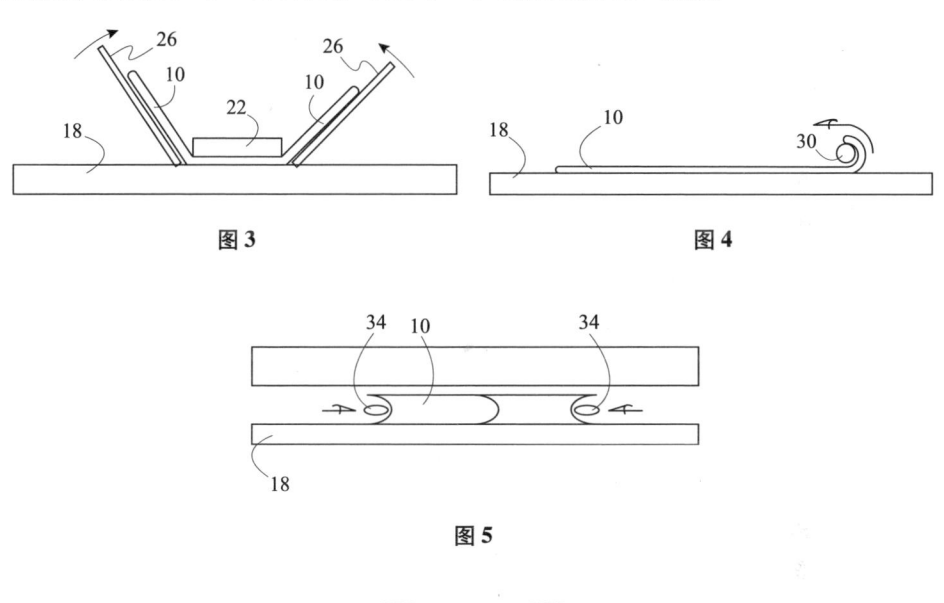

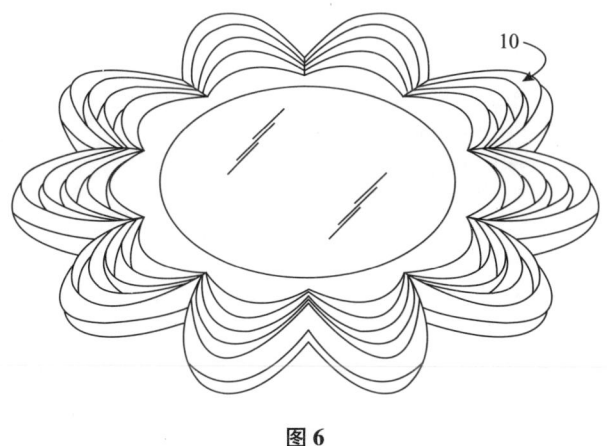

图 3

图 4

图 5

图 6

在图 8 中步骤 50，用压平约束模型来模拟充气约束，用以校验折叠模拟的准确性，从而在碰撞模拟中验证折叠模型的使用。图 8 中含有另一个步骤 52，该步骤将折叠约束模型的尺寸与装配该约束模型的车辆的约束壳体 38 进行比较。图 7 中示出了这种比较，该安全气囊没有变成实在的样本，而是仍在软件中模拟。

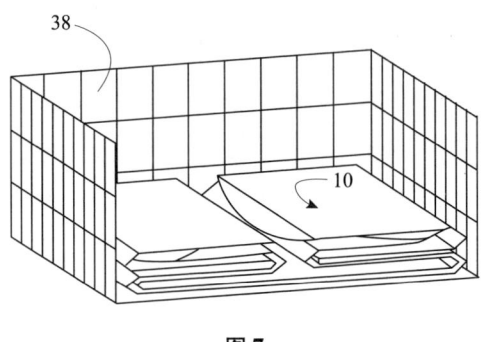

图 7

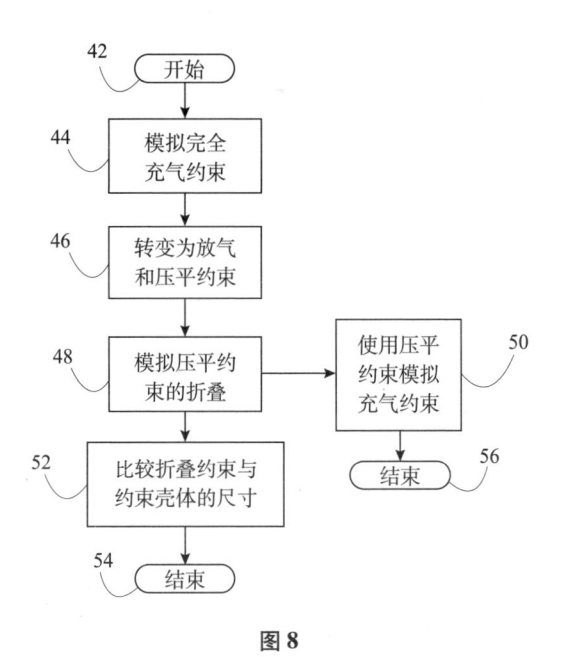

图 8

其独立权利要求撰写为：

1. 一种模拟车辆充气式辅助约束装置的方法，包括以下步骤：

使用一个有限元模型模拟完全充气状态的约束装置；

利用隐式有限元模型中模拟完全充气状态的数据，将该模拟的约束装置从

完全充气状态改变为完全放气和压平状态；以及

将符合完全放气和压平状态的结果，包括符合完全放气和压平状态的有限元网格数据和几何数据输入到一个有限元模型以模拟该约束装置从完全放气和压平状态到折叠状态的折叠过程。

2. 案例分析

如果一件专利申请的说明书所记载的内容缺少解决其所要解决的技术问题的具体技术手段，致使本领域技术人员根据该说明书记载的内容无法具体实施其所记载的发明，则如此撰写的说明书未充分公开。对于该申请而言，说明书中仅记载了可以进行从展开气囊到折叠气囊的各种模拟，但是没有具体公开如何进行上述模拟，即该申请的说明书仅记载了可以进行安全气囊从完全充气状态到完全放气和压平状态、从完全放气和压平状态到折叠状态的模拟，而没有公开如何进行上述模拟，缺少关于如何建立有限元模型、如何建立隐式有限元模型以及如何进行过程模拟的内容。

3. 撰写建议

对于上述案例而言，虽然该方案使用的有限元工具是公知的，利用有限元工具建立有限元模型的技术是公知的，但是并不等同于利用有限元模型模拟放气、折叠、充气等实际过程的技术也是公知的。该申请是从一个完全展开的安全气囊的有限元模型创建一个折叠安全气囊的有限元模型，其中各个过程（放气、折叠、充气等）的模拟所需要选取的参数必定会有所不同，相应地，模拟得出的数据也会有所不同，就此而言，该申请的说明书并没有给出具体实施方式，即缺少"用一个有限元模型模拟放气过程、模拟折叠过程、充气过程以及用隐式有限元模型模拟放气过程"的可依照执行的技术操作过程，缺少本领域技术人员可以依照实施的技术手段。

在撰写说明书时应该注意，如果请求保护的解决方案是利用已有技术或者公知技术来解决新的技术问题，那么出于清楚、完整的需要，应该在说明书中撰写该解决方案是如何利用该公知技术解决技术问题的，在请求保护的方案中应具体写明当利用各公知技术在解决该申请的问题时如何适用、如何调整、如何完成。

### 四、自造词使用的问题

为了使发明专利申请的解决方案与现有技术相区分，突出请求保护的申请相对于现有技术具备新颖性，在撰写专利申请文件时，有时申请人会使用自造词语。由于此类自造词并非相关技术领域的技术术语，没有通用的解释，因此，当专利申请文件中缺乏对该自造词具体释义的解释时，容易导致权利要求的保护范围不清楚，严重时会引发说明书公开不充分，从而导致无法获得专利权。

**【案例 3-9】**

1. 相关案情

一项涉及防止智能卡共享的专利申请的独立权利要求如下：

1. 一种预防智能卡共享的方法，包括如下步骤：

（1）智能卡初始化，智能卡和机顶盒通信；

（2）机顶盒接收数字电视信号，通过解复用器得到 EMM 信息和 ECM 信息并送给 CA 模块，CA 模块对 ECM 信息进行染色，染色后的 ECM 标记为 ECM1，并将 ECM1 送给智能卡；

（3）智能卡对接收到的 ECM1 进行反染色，若反染色失败，则提示失败信息，退出流程；若反染色成功，则得到还原的 ECM，并对 ECM 进行解密，得到 CW；

（4）智能卡再对 ECM 解密得到的 CW 进行染色，染色后的 CW 标记为 CW1，并将 CW1 送给机顶盒的 CA 模块；

（5）CA 模块对接收到的 CW1 进行反染色，若反染色失败，则提示失败信息，退出流程；若反染色成功，则得到还原的 CW，并将 CW 送给解扰器；

（6）解扰器利用 CW 对加扰的音视频数据进行解扰，并将解扰后的数据送给播放模块播放。

2. 案例分析

上述权利要求 1 中使用的词语"染色"和"反染色"在计算机领域并非专业技术术语，也无通用或规范的解释，属于自造词。本领域技术人员根据其字面的解释，无法获知其具体的实现步骤。

在撰写专利申请文件时，如对自造词缺乏必要的解释，容易导致权利要求的保护范围不清楚。倘若自定义的这部分内容属于体现该申请区别于现有技术的关键技术手段，即对已有技术存在的缺陷进行改进的部分，对于此部分内容，倘若在撰写说明书时亦未对其具体含义进行明确，那么还可能因技术手段记载含糊不清而导致说明书未充分公开的严重问题。当无法通过修改方式来克服相关缺陷时，会造成权利不必要的丧失。

3. 撰写建议

该申请的说明书中对"染色"记载为："所述 CA 模块对 ECM 信息进行染色，是指 CA 模块先将 ECM 和机顶盒信息按照设定的规则进行组合，然后再利用密钥 rskey1 对组合后的信息进行加密，得到 ECM1"或者"智能卡再对 ECM 解密得到的 CW 进行染色，是指智能卡先将 CW 和智能卡信息按照设定的规则进行组合，然后再利用密钥 rskey2 对组合后的信息进行加密"；对于"反染色"记载为："是指智能卡先利用密钥 rskey1 对 ECM1 进行解密，然后再对解密后的数据进行解析，进而得到 ECM 和机顶盒信息"或者"所述 CA 模块对接收到的 CW1 进行反染色，是指 CA 模块先利用密钥 rskey2 对 CW1 进行解密，然后再对解密后的数据进行解析，进而得到 CW 和智能卡信息"。基于说明书的上述记载可以知晓，该权利要求所使用的"染色"是对信息进行组合后再加密的处理过程，"反染色"是对信息进行解密后再解析的处理过程。因此，在撰写权利要求时，应该具体将"染色"和"反染色"的特定技术含义记载在权利要求中，以使权利要求清楚。

综上，可以将权利要求撰写为：

1. 一种预防智能卡共享的方法，包括如下步骤：

（1）智能卡初始化，智能卡和机顶盒通信；

（2）机顶盒接收数字电视信号，通过解复用器得到 EMM 信息和 ECM 信息并送给 CA 模块，CA 模块对 ECM 信息进行染色，染色后的 ECM 标记为 ECM1，并将 ECM1 送给智能卡；所述 CA 模块对 ECM 信息进行染色，是指 CA 模块先将 ECM 和机顶盒信息按照设定的规则进行组合，然后再利用密钥 rskey1 对组合后的信息进行加密，得到 ECM1；

（3）智能卡对接收到的 ECM1 进行反染色，若反染色失败，则提示失败信息，退出流程；若反染色成功，则得到还原的 ECM，并对 ECM 进行解密，得到 CW；所述智能卡对接收到的 ECM1 进行反染色，是指智能卡先利用密钥 rskey1 对 ECM1 进行解密，然后再对解密后的数据进行解析，进而得到 ECM 和机顶盒信息；

（4）智能卡再对 ECM 解密得到的 CW 进行染色，染色后的 CW 标记为 CW1，并将 CW1 送给机顶盒的 CA 模块；所述智能卡再对 ECM 解密得到的 CW 进行染色，是指智能卡先将 CW 和智能卡信息按照设定的规则进行组合，然后再利用密钥 rskey2 对组合后的信息进行加密；

（5）CA 模块对接收到的 CW1 进行反染色，若反染色失败，则提示失败信息，退出流程；若反染色成功，则得到还原的 CW，并将 CW 送给解扰器；所述 CA 模块对接收到的 CW1 进行反染色，是指 CA 模块先利用密钥 rskey2 对 CW1 进行解密，然后再对解密后的数据进行解析，进而得到 CW 和智能卡信息；

（6）解扰器利用 CW 对加扰的音视频数据进行解扰，并将解扰后的数据送给播放模块播放。

综上，在撰写专利申请文件时，应尽量使用本技术领域有确切含义的词语、术语。此外，应该使用国家有统一规定的科技术语，采用规范的用词；权利要求中使用的科技术语应该与说明书中使用的科技术语保持一致，尽量避免自造词的使用，若使用，应在说明书中对所使用的自造词的特定含义进行解释，并尽可能在权利要求中明确记载该自造词的含义。同时，除记载方案涉及的技术特征外，在撰写权利要求时不得使用商业性宣传用语。

# 第二部分

# 全国专利代理人资格考试中的申请文件撰写指导

通过第一部分的内容，您对专利申请文件的组成与撰写要求已有初步了解。也许，您已不满足于对专利申请文件撰写基础知识的了解，正在努力备考全国专利代理人资格考试，欲快速掌握专利申请文件撰写技巧成为专利圈的专业人员，那么，您一定非常关心专利申请文件撰写的要领以及如何通过考试。与许多考试辅导资料不同，本部分所提供的不是对所有考试内容面面俱到的讲解，而是根据多年来的考前辅导经验和阅卷经验，对考试中最具挑战性的部分——专利代理实务（下称"卷三"）中的重点内容与应考方法提供一些辅导。本部分的主要内容是讲解全国专利代理人资格考试怎么考、怎么答和怎么练，对您通过全国专利代理人资格考试提供一些辅导，帮助您快速掌握专利申请文件撰写的基本要求和技能，特别是提高权利要求书的撰写能力。本部分也可供提高专利申请文件撰写实务水平的读者参考学习。

本部分共分三章：第四章有关考题的梳理分析，第五章有关答题的方法与要点，第六章有关试题分析、思路与解答。

# 第四章

## 专利代理实务考试怎么考

"知己知彼，百战不殆。"要赢得考试，首先要了解考试。基于多年的考试辅导经验与阅卷经验，本章将重点介绍试题常见的题型及考查要点。

## 第一节　专利代理实务试题形式

关注专利代理考试的考生也许会发现，每年考试题目或形式不尽相同。本节将重点介绍常见的三种典型试题形式，使读者对试卷获得总体了解。

### 一、三种常见试题形式

（一）撰写客户咨询意见和权利要求书

2013年卷三试题题目（以下试卷详细内容请见第二部分第六章）如下：

客户A公司向你所在的专利代理机构提供了技术交底材料1份、3份对比文件（附件1至附件3）以及公司技术人员撰写的权利要求书1份（附件4），现委托你所在的专利代理机构为其提供咨询意见并具体办理专利申请事务：

第一题：请你撰写提交给客户的咨询意见，逐一解答其自行撰写的权利要求书是否符合专利法及其实施细则的规定并说明理由。

第二题：请你综合考虑附件1至附件3所反映的现有技术，为客户撰写发明专利申请的权利要求书。

第三题：简述你撰写的独立权利要求相对于现有技术具备新颖性和创造性的理由。

第四题：如果所撰写的权利要求书中包含两项或者两项以上的独立权利要求，请简述这些独立权利要求能够合案申请的理由；如果认为客户提供的技术内容涉及多项发明，应当以多份申请的方式提出。则请说明理由并撰写分案申请的独立权利要求。

2013年试题是卷三的一种典型形式。这种形式的试题，重点有两个：一是判断客户撰写的权利要求书是否存在缺陷以及缺陷何在，二是为客户重新撰写一份权利要求书。除了上述两个重点内容外，试题还要求考生进行理由论述：所撰写的独立权利要求具备新颖性、创造性，若存在多项独立权利要求情况下是合案申请还是分案申请，实际上就是判断单一性。上述工作的基础材料有三份：一是技术交底材料，这是待申请发明的所有技术信息；二是对比文件，这是反映现有技术的依据，据此判断发明与现有技术的区别所在；三是公司技术人员撰写的权利要求书，这是考生需要判断、修改的对象。进行上述判断、撰写的法律依据则是《专利法》及其实施细则和《专利审查指南2010》的相关规定。

（二）撰写无效宣告请求书和权利要求书

这类试题典型形式如2011年卷三试题。

### 第一题　撰写无效宣告请求书

客户A公司委托你所在代理机构就B公司的一项实用新型专利（附件1）提出无效宣告请求，同时提供了两份专利文献（附件2和附件3），以及欲无效的实用新型专利的优先权文件译文（附件4）。请你根据上述材料为客户撰写一份无效宣告请求书，具体要求如下：

1. 明确无效宣告请求的范围，以专利法及其实施细则中的有关条、款、项作为独立的无效宣告理由提出，并结合给出的材料具体说明。

2. 避免仅提出无效的主张而缺乏有针对性的事实和证据，或者仅罗列有关证据而没有具体分析说理。阐述无效宣告理由时应当有理有据，避免强词夺理。

### 第二题　撰写权利要求书并回答问题

该客户A公司同时向你所在代理机构提供了技术交底材料（附件5），希望就该技术申请发明专利。请你综合考虑附件1至附件3所反映的现有技术，为客户撰写发明专利申请的权利要求书，并回答其提出的有关该申请的说明书撰写问题，具体要求如下：

1. 独立权利要求的技术方案相对于现有技术应当具备新颖性和创造性。独立权利要求应当从整体上反映发明的技术方案，记载解决技术问题的必要技术特征，并且符合专利法及其实施细则对独立权利要求的其他规定。

2. 从属权利要求应当使得本申请面临不得不缩小保护范围的情况时具有充分的修改余地，其数量应当合理、适当，并且符合专利法及其实施细则对从属权利要求的所有规定。

3. 如果所撰写的权利要求书中包含两项或者两项以上的独立权利要求，请简述这些独立权利要求能够合案申请的理由；如果认为客户提供的技术内容涉及多项发明，应当以多份申请的方式提出，则请说明理由，并分别撰写权利要求书。

4. 回答客户提出的关于说明书撰写的问题时，请结合专利法及其实施细则中的相关规定进行具体说明。

我们看到的 2011 年试题，是卷三的第二种典型形式。这种题型与第一种试题相同的是：也要求考生根据给定的技术交底书和对比文件撰写权利要求书、判断单一性；与第一种形式的试题明显不同的是，要求考生撰写无效宣告请求书，并回答与说明书撰写相关的问题。

撰写无效宣告请求书，对于大多数考生都比较陌生。实际上，撰写无效请求书，也是要求考生针对授权的权利要求书，提出不符合《专利法》及其实施细则规定的缺陷。其关键在于：一是请求无效的法定理由仅限于《专利法实施细则》第 64 条所列情形，例如，缺乏单一性不能作为无效请求的理由；通常，在给出对比文件的情形下，无效请求理由会涉及新颖性或创造性，是重点要考虑的两个理由。二是撰写无效请求书的形式有一些基本要求，如，明确无效请求的对象、范围与法定理由，包括请求宣告无效的专利号、哪几项权利要求，诸如《专利法》第 22 条第 3 款等的法定理由，无效请求的事实证据，具体理由的阐述及结论。

（三）撰写审查意见陈述书和修改后的权利要求书

这类形式的试题请见 2008 年卷三，题目如下（限于篇幅，第二部分第六章对此题不做分析解答）。

1. 假设考生是某专利代理机构的专利代理人，受该机构委派代理一件专利申请，现已收到国家知识产权局针对该专利申请发出的第一次审查意见通知书及随附的两份对比文件。

2. 要求考生针对第一次审查意见通知书，结合考虑两份对比文件的内容，撰写一份意见陈述书。如果考生认为有必要，可以对专利申请的权利要求书进行修改。鉴于考试时间有限，不要求考生对专利申请的说明书进行修改。

3. 考生在答题过程中，除注意克服权利要求书中存在的实质性缺陷外，还应注意克服其存在的形式缺陷。

4. 如果考生认为该申请的一部分内容应当通过分案申请的方式提出，则应当在意见陈述书中明确说明其理由，并撰写出分案申请的权利要求书。

5. 作为考试，考生在答题过程中应当接受并仅限于本试卷所提供的事实。

6. 考生应当将试题答案写在正式答题卡的答题区域内。

2008年试题是卷三的第三种典型形式。我们看到，这种形式的试题与前述两种典型试题相区别的典型特点是，要求考生针对审查意见通知书撰写意见陈述书，并且在需要时修改权利要求书。审查意见通知书的主要内容是指出专利申请文件所存在的缺陷、说明理由和法律依据。显然，该题目的审查意见仅针对权利要求书。答复审查意见、撰写意见陈述书的主要要求是：判断、说明审查意见正确与否及说明理由。一般地，同意审查意见的就不需说明理由，但须修改申请文件以克服审查意见所指出的缺陷，并说明申请文件是如何修改的、所做修改来自原始申请文件的何处（下称"出处"）和论述为何所做修改克服了审查意见所指出的缺陷。

一般来讲，大多数审查意见的结论是正确的。也就是说，需要修改申请文件来克服审查意见所指出的缺陷。修改权利要求书与撰写权利要求书的区别，主要在于修改权利要求书要针对审查意见进行，并且所做修改和修改后的技术方案不能超出原始申请文件记载的范围，相关的法律规定是《专利法》第33条和《专利法实施细则》第51条第3款。至于意见陈述书的撰写格式和修改权利要求书需要注意的具体问题，会在第二部分第六章进行讲解。

2008年的试题，没有像2011年试题那样具有答题提示，这也是常见的。实际上，不论题目是否写明一些要求或提示，如2011年试题所提示的要求，都是答题必须满足的要求。

## 二、其他试题形式

前述卷三的三种典型形式，是历年来卷三试题最常见、出现频次最高的形式。但是，并不排除其他可能的形式，如上述三种典型形式的变形或组合。

尽管前面列举的典型试题主要考查权利要求书的撰写，而且历年来的试题也基本如此，鉴于考试时间等原因，鲜见要求考生撰写说明书全部内容的考题。但是，并不排除卷三以后考查说明书撰写的相关内容，例如撰写说明书的"发明内容"或"摘要"部分，或回答与此相关的问题，例如2014年卷三就要求说明权利要求的技术方案所取得的效果。比较容易考查的说明书撰写内容，可能会涉及以下两个方面，属于《专利法实施细则》第 17 条规定的内容。

第一方面，回答问题或为说明书撰写挑错。例如，2011 年卷三，就通过回答问题的方式考查判断说明书是否充分公开的问题。另外，还有可能请您回答权利要求所限定的技术方案相对于现有技术所取得的技术效果，指出说明书撰写形式、格式方面存在的问题。

第二方面，撰写说明书的局部内容，例如说明书摘要或说明书的"发明内容"部分。这是因为，整体上撰写一份完整的说明书不太容易出题，试题总要给出考试材料，一般来讲需要给出说明书或技术交底材料，在此基础上再要求考生撰写完整的说明书意义不大，而且说明书的发明内容部分或摘要的撰写，与权利要求书的撰写相关。

# 第二节　专利代理实务试题分析

通过第一节的内容，我们了解了卷三试题的基本形式，但可能仍会觉得试题形式不一、不易把握。第二节的主要内容是分析卷三的考查实质与重点，分析说明不论试题形式如何变换组合，都需知道万变不离其宗，把握考题实质与要点。

## 一、考查权利要求书

通过本书第一部分的学习我们业已知道，权利要求书应表达专利申请人要求专利保护的技术方案与保护范围，是专利申请文件撰写的关键与重点，最能体现专利申请文件的撰写水平，是专利申请文件撰写中难度最大的部分。根据"全国专利代理资格考试指南"，卷三考试的重点与核心就是考查考生专利申请文件撰写的知识水平与能力。历年来，卷三考试主要围绕权利要求书的撰写，这在前面的典型试题中已经体现，本节将再加以分析细化。根据对历年来考题的分析归纳，权利要求书撰写的考查，可有两种主要考查方式：权利要求书的挑错和直接撰写，下面来分别予以说明。

（一）对权利要求书的挑错

如前所见，卷三考试可能会要求考生针对客户撰写的权利要求书提供咨询意见，或者针对审查意见通知书撰写意见陈述书与修改权利要求书，抑或针对欲无效的专利撰写无效宣告请求书，不论上述何种形式，我们看出：其一，针对的都是已经写出的权利要求书，其二，都必须发现权利要求书存在什么样的问题。因此，三种形式的典型试题虽然形式不一、要求各异，但究其实质，都是判断给定的权利要求书存在何种不符合《专利法》及其实施细则规定的缺陷并说明理由，我们称之为权利要求书的挑错。

不少考生感到，对权利要求书挑错，还不如直接撰写权利要求书，直接撰写权利要求书时总还能写出一些，而对权利要求书挑错却让人无从下手、感到茫然。实际上，权利要求书的挑错要比直接撰写容易。一般试卷中之所以有这样的题目，就是考虑到试题的难易搭配。要能够正确进行挑错，需要掌握权利要求书撰写要达到的要求和进行挑错方法，这将在第五章进行讲解。

（二）权利要求书的撰写

如前所述，卷三考试的核心与重点是权利要求书的撰写。因此，不论哪年的考试、何种形式的试题，一般都有一题："请考生根据给定的技术交底书与现有技术文件，亲自撰写权利要求书或对权利要求书进行修改。"

客户撰写的权利要求书、欲宣告无效的权利要求书或审查意见所针对的权利要求书，都是撰写权利要求书的参考基础。一般来讲，这样的权利要求书肯定存在缺陷，在撰写时起码要注意克服，再就是可以参考这些基础。

总的来讲，对权利要求书的考查是卷三考试的重头戏，这不仅要求考生要具备发现权利要求书问题的火眼金睛，而且还要具备撰写权利要求书的掌上功夫。

## 二、回答问题与论述理由

在重点考查权利要求书的挑错和撰写后，卷三一般还会包括简述或论述题，本部分将这类题目归纳为回答问题或论述理由。例如2013年卷三，要求"简述你撰写的独立权利要求相对于现有技术具备新颖性和创造性的理由"；又如2011年卷三，要求回答：说明书不记载技术交底材料中的某部分技术特征，是否能够满足说明书充分公开的要求。近年来卷三考试，常常要求考生回答：如果存在两项及以上的独立权利要求，是合案申请还是另案申请并说明理由，也属于这类题目。这类题目可能涉及权利要求书的撰写问题，也可能涉及说明书的撰写问题。

常见而重要的是，论述所撰写的或修改后的权利要求具备新颖性、创造性的理由，回答是否合案申请或分案申请并说明理由。对于论述新颖性、创造性，需要看清题目要求，有时题目指明仅针对独立权利要求，如果题目要求论述的是所撰写的权利要求，就应该包括从属权利要求。回答问题或论述理由的题目，应该属于比较容易的题目，考生需要注意的是答题规范与要点，将在第二部分第五章中进行讲解。

# 第五章

# 专利代理实务考试怎么答

本章的主要内容是讲解答题的思路、方法、规范与要点。

## 第一节 权利要求必须满足的重要要求

权利要求书的撰写涉及的法律规定多、要求高、难度大。不论是对已有的权利要求书挑错，还是撰写一份合格的权利要求书，首要的是必须知道权利要求书撰写应该满足的规定与要求。本节主要梳理归纳权利要求书撰写的重要规定，当然，这里梳理的不是全部规定，也不是法条与概念的详细讲解。

### 一、权利要求必须是专利法所保护的客体

作为法律，专利法也自有其规范的主题。从根本上说，专利法保护的是技术方案，像科学发现、智力活动规则等不属于技术方案的，就不能受专利法的保护；自然，任何一部法律也不能违反本国法律、社会公德和妨害公共利益，专利法也如此；另外，从公共健康、伦理等方面考虑，专利法也排除了一些不受保护的主题，如疾病的诊断治疗方法或动植物品种等。这部分内容属于《专利法》第5条第1款、第25条、第2条第2款规范的内容。根据这类法律规定，权利要求首先不能含有这样的主题，这犹如专利制度的大门，只有属于专

利法保护的主题才能进来，是第一道关口。

## 二、权利要求必须具备专利"三性"

专利法之所以对发明创造授予专利权，是为了鼓励发明创造对现有技术作出的技术贡献。所以，专利申请能够获得授权的核心条件是要求保护的技术方案必须具备《专利法》第22条第2、第3款所规定的新颖性和创造性，这离不开与现有技术的比较。当然由于专利权属于工业产权，其必须能够在产业上制造和使用，这就是专利法意义上实用性的概念，这是《专利法》第22条第4款所规定的，注意这与一般意义上的实用性概念不同。实用性、新颖性和创造性通常称为专利"三性"，是授予专利权的核心实质性条件，由于新颖性、创造性至关重要，下面分别予以说明。

（一）新 颖 性

一项权利要求要求保护的技术方案，最起码不能属于现有技术，也就是说，要求保护的技术方案不能与现有技术一样。判断一个技术方案是否与现有技术一样，就需要将技术方案与现有技术公开的一个技术方案单独相比，判断所属技术领域、解决的技术问题、采用的技术方案和技术效果是否实质上相同（通常称为四相同），如果上述四个方面都相同，所判断的技术方案不具有新颖性；如果有一个方面不相同，特别是技术方案存在区别技术特征，则具备新颖性。判断技术方案是否相同，主要是看构成技术方案的技术特征是否被现有技术中的一个技术方案所公开。

现有技术是申请日前处于为公众可知状态的技术，所以其要在专利申请的申请日（享有优先权的，指优先权日）前公开，公开的方式以出版物最为常见，此外还有使用公开或其他方式，具有时间界限，但无地域限制。一般来讲，反映现有技术的相关文件，包括专利文件和非专利文件，卷三考试中给出的一般都是专利文件。

《专利法》第9条规定，同样的发明创造只能授予一项专利权。如果有另一件中国专利申请，在本申请的申请日（含优先权日）之前申请、并在该申请日之后公开，而且技术方案一样（属于相同的发明创造），那么上述另一件专利申请虽然不构成本申请的现有技术。但是如果对这两件专利申请都授予专利权，就势必造成重复授权，违反《专利法》第9条的规定。上述另一件专利申请就叫做本申请的抵触申请。根据专利制度的先申请制原则，相同的发明创造性只能授予在先申请人。所以，《专利法》第22条第2款规定的新颖性，除了现有技术外，抵触申请也能够破坏新颖性。

在新颖性的判断中，所判断的技术方案是权利要求请求保护的技术方案，作为对比文件的现有技术或抵触申请中的技术方案，可以是专利文件中权利要求限定的技术方案或说明书中记载的技术方案，但一定是所有技术特征都记载在一个技术方案中。

## （二）创　造　性

如果权利要求请求保护的技术方案具备新颖性，只能说明其与现有技术不一样，并不一定对现有技术作出贡献、构成发明创造，还需要进行创造性评判。创造性评判的实质在于，所要求保护的技术方案与作为现有技术的对比文件组合对比，是否非显而易见和具有有益的技术效果。既然是对比文件组合评价，那么，不仅要考量技术方案的每个技术特征是否被对比文件所公开，而且还要考量对比文件能否结合，也就是要判断对比文件是否具有结合的技术启示。通常，该申请与对比文件所属的技术领域、区别技术特征所起的作用、技术方案所解决的问题，是综合考虑对比文件能否结合的重要因素。对比文件能否结合得到要求保护的整体技术方案，说明所要求保护技术方案的非显而易见性，也就是（突出的）实质性特点。所要求保护的技术方案相对于现有技术能够取得的有益技术效果，说明其（显著的）技术上的进步。所以，创造性评判要特别注意对比文件的技术启示，以及从整体上把握所要求保护的技术方案相对于现有技术所要解决的技术问题和取得的技术效果。

这里需要注意的是，抵触申请尽管能够用以评价新颖性，但由于其不是现有技术，不能用来评价创造性。

## 三、权利要求的撰写要求

### （一）独立权利要求仅需包含解决技术问题的必要技术特征

独立权利要求在对现有技术作出贡献（具备新颖性、创造性）的前提下，应该尽可能少地包含技术特征，以限定尽量大的保护范围，但又必须相对于现有技术能够解决技术问题、取得技术效果。解决技术问题必不可少的技术特征就是必要技术特征。这是《专利法实施细则》第20条第2款规定的内容。这就要求在撰写权利要求时，既不能缺少必要技术特征，也不能包含多余的非必要技术特征，这对专利代理人非常重要。

必要技术特征的判断在卷三考试中既是重点也是难点，需要考生多加理解和练习，重点掌握。在考试中，对在独立权利要求中写入非必要技术特征情形的，一般是要倒扣分的。作为专利代理人，应当为申请人尽可能谋求合理大的保护范围，保护发明人应得的合理权益，这也是卷三考试对必要技术特征的要求比较严格的原因。但是，在审查实践中，审查员对这种情形并不提出审查意见，这是因为审查员是根据请求原则，依法对申请人请求的保护范围进行审查。

（二）权利要求必须以说明书为依据清楚地限定保护范围

权利要求如同其他要求一样，都需要清楚合理地表达。为此，《专利法》第 26 条第 4 款规定，权利要求必须以说明书为依据，清楚简要地限定保护范围。上述规定具有两方面的要求。

一是，权利要求限定的技术方案要表述清楚，不能措辞含义不清、边界不清，表述前后矛盾。例如，一个权利要求请求保护的主题不能是"一种油炸食品特别是油炸土豆片"，因为这样限定的保护边界是两个大小不同的范围，不好确定要求保护的范围是哪个，应该分别撰写一个权利要求来表明保护范围。

二是，所要求保护的技术方案要能够得到说明书的支持，这是专利制度公开发明创造以换取专利保护的根本要求，使发明人得到的专利保护与其公开的技术贡献相辅相成、吻合一致。根据《专利审查指南 2010》的规定，权利要求以说明书为依据，或者说能够得到说明书的支持，就是要求保护的技术方案要在说明书中有直接记载或能够合理概括得到。这里需要注意的是，一是判断的基础是说明书的全部内容而不仅仅局限于实施例，二是判断的是技术方案整体而不仅仅是某个技术特征。例如，说明书中仅仅在一个实施例记载了特征 A，另一个实施例记载了特征 B，那么由 A＋B 组成的技术方案整体并没有在说明书中有直接记载，其是否能够从说明书中充分公开的内容合理概括得出就需要根据具体案情进行判断。

（三）独立权利要求之间应该具备单一性

为了便于专利申请按照技术领域进行分类、公开信息和审查，《专利法》第 31 条第 1 款规定：一件专利申请仅限于一项发明或实用新型，属于一个总的发明构思的两项以上的发明或实用新型，可以作为一件专利申请提出。《专利审查指南 2010》进一步规定，具备单一性的两项独立权利要求之间，应该具有相同或相应的特定技术特征。如果两项及以上的独立权利要求之间不具备单一性，就不能在一件专利申请中提出，应该分别另案申请。撰写权利要求书时，具备单一性的两项独立权利要求应该合案申请；不具备单一性的独立权利要求应该另案申请，如果已经是在审专利申请，可以提交分案申请。

（四）从属权利要求要清楚正确地引用在前权利要求

从属权利要求只能择一地引用在前的权利要求，通过附加技术特征对所引用的权利要求做进一步的限定，在前的权利要求可以是独立权利要求，也可以是从属权利要求，但多项从属权利要求不能引用在前的多项从属权利要求，这是为了避免引用关系混乱不清，从而造成权利要求的保护范围不清楚。这部分内容是《专利法实施细则》第22条第2款规范的内容。可以将技术交底书或说明书中记载的具体实施方式、更优选、效果更好、质量更优的技术方案，撰写为从属权利要求，也要保证所进一步限定的技术方案清楚。当引用关系不符合该条款时从撰写形式上不符合《专利法实施细则》第22条第2款的规定，当造成该从属权利要求的保护范围不清楚，则导致权利要求不符合《专利法》第26条第4款的规定。

## 第二节 权利要求考查的应答思路

本节的主要内容是权利要求撰写（包括挑错）的思路、方法与要点。

### 一、权利要求的挑错

对于权利要求的挑错，不少考生觉得它比撰写权利要求还难，因为撰写权利要求总可以动笔写，而挑错却无从下手，看不出缺陷。实际上，这类题目毕竟提供了权利要求书，好比提供了让你打的靶子，你只需瞄准、去打就行，应该比直接撰写要容易，关键在于掌握挑错的方法与标准。

（一）思路步骤

实际上，权利要求书挑错考查的是对权利要求撰写重要规定的掌握。本章第一节已经讲解了权利要求撰写的重要要求，这些重要要求就是权利要求评判的重要标准。权利要求挑错的总思路，就是以这些重要要求为标准衡量权利要求的撰写是否存在缺陷，存在何种缺陷。

具体步骤是：从权利要求的类型来讲，一般先考虑独立权利要求，再考虑从属权利要求；从权利要求应当满足的重要要求来讲，依次考虑保护客体、专利"三性"、必要技术特征、清楚与支持。

当然，这些重要要求并不全面，但是，如果能够从这些方面挑出权利要求存在的缺陷，一般来讲容易通过这部分的考试。

（二）注意的问题

第一，对每个权利要求应尽量写明所存在的缺陷、所依据的法条（具体到

第几条、第几款）和说明理由。

第二，如果一项权利要求存在两个缺陷，例如独立权利要求既缺少必要技术特征也无新颖性，建议最好全部指出和说明理由，也可以选择其中一个较为严重的缺陷详细说明理由，对另一个缺陷则可以简答。

第三，在判断新颖性、创造性时，一是如果给定的对比文件涉及优先权日、优先权文本，说明可能需要核实优先权是否成立；二是注意判断对比文件能否作为现有技术或构成抵触申请，而且抵触申请因为不是现有技术只能用来评价新颖性，不能评价创造性。例如，2011年卷三中权利要求的挑错，优先权、抵触申请的判断就都涉及了。

第四，必要技术特征是针对独立权利要求而言的。如果某从属权利要求也不能解决发明提出的技术问题，可以认为该从属权利要求限定的技术方案不清楚，不符合《专利法》第26条第4款的规定。还有一个办法是，可以假设将该从属权利要求上升为独立权利要求，再判定其缺少解决技术问题的必要技术特征。

第五，对于提出无效宣告理由的，所依据的是《专利法实施细则》第65条。需要注意的是，从属权利要求非择一地引用或多项从属权利要求引用在前的多项从属权利要求，首先是其不符合《专利法实施细则》第22条第2款的规定，如果是对其提出无效宣告理由，则可以考虑其是否导致权利要求保护范围不清楚，不符合《专利法》第26条第4款的规定。

## 二、权利要求的撰写

卷三考试的保留题目，是要求考生根据给定的技术交底材料（或说明书）与对比文件，撰写或修改权利要求书，并论述在存在多个独立权利要求的情况下应该合案申请还是分案申请。不少考生往往感到权利要求书的撰写很难，判断合案或分案更觉得云里雾里，往往就写到哪儿算哪儿，写成什么样就什么样。这主要是由于没有从整体上构思、安排权利要求书的撰写。

权利要求书的撰写与论文写作一样，都需要整体构思、谋篇布局，安排好框架结构。下面讲解权利要求书撰写的整体思路与方法步骤。

撰写权利要求书的总体思路是：以权利要求撰写的具体规定为核心，首先确定对现有技术作出贡献的保护主题并判断单一性；其次撰写独立权利要求，然后撰写从属权利要求。

（一）确定保护主题并判断单一性

1. 确定能够申请专利保护的主题

确定对现有技术作出贡献、能够获得专利保护的主题，就是确定发明创造

的哪些内容属于可专利保护的主题,并具备新颖性、创造性。对现有技术作出贡献,一定要与现有技术进行比较。具体方法步骤是:

(1) 确定最接近的对比文件。最接近的对比文件是现有技术的代表,是发明的基础,也是判断发明技术贡献的基础。因此,最接近对比文件的选择非常关键,直接影响到比较的结果。一般来讲,选择与本申请技术领域相同、构思最为接近、公开本申请特征最多的现有技术,作为最接近的对比文件。

(2) 确定本申请与最接近的对比文件的不同之处。仔细对比本申请的所有发明内容与最接近的对比文件公开内容,发现其不同之处,也就是本申请没被最接近的对比文件公开的内容,并去除专利法规定的不属于专利保护客体的内容,那么这些内容一般相对于最接近的对比文件具有新颖性,可能构成专利保护的主题。如2011年考题,第一、第二、第三实施例相对于最接近对比文件均不同、具有区别特征,这三个实施例可能构成三个保护主题。再如,2013年考题,技术交底材料相对于最接近对比文件具有区别特征的是三方面内容,分别是:下箱体侧壁上部设置通风孔、上箱体设置通风结构和垃圾箱底板可以向下转动卸出垃圾,这三块内容可能构成三个保护主题。

(3) 确定对现有技术作出贡献的主题。对比上述不同之处,选出没有被其他对比文件所公开的不同之处,实际上就是现有技术组合起来也可能没有公开的不同之处,这些最后筛选出的不同之处构成了可以专利保护的主题,一般也具备了新颖性、创造性。例如,前述2011年、2013年考题,分别有三块内容可能构成保护主题,经过组合其他对比文件分析,其他对比文件组合起来也没有公开这三块内容,也就是说这三个可能的主题具备创造性,相对于现有技术的组合也作出了贡献,构成能够获得保护的三个主题。

注意,到目前这一步是可以的保护主题。

2. 确定能够撰写几个独立权利要求

上面确定了可以构成专利保护的主题,但这些主题的内容还需要进一步整理,即分析应该撰写几个独立权利要求。因为,上面可以构成专利保护的主题有可能需要合理概括而形成比较上位的独立权利要求,如2011年考题,第一、第二实施例构成的主题应该合理概括形成一个上位的独立权利要求;再如,2013年考题,第二主题是第一主题的递进改进,适合把第一主题撰写成独立权利要求,把第二主题作为其从属权利要求,如此撰写独立权利要求具有尽可能大而又合理的保护范围。

确定应该撰写的独立权利要求的主要思路表现在两个方面。

(1) 将能够概括的保护主题上位为独立权利要求。权利要求的合理概括是一个大难点。对于考试，这里提供两个判断方法：一是分析两个主题之间是否存在对现有技术作出贡献的共性特征，如存在，应该将相应的特征概括上位为共性的上位特征；二是注意参考技术交底材料的描述，一般考试材料中具有合理概括后特征的大体描述，也就是说技术交底材料中很可能提示概括上位后的特征。例如，2011年考题，实施例一、例二的共性特征在于其都具有阻止盖栓意外运动的机构，而且阻止或限制盖栓的运动之类的描述在技术交底材料中出现过，而实施例三不具有这样的共性特征，应该将实施例一、例二合理概括而上位成一个独立权利要求，针对实施例三撰写一个独立权利要求，一共应该撰写两个独立权利要求。

（2）将递进关系的实施例合并成一个独立权利要求。有的保护主题虽然对现有技术作出了贡献，但是，它们属于一个是另一个的递进改进，一般解决的是同一个技术问题，只不过后一个达到更好的技术效果。如2013年考题，在上箱体上设置通风结构是为了进一步改进通风效果，与下箱体设置通风孔一样，解决的技术问题都是通风防腐，因此，应该针对下箱体设置通风孔撰写独立权利要求，将上箱体设置通风结构撰写为其从属权利要求；上箱体底板可以向下转动卸出垃圾，既不能与前述内容合理概括，而解决的技术问题是延长垃圾箱使用寿命问题，应该针对此主题撰写另一个独立权利要求，一共撰写两个独立权利要求。

3. 判断独立权利要求之间的单一性

（1）判断两项独立权利要求对现有技术作出贡献的区别技术特征是否相同或相应，如果是，具有单一性，否则无单一性。

（2）确定本案与另案（分案）申请的独立权利要求。这个问题对于考试非常重要，但一部分考生往往认识不到或容易搞错，为此丢分严重！判断的原则是，把体现发明解决基本问题、描述在先、描述多的技术方案作为本案独立权利要求，把与此不具有单一性的技术方案另案（分案）申请。如2013年试题，通风防腐的主题显然符合上述原则，应该做本案的独立权利要求。

（二）撰写独立权利要求

独立权利要求撰写在权利要求书的撰写中具有非常重要的地位，可以说牵一发而动全身，考生往往感觉非常困难、难以做对！这里的关键问题是确定要解决的技术问题及相应的必要技术特征，下面进行详细讲解。

1. 确定要解决的技术问题

在保证对现有技术作出贡献的前提下，相对于最接近的现有技术，独立权利要求应该解决发明最基本的技术问题，从属权利要求解决进一步的技术问题。

注意，最接近现有技术选取的不同，意味着发明的起点不同，发明解决的技术问题也不同。所以，撰写独立权利要求时，要特别注意选择与该发明最接近的现有技术作为首要的对比文件，一般称为对比文件1。

那么什么是最基本的技术问题呢？可以这样理解，就是发明相对于现有技术作出贡献必须解决的技术问题，最基本技术问题的解决，使技术方案刚刚好对现有技术作出贡献，也就是使技术方案刚刚好具有新颖性、创造性，并使撰写出的技术方案的保护范围最大化。例如，2013年考题，发明提出要解决的技术问题是，克服现有技术垃圾箱不能通风防腐的缺陷，独立权利要求要解决的最基本的技术问题就是，相对于现有技术只要能够改善通风、实现防腐就行，不需要效果多好。

2. 确定必要技术特征

确定了独立权利要求要解决的基本技术问题，接下来就要确定解决该技术问题所必不可少的技术特征，即必要技术特征。必要技术特征包括两部分：一是使独立权利要求相对于现有技术作出贡献的区别技术特征，二是与现有技术共有的技术特征，这两部分特征构成解决基本技术问题的完整技术方案，具体规定见《专利法实施细则》第20条第2款、第21条第1款。考生往往觉得必要技术特征的确定很难；其一，没有抓住解决技术问题这个要害；其二，与现有技术共有的技术特征不知写哪些。对其二，确定与现有技术共有的技术特征，主要原则是写与该发明密切相关的共有技术特征，如与区别技术特征相关的，在从属权利要求中要进一步限定的，组成完整技术方案不可或缺的。往往在考试材料给出的权利要求书或技术交底书中，可以找到可参考的共有技术特征。如，2013年考题中客户撰写的权利要求1，2011年考题中欲无效专利的权利要求1，其缺乏新颖性，实际上就是与现有技术共有的技术特征。需要注意的是，在参考借鉴时，要注意去掉与该发明解决技术问题没有关系的特征，例如，2013年考题，上下箱体"可分离"地配合在技术交底材料中有描述，其与解决通风防腐的技术问题没有关系，所以就不能作为必要技术特征写入独立权利要求。

（三）撰写从属权利要求

撰写完独立权利要求，接下来就该撰写从属权利要求。有的考生不理解，既然独立权利要求的保护范围最大，为何还要撰写从属权利要求？诚然，从属权利要求的保护范围是落在独立权利要求的保护范围之中，但撰写从属权利要求，一是针对重要范围进行重点保护，犹如一个城市尽管划定了最大保护边界，但往往还特别宣布了一些重要单位，如重点文物保护、重点防火单位，以告诫人们这是重地。更重要的是为了专利申请的安全考虑，一旦独立权利要求失去存在的条件时，从属权利要求可以替补上来，也形成了权利要求的保护层次和布局。

1. 附加技术特征的确定

从属权利要求通过附加技术特征，对独立权利要求或在前从属权利要求做进一步限定。那么如何确定从属权利要求的技术方案或其附加技术特征呢？总原则是撰写优化的技术方案，具体地可考虑更具体的实施方式、效果更好、质量更优、成本更低等的技术方案，把体现这些优化效果的特征确定为附加技术特征。需要注意的是，这些优化的技术方案：一是要完整，保证能够解决一个更具体的问题；二是最好不要把多个优化的方案都写入一个从属权利要求，应当针对某个优化方案分别撰写从属权利要求；三是进一步限定的附加技术特征要有引用或限定的基础，所增加的特征与其他密切相关特征的必要关系要限定清楚，避免只罗列技术特征，而忽视了技术特征之间的必要关系。

2. 引用关系的确定

根据《专利法实施细则》第 22 条第 1、第 2 款的规定，撰写从属权利要求，一般通过引用在前的独立权利要求或从属权利要求，但是必须择一地引用。一项从属权利要求如果引用两项及以上的在前权利要求，就是多项从属权利要求，其不能再作为在后从属权利要求引用基础。考生撰写从属权利要求时，应该尽量有意地撰写一两个择一引用的多项从属权利要求，这样会增加得分点，并避免多项从属权利要求引用在前的多项从属权利要求。

# 第三节　其他应答思路

除了权利要求书的挑错或撰写外，卷三考试往往还包括其他撰写内容或回答问题，诸如撰写无效宣告请求书、意见陈述书，论述所撰写的权利要求具备新颖性、创造性的理由等，这一节主要讲述这些内容的答题规范与要点。

## 一、无效宣告请求书的撰写

撰写无效宣告请求书，实质上也属于权利要求的挑错，只不过所挑缺陷要属于《专利法实施细则》第 65 条规定的缺陷，其实质内容已在权利要求书的挑错部分讲解，这里就不再重复。无效宣告请求书应当包括无效请求对象、范围与理由、证据、具体论述和结尾段五部分内容。这里以 2011 年考题为例说明撰写规范与要点。

专利复审委员会：

请求人针对专利号为×××、发明名称为×××的专利权，提出无效请求。

1. 无效请求范围与理由。

权利要求1不具备《专利法》第22条第2款规定的新颖性，权利要求2不具备《专利法》第22条第3款规定的创造性，权利要求3如果上升为独立权利要求，缺少必要技术特征，不符合《专利法实施细则》第20条第2款的规定，权利要求4不清楚，不符合《专利法》第26条第4款的规定，请求宣告全部权利要求1~4无效。其中，权利要求1~4属于无效宣告请求范围，所涉及的法条属于无效理由，注意要具体到《专利法》或《专利法实施细则》第×条第×款。

2. 证　　据

证据1：附件2，专利号为ZL 200920345678.9的专利说明书。

证据2：附件3，专利号为ZL 200720123456.7的专利说明书。

3. 具体理由的论述

（1）权利要求1不具备新颖性的具体论述，（下略）

（2）权利要求2不具备创造性的具体论述，（下略）

（3）权利要求3上升为独立权利要求而缺少必要技术特征的具体论述，（下略）

（4）权利要求4不清楚的具体论述，（下略）

综上所述，请求人认为……，请求依法对权利要求1~4无效。

无效请求人：×××
2011年××月××日

## 二、意见陈述书的撰写

意见陈述书主要是针对审查意见通知书进行意见陈述和答复，论述不同意审查意见的理由，说明申请文件在何处、如何进行了修改，为何克服了审查意见指出的何种缺陷。

（一）意见陈述书的撰写原则

（1）全面答复审查意见通知书中的审查意见。

（2）不同意审查意见的，要说明理由与依据。

（3）内容完整，符合撰写规范格式。

## （二）意见陈述书的撰写规范格式

意见陈述书应该包括以下四部分内容，其中修改说明与论述理由是主要部分。

（1）起始段。说明该意见陈述书是针对哪个申请的哪次审查意见通知书。

（2）修改说明。说明做了什么修改、所做修改来自原始申请文件的何处（写明出处），以说明所做修改和修改后的技术方案没有超出原始申请文件记载的范围。

（3）论述理由。针对审查意见通知书中指出的缺陷具体陈述意见、论述理由。不同意审查意见的，说明为何不同意、为何不存在审查意见指出的缺陷；同意审查意见的，说明修改后如何克服了缺陷，如，论述修改后的权利要求具有创造性。这部分内容是意见陈述书的重点内容。

（4）结尾段。说明相信经过陈述意见和修改申请文件已经克服了缺陷，请审查员继续审查，盼望早日获得授权。最后签署代理人×××，日期××××年×月×日。注意不能签署真名，也不能编造名字，只能以×××代替，以避免存在作弊嫌疑。

## 三、新颖性、创造性的论述

论述是否具备新颖性和创造性，在卷三考试中占有非常大的比重，下面将重点说明论述要点。

### （一）新颖性论述

新颖性的论述相对简单，要注意单独对比原则，法律依据是《专利法》第22条第2款，注意一定要写到款。单独对比原则要求在论述有新颖性时，需要分别将权利要求与每一篇对比文件进行对比，证明其有新颖性。

### （二）创造性论述

创造性论述相对复杂一些，《专利审查指南2010》第二部分第四章规定了创造性判断的三步法，这三个步骤是：①确定接近的现有技术。②确定发明的区别技术特征和实际解决的技术问题。③判断要求保护的发明对本领域的技术人员是否显而易见。为了帮助考生在卷三考试中论述全面，下面将三步法归纳为八个要点。具体论述案例请见本部分第六章。

创造性论述的八个要点：

（1）指出作为接近现有技术的对比文件，下称最接近对比文件。

（2）将权利要求与最接近对比文件进行对比，找出区别技术特征。

（3）指出权利要求基于该区别技术特征所要解决的技术问题。

(4) 分析其他对比文件是否公开该区别技术特征。

(5) 论述对比文件有无结合的技术启示。例如，其他对比文件如果公开区别技术特征，区别技术特征在对比文件中所起作用或解决的技术问题相同，一般认为对比文件具有结合的技术启示，反之，认为没有结合的技术启示。

(6) 写明权利要求相对于对比文件是否显而易见，从而是否具有突出的实质性特点，一般认为对比文件没有结合的技术启示，权利要求相对于对比文件就是非显而易见的。

(7) 说明权利要求相对于现有技术是否取得技术效果，即是否取得了显著的进步。

(8) 写明结论和法律依据，即是否具备《专利法》第22条第3款规定的创造性。

## 四、单一性与分案的论述

卷三考试经常涉及判断：如果存在两项及以上的独立权利要求，两项发明（或实用新型）是合案申请还是另（分）案申请，实际上就是判断两项独立权利要求是否具备单一性，论述规范与要点如下。

(1) 分别写明独立权利要求对现有技术作出贡献的区别技术特征。

(2) 写明上述区别技术特征是否相同或相应，从而权利要求是否具备相同或相应的特定技术特征。

(3) 写明是否具备单一性，法律依据是《专利法》第31条，因而结论是合案申请还是另案（分案）申请，哪个独立权利要求及其从属权利要求另案（分案）申请。

## 五、说明书是否充分公开的论述

专利制度的实质是申请人通过其说明书充分公开发明创造的内容来换取专利的保护。因此，对于权利要求要求保护的技术方案，其在说明书中必须得到清楚、完整的公开，以使本领域普通技术人员能够实现其发明，并解决其技术问题。但是，对于权利要求没有要求保护的技术方案或不影响解决技术问题的技术特征，其在说明书中可以不公开。这部分内容可能会结合回答问题进行考查，如2011年卷三，就是要求考生回答客户提出的这方面的问题。

论述说明书是否充分公开，关键是要抓住欲要求保护的技术方案要解决的技术问题，根据说明书的整体描述，说明要解决这样的技术问题必须清楚完整地描述什么样的技术特征或技术细节，而说明书中是否描述这样的技术细节，因而确定说明书是否充分公开要求保护的技术方案,是否符合《专利法》第26条第3款的规定。需要注意的是,判断说明书是否充分公开,一定要从说明书公开的全部内容整体上把握,而不仅仅只局限于具体实施方式。

## 六、说明书"发明内容"部分或摘要的撰写

说明书的发明内容或摘要部分是与独立权利要求或从属权利要求解决的技术问题、采用的技术方案和达到的技术效果密切相关的。只要能够撰写权利要求的技术方案,也就应该知晓其解决的技术问题和达到的技术效果,而且这些部分也是比较容易根据试题材料归纳整理得出的。

说明书发明内容部分包括的主要内容:首先,是发明所采用的主要技术方案,相应于独立权利要求的技术方案,以及其解决的技术问题和达到的技术效果。其次,最好再包括重要从属权利要求的技术方案及其解决的技术问题和达到的技术效果。

说明书摘要的主要内容,应当包括发明名称和所属的技术领域、要解决的技术问题、解决技术问题的技术方案要点和发明的主要用途,详见《专利法实施细则》第23条的规定。

# 第六章 考试真题与模拟试题解析

本章的特点是身临其境、实战演练，从考试角度、站在考生位置详细解析答题思路与要点。3个模拟案例都属于电学领域，便于电学领域的考生备考练习，也可供非电学领域的读者学习参考。

## 第一节 2011年专利代理实务试题分析与参考答案

### 一、试题说明

**第一题 撰写无效宣告请求书**

客户A公司委托你所在代理机构就B公司的一项实用新型专利（附件1）提出无效宣告请求，同时提供了两份专利文献（附件2和附件3），以及欲无效的实用新型专利的优先权文件译文（附件4）。请你根据上述材料为客户撰写一份无效宣告请求书，具体要求如下：

1. 明确无效宣告请求的范围，以专利法及其实施细则中的有关条、款、项作为独立的无效宣告理由提出，并结合给出的材料具体说明。

2. 避免仅提出无效的主张而缺乏有针对性的事实和证据，或者仅罗列有关证据而没有具体分析说理。阐述无效宣告理由时应当有理有据，避免强词夺理。

### 第二题  撰写权利要求书并回答问题

该客户 A 公司同时向你所在代理机构提供了技术交底材料（附件 5），希望就该技术申请发明专利。请你综合考虑附件 1 至附件 3 所反映的现有技术，为客户撰写发明专利申请的权利要求书，并回答其提出的有关该申请的说明书撰写问题，具体要求如下：

1. 独立权利要求的技术方案相对于现有技术应当具备新颖性和创造性。独立权利要求应当从整体上反映发明的技术方案，记载解决技术问题的必要技术特征，并且符合专利法及其实施细则对独立权利要求的其他规定。

2. 从属权利要求应当使得本申请面临不得不缩小保护范围的情况时具有充分的修改余地，其数量应当合理、适当，并且符合专利法及其实施细则对从属权利要求的所有规定。

3. 如果所撰写的权利要求书中包含两项或者两项以上的独立权利要求，请简述这些独立权利要求能够合案申请的理由；如果认为客户提供的技术内容涉及多项发明，应当以多份申请的方式提出，则请说明理由，并分别撰写权利要求书。

4. 回答客户提出的关于说明书撰写的问题时，请结合专利法及其实施细则中的相关规定进行具体说明。

## 附件1 （欲宣告无效的专利）：

[19] 中华人民共和国国家知识产权局

### [12] 实用新型专利说明书

[45] 授权公告日　2011年3月22日

[22] 申请日　2010年9月23日
[21] 申请号　201020123456.7
[30] 优先权数据　10/111,222　2010.01.25　US
[73] 专利权人　B公司　　　　　　　（其余著录项目略）

### 权利要求书

1. 一种即配式饮料瓶盖，包括顶壁（1）和侧壁（2），侧壁（2）下部具有与瓶口外螺纹配合的内螺纹（3），其特征在于，侧壁（2）内侧在内螺纹（3）上方具有环状凸缘（4），隔挡片（5）固定于环状凸缘（4）上，所述顶壁（1）、侧壁（2）和隔挡片（5）共同形成容纳调味材料的容置腔室（6）。

2. 如权利要求1所述的即配式饮料瓶盖，其特征在于，所述隔挡片（5）为一层热压在环状凸缘（4）上的气密性薄膜。

3. 如权利要求1或2所述的即配式饮料瓶盖，其特征在于，所述瓶盖带有一个用于刺破隔挡片（5）的尖刺部（7），所述尖刺部（7）位于顶壁（1）内侧且向隔挡片（5）的方向延伸。

4. 如权利要求1~3中任意一项所述的即配式饮料瓶盖，其特征在于，所述顶壁（1）具有弹性，易于变形，常态下，尖刺部（7）与隔挡片（5）不接触，按压顶壁（1）时，尖刺部（7）向隔挡片（5）方向运动并刺破隔挡片（5）。

## 说　明　书

### 即配式饮料瓶盖

本实用新型涉及一种内部容纳有调味材料的饮料瓶盖。

市售的各种加味饮料（如茶饮料、果味饮料等）多通过在纯净水中加入调味材料制成。为保证饮料品质、延长保存时间，加味饮料中大都使用各种添加剂，不利于人体健康。

针对加味饮料存在的上述问题，本实用新型提出一种即配式饮料瓶盖，所述饮料瓶盖内部盛装有调味材料（如茶粉、果珍粉等），该瓶盖与盛装矿泉水或纯净水的瓶身配合，构成完整的饮料瓶。饮用时将瓶盖内的调味材料释放到瓶身内与水混合，即可即时配制成加味饮料。由于调味材料与水在饮用前处于隔离状态，因此无需使用添加剂。

图1是本实用新型的立体分解图；

图2是本实用新型在常态下的组合剖视图；

图3是本实用新型在使用状态下的组合剖视图。

如图1至图3所示，即配式饮料瓶盖具有顶壁1和侧壁2，侧壁2下部具有与瓶口外螺纹配合的内螺纹3，侧壁2内侧在内螺纹3上方具有环状凸缘4，隔挡片5固定于环状凸缘4上，隔挡片5优选为一层热压在环状凸缘4上的气密性薄膜。顶壁1、侧壁2和隔挡片5围合成密闭的容置腔室6，容置腔室6内放置调味材料。上述结构即构成完整的即配式饮料瓶盖，该瓶盖可以与盛装矿泉水或纯净水的瓶身相配合使用。直接拧开瓶盖，可以饮用瓶中所装矿泉水或纯净水；撕除或破坏隔挡片5，则可即时配制成加味饮料饮用。

为了能够方便、卫生地破坏隔挡片5，本实用新型进一步提出一种改进的方案。顶壁1由易于变形的弹性材料制成，尖刺部7位于顶壁1内侧且向隔挡片5的方向延伸。如图2所示，常态下尖刺部7与隔挡片5不接触，从而使隔挡片5保持完整和密封。如图3所示，饮用加味饮料时，按压顶壁1，顶壁1向隔挡片5方向变形，尖刺部7刺破隔挡片5，调味材料进入瓶中与水混合，形成所需口味的饮料。采用弹性顶壁配合尖刺部的结构，使得本实用新型瓶盖的使用更加方便、卫生。

## 说明书附图

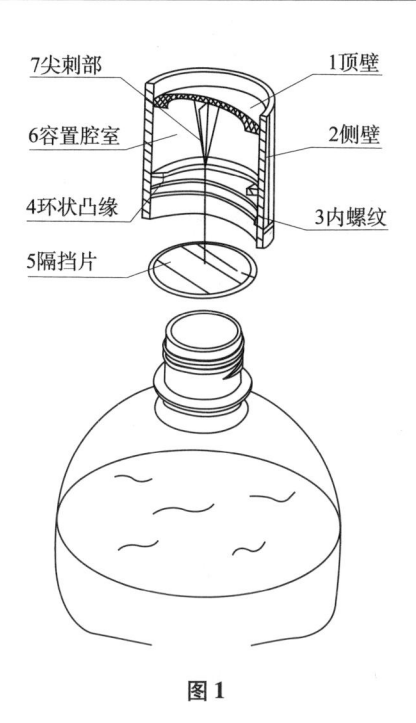

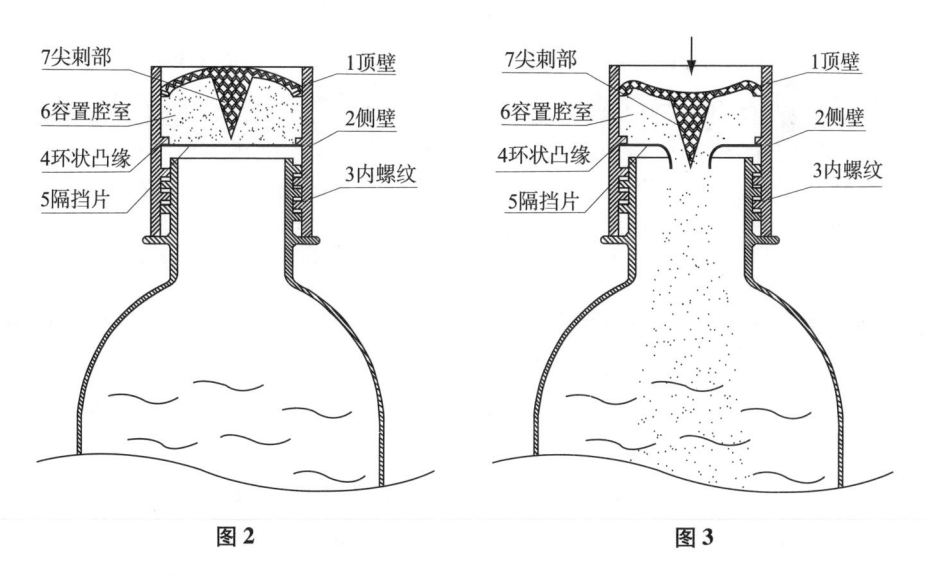

图1

图2

图3

附件2 （客户提供的专利文献）：

[19] 中华人民共和国国家知识产权局

[12] 实用新型专利说明书

[45] 授权公告日　2010 年 8 月 6 日

[22] 申请日　2009 年 12 月 25 日
[21] 申请号　200920345678.9
[73] 专利权人　张××　　　　　　　　　　　（其余著录项目略）

## 说　明　书

### 茶叶填充瓶盖

本实用新型涉及一种内部盛装有茶叶的瓶盖。

用冷水泡制而成的茶是一种健康饮品，冷泡的方式不会破坏茶叶里的有益物质。目前制作冷泡茶的方式，通常是将茶袋或茶叶投入水杯或矿泉水瓶内进行浸泡。然而茶叶携带起来不方便，特别是在外出时，不便于制作冷泡茶。

本实用新型提出一种茶叶填充瓶盖，在现有瓶盖的基础上，在瓶盖内部增加一个容纳茶叶的填充腔。该瓶盖与矿泉水瓶相配合一同出售，解决了茶叶不易携带的问题。

图 1 是本实用新型的剖面图。

如图 1 所示，本实用新型的瓶盖整体为圆柱形，其上端封闭形成盖顶部 1，圆柱形侧壁 2 的下部具有与瓶口外螺纹配合的内螺纹 3，内螺纹 3 上方设有与侧壁 2 一体形成的环状凸缘 4，透水性滤网 5（滤纸或滤布）固定于环状凸缘 4 上。盖顶部 1、侧壁 2 和滤网 5 围合的空间形成茶叶填充腔 6。

瓶口处设有封膜 7 用于密封瓶身内的水。饮用时打开瓶盖并除去瓶口封膜 7，然后再盖上瓶盖，将水瓶倒置或横置，瓶中的水透过滤网 5 进入茶叶填充腔 6 中充分浸泡茶叶，一段时间后形成冷泡茶。由于滤网 5 的阻隔作用，茶叶不会进入瓶身，方便饮用。

## 说明书附图

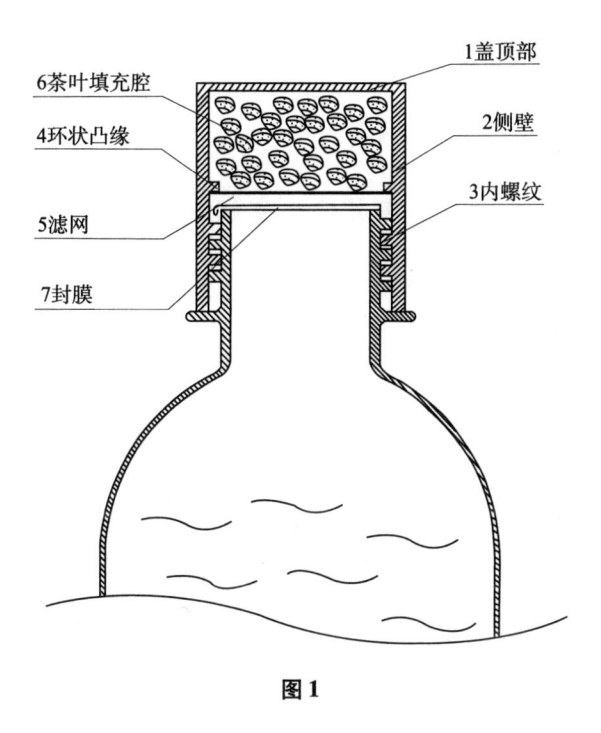

图1

附件3　（客户提供的专利文献）：

[19] 中华人民共和国国家知识产权局

## [12] 实用新型专利说明书

[45] 授权公告日　2008年1月2日

[22] 申请日　2007年7月5日
[21] 申请号　200720123456.7
[73] 专利权人　李××　　　　　　　　　　　（其余著录项目略）

## 说　明　书

### 饮料瓶盖

本实用新型公开了一种内部盛装有调味材料的瓶盖结构。该瓶盖与盛装矿泉水或纯净水的瓶身配合，构成完整的饮料瓶。饮用时可将瓶盖内的调味材料释放到瓶身内与水混合，从而即时配制成加味饮料。

图1是本实用新型的剖视图。

如图1所示，本实用新型的瓶盖具有顶壁1和侧壁2，侧壁2具有与瓶口外螺纹配合的内螺纹3，顶壁1内侧固定连接一个管状储存器4，该管状储存器4的下端由气密性封膜5密封，所述气密性封膜5优选为塑料薄膜，通过常规的热压方式固定在管状储存器4的下缘。顶壁1、管状储存器4和封膜5围合的空间形成密闭的容置腔室6，容置腔室6内放置有调味材料。如图1所示，将瓶盖旋转连接在瓶身上时，瓶口部分进入侧壁2与管状储存器4之间的环状空间内。

想饮用加味饮料时，打开瓶盖撕除或者破坏封膜5，然后再盖上瓶盖，容置腔室6中的调味材料进入瓶中，与水混合形成所需口味的饮料。

## 说明书附图

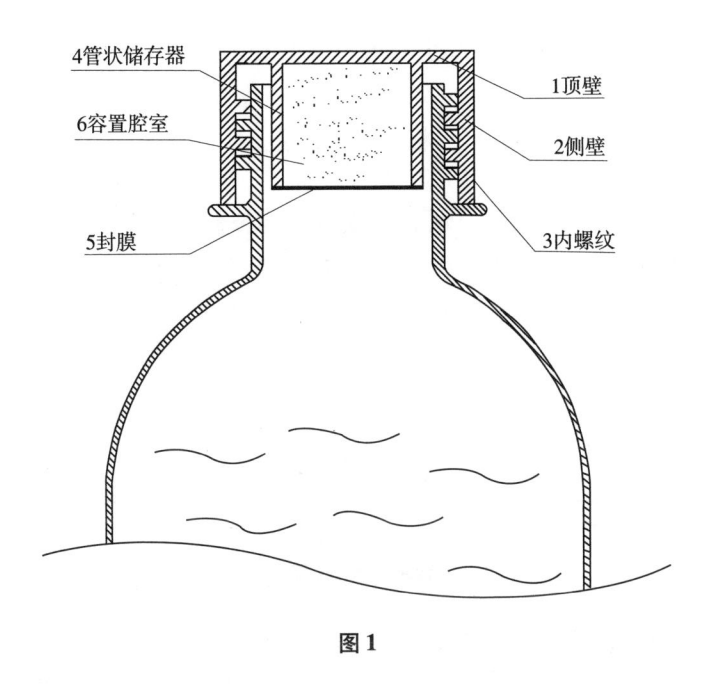

图1

附件4　（欲宣告无效的专利（附件1）的优先权文件译文）：

## 权利要求书

1. 一种即配式饮料瓶盖，包括顶壁（1）和侧壁（2），侧壁（2）下部具有与瓶口外螺纹配合的内螺纹（3），其特征在于，侧壁（2）内侧在内螺纹（3）上方具有环状凸缘（4），隔挡片（5）固定于环状凸缘（4）上，所述顶壁（1）、侧壁（2）和隔挡片（5）共同形成容纳调味材料的容置腔室（6）。

## 说　明　书

### 即配式饮料瓶盖

加味饮料中大都使用添加剂，不利于人体健康。

针对上述问题，发明人提出一种即配式饮料瓶盖。所述饮料瓶盖内部盛装有调味材料，该瓶盖与盛装有矿泉水或纯净水的瓶身配合，构成完整的饮料瓶。饮用时将瓶盖内的调味材料释放到瓶身内与水混合，从而即时配制成加味饮料。由于调味材料与水在饮用前处于隔离状态，因此无须使用添加剂。

图1是本发明的剖视图。

如图1所示，即配式饮料瓶盖具有顶壁1和侧壁2，侧壁2下部具有与瓶口外螺纹配合的内螺纹3，侧壁2内侧在内螺纹3上方具有环装凸缘4，阻挡片5通过粘接的方式固定于环装凸缘4上，隔挡片5由易溶于水且对人体安全的材料制成。顶壁1、侧壁2和隔挡片5共同形成容置腔室6，容置腔室6内放置有固体调味材料。

瓶口处设置密封薄膜7用于密封瓶身内的水，即配式饮料瓶盖旋转连接在瓶身上。饮用时，首先打开瓶盖，除去瓶口的密封薄膜7，然后再盖上瓶盖摇晃瓶身，隔挡片5溶解于水，容置腔室6内的调味材料进入瓶身。

## 说明书附图

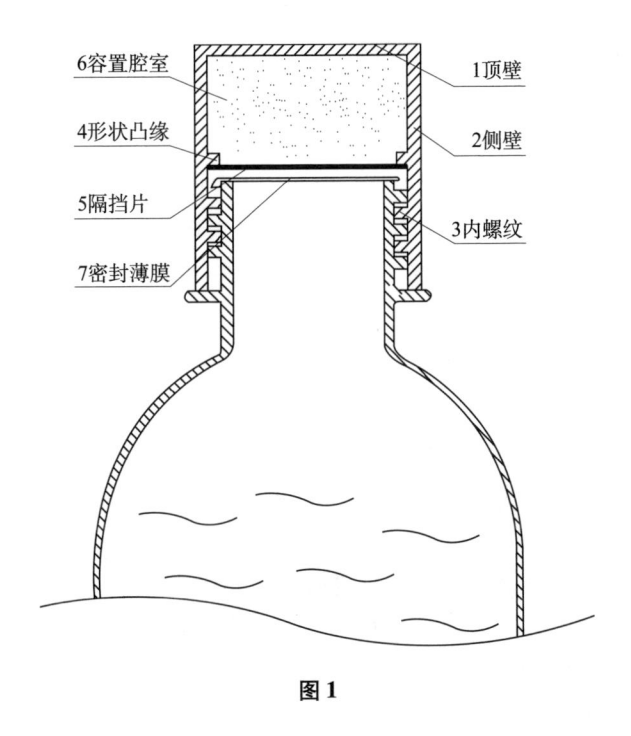

6容置腔室　　1顶壁
4形状凸缘　　2侧壁
5隔挡片　　　3内螺纹
7密封薄膜

图1

## 附件5 （客户提供的交底材料）：

我公司对附件1至附件3公开的瓶盖进行研究后发现它们各有不足。附件1所述瓶盖的顶壁由易变形的弹性材料制成，在搬运和码放过程中容易受压向下变形，使尖刺部刺破隔挡片，容置腔室内的调味材料进入水中，因此导致饮料容易变质，从而达不到预计效果。附件2和附件3所述瓶盖，饮用时需先打开瓶盖用手除去封膜，使用不方便、不卫生。

在上述现有技术的基础上，我公司提出改进的内置调味材料的瓶盖组件。

图1至图3示出第一种实施方式。如图1和图2所示，改进的瓶盖组件包括瓶盖本体1和盖栓2。所述瓶盖本体1具有顶壁、侧壁和容置腔室3，容置腔室3底部由气密性隔挡片4密封，容置腔室3内放置有调味材料，侧壁设有与瓶口外螺纹配合的内螺纹。

如图2所示，瓶盖本体1的顶壁开设孔5，与顶壁一体成型的中空套管6从该孔5的位置向瓶盖本体开口方向延伸，中空套管6的内壁带有内螺纹。盖栓2由栓帽21和栓体22两部分构成，栓体22设有外螺纹，其端部具有尖刺部23用于刺破隔挡片4，栓体22穿过孔5进入中空套管6内，栓体22的外螺纹与中空套管6的内螺纹配合。

如图1所示，组装瓶盖组件时，将盖栓2旋转连接于中空套管6中，将尖刺部23限制在隔挡片4上方合适的位置。此时，该瓶盖组件如同普通瓶盖一样使用。如图3所示，想饮用调味饮料时，旋转栓帽21，盖栓2借助螺纹向下运动，尖刺部23刺破隔挡片4；然后反向旋转盖栓2使其向上运动，容置腔室3中的调味材料从隔挡片4的破损处进入瓶身。

图4至图6示出第二种实施方式。与第一种实施方式的主要区别在于，盖栓2与瓶盖本体1之间并非螺纹连接关系，并且省去了中空套管。如图4和图5所示，盖栓2的栓体22具有光滑的外表面，栓体22穿过顶壁的孔5进入容置腔室3。栓体22外套设弹簧7，弹簧7的一端连接栓帽21，另一端连接顶壁。一侧带有开口的卡环8围绕弹簧7卡扣在栓帽21和顶壁之间，需要时，可借助卡环8的开口将其从该位置处卸下。如图4所示，常态下，卡环8卡扣在栓体22外周限制盖栓2向下运动。此时，该瓶盖组件如同普通瓶盖一样使用。如图6所示，想饮用调味饮料时，卸下卡环8并向下按压栓帽21，尖刺部23刺破容置腔室3底部的隔挡片4，松开栓帽21后，在弹簧7的作用下，盖栓2向上回

位，容置腔室3中的调味材料从隔挡片4的破损处进入瓶身。

需要说明的是，对于以上两种实施方式，容置腔室的具体结构有多种选择。如图1和图4中所示，容置腔室由顶壁、侧壁和隔挡片围合形成，其中隔挡片固定于侧壁内侧的环状凸缘上。此外，容置腔室还可以如一些现有技术那样，由顶壁、从顶壁内侧向下延伸的管状储存器和固定于管状储存器下缘的隔挡片围合形成。

图7至图9示出第三种实施方式。如图7和图8所示，改进的瓶盖组件包括瓶盖本体31和拉环32。所述瓶盖本体31具有顶壁、侧壁和容置腔室33，侧壁下部设有与瓶口外螺纹配合的内螺纹。侧壁内侧位于内螺纹上方具有环状凸缘34，气密性隔挡片35固定于环状凸缘34上。顶、侧壁和隔挡片35共同形成密闭的容置腔室33，容置腔室33内放置有饮用材料。拉环32连接在瓶盖本体31的下缘，且易于从瓶盖本体31上撕除。

如图7所示，常态下，拉环32连接于瓶盖本体31上，瓶口上缘与隔挡片35之间具有适当的间隔。如图9所示，想饮用调味饮料时，撕除拉环32，旋转瓶盖本体31使其相对于瓶身继续向瓶口方向运动，瓶口上缘与隔挡片35接触并逐渐对隔挡片35施加向上的压力，使隔挡片35破裂，容置腔室33内的饮用材料进入瓶身。

可撕除的拉环目前已经广泛应用于各种瓶盖，其结构以及与瓶盖本体的连接方式属于本领域公知的技术。图8中示出了其中一种具体实施方式，拉环32通过多个连接柱36固定在瓶盖本体31的下缘。拉环32具有开口37，开口37的一侧设有拉环扣38，通过牵拉拉环扣38使连接柱36断裂，从而将拉环32从瓶盖本体31上撕除。该拉环与第二种实施方式中的卡环功能相近，均起到限制相关部件进一步运动的作用，可以根据需要选择使用。

此外，虽然现有的隔挡片也能适用于本发明，但我们研制出了具有更好效果的隔挡片材料，并希望以商业秘密的方式加以保护。请问：如果所撰写的该申请的说明书中不记载改进后的隔挡片材料，能否满足说明书应当充分公开发明的要求？

## 说明书附图

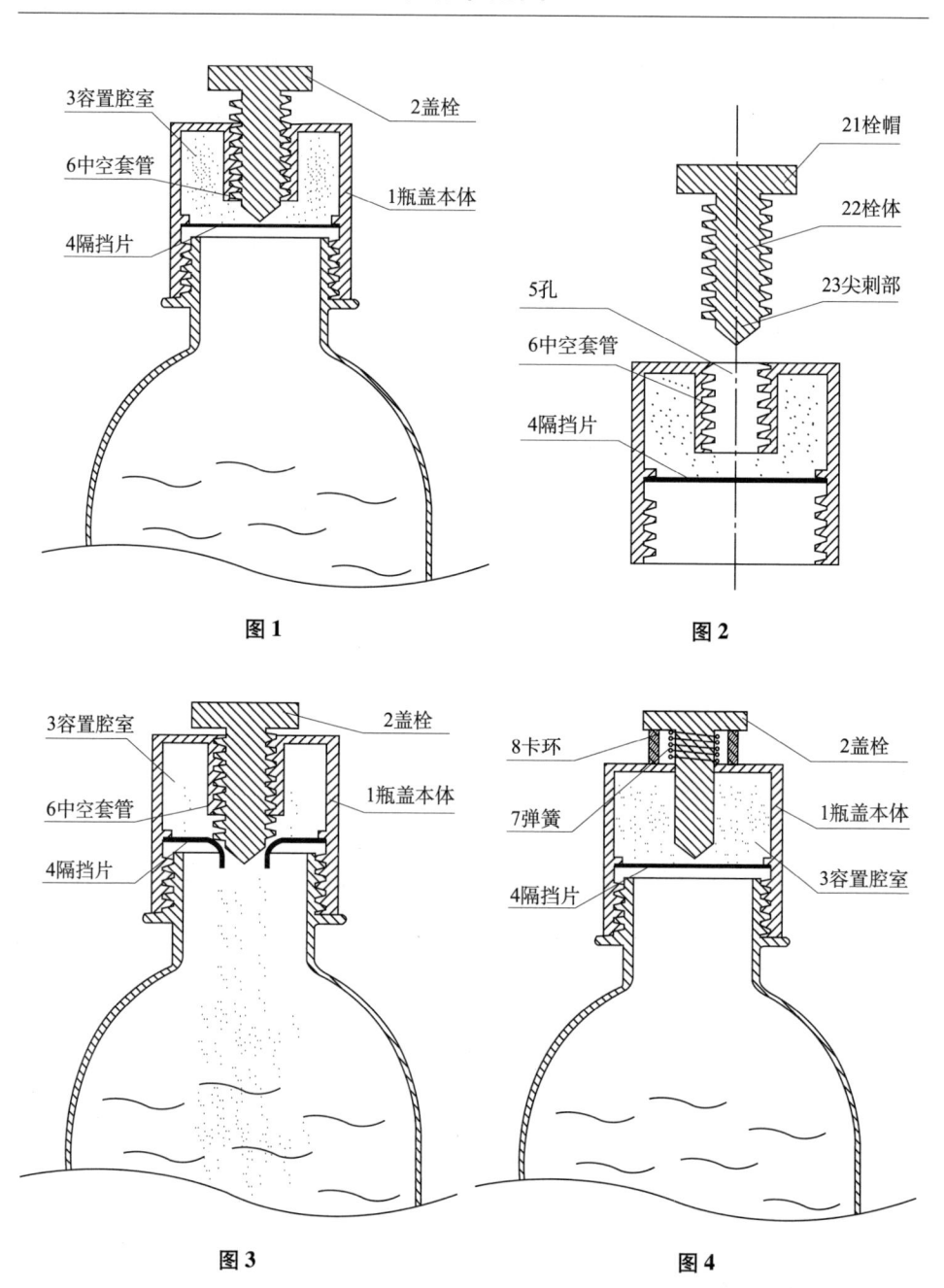

图1

图2

图3

图4

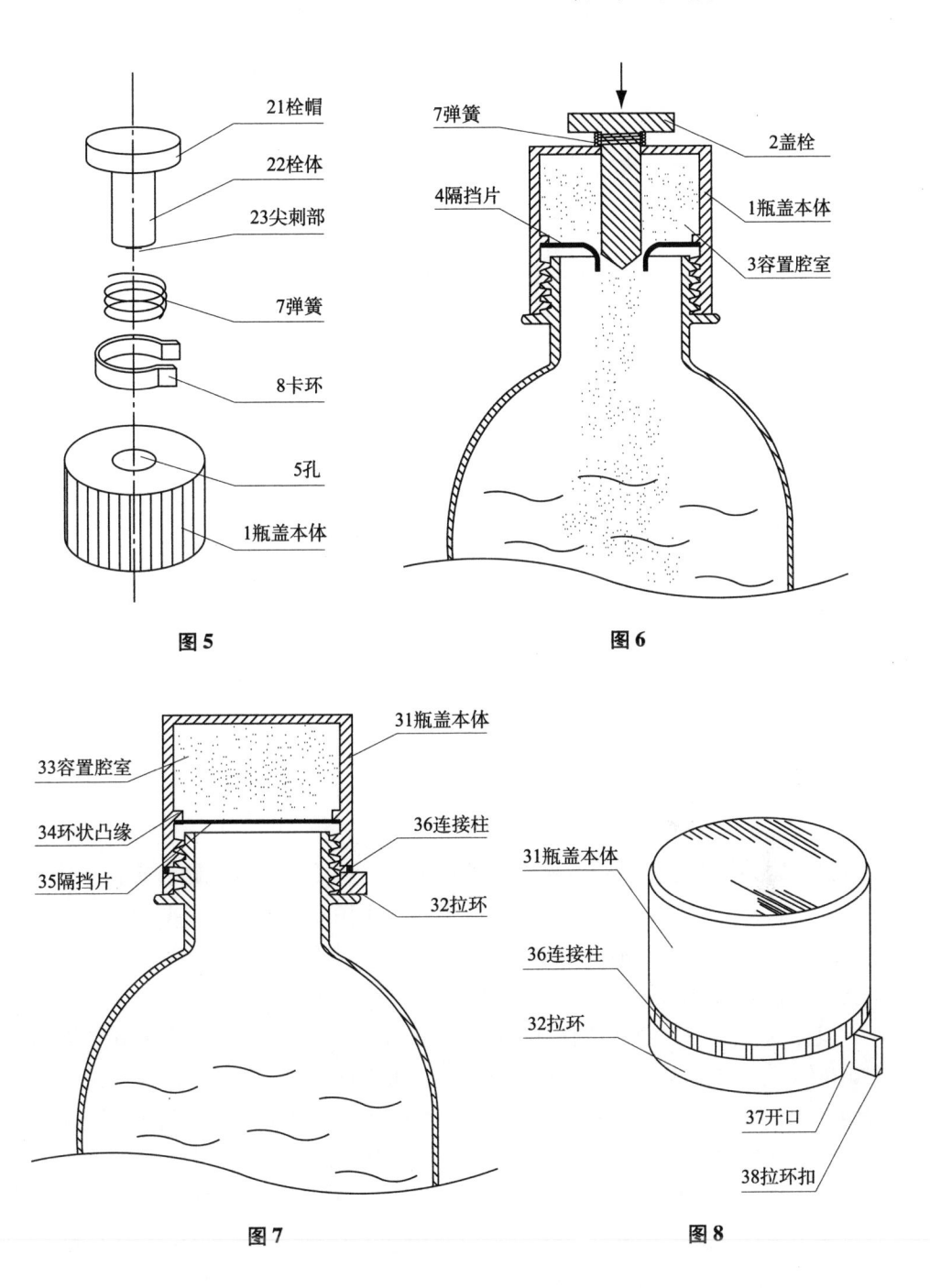

图 5

图 6

图 7

图 8

图9

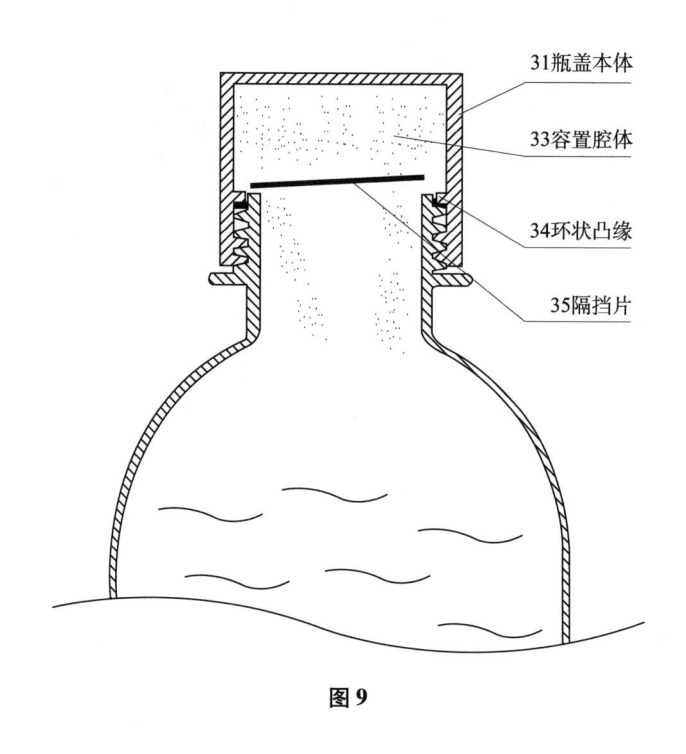

## 二、试题分析

(一) 撰写无效宣告请求书

第一题共给出考生4份素材,即附件1~4。应该注意到,题目提供了优先权文件材料,说明可能需要判断现有技术和核实优先权。这就需要对每份材料的申请时间、公布时间进行核对。还需想到,权利要求撰写的哪类缺陷能够作为无效宣告请求的理由。

具体的,附件2的申请日(2009年12月25日)早于附件1的优先权日(2010年1月25日),其授权公告日(2010年8月6日)在附件1的优先权日(2010年1月25日)和申请日(2010年9月23日)之间,这就说明需要核实附件1的优先权是否成立,以便确定附件2能否构成附件1的现有技术。

核实优先权需要考虑两个重要方面,一个是期限,另一个是技术方案。附件1的申请日(2010年9月23日)距其优先权日(2010年1月25日)在12个月内,权利要求1~4在期限上满足享有优先权的条件。附件1包括4项权利要求,通过对比技术特征,权利要求1的技术方案记载在作为优先权文件的附件4中,可以享有优先权,权利要求1的申请时间则确定为优先权日(2010年

1月25日)。这样,附件2的公开日在优先权日之后,就不构成权利要求1的现有技术。但是,附件2是不是就不能做对比文件了呢?这还需要进行进一步判断。这一点考生容易忽略,要特别注意!事实上,根据抵触申请的定义,能够判断出附件2构成权利要求1的抵触申请。需要注意的是,附件2因不是现有技术只能用来评价权利要求1的新颖性,而不能用来评价权利要求1的创造性。进一步对比,发现权利要求2~4中进一步限定的特征——隔挡片为一层热压在环状凸缘上的气密性薄膜,未记载在附件4中,因此,权利要求2~4不能享有优先权,附件2的公开日在权利要求2~4的申请日之前,附件2构成权利要求2~4的现有技术,能被用来评价权利要求2~4的新颖性和/或创造性。

附件3的授权公告日(2008年1月2日)早于附件1的优先权日(2010年1月25日),因此,无论附件1的优先权是否成立,附件3都构成附件1的现有技术。

在实际的答卷中,有的考生没有想到核实优先权,直接把附件2作为现有技术来评述权利要求1的新颖性;有的考生虽然核实了优先权,但认为附件2的公开日在附件1的申请日之后,不能作为现有技术而将其抛弃,这是因为未能正确地判定附件2构成了权利要求1的抵触申请。2011年卷三是考查优先权、抵触申请、现有技术的概念及其应用的典型案例,这些内容在专利实务中是非常重要的。

在上述工作后,下面根据第二部分第五章讲述的方法,逐一分析权利要求的缺陷,要特别注意的是,所查找的缺陷应当属于无效宣告请求的情形。

(1) 权利要求1请求保护一种即配式饮料瓶盖,其中限定的特征都是技术特征,因此可以判断出权利要求1属于专利法保护的客体、具备实用性,可重点考虑的是新颖性或创造性缺陷。如前分析,附件2构成了权利要求1的抵触申请,权利要求1因此不具备新颖性。有的考生可能认为附件2中的"透水性滤网"与权利要求1中的"隔挡片"不同。实际上,它们的称谓虽然不同,但属于实质上相同的技术特征,或者说透水性滤网是隔挡的下位概念,都是起隔挡片的作用。

有的考生在撰写答案时,未能全面写出抵触申请及其判断的4个要素,即"申请在前、公开在后、技术方案相同、同是向国家知识产权局的申请",会因此丢分。

(2) 附件2没有公开权利要求2中限定的"隔挡片为气密性薄膜"材质,不能影响权利要求2的新颖性,附件3也不能单独影响权利要求2的新颖性,需要考虑创造性。

可以确定附件2应作为最接近的现有技术，附件2公开的内容与权利要求2相比，区别在于隔挡片为气密性薄膜。但附件3公开了上述区别技术特征。经过判定，权利要求2相对于附件2和附件3的结合不具备创造性。

（3）从属权利要求3的附加技术特征限定的在顶壁内侧设置的尖刺部，在附件2和附件3中都没有公开；比较明显，设置尖刺部是为了解决方便卫生地破坏隔挡片的技术问题，这在附件2和附件3中也没有技术启示，因此确定权利要求3具备新颖性和创造性，这就需要对照撰写规定寻找其他缺陷。

附件1的专利说明书记载，为了方便、卫生地破坏隔挡片，除了在顶壁内侧设置尖刺部外，顶壁必须由易变形的弹性材料制成，从而按压顶壁时，顶壁能够向下变形带动尖刺部向下运动刺破隔挡片。权利要求3中没有限定顶壁具有弹性、易于变形，要求保护的技术方案不能从说明书充分公开的内容得到或概括得出。因此权利要求3未以说明书为依据，不符合《专利法》第26条第4款的规定。

有的考生认为权利要求3不能解决发明提出的技术问题，缺少必要技术特征，不符合《专利法实施细则》第20条第2款的规定。事实上，权利要求3确实不能解决该发明提出的技术问题，但法律适用《专利法实施细则》第20条第2款，就犯了概念不清的错误，因为必要技术特征是针对独立权利要求而言的。那么就此该怎样作答呢？这还要从概念出发，首先假设即使把权利要求3上升为独立权利要求，然后再说其缺少解决技术问题的必要技术特征。

（4）从属权利要求4进一步限定顶壁具有弹性、易于变形，该附加技术特征在附件2和附件3中都没有公开，经判断权利要求4也符合新颖性和创造性的规定。这时，不少考生就犯难了，觉得挑不出错了。按照本部分第五章的方法，这时可以考虑从属权利要求的撰写规定，包括从属权利要求的引用方式与引用关系。

我们看到，从属权利要求4引用权利要求1～3中任意一项，但从属权利要求4中的"所述尖刺部"在权利要求1和2中没有记载，缺乏引用的基础。我们也发现，从属权利要求4本身是一项多项从属权利要求，但其引用了在前的多项从属权利要求2和3。以上两方面缺陷都不符合从属权利要求的撰写规定，详见《专利法实施细则》第22条第2款。

有的考生能够发现权利要求4的上述缺陷，但认为上述条款不属于无效宣告的理由，就把这个理由放过了。但是，如第二部分第五章所讲，我们可以说上述缺陷导致技术方案的保护范围不清楚，归结为不符合《专利法》第26条第4款的规定。

(二) 为客户撰写权利要求书（第二题）

首先要明确撰写材料：针对客户提交的技术交底书作为发明内容（相当于说明书），附件1至附件3作为现有技术，注意附件1在第二题中明确作为现有技术。

1. 阅读理解技术交底书，对比本发明与对比文件

瓶盖组件通过刺破隔挡片4使容置腔室3内的饮料进入水中，完成饮料即配，包括容置腔室、刺破部件和隔挡片三大功能块。本发明要解决现有技术中存在的隔档片容易被意外地刺破的技术问题，为此采用了3种具体实施方式，3种具体实施方式都具有与现有技术相同的三大功能块，但在此基础上都作出了改进：第一种实施方式和第二种实施方式结构类似，发明构思一致，均通过盖栓在孔内相对运动刺破隔挡片，区别在于第一实施方式中采用螺纹结构来限制盖栓受压时向隔挡片方向运动，第二实施方式中采用卡环与弹簧结构来限制盖栓受压时向隔挡片方向运动。第三实施方式与第一、第二实施方式的发明构思不同，不是在瓶盖本体上设计有能够相对配合向下运动的机构，而是通过撕除环状部件从而使瓶盖相对于瓶口进一步旋转，由瓶口上缘破坏隔挡片，限制隔档片被意外破坏的机构是拉环。我们发现，本发明与现有技术的不同关键在于，增加了限制隔档片被意外破坏的机构，可以作为第四功能块。

以下是本发明与附件1至附件3的技术特征进行对比的列表，有助于对技术方案的理解和与现有技术的比较。

**瓶盖组件技术特征对比表**

| 技术特征 | 本发明 | 附件1 | 附件2 | 附件3 |
|---|---|---|---|---|
| 瓶盖本体、顶壁、侧壁、内螺纹 瓶口外螺纹 | √ | √ | √ | √ |
| 隔挡片与容置腔室 | √ | √ | √ | √ |
| 刺破机构 | 盖栓 | 尖刺部 | | |
| 限制机构1：中空套管及其内螺纹、顶壁孔、盖栓及外螺纹 | √ | | | |
| 限制机构2：盖栓、卡环、弹簧 | √ | | | |
| 限制机构3：拉环 | √ | | | |

2. 确定与本发明最接近的对比文件

从上面特征对比表可知，附件1、附件2和附件3属于相同的技术领域，但附件1公开了本发明更多的技术特征，因此选择附件1作为最接近的现有技术。

3. 初步确定必要技术特征

通过阅读理解发明我们知道，必要技术特征的确定必须牢牢抓住要解决的

技术问题。本申请的瓶盖组件解决安全操作、防止意外破坏隔挡片,因此盖栓在不即配饮料时要能够保持固定状态,只有需要即配饮料时才破坏隔挡片。必要技术特征包括两部分:首先,是本发明必须具有对最接近现有技术作出贡献的区别技术特征,在实施方式一、二中是盖栓及其运动限制的有关特征,在实施方式三中是通过拉环限制瓶盖向下运动的相关技术特征,这类特征非常重要,给本发明带来新颖性和创造性;其次,本发明的瓶盖组件还离不开与最接近现有技术共有的必要技术特征来完成饮料即配,如瓶盖基本结构、容置腔室、隔挡片等,这些共有技术特征与区别技术特征一起相互配合形成完整的技术方案来解决技术问题。

阅读技术交底材料不难发现,容置腔室的二种具体结构、卡环与拉环的具体结构及其可以互换使用,不是解决技术问题所必须的,材料也明确说明这些特征是现有技术,因此它们就不是必要技术特征。有的考生容易把容置腔室具体结构等特征作为必要技术特征,就是没有牢牢把握要解决的技术问题这个关键。

4. 撰写独立权利要求

撰写独立权利要求时,首先考虑是否需要对现有技术作出贡献的技术特征进行合理的上位概括。通过上述分析,第一种实施方式和第二种实施方式结构类似,都具有盖栓,发明构思均采用盖栓与瓶盖本体顶壁上的孔配合,通过螺纹配合机构或卡环与弹簧结构,防止盖栓在不正常受压时移动。并且,附件5中在描述第二种实施方式时,具有"常态下,卡环8卡扣在栓体22外周限制盖栓2向下运动"的描述,"限制盖栓向下运动"是非常重要的描述,由此也很容易想到实施方式一中的盖栓与螺纹配合结构也是如此,可以看作是对两种实施方式需要合理概括的提示,也基本提示了概括后的上位特征。基于上述分析,考虑到不局限于具体实施例、撰写保护范围较宽的独立权利要求的撰写原则,可以想到对前两种实施方式中限制盖栓(2)受压时向隔挡片(4)方向运动的结构进行概括,概括后对现有技术作出贡献的区别技术特征是:瓶盖组件包括限制盖栓(2)受压时向隔挡片(4)方向运动的机构,当然,具有此含义的类似表述也可。因为技术交底材料中具有上述限制盖栓运动之意的描述,综合考虑,合理概括后的区别技术特征和技术方案整体能够以说明书为依据。

2011年考题的重点与难点是独立权利要求需要合理概括。上面的分析帮助考生解决想不到或不会对实施方式一、实施方式二进行合理概括的难题,是意欲通过此案例说明的重点问题。总的来讲,考生需要注意分析不同实施方式是否具有共性的技术特征可以上位概括,以及借助技术交底材料是否具有概括性提示进行判断。

5. 撰写从属权利要求

针对独立权利要求,可以分别就前两个实施方式,分别撰写两个并列的从属权利要求，分别对应于螺纹结构和卡环结构，以对"限制盖栓受压时向隔挡片方向运动的机构"进行具体限定。

附件2和附件3公开了两种不同结构的容置腔室，技术交底材料中说明这两种容置腔室均适用于第一种和第二种实施方式，因此应该就容置腔室的具体结构撰写从属权利要求。

考生可以就技术交底材料中描述的比较重要的技术细节撰写从属权利要求。例如，技术交底材料中明确说明：第三实施方式中的拉环与第二实施方式中的卡环功能相近，均起到限制相关部件进一步运动的作用，可以根据需要选择使用。据此，可以以拉环代替卡环，从而撰写一个从属权利要求。

6. 撰写多个独立权利要求

经过上述分析后，确定可以撰写出两个独立权利要求，其中第三实施方式与上述撰写的独立权利要求明显不属于同一发明构思，需将第三实施方式的技术方案撰写独立权利要求和从属权利要求，并另案提交一份申请。

需要考生特别注意的是，不要把本案与分案的独立权利要求写反了，相关判断原则请见本部分第二章。

## 三、参 考 答 案

### 无效宣告请求书

根据《专利法》第45条及《专利法实施细则》第65条的规定，本请求人现请求宣告专利号为201020123456.7、名称为"即配式饮料瓶盖"的实用新型专利（以下简称"该专利"）权无效，具体理由如下。

1. 关于证据

请求人提交的证据为：

证据1：附件1，无效宣告请求针对的实用新型专利说明书ZL201020123456.7，授权公告日为2011年3月22日，申请日为2010年9月23日；

证据2：附件2，中国实用新型专利说明书ZL200920345678.9，授权公告为2010年8月6日，申请日为2009年12月25日；

证据3：附件3，中国实用新型专利说明书ZL200720123456.7，授权公告日为2008年1月2日，申请日为2007年7月5日；

证据4：附件4，专利号为201020123456.7的实用新型专利的优先权文件译文。

对比无效宣告专利和附件4可知，该专利权利要求1的技术方案已经记载在附件4的权利要求1中，两者技术领域、所解决的技术问题、技术方案和预期效果均相同，且该专利申请日（2010年9月23日）距其所要求的优先权日（2010年1月25日）在12个月之内，因此，权利要求1享有优先权。

附件4中没有记载该专利权利要求2~4限定的隔挡片为一层热压在环状凸缘上的气密性薄膜、设有尖刺部等技术内容，因此，该专利权利要求2~4不能享有优先权，其申请日以实际提交申请的日期为准。附件2和附件3的授权公告日均早于该专利的申请日（2010年9月23日），构成权利要求2~4的现有技术。因此，请求人要求使用附件2和附件3评价权利要求2~4的新颖性和创造性。

2. 具体理由

（1）权利要求1不具备《专利法》第22条第2款规定的新颖性。

权利要求1请求保护一种即配式饮料瓶盖，附件2公开了（参见说明书正文第8~11行，图1）一种茶叶充填瓶盖（对应该专利的即配式饮料瓶盖），包括盖顶部1（对应该专利中的顶壁）和侧壁2，侧壁2下部具有与瓶口外螺纹配合的内螺纹3，内螺纹3上方与侧壁2一体地形成环状凸缘4，透水性滤网5固定在环状凸缘4上，盖顶部1、侧壁2和滤网5共同形成茶叶填充腔6（对应该专利中的容置腔室）。附件2中的"透水性滤网"起到将茶叶阻隔在茶叶填充腔内的作用，属于一种"隔挡片"。该专利和附件2都是向国家知识产权局提出的专利申请，且附件2的申请日早于该专利的优先权日，其授权公告日晚于该专利的优先权日。所以，附件2构成权利要求1的抵触申请，权利要求1相对于附件2不具备《专利法》第22条第2款规定的新颖性。

（2）权利要求2不具备《专利法》第22条第3款规定的创造性。

从属权利要求2的附加技术特征进一步限定了："所述隔挡片（5）为一层热压在环状凸缘（4）上的气密性薄膜"。附件2公开了透水性滤网5（隔挡片的下位概念）固定于环状凸缘4，即附件2已经公开了权利要求2中限定的隔挡片的安装位置。权利要求2所要求保护的技术方案与附件2公开的技术内容相比，区别仅在于隔挡片为气密性热压薄膜。由上述区别技术特征可知，权利要求2相对于附件2所要解决的技术问题是如何提高容置腔室的密封性以及如何固定隔挡片。

附件3公开了（参见说明书正文第5~10行，图1）一种饮料瓶盖，包括放置调味材料的容置腔室6，该容置腔室6的下端由气密性封膜5（对应该专利中的气密性隔挡片）封闭，所述气密性封膜5优选为塑料薄膜，通过热压的方式固定在管状储存器4的下缘。由此可见，附件3公开了上述区别技术特征，且上述区别技术特征在附件3所起的作用与其在该专利中所起的作用相同，都是用于形成密闭的容置腔室。

附件2、附件3与该专利属于相同的技术领域，对本领域技术人员而言，为了解决容置腔室的密封问题，在附件3的启示下，容易想到采用附件3中公开的气密性封膜替代附件2的滤网从而得到权利要求2的技术方案。因此，权利要求2相对于附件2和附件3的结合不具备创造性，不符合《专利法》第22条第3款的规定。

(3) 从属权利要求3没有以说明书为依据，不符合《专利法》第26条第4款的规定。

根据该专利说明书记载的内容可知，为了方便、卫生地破坏隔挡片，在顶壁内侧设置尖刺部。要使尖刺部在常态下与隔挡片不接触，而在需要饮用时能刺破隔挡片，顶壁必须由易变形的弹性材料制成，从而按压顶壁时，顶壁能够向下变形带动尖刺部向下运动刺破隔挡片。

权利要求3限定了尖刺部的安装位置，但未进一步限定顶壁具有弹性易于变形，权利要求3所要求保护的技术方案涵盖了顶壁不能变形这种无法实现发明目的的情形。但是顶壁不能变形的情形是不能够实现发明目的和解决技术问题，不能从说明书充分公开的内容得到或概括得出。因此权利要求3未以说明书为依据，不符合《专利法》第26条第4款的规定。

(4) 从属权利要求4引用权利要求1和2的技术方案不清楚，不符合《专利法》第26条第4款的规定。

从属权利要求4引用权利要求1~3，但从属权利要求4中的"尖刺部"在权利要求1和2中并无记载，缺乏引用的基础，导致从属权利要求4引用权利要求1和2时的技术方案保护范围不清楚，不符合《专利法》第26条第4款的规定。

综上所述，现请求宣告专利号为201020123456.7、名称为"即配式饮料瓶盖"的实用新型专利的权利要求1~4无效。

**撰写的本案权利要求书**

1. 一种内置调味材料的瓶盖组件，包括瓶盖本体（1），所属瓶盖本体（1）具有顶壁、侧壁和用于容纳调味材料的容置腔室（3），所述容置腔室（3）底部由气密性隔挡片（4）密封，其特征在于，所述瓶盖组件还包括盖栓（2），所述盖栓（2）由栓帽（21）和栓体（22）两部分组成；顶壁上开设孔（5），栓体（22）穿过孔（5）进入容置腔室（3）内，且能够在孔（5）中上下相对运动，向下运动时刺破隔挡片（4）；所述瓶盖组件还包括限制盖栓（2）受压时向隔挡片（4）方向运动的机构。

2. 如权利要求1所述的内置调味材料的瓶盖组件，其特征在于，所述限制盖栓（2）受压时向隔挡片（4）方向运动的机构，由内壁带有内螺纹的中空套管（6）和带有外螺纹的所述栓体（22）构成，所述中空套管（6）与顶壁一体成型并从所述孔（5）的位置向瓶盖本体开口方向延伸。

3. 如权利要求1所述的内置调味材料的瓶盖组件，其特征在于，所述限制盖栓（2）受压时向隔挡片（4）方向运动的机构，为可移除的环状部件，所述可移除的环状部件卡扣在栓帽（21）和顶壁之间。

4. 如权利要求3所述的内置调味材料的瓶盖组件，其特征在于，所述可移除的环状部件为一侧带有开口的卡环（8）。

5. 如权利要求3所述的内置调味材料的瓶盖组件，其特征在于，所述可移除的环状部件为连接在栓帽（21）上并且可撕除的拉环（32）。

6. 如权利要求1～5中任意一项所述的内置调味材料的瓶盖组件，其特征在于，侧壁上固定地设置径向向内凸出的环状凸缘，所述隔挡片（4）固定于环状凸缘上，顶壁、侧壁和隔挡片（4）共同形成所述容置腔室。

7. 如权利要求1～5中任意一项所述的内置调味材料的瓶盖组件，其特征在于，从顶壁内侧向下延伸设置管状储存器，所述隔挡片（4）固定于管状储存器下缘，顶壁、管状储存器和隔挡片（4）共同形成所述容置腔室（4）。

### 需要另案提交申请的权利要求书

1. 一种用于与带外螺纹的瓶口配合使用的内置调味材料的瓶盖组件，包括瓶盖本体（31），所述瓶盖本体（31）具有顶壁、带有内螺纹的侧壁和位于侧壁内侧内螺纹上方的环状凸缘（34），气密性隔挡片（35）固定于环状凸缘（34）上，顶壁、侧壁和隔挡片（35）共同形成密闭的容置腔室（33），其特征在于，还包括可移除的环状部件，所述可移除的环状部件安装在瓶盖本体（31）下缘，移除所述环状部件后，瓶盖本体（31）能够进一步旋转并向瓶口方向运动，瓶口上缘对隔挡片（35）施加向上的压力使隔挡片（35）破裂。

2. 如权利要求1所述的内置调味材料的瓶盖组件，其特征在于，所述可移除的环状部件为可撕除的拉环（32）。

3. 如权利要求2所述的内置调味材料的瓶盖组件，其特征在于，所述拉环（32）通过多个连接柱（36）固定在瓶盖本体（31）的下缘，拉环（32）具有开口（37），开口（37）的一侧设有拉环扣（38）。

4. 如权利要求1所述的内置调味材料的瓶盖组件，其特征在于，所述可移除的环状部件为一侧开有开口的卡环（8）。

### 需要分案申请的理由

第一种和第二种实施方式均是在瓶盖本体上设置盖栓，瓶盖本体的顶壁上开设孔，通过适当的机构实现或者限制盖栓在孔中的上下相对运动，当向下运动时刺破隔挡片，属于同一发明构思。第三种实施方式则是通过撕除环状部件从而使瓶盖相对于瓶口进一步旋转，借助瓶口上缘破坏隔挡片。第三种实施方式与第一种和第二种实施方式不属于同一发明构思，它们之间不存在相同或相应的特定技术特征，因此，将第三种实施方式对应的技术方案单独提交一份申请。

**回答客户提出的问题**

《专利法》第 26 条第 3 款规定，说明书应该对发明或者实用新型作出清楚、完整的说明，以本领域技术人员能够实现为准，即本领域技术人员能够根据说明书的记载实施其技术方案、达到技术效果、解决技术问题。

前面所撰写的权利要求书，其技术方案的实施不依赖于效果更好的隔挡片材料，缺少这种材料也是能够实现发明，解决隔档片被意外破坏的技术问题，因此说明书不记载隔挡片的更好材料也能满足公开充分的要求，隔挡片的更好材料可以作为技术秘密保留。

# 第二节 2013 年专利代理实务试题分析与参考答案

## 一、试 题 说 明

客户 A 公司向你所在的专利代理机构提供了技术交底材料 1 份、3 份对比文件（附件1至附件3）以及公司技术人员撰写的权利要求书 1 份（附件4）。现委托你所在的专利代理机构为其提供咨询意见并具体办理专利申请事务。

第一题：请你撰写提交给客户的咨询意见，逐一解释其自行撰写的权利要求书是否符合专利法及其实施细则的规定并说明理由。

第二题：请你综合考虑附件 1 至附件 3 所反映的现有技术，为客户撰写发明专利申请的权利要求书。

第三题：简述你撰写的独立权利要求相对于现有技术具备新颖性和创造性的理由。

第四题：如果所撰写的权利要求书中包含两项或者两项以上的独立权利要求，请简述这些独立权利要求能够合案申请的理由；如果认为客户提供的技术内容涉及多项发明，应当以多份申请的方式提出，则请说明理由，并撰写分案申请的独立权利要求。

**技术交底材料：**

我公司致力于大型公用垃圾箱的研发与制造，产品广泛应用于小区、街道、垃圾站等场所。经调研发现，市场上常见的一种垃圾桶/箱，在桶体内设有滤水结构，能够分离垃圾中的固态物和液态物，便于垃圾清理和移动（参见对比文件1）。但是垃圾内部仍然残存湿气，尤其是对于大型垃圾桶/箱，其内部由于通风不畅容易导致垃圾缺氧而腐化发臭，不利于公共环境卫生。有厂家设计了一种家用垃圾桶，其桶底设有孔，方便空气进出（参见对比文件2）。

在上述现有技术的基础上，我公司提出改进大型公用垃圾箱。

如图1和图2所示，一种大型公用垃圾箱，主要包括箱盖1、上箱体2和下箱体3。箱盖1上设有垃圾投入口4。上箱体2和下箱体3均为顶部开口结构，箱盖1盖合在上箱体2的顶部开口处，上箱体2可分离地安装在下箱体3上，上箱体2的底部为水平设置的滤水板5。在下箱体3的侧壁上部开设有通风孔6。通风孔6最好为两组，并且分别设置在下箱体3相对的侧壁上。

在使用时，当垃圾倒入垃圾箱后，其中的固态物留在滤水板5上，而液态物则经滤水板5进入下箱体3，从而上箱体2内部构成固体垃圾存放区，下箱体3内部构成液体垃圾存放区。空气从通风孔6进入下箱体3，会同垃圾箱内的湿气向上流动，依次经上箱体2的滤水板5和固体垃圾存放区，最终从垃圾投入口4向外排出。在设置了相对的两组通风孔6的情况下，空气还可以从一侧的通风孔6进入，从另一侧的通风孔6排出。通过设置在下箱体3的侧壁上部的通风孔6以及在箱盖1上的垃圾投入口4，垃圾箱内产生由下而上的对流和内外循环，从而起到防止垃圾腐化减少臭味、提高环境清洁度的作用。

当上箱体2内堆积的垃圾较多时，空气流动受到阻碍，不利于湿气及时排出。为解决该问题，进一步提高通风效果，如图3和图4所示，在上箱体2的侧壁内侧设置多个竖直布置的空心槽状隔条7，其与上箱体2的侧壁之间限定形成多个空气通道。空心槽状隔条7上端与上箱体2的上边缘基本齐平，以避免空气通道的入口被垃圾堵塞；下端延伸至接近滤水板5。

在使用时，空气从通风孔6进入下箱体3，会同垃圾箱内的湿气向上流动，由于受到上箱体2内固体垃圾的阻碍，部分气体从空心槽状隔条7与滤水板5之间的缝隙进入到空心槽状隔条7中，并沿着空心槽状隔条7与上箱体2的侧壁之间形成的空气通道向上流动，最终从垃圾投入口4向外排出。

此外，也可以在上箱体2的侧壁上设置其他通风结构（例如通风孔）或者将两种通风结构组合在一起使用。

我公司此前设计了一种自卸式垃圾箱，将垃圾箱的底板设成活动的，该活动底板可沿着箱体底部的导轨水平拉出以便从底部卸出垃圾，从而解决了从垃圾箱顶部开口向外倾倒垃圾容易造成扬尘的缺陷（参见对比文件3）。但是这种垃圾箱的导轨容易积尘从而卡住底板。

针对该问题，滤水板5被进一步设置成可活动的。如图5所示，滤水板5一端通过铰接件8与上箱体2的侧壁底边连接，相对的另一端通过锁扣件9固定在水平闭合位置。如图6所示，当打开锁扣件9时，滤水板5在重力作用下以铰接件8为轴相对于上箱体2向下转动从而卸出垃圾。锁扣件9包括设置在上箱体2侧壁上的活动插舌91和对应设置在滤水板5上的插口92，所述活动插舌91与插口92可以互相咬合或脱离。锁扣件9还可以采用其他形式，各种现有的锁扣件均可以使用。

当垃圾箱内垃圾装满需要清理时，吊起上箱体2，使得上箱体2与下箱体3分离，当上箱体2被移至合适位置后，打开锁扣件9，滤水板5在重力作用下以铰接件8为轴向下转动，打开上箱体2的底部，内部的固体垃圾掉落到垃圾车或者传送带上运走。下箱体3内的液体垃圾则另行处理。与导轨结构的垃圾箱相比，这种垃圾箱的底部不容易损坏，使用寿命更长。需要说明的是，垃圾箱的箱体不限于本技术交底材料所设计的具体形式，其他垃圾箱也可以采用上述底部结构。

我公司还准备充分利用公用垃圾箱进行广告宣传，通过在箱体的至少一个外侧面上印上商标、图形或文字，起到广告宣传的作用，同时又美化了城市环境。这种广告宣传方法具有成本低廉、应用范围广的优点。

## 技术交底材料附图

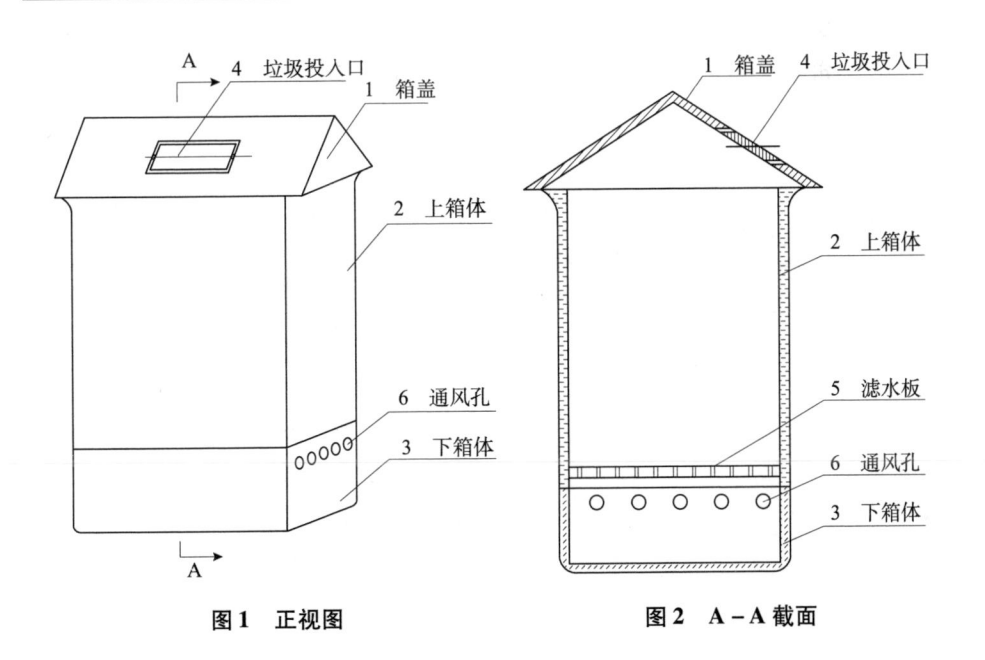

图1　正视图

图2　A-A截面

图3

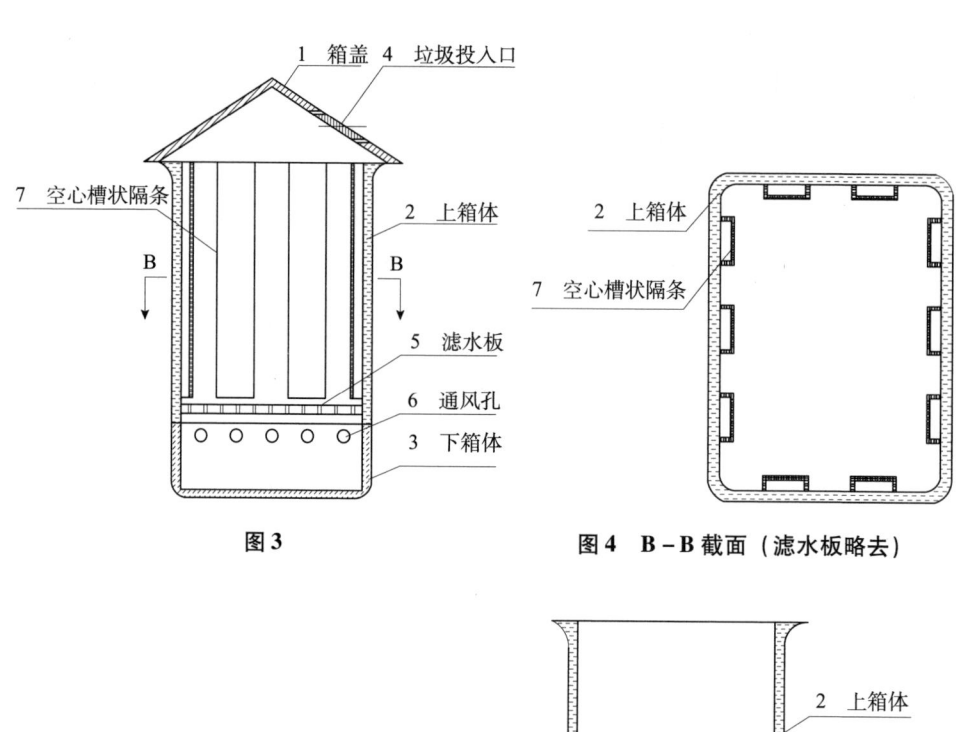

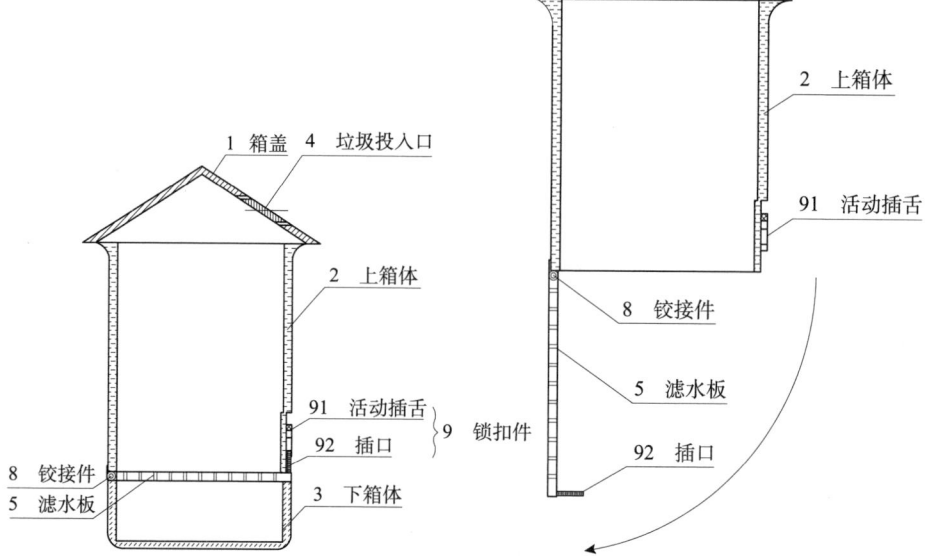

图4 B-B截面（滤水板略去）

图5 装垃圾状态（通风结构略去）

图6 卸垃圾状态（通风结构略去）

附件1（对比文件1）：

(19) 中华人民共和国国家知识产权局

**(12) 实用新型专利说明书**

(45) 授权公告日 2011.09.09

(21) 申请号 201020345678.9
(22) 申请日 2010.12.22　　　　　　　　　　（其余著录项目略）

## 说 明 书

### 防臭垃圾桶/箱

本实用新型涉及一种防臭垃圾桶/箱。

常用的垃圾桶/箱通常固液不分，污水积存在垃圾中容易造成垃圾腐烂，发出酸臭气味，不利于环境卫生，而且垃圾运输和处理中也存在很多问题，增加了处理成本。

为了克服上述现有技术存在的缺点，本实用新型提供了一种垃圾桶/箱，通过对垃圾进行固液分离以获得防臭的效果。

图1是本实用新型垃圾桶的正面剖视图。

如图1所示，该防臭垃圾桶包括桶盖1、上桶体2和下桶体3，桶盖1上设有垃圾投入口4。下桶体3的上边缘设置成L形台阶状，上桶体2放置在下桶体3的该L形台阶下。桶体2的底部设有多个滤水孔5。在使用时，垃圾中的污水经上桶体2底部的滤水孔5流至下桶体3中，实现固态物和液态物分离。积存在下桶体3中的污水，在需要时集中倾倒。

这种防臭垃圾桶/箱可大可小，既可制成小型的家用垃圾桶，也可制成大型的公用垃圾桶/箱，对于大型垃圾桶/箱，可在底部设置排出阀以便于污水排出。

## 说明书附图

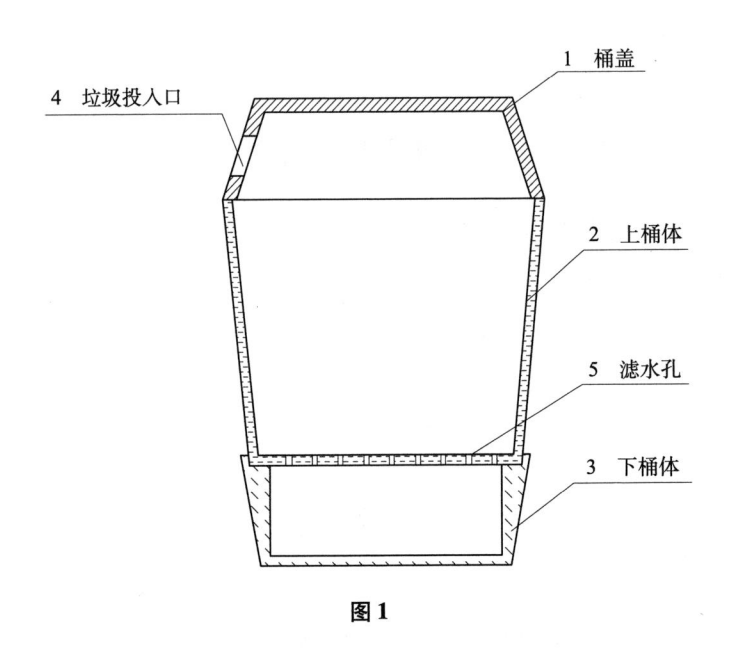

图1

附件2（对比文件2）：

(19) 中华人民共和国国家知识产权局

**(12) 实用新型专利说明书**

(45) 授权公告日 2009.12.01

(21) 申请号 200920234567.8
(22) 申请日 2009.1.20

（其余著录项目略）

## 说 明 书

### 一种垃圾桶

本实用新型涉及一种家用垃圾桶。

目前人们收集日常生活垃圾的方式，普遍是使用一次性塑料垃圾袋套在垃圾桶内，但是，在套垃圾袋的过程中由于垃圾袋与桶壁之间构成封闭空间，空气留在垃圾桶里面不易排出，导致垃圾袋无法完全展开。

本实用新型的目的是提供一种家用的功能性垃圾桶。

图1是本实用新型的结构示意图。

如图1所示，本实用新型的垃圾桶由桶罩1、桶壁2和桶底3组成。桶底3上设有多个通气孔4、桶壁2和桶底3一次性注塑而成。桶口上设有可分离的桶罩1，用于固定住垃圾袋。

使用时，将垃圾袋套在垃圾桶上，通气孔4的设计方便排出垃圾袋与桶壁2、桶底3之间的空气，使垃圾袋在桶内服帖地充分展开，取垃圾袋的时候，空气经通气孔4从底部进入，避免塑料垃圾袋与桶壁2、桶底3之间产生负压，从而可以轻松地取出垃圾袋，不会摩擦弄破垃圾袋。

## 说明书附图

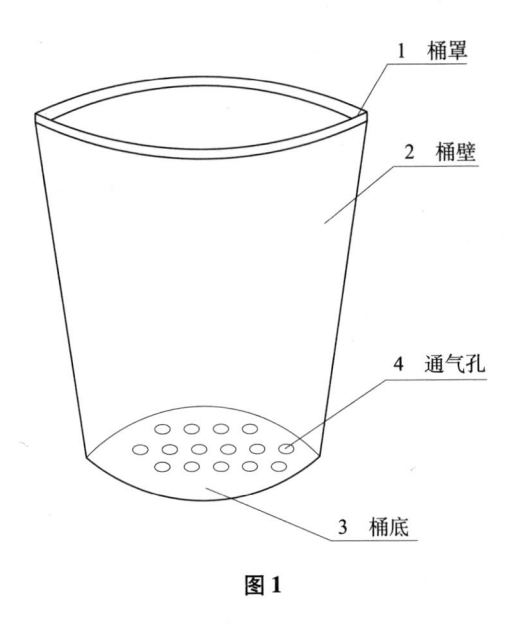

1 桶罩
2 桶壁
4 通气孔
3 桶底

**图 1**

附件3（对比文件3）：

(19) 中华人民共和国国家知识产权局

### (12) 实用新型专利说明书

(45) 授权公告日 2012 年 12 月 26 日

(21) 申请号 201220123456.7
(22) 申请日 2012.1.13
(73) 专利权人　A 公司　　　　　　　　　　　　（其余著录项目略）

### 说　明　书

#### 自卸式垃圾箱

本实用新型涉及一种垃圾箱，尤其是一种适合与垃圾车配合使用的自卸式垃圾箱。

（背景技术、实用新型内容部分略）

图 1 是本实用新型垃圾箱装垃圾状态的正视图；

图 2 是本实用新型垃圾箱卸垃圾状态的正视图；

在图 1 和图 2 中，箱体 2 的下部被局部剖开。

本实用新型的自卸式垃圾箱，该垃圾箱的顶盖 1 可开启，垃圾箱的箱体 2 下部和底板 3 均为方形，底板 3 水平插接在箱体 2 的底部，底板 3 的一侧设有把手 31，与把手 31 相对的一侧设有限位块 32。箱体 2 的底部设有供底板 3 滑动的导轨 40。卸垃圾时，拉住底板 3 的把手 31，底板 3 向一侧水平滑动，垃圾就从箱体 2 底部自动卸出。所述自卸式垃圾箱不需要把箱体 2 翻转过来倾倒垃圾，既省力又避免灰尘飞扬。

## 说明书附图

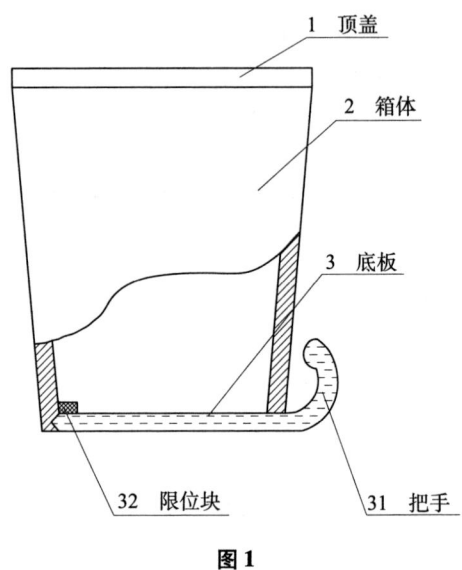

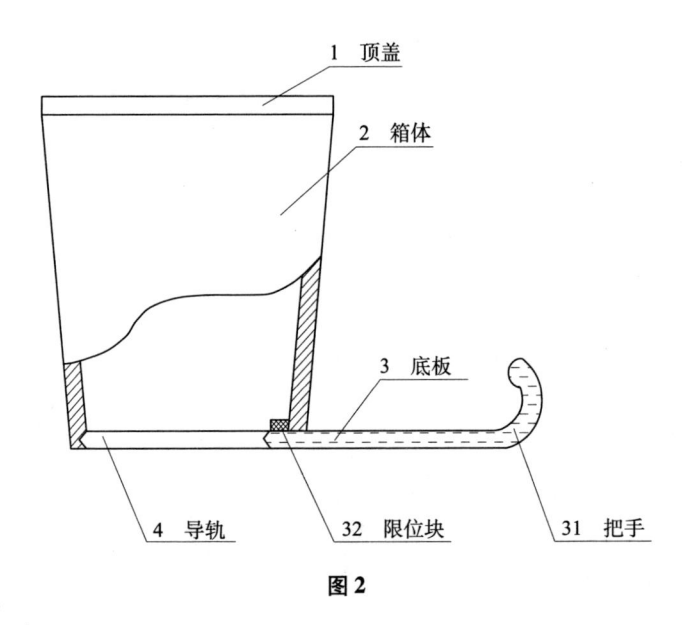

图 1

图 2

附件4（客户公司技术人员所撰写的权利要求书）：

1. 一种大型公用垃圾箱，其特征在于：主要包括箱盖（1）、上箱体（2）和下箱体（3），箱盖（1）上设有垃圾投入口（4），上箱体（2）和下箱体（3）均为顶部开口结构，箱盖（1）盖合在上箱体（2）的顶部开口处，上箱体（2）可分离地安装在下箱体（3）上，上箱体（2）的底部为水平设置的滤水板（5）。

2. 根据权利要求1所述的箱体，其特征在于：所述下箱体（3）的侧壁上部开设有通风孔（6）。

3. 根据权利要求2所述的大型公用垃圾箱，其特征在于：所述上箱体（2）内设有数根空心槽状隔条（7）。

4. 根据权利要求2所述的大型公用垃圾箱，其特征在于：所述空心槽状隔条（7）的上端与上箱体（2）的上边缘基本齐平，下端延伸至接近滤水板（5）。

5. 根据权利要求1所述的大型公用垃圾箱，其特征在于：所述滤水板（5）是可活动的。

6. 一种利用公用垃圾箱进行广告宣传的方法，所述垃圾箱具有箱体，其特征在于：在箱体的至少一个外侧面上印有商标、图形或文字。

## 二、试题分析

（一）为客户撰写咨询意见（第一题）的分析

第一题要求考生撰写提交给客户的咨询意见，实际上是针对给定的权利要求书挑错。下面，我们就用本书的方法，针对给出的6个权利要求，逐一分析每个权利要求是否符合权利要求撰写重要法条的规定。

第一，权利要求1要求保护一种大型公用垃圾箱，其限定的特征都属于技术特征，显然属于专利法保护的客体和具备实用性。接下来需要考虑新颖性、创造性问题。通过对比，对比文件1与权利要求1属于同样的技术领域，权利要求1的全部技术特征已经被对比文件1所公开，因此，权利要求1不具备《专利法》第22条第2款规定的新颖性。答题时需要注意：一是在对比时，是对比权利要求1包含的技术特征与对比文件1所公开的技术特征；二是在论述理由时，要指出权利要求1相对对比文件1不具备新颖性的具体理由和法律依据。

在阅读理解发明时也许有些人会注意到，本发明要解决的技术问题是克服现有技术垃圾箱中的垃圾腐烂发臭问题而进行通风防腐。但是，独立权利要求 1 中并没有记载任何对现有技术作出贡献的能够改进通风防腐的技术特征，而阅读到权利要求 2 时我们会发现，权利要求 2 中的附加技术特征"所述下箱体（3）的侧壁上部开设有通风孔（6）"，实际上就是解决通风防腐问题的必要技术特征。因此，权利要求 1 也存在缺少必要技术特征的缺陷，不符合《专利法实施细则》第 20 条第 2 款的规定。

从缺陷的严重性分析，我们认为优选指出新颖性缺陷。如果两种缺陷都指出，作为考试是最保险的。具体策略是前一种答案为主，后一种答案为辅。

第二，权利要求 2 是权利要求 1 的从属权利要求，其也属于专利法保护的客体和具备实用性，所以还需从新颖性和创造性上去考虑。权利要求 1 进一步限定的附加技术特征是"所述下箱体（3）的侧壁上部开设有通风孔（6）"。经过对比，我们不难发现该附加技术特征没有被对比文件 1、2 或 3 公开，因此其具备新颖性。那么它具备创造性吗？再看对比文件 2，虽然其垃圾筒的底部设有通气孔，但其作用是为方便排出垃圾袋与桶壁、桶底之间的空气，使垃圾袋在桶内服帖地充分展开，可见其作用与权利要求 2 中下箱体上部设置的通风孔的位置和作用都不同，从对比文件 1 和 2 的结合不能显而易见地得出权利要求 2 的技术方案，权利要求 2 是具备创造性的。而对比文件 3 根本没有公开权利要求 2 的附加技术特征。这样，我们只能考虑其余的重要规定了，如关于清楚性、支持性或从属权利要求撰写方面的。接下来仔细看权利要求的主题与构成特征，会发现权利要求 2 所要求保护的主题"所述的箱体"与权利要求 1 的不一样，也就是其所引用的主题名称改变了，不符合《专利法实施细则》第 22 条第 1 款，该权利要求存在的问题也就找到了。当然，由于其所引用的主题名称的改变，也致使该权利要求的保护范围不清楚确定，相应的法律依据可以是《专利法》第 26 条第 4 款。由于是为客户提供咨询意见，考生只要指出其不符合的一个法条就可以了，当然二者都指出，就更没问题。

第三，权利要求 3 是引用权利要求 2 的从属权利要求，根据前述分析其也具备创造性，这样也得从其余规定着手了。权利要求 3 的主题名称没有问题，那么可以考虑其附加技术特征：所述上箱体（2）内设有数根空心槽状隔条（7）。考虑到目前还没有涉及权利要求的支持性缺陷，因此我们可以往这方面考虑。回头仔细阅读技术交底材料中关于此特征的描述："在上箱体 2 的侧壁内侧设置多个竖直布置的空心槽状隔条 7，其与上箱体 2 的侧壁之间限定形成多个空气通道"，我们发现两处的描述是不一致的，那就说明前面关于权利要求支持性缺陷的考虑需要进一步判断。仔细分析，权利要求 3 的附加技术特征没有限

· 160 ·

定空心槽状隔条的设置位置和角度，属于上位概括，其包含了水平设置或不在上箱体侧壁内侧设置的情形，这样的情形不能解决进一步提高通风效果的技术问题，因此，该方案没有以技术交底材料（说明书）为依据。

当然，也许有些人还会发现，权利要求3因没有限定空心槽状隔条的设置位置和角度，以及其中的"数根"属于含义不确定的措辞，这些缺陷致使权利要求3要求保护的技术方案的保护范围模糊不清，不符合《专利法》第26条第4款的规定，也有一定的道理。

第四，权利要求4引用的是权利要求2，欲对"所述空心槽状隔条"做进一步限定。那么，就需要看看权利要求2。权利要求2中根本就没出现过"空心槽状隔条"的相关特征，权利要求4的附加技术特征缺乏引用的基础。

第五，到目前为止，我们还没发现权利要求的创造性缺陷，而创造性要求是关于权利要求的核心要求。分析权利要求5，我们发现其引用的是权利要求1，而权利要求1已经没有创造性；再看其附加技术特征，进一步限定的是滤水板是可活动的。细看对比文件，我们发现对比文件3公开了一种垃圾箱的底板，底板是可滑动的，用于卸出垃圾、避免扬尘。也就是说，对比文件3的底板是滑动的，也就是可活动的，与权利要求5中的滤水板所起的作用是一样的，都是用于卸出垃圾。所以，对比文件1和3具有结合的技术启示，它们的结合得出权利要求5的技术方案是显而易见的。这样，权利要求5就不符合《专利法》第22条第3款的规定。

第六，权利要求6要求保护的主题是"进行广告宣传的方法"，显然，该主题不属于专利法保护的客体；再看其中限定的特征，是在垃圾箱外侧面印有商标、图形或文字，是一种人为的规则安排，并不属于技术特征。因此，可以确定该权利要求请求保护的方案不是技术方案，属于《专利法》第25条第（二）项规定的不授予专利权的客体，该方案也不符合《专利法》第2条第2款的规定。

（二）为客户撰写发明专利申请的权利要求书（第二、第四题）的分析

首先，要明确撰写的材料，是针对客户提交的技术交底书作为发明内容（相当于说明书），附件1至3（对比文件1~3）是现有技术；其次，由于第四题要求，如果撰写的权利要求书中包含两项或者两项以上的独立权利要求，要判断是合案申请还是另案申请，并撰写分案申请的独立权利要求，所以，第二题与第四题可以一并考虑和分析。下面我们就进行具体分析。

1. 判断发明专利申请可以保护的主题

判断可申请保护的主题，既是难点，也是基础，这一步做不对，后面的都

将一败涂地。2013年这类的考题有一个好处，就是具有可以借鉴参考的权利要求书，本题是客户撰写的权利要求书。针对这类考题，可申请保护主题的分析步骤和方法是：

（1）以客户撰写的权利要求书作为参考基础。我们通过第一题的分析已经知道其权利要求1、5分别不具备新颖性、创造性，权利要求2具备新颖性、创造性，权利要求6的主题不属于保护客体。

（2）将技术交底书与最近的对比文件进行详细对比，发现不一样的地方，其有可能成为技术贡献的区别特征。

综合以上两点，技术交底书与作为最接近现有技术的对比文件1共有3个不一样的地方：区别之一是下箱体侧壁上部设置通风孔；区别之二是上箱体上部设置通风结构（通风孔、空心槽状隔条或其组合）；区别之三是自卸式垃圾箱的底板设置成可向下转动的。这三点可能构成独立权利要求的保护主题，但还需进一步分析确定。

（3）结合其他现有技术（对比文件2、3），判断保护主题的创造性。上述三点不一样的地方都没有被对比文件2、3所公开，针对这三点撰写成权利要求，应该具有创造性。

（4）结合发明内容确定可以撰写独立权利要求的主题。上述之一、之二点，是分别撰写成独立权利要求呢，还是其中一个可撰写成从属权利要求？这个问题，是本案例的特点，下面重点分析。

对于上述问题，可以根据技术交底书描述的发明目的、描述的多少和提示性语句进行判断。对于本申请：首先，技术交底书首先描述的是上述之一点，着墨也比较多；其次，在描述完下箱体的通风孔设置后，在描述"在上箱体2的侧壁内侧设置多个竖直布置的空心槽状隔条"前，技术交底书明确描述"当上箱体2内堆积的垃圾较多时，空气流动受到阻碍，不利于湿气及时排出。为解决该问题，进一步提高通风效果"，由此可以初步确定，技术特征"在上箱体2的侧壁内侧设置多个竖直布置的空心槽状隔条"，是为了进一步改善通风效果的特征，属于更好更优的特征，不是必要技术特征，应该写入从属权利要求；最后，独立权利要求1只写入"下箱体侧壁上部设置通风孔"的特征，是本发明改进通风效果的基本技术手段，这样权利要求的保护范围也最大。至此可以得出，关于解决通风防腐技术问题的主题，只能撰写一个独立权利要求，而且独立权利要求1对现有技术作出贡献的区别技术特征基本也确定了。即在下箱体侧壁上部设置通风孔，而关于空心槽状隔条的相关特征不是必要技术特征，应该在从属权利要求中进行限定。

现在再看区别之三，其解决的技术问题是，向下转动的垃圾箱底板"不容易损坏，使用寿命更长"。显然，该主题也可以撰写成独立权利要求，以对该发明主题进行专门保护，获取尽可能大的保护范围。

这样就比较容易地确定了两个保护主题，之一是在下箱体侧壁上部设置通风孔的通风防腐的主题，之二是向下转动的垃圾箱底板的延长使用寿命的主题。

2. 确定保护主题的单一性及是否提交另案申请

（1）判断独立权利要求之间的单一性。通过前述分析，前述两个可保护主题，解决的技术问题不同，对现有技术作出贡献的特征也不同，分别撰写成两个独立权利要求，这两个独立权利要求之间不存在相同或相应的特定技术特征，不具备单一性，因此需要提交一个另案申请。

（2）确定需要提交另案申请的独立权利要求。前述两个保护主题，哪个独立权利要求提交另案申请呢？这是考试中的一个大问题，也是个难点，切不可搞反了，否则考试成绩大为不同！

根据第五章给出的方法，把技术交底书中首先描述、着墨较多、作为基础发明的保护主题作为本案，把另一个保护主题作为另案申请。具体到本考题，技术交底书中首先描述的是主题一，着墨也比较多，基础发明在于解决通风防腐的问题；而且，技术交底材料在描述主题二前，首先说明"我公司此前设计了一种自卸式垃圾箱"，是一个转折性提示，后面公开的具体技术细节也比较少，也就是可撰写的从属权利要求数量就少。由此，可以确定，主题一做本案，主题二做另案。至此，考题四已经分析完毕，理由也胸中有数。

下面，我们才开始分析本案和另案的权利要求怎么写。

3. 本案独立权利要求的撰写分析

撰写独立权利要求，既是重点，也是难点，其关键在于确定构成独立权利要求的必要技术特征。通过前面的分析可以确定与"空心槽状隔条"相关的技术特征都不是必要技术特征，而"在下箱体侧壁上部设置通风孔"是对现有技术作出贡献的区别技术特征。关于在下箱体侧壁上部设置通风孔的具体细节，如通风孔最好为两组，也不是必要技术特征，因为它属于优选的、效果更好的特征，这在技术交底书中已经有明确提示："最好"。此外，我们需要确定独立权利要求与现有技术共有的技术特征，具体就是写出与本发明密切相关的、解决通风防腐问题必不可少的、在从属权利要求中要对其做进一步限定的技术特征，这可以参考借鉴已有的权利要求书或技术交底书中的相关描述。

对于本考题，有一个技巧就是，可以参考客户撰写的权利要求3，我们已经在前面的分析中知道其具备创造性，那么就基本可以照抄过来并注意克服其存在的缺陷，作为本案的独立权利要求1了。

分析完独立权利要求的撰写，就该分析其从属权利要求的撰写问题了。

4. 本案从属权利要求的撰写分析

撰写从属权利要求的附加技术特征，其主要方法就是从技术交底书的具体描述中去寻找。

（1）进一步改进通风效果优选的特征，如通风孔（6）设为两组的相关技术特征，可以撰写为从属权利要求。

（2）技术交底材料中明确说明："此外，也可以在上箱体2的侧壁上设置其他通风结构（例如通风孔）或者将两种通风结构组合在一起使用"。因此，可将"上箱体2的侧壁上设置通风结构"作为附加技术特征撰写一个从属权利要求。技术交底书还进一步描述了上箱体的3种具体通风结构：上箱体侧壁上设置的通风孔、在上箱体2的侧壁内侧设置多个竖直布置的空心槽状隔条或其组合，应该据此再进一步撰写从属权利要求。

需要注意的是，这是一个小难点，上述"通风结构"是对上箱体3种通风结构的上位概括后的技术特征。此处通过本考题说明，从属权利要求的附加技术特征有时也需要进行合理概括。

（3）"上端与上箱体2的上边缘基本齐平，下端延伸至接近滤水板"，是空心槽状隔条的具体布置细节，有利于进一步改进通风效果，应该就此撰写一个从属权利要求。

（4）另一主题中具有有利于解决更多技术问题的技术特征，应该就此撰写从属权利要求。不少考生觉得这个问题不好理解，下面进行重点说明。本考题的另一主题是垃圾箱底部是可活动的，以从底部卸出垃圾而避免扬尘，虽然该主题应另案申请，但是，如果就垃圾箱底部可活动的特征撰写该申请独立权利要求的从属权利要求，则这样的从属权利要求既能通风防腐，也能从底部卸出垃圾，解决了更多的技术问题，取得了更好的技术效果。如此撰写的依据是，技术交底书中具有这样的描述："需要说明的是，垃圾箱的箱体不限于本技术交底材料所设计的具体形式，其他垃圾箱也可以采用上述底部结构"。该描述提示本案的通风防腐垃圾箱也可以采用所述的底部活动结构，这样的技术方案能够得到技术交底书的支持。垃圾箱底部可活动是对其滑动和转动的上位概括，因此，可以就底板可活动、滑动或转动分别撰写从属权利要求，以限定出不同的保护范围。另外，技术交底书还公开了底板可转动的具体连接方式和锁扣件的具体结构，也应该就此进一步分别撰写从属权利要求。

5. 另案申请独立权利要求的撰写分析

通过之前分析，我们已经确定另案申请的保护主题是垃圾箱底部可向下转动而卸出垃圾，其解决的技术问题是避免滑动导轨容易积尘被卡的问题，取得了垃圾箱不宜损坏、寿命长的技术效果。因此，就此主题撰写独立权利要求，使其具备新颖性、创造性，只包含必要技术特征就可以了。我们分析技术交底书的描述："滤水板 5 在重力作用下以铰接件 8 为轴向下转动，打开上箱体 2 的底部，内部的固体垃圾掉落到垃圾车或者传送带上运走"，以及"锁扣件 9 还可以采用其他形式，各种现有的锁扣件均可以使用"，就可以确定，锁扣件的具体结构不是必要技术特征，对现有技术作出贡献的必要技术特征是"垃圾箱的底部可向下转动而卸出垃圾"，与现有技术共有的必要技术特征是垃圾箱的基本结构。

（三）本案独立权利要求具备新颖性、创造性（第三题）的论述分析

前面我们已经分析了本案的独立权利要求具备新颖性和创造性。对于第三题，只需论述独立权利具备新颖性和创造性的理由就可以了。但是，从历年情况来看，考生此类题目失分却较多！究其原因，是答题要点不能写全。下面，就结合本题论述说明答题要点。

1. 权利要求 1 具备新颖性

新颖性的判断原则是单独对比。考题给出了 3 份对比文件。因此，需要分别论述权利要求 1 相对于对比文件 1、2 或 3 具备新颖性。具体的，需要指出权利要求 1 的哪些特征没有被对比文件 1、2 或 3 所公开，因而权利要求 1 的技术方案没有被对比文件所公开，因而具备新颖性。接下来，需要写明法律依据是《专利法》第 22 条第 2 款。

2. 权利要求 1 具备创造性。

创造性的判断原则是组合对比，应该按照《专利审查指南 2010》规定的"三步法"进行论述，并注意本部分第五章归纳的答题要点。

## 三、参 考 答 案

**第一题**：请你撰写提交给客户的咨询意见，逐一解释其自行撰写的权利要求书是否符合专利法及其实施细则的规定并说明理由。

尊敬的 A 公司：

贵公司技术人员所撰写的权利要求书存在不符合《专利法》和《专利法实施细则》规定的问题，具体如下。

1. 关于权利要求 1

权利要求 1 要求保护一种大型公用垃圾箱。对比文件 1 公开了一种防臭垃圾桶/箱，该防臭垃圾桶是大型的公用垃圾桶/箱，包括桶盖 1、上桶体 2 和下桶体 3，桶盖 1 上设有垃圾投入口 4，下桶体 3 的上边缘设置成 L 形台阶状，上桶

体 2 放置在下桶体 3 的该 L 形台阶上（上箱体可分离地安装在下箱体上的下位概念），上桶体 2 和下桶体 3 均为顶部开口结构，桶盖 1 盖合在上桶体 2 的顶部开口处，上桶体 2 的底部是水平的且设有多个滤水孔 5。可见，对比文件 1 公开了权利要求 1 所要求保护的技术方案的全部技术特征，并且它们都属于大型垃圾箱技术领域，都解决了垃圾固液分离的技术问题，并能达到相同的技术效果。因此，目前的权利要求 1 不具备新颖性，不符合《专利法》第 22 条第 2 款的规定。

此外，本发明要解决的技术问题是通风防腐，下箱体侧壁上部的通风孔，是垃圾箱内空气由下而上流通必不可少的技术特征，属于解决技术问题的必要技术特征，而目前撰写的独立权利要求 1 中未记载上述技术特征。所以，权利要求 1 还缺少解决技术问题的必要技术特征，不符合《专利法实施细则》第 20 条第 2 款的规定。

2. 关于权利要求 2

从属权利要求的主题名称"箱体"与其引用的权利要求 1 的主题名称"大型公用垃圾箱"不一致，不符合《专利法实施细则》第 22 条第 1 款的规定。

3. 关于权利要求 3

从属权利要求 3 的附加技术特征为"上箱体（2）内设有数根空心槽状隔条（7）"，其采用上位概括的方式来限定空心槽状隔条的布置，涵盖了空心槽状隔条不是布置在侧壁内侧以及水平布置的情形，而上述两种情形显然不能解决通风防腐的技术问题。因此，权利要求 3 没有以技术交底材料（说明书）为依据，不符合《专利法》第 26 条第 4 款的规定。

4. 关于权利要求 4

权利要求 4 进一步限定的附加技术特征"所述空心槽状隔条"在所引用的权利要求 2 中没有出现，因此，目前撰写的权利要求 4 缺乏引用基础，不符合《专利法实施细则》第 22 条第 1 款的规定，这也导致该权利要求的保护范围不清楚，不符合《专利法》第 26 条第 4 款的规定。

5. 关于权利要求 5

从属权利要求 5 引用权利要求 1，其附加技术特征进一步限定了："所述滤水板（5）是可活动的"。(1) 对比文件 1 是最接近的现有技术。(2) 对比文件 1 没有公开上述附加技术特征，该特征构成了权利要求 5 与对比文件 1 的区别技术特征。(3) 其实际要解决的技术问题是使垃圾从底部卸出以避免扬尘。然而，对比文件 3 公开了一种自卸式垃圾箱，其底板可以水平滑动，是可活动的。(4) 因此，上述区别技术特征已经被对比文件 3 公开，且该特征在对比文件 3 中所起的作用与其在本申请中作用相同，都是用于使垃圾从底部卸出以避免扬尘。(5) 可见，对比文件 3 给出了将上述区别技术特征应用于对比文件 1 以解决其技术问题的启示。本领域技术人员在对比文件 3 的启示下，容易想到将对比文件 1 和 3 结合得到权利要求 5 的技术方案。(6) 权利要求 5 相对于对比文件 1 和对比文件 3 的结合是显而易见的，没有突出的实质性特点。(7) 并且取得相同的技术效果，没有显著的技术进步，(8) 从而不具备创造性，不符合《专利法》第 22 条第 3 款的规定。

6. 关于权利要求 6

权利要求 6 希望保护一种利用公用垃圾箱进行广告宣传的方法，该方法不涉及垃圾箱本身的构造，仅仅涉及广告创意和广告内容的表达，是一种人为的规则安排，属于《专利法》第 25 条第（二）项规定的不授予专利权的客体。该方案解决的问题不是技术问题，因而不能构成技术方案，也不符合《专利法》第 2 条第 2 款的规定。

以上是我们的咨询意见。有问题请与我们随时沟通。

×××专利代理机构×××专利代理人
××××年××月××日

**第二题：请你综合考虑附件 1 至附件 3 所反映的现有技术，为客户撰写发明专利申请的权利要求书。**

我公司重新撰写的权利要求书如下：

1. 一种大型公用垃圾箱，主要包括：箱盖（1）、上箱体（2）和下箱体（3），箱盖（1）上设有垃圾投入口（4），所述上箱体（2）和下箱体（3）均为顶部开口结构，箱盖（1）盖合在上箱体（2）的顶部开口处，上箱体（2）安装在下箱体（3）上，上箱体（2）底部为水平设置的滤水板（5），其特征在于：所述垃圾箱还包括开设在下箱体（3）侧壁上部的通风孔（6）。

2. 如权利要求 1 所述的大型公用垃圾箱，其特征在于：所述通风孔（6）为两组，并且分别设置在下箱体（3）的相对侧壁上。

3. 如权利要求 1 或 2 所述的大型公用垃圾箱，其特征在于：所述垃圾箱还包括设置在上箱体（2）侧壁上的通风结构。

4. 如权利要求 3 所述的大型公用垃圾箱，其特征在于：所述通风结构为开设在上箱体（2）侧壁上的通风孔和/或竖直布置在上箱体（2）的侧壁内侧的空心槽状隔条（7），所述空心槽状隔条（7）与上箱体（2）的侧壁之间形成空气通道。

5. 如权利要求4所述的大型公用垃圾箱，其特征在于：所述空心槽状隔条（7）的上端与上箱体（2）的上边缘基本齐平，下端延伸至接近滤水板（5）。

6. 如权利要求1、2、4、5中任一项所述的大型公用垃圾箱，其特征在于：所述上箱体（2）可分离地安装在下箱体（3）上。

7. 如权利要求6所述的大型公用垃圾箱，其特征在于：所述滤水板（5）可以相对于上箱体（2）运动从而打开上箱体（2）的底部以卸出垃圾。

8. 如权利要求7所述的大型公用垃圾箱，其特征在于：所述滤水板（5）可以相对于上箱体（2）向下转动从而打开上箱体（2）的底部。

9. 如权利要求8所述的大型公用垃圾箱，其特征在于：所述滤水板（5）的一端通过铰接件（8）与上箱体（2）的侧壁底边连接，相对的另一端通过锁扣件（9）固定在水平闭合位置。

10. 如权利要求9所述的大型公用垃圾箱，其特征在于：所述锁扣件（9）包括设置在上箱体（2）侧壁上的活动插舌（91）和对应设置在滤水板（5）上的插口（92），所述活动插舌（91）与插口（92）互相咬合或脱离。

11. 如权利要求7所述的大型公用垃圾箱，其特征在于：所述滤水板（5）可以沿着上箱体（2）底部的导轨水平滑动从而打开上箱体（2）的底部。

12. 如权利要求1、2、4、5、7至11中任一项所述的大型公用垃圾箱，其特征在于：所述下箱体（3）上设排水阀。

## 第三题：简述你撰写的独立权利要求相对于现有技术具备新颖性和创造性的理由。

1. 权利要求1的新颖性

对比文件1没有公开权利要求1中的特征"所述垃圾箱还包括设置在下箱体（3）侧壁上部的通风孔（6）"。因此，二者属于不同的技术方案，权利要求1相对于对比文件1具备《专利法》第22条第2款规定的新颖性。

对比文件2并没有公开权利要求1中的上箱体、下箱体、滤水板等诸多特征，因此，二者属于不同的技术方案，权利要求1相对于对比文件2具备《专利法》第22条第2款规定的新颖性。

对比文件3并没有公开权利要求1中的上箱体、下箱体、滤水板、通风孔等诸多特征，因此，二者属于不同的技术方案，权利要求1相对于对比文件3具备《专利法》第22条第2款规定的新颖性。

2. 权利要求1的创造性

（1）对比文件1公开的技术特征最多，并与本申请属于相同的技术领域，是本申请最接近的现有技术。(2) 权利要求1没有被对比文件1公开的特征是"所述垃圾箱还包括设置在下箱体(3)侧壁上部的通风孔(6)",该特征构成了权利要求1与对比文件1的区别技术特征。(3) 其解决的技术问题是促使垃圾箱内空气流通、通风防腐。(4) 对比文件2虽然公开了"通气孔",但是该通气孔是设置在桶底上,解决的是家用垃圾桶套装和取出垃圾袋不方便的技术问题,达到垃圾袋在桶内服帖地充分展开的技术效果。(5) 可见,对比文件2的"通气孔"与本发明的"通风孔"设置位置、解决的技术问题和所起的作用均不相同。即对比文件2没有公开权利要求1中的技术特征"所述垃圾箱还包括设置在下箱体(3)侧壁上部的通风孔(6)",对比文件3也没有公开上述区别特征。(6) 上述对比文件均未给出在下箱体的侧壁上部设置通风孔以解决上述技术问题的启示,权利要求1所要求保护的技术方案相对于现有技术不是显而易见的。(7) 权利要求1的技术方案通过在下箱体的侧壁上部设置通风孔,达到了防腐防臭的有益技术效果。(8) 因此,权利要求1相对于对比文件1、2或者其结合,具有突出的实质性特点和显著的进步,符合《专利法》第22条第3款关于创造性的规定。

**第四题:如果所撰写的权利要求书中包含两项或者两项以上的独立权利要求,请简述这些独立权利要求能够合案申请的理由;如果认为客户提供的技术内容涉及多项发明,应当以多份申请的方式提出,则请说明理由,并撰写分案申请的独立权利要求。**

分案申请的独立权利要求如下。

1. 一种垃圾箱,包括箱体和底部,其特征在于:所述底部可以相对于箱体向下转动从而打开箱体的底部以卸出垃圾。

需要分案申请的理由如下:

第一份专利申请的独立权利要求1相对于现有技术作出贡献的技术特征为"开设在下箱体的侧壁上部的通风孔",从而解决通风不畅、垃圾腐烂发臭的问题。

第二份专利申请的独立权利要求1相对于现有技术作出贡献的技术特征为"底部可以相对于箱体向下转动从而打开箱体的底部以卸出垃圾",从而解决导轨积尘卡住底板的技术问题。

由此可见,两个独立权利要求对现有技术作出贡献的技术特征既不相同也不相应,不包含相同或相应的特定技术特征,不属于一个总的发明构思,不具备单一性,不符合《专利法》第31条的规定。

# 第三节 2014年专利代理实务试题分析与参考答案

## 一、试题说明

客户A公司向你所在的专利代理机构提供了以下材料：其自行向国家知识产权局递交的发明专利申请文件（附件1）；审查员针对该发明专利申请发出的第一次审查意见通知书（附件2），以及所引用的三份对比文件（对比文件1~3）；公司进行最新技术改进和开发的技术交底材料（附件3）。现委托你所在的专利代理机构办理相关事务。

第一题：撰写咨询意见。请参考第一次审查意见通知书（附件2）的内容（为了用于考试，对通知书进行了简化和改造，隐去了详细阐述的内容，向客户逐一解释该发明专利申请（附件1）的权利要求书和说明书是否符合专利法及其实施细则的相关规定并说明理由。

第二题：撰写答复第一次审查意见通知书时提交的修改后的权利要求书。请在综合考虑对比文件1~3所反映的现有技术以及你的咨询意见的基础上进行撰写。

第三题：撰写一份新的发明专利申请的权利要求书。请根据技术交底材料（附件3）记载的内容，综合考虑附件1、对比文件1至3所反映的现有技术，撰写能够有效且合理地保护发明创造的权利要求书。

如果认为应当提出一份专利申请，则应撰写独立权利要求和适当数量的从属权利要求；如果认为应当提出多份专利申请，则应说明不能合案申请的理由，并针对其中的一份专利申请撰写独立权利要求和适当数量的从属权利要求，对于其他专利申请，仅需撰写独立权利要求；如果在一份专利申请中包含两项或两项以上的独立权利要求，则应说明这些独立权利要求能够合案申请的理由。

第四题：简述新的发明专利申请中的独立权利要求相对于附件1所解决的技术问题及取得的技术效果。如果有多项独立权利要求，请分别对比和说明。

## 附件1：发明专利申请文件

（19）中华人民共和国国家知识产权局

### （12）发明专利申请

（43）申请公布日 2013.7.25

（21）申请号 201210345678.9
（22）申请日 2012.2.25
（71）申请人　A公司　　　　　　　　　　　　　（其余著录项目略）

### 权利要求书

1. 一种光催化空气净化器，它包括壳体（1）、位于壳体下部两侧的进风口（2）、位于壳体顶部的出风口（3）以及设置在壳体底部的风机（4），所述壳体（1）内设置有第一过滤网（5）和第二过滤网（6），其特征在于，该光催化空气净化器内还设有光催化剂板（7）。

2. 根据权利要求1所述的光催化空气净化器，其特征在于，所述第一过滤网（5）是具有向下凸起曲面（9）的活性炭过滤网，所述第二过滤网（6）是PM2.5颗粒过滤网。

3. 根据权利要求1所述的光催化剂板，其特征在于，所述光催化剂板（7）由两层表面负载有纳米二氧化铁涂层的金属丝网（10）和填充在两层金属丝网（10）之间的负载有纳米二氧化铁的多孔颗粒（11）组成。

4. 一种空气净化方法，其特征在于，该方法包括使空气经过光催化剂板（7）进行过滤净化的步骤。

5. 一种治疗呼吸道类疾病的方法，该方法使用权利要求1所述的光催化空气净化器。

## 说 明 书

### 一种光催化空气净化器

本发明涉及一种空气净化器，尤其涉及一种光催化空气净化器。

现有的空气净化器大多采用过滤、吸附等净化技术，没有对有害气体进行催化分解，无法有效除去空气中的甲醛等污染物。

为解决上述问题，本发明提供了一种将过滤、吸附与光催化氧化相结合的空气净化器。光催化氧化是基于光催化剂在紫外光或部分可见光的作用下产生活性态氧，将空气中的有害气体氧化分解为二氧化碳和水等物质。

本发明的技术方案是：一种光催化空气净化器，它包括壳体、位于壳体下部两侧的进风口、位于壳体顶部的出风口以及设置在壳体底部的风机。所述壳体内设置有第一过滤网、第二过滤网、光催化剂板和紫外灯。所述光催化空气净化器能有效催化氧化空气中的有害气体，净化效果好。

图1是本发明光催化空气净化器的正面剖视图。

图2是本发明光催化剂板的横截面图。

如图1所示，该空气净化器包括壳体1、位于壳体下部两侧的进风口2，位于壳体顶部的出风口3以及设置在壳体底部的风机4，所述壳体1内从下往上依次设置有第一过滤网5、光催化剂板7、紫外灯8和第二过滤网6。所述第一过滤网5是活性炭过滤网，其具有向下凸起的曲面9，该曲面9不仅能增大过滤网的过滤面积，而且还能使空气顺畅穿过第一过滤网5，有助于降低噪音。所述第二过滤网6是PM2.5颗粒（直径小于等于2.5微米的颗粒物）过滤网。

如图2所示，所述光催化剂板7由两层表面负载有纳米二氧化铁涂层的金属丝网10和填充在两层金属丝网10之间的负载有纳米二氧化铁的多孔颗粒11组成。

本发明的光催化空气净化器工作时，室内空气在风机14的作用下经进风口2进入，经过第一过滤网5后，其中的灰尘等较大颗粒物质被过滤掉，然后经过受到紫外灯8照射的光催化剂板7，其中的有害气体被催化氧化，随后经过第二过滤网6，PM2.5颗粒被过滤掉，净化后的空气经出风口3送出净化效率高。

根据需要，可以在该光催化空气净化器的第二过滤网6的上部设置中草药过滤网盒，所述中草药过滤网盒内装有薄荷脑、甘草粉等中草药。净化后的空气经中草药过滤网盒排入室内，可预防或治疗呼吸道类疾病。

# 说明书附图

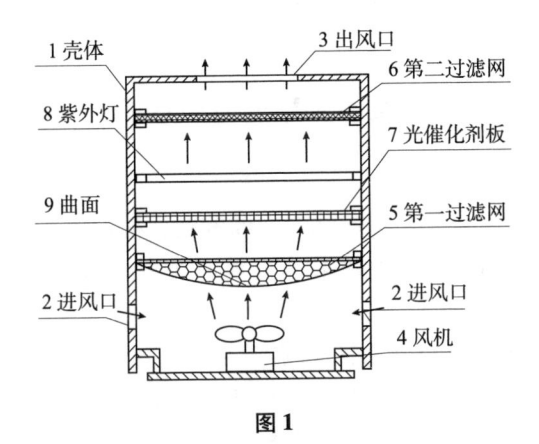

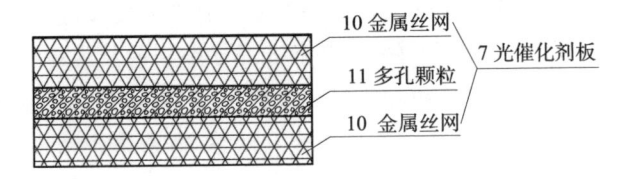

1 壳体　　3 出风口　　6 第二过滤网　　8 紫外灯　　7 光催化剂板　　9 曲面　　5 第一过滤网　　2 进风口　　2 进风口　　4 风机

图 1

10 金属丝网　　7 光催化剂板　　11 多孔颗粒　　10 金属丝网

图 2

## 附件2：第一次审查意见通知书

## 第一次审查意见通知书正文

本发明涉及一种光催化空气净化器，经审查，提出如下审查意见：

1. 独立权利要求1缺少解决其技术问题的必要技术特征，不符合专利法实施细则第20条第2款的规定。

2. 权利要求1不具备专利法第22条第2款规定的新颖性。对比文件1公开了一种家用空气净化设备，其公开了权利要求1的全部技术特征。因此，权利要求1所要求保护的技术方案不符合专利法第22条第2款的规定。

3. 权利要求2不具备专利法第22条第3款规定的创造性。对比文件1公开了一种家用空气净化设备，对比文件2公开了一种车载空气清新机，对比文件3公开了一种空气过滤器，对比文件1、2和3属于相同的技术领域。因此，权利要求2所要求保护的技术方案相对于对比文件1、2的结合，或者相对于对比文件2、3的结合均不具备创造性，不符合专利法第22条第3款的规定。

4. 权利要求3不符合专利法实施细则第22条第1款的规定。

5. 权利要求4未以说明书为依据，不符合专利法第26条第4款的规定。

6. 权利要求5不符合专利法第25条第1款的规定。

综上所述，本申请的权利要求书和说明书存在上述缺陷。申请人应当对本通知书提出的意见予以答复。如果申请人提交修改文本，则申请文件的修改应当符合专利法第33条的规定，不得超出原说明书和权利要求书所记载的范围。

对比文件1：

(19) 中华人民共和国国家知识产权局

**(12) 实用新型专利**

(45) 授权公告日 2012 年 10 月 9 日

(21) 申请号 201220133456.7
(22) 申请日 2012 年 1 月 25 日
(73) 专利权人　A 公司　　　　　　　　　　　（其余著录项目略）

## 说　明　书

### 一种家用空气净化设备

本实用新型涉及一种家用空气净化设备。

图1是本实用新型家用空气净化设备的立体图。

图2是本实用新型家用空气净化设备的正面剖视图。

如图1、图2所示，该家用空气净化设备包括壳体1、位于壳体下部两侧的进风口2、位于壳体顶部的出风口3以及设置在壳体底部的风机4。所述壳体1内由下向上依次设置有除尘过滤网5、活性炭过滤网6、紫外灯8和光催化剂多孔陶瓷板7。所述除尘过滤网由两层金属丝网和填充在两者之间的无纺布所组成。所述光催化剂多孔陶瓷板7上涂覆有纳米二氧化铁涂层。

该家用空气净化设备在工作时，室内空气在风机4的作用下经进风口2进入，经除尘过滤网5和活性炭过滤网6过滤后，除去其中的灰尘等颗粒物质；然后经过受到紫外灯8照射的光催化剂多孔陶瓷板7，其中的有害气体被催化分解，净化后的空气经出风口3送出。

## 说明书附图

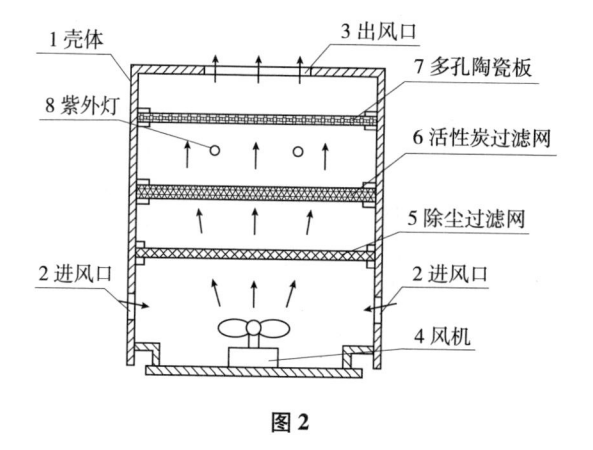

**图 1**

**图 2**

对比文件2：

(19) 中华人民共和国国家知识产权局

(12) 实用新型专利

(45) 授权公告日 2011 年 9 月 2 日

(21) 申请号 201120123456.7
(22) 申请日 2011.1.20

(其余著录项目略)

说 明 书

一种车载空气清新机

本实用新型涉及一种车载空气清新机。

目前的车载空气清新机大都通过活性炭过滤网对车内空气进行过滤，但是活性炭过滤网仅能过滤空气中颗粒较大的悬浮物，不能对人体可吸入的细小颗粒进行过滤。

图 1 为本实用新型车载空气清新机的立体图。

图 2 为本实用新型车载空气清新机的剖视图。

如图 1、图 2 所示，一种车载空气清新机，其包括外壳 1、位于壳体一端的进风口 2、位于壳体另一端侧面的出风口 3。在壳体内从右往左依次设置有活性炭过滤网 5、鼓风机 4、PM2.5 颗粒过滤网 6、紫外灯 8 和格栅状导风板 7，所述鼓风机 4 设置在两层过滤网之间，所述导风板 7 靠近出风口 3，在所述导风板 7 上涂覆有纳米二氧化铁薄膜。该车载空气清新机通过电源接口（图中未示出）与车内点烟器相连。

使用时，将电源接口插入车内点烟器中，车内空气在鼓风机 4 的作用下，经由进风口 2 进入，经过活性炭过滤网 5，滤除其中的大颗粒悬浮物；随后经过 PM2.5 颗粒过滤网 6，过滤掉人体可吸入的细小颗粒；然后经过受到紫外灯 8 照射的涂覆有纳米二氧化铁薄膜的导风板 7，其中的有毒气体被催化氧化，净化后的空气经出风口 3 排出。

## 说明书附图

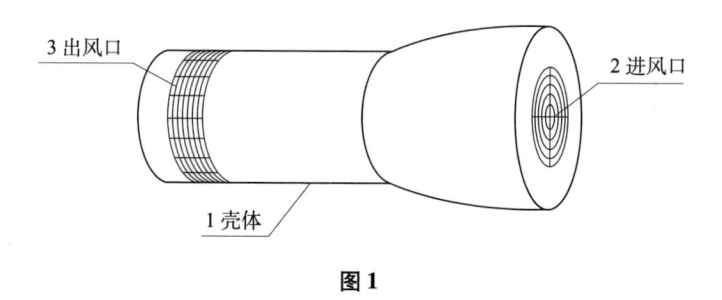

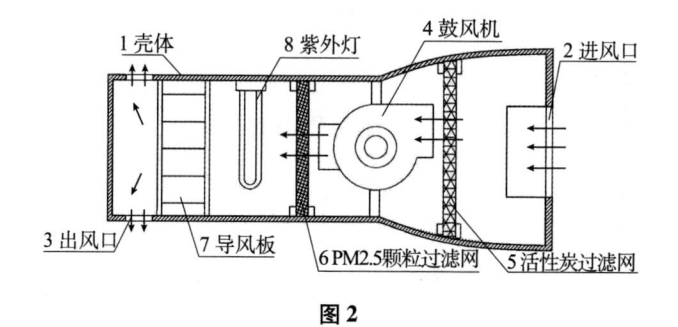

图1

图2

对比文件3：

(19) 中华人民共和国国家知识产权局

**(12) 实用新型专利**

(45) 授权公告日 2011 年 4 月 9 日

(21) 申请号 201020123456.7
(22) 申请日 2010 年 7 月 20 日　　　　　　　(其余著录项目略)

## 说　明　书

### 一种空气过滤器

　　本实用新型涉及一种应用于工矿厂房粉尘过滤的空气过滤器。通常将该空气过滤器吊装在厂房顶部以解决厂房内灰尘大的问题。

　　图1为本实用新型空气过滤器的正面剖视图。

　　如图1所示，一种空气过滤器，其包括筒体1、位于筒体上部的进风口2，位于筒体下部的出风口3、风机4、活性炭过滤网5和除尘过滤网6。所述风机4设置在靠近出风口3，所述活性炭过滤网5呈锥状，锥状设置的活性炭过滤网不仅能增大过滤面积，而且能使所吸附的灰尘等大颗粒悬浮物沉淀于过滤网的边缘位置，由此增大过滤效率。

　　该空气过滤器工作时，空气在风机4的作用下，经进风口2进入，经过除尘过滤网6，除去其中的大部分灰尘，然后经过锥状活性炭过滤网5，进一步滤除掉空气中的灰尘等大颗粒悬浮物，净化后的空气经出风口3送出。

## 说明书附图

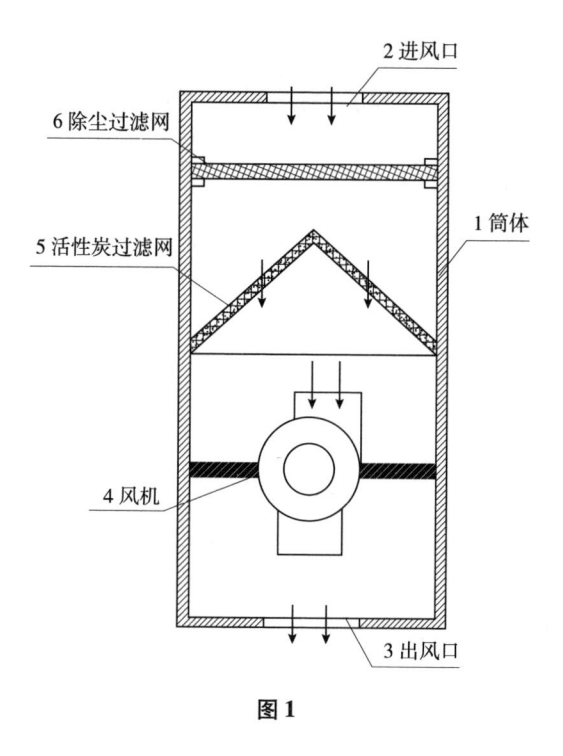

图1

## 附件3：技术交底材料

现有的光催化空气净化器的光催化剂板填充的多孔颗粒阻碍了气流的流动，风阻较大，必须依靠风机的高速运转来提高气流的流动，由此导致噪音增大，特别是净化器的夜间运行更是影响人的睡眠；另一方面，金属丝网夹层多孔颗粒的结构使得气流与光催化剂的有效接触面积小，反应不充分，空气净化不彻底。

在现有技术的基础上，我公司提出改进的光催化空气净化器。

一种光催化空气净化器它包括壳体1、位于壳体下部两侧的进风口2以及位于壳体上部两侧的出风口3。壳体底部设置有风机4，在壳体1内设置有第一过滤网5、第二过滤网6、光催化剂板7和紫外灯8。在该光催化空气净化器内还设置有消声结构9，大大降低了风机和和气流流动所产生的噪音。

如图1所示，消声结构9设置在第二过滤网6的上部，其由中央分流板10和一对侧导风板11组成。中央分流板10固定连接在壳体1顶部的内壁上，一对侧导风板11对称地分别连接在壳体1内侧壁上，中央分流板10与一对侧导风板11构成一个截面为V字形的出风通道。室内空气在风机4的作用下经进风口2进入，经过第一过滤网5，穿过受到紫外灯8照射的光催化剂板7，然后经过第二过滤网6，净化后的空气在中央分流板10和一对侧导风板11的作用下，从竖直气流导流成平行气流，由出风口3排出。中央分流板10和侧导风板11由吸音材料制成，例如玻璃纤维棉。

如图2所示，消声结构9是通过支架13安装在第二过滤网6上部的消声器12。在消声器12内设置有竖直布置的一组消声片14，消声片14由吸引材料制成。消声片14接近第二过滤网6的一端均为圆弧形。经过第二过滤网6的气流流经消声片14的圆弧形端面时会被分为两道以上气流，使得气流的声音能被更好地吸收，有效降低净化器的噪音。

如图3所示，空气净化器的光催化剂板7是负载有纳米二氧化铁的三维蜂窝陶瓷网15，与多孔陶瓷板以及其他光催化剂板相比，增大了与气流的接触面积，反应充分，净化效果好。

如图4所示，空气净化器的光催化剂板7由壳体1内设置的螺旋导风片16所代替，由此在空气净化器内形成导流回旋风道。在风道内壁和螺旋导风片16上喷涂纳米二氧化铁涂层，将紫外灯8设置在风道的中央。空气进入净化器后在螺旋导风片 16 的作用下在风道内形成回旋风，增加气流与光催化剂的接触面积和接触时间，催化反应充分，空气净化彻底。

可以将各种光催化剂板插入空气净化器中，与其他过滤网例如活性炭过滤网组合使用。

## 技术交底材料附图

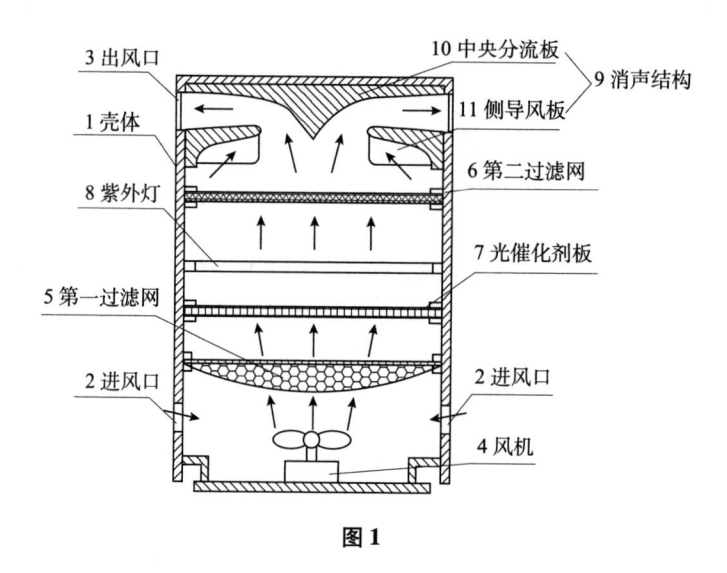

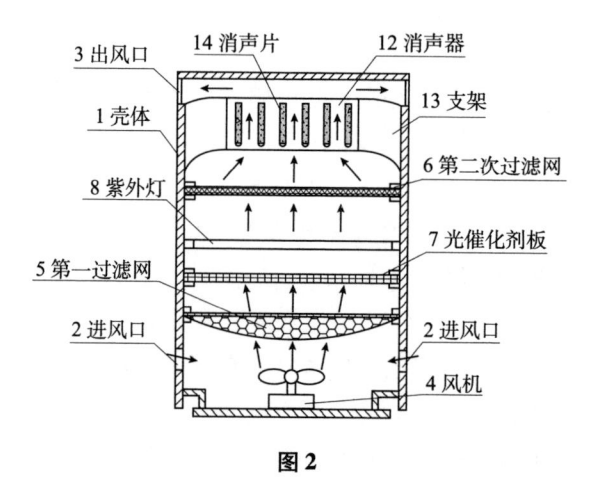

图 1

图 2

图 3

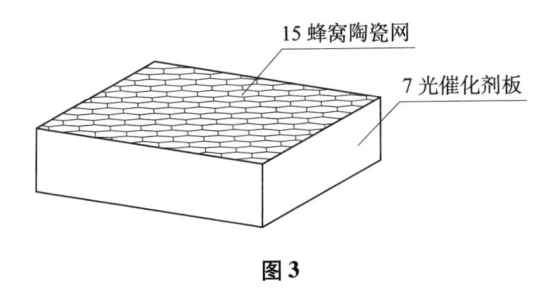

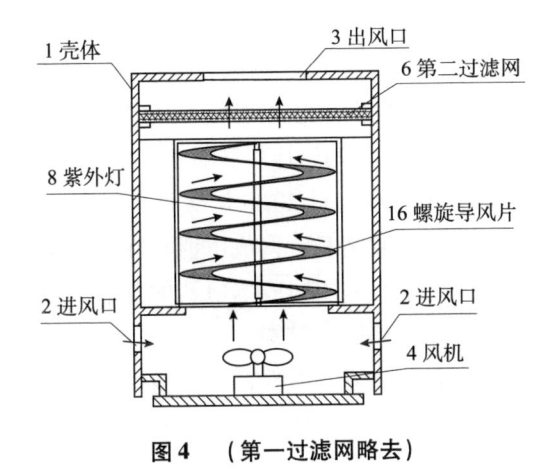

图 4　（第一过滤网略去）

## 二、试题分析

（一）为客户撰写咨询意见（第一题）的分析

第一题的要求是根据审查意见通知书，给客户提供咨询意见。与 2013 年考题相比，本考试题材料提供了审查意见通知书，考生据此来判断每个所指缺陷是否正确，然后依据《专利法》及其实施细则逐一分析这些缺陷，并将理由落到纸面上。

1. 关于审查意见 1 和 2

前两条意见分别指出权利要求 1 缺少必要技术特征和不具备新颖性。

关于审查意见 1。在阅读说明书时注意到，本发明基于采用过滤吸附、不能催化分解有害气体净化的背景技术，提出要解决的技术问题是利用空气净化器中的光催化剂在紫外光或可见光的作用下产生活性态氧，对空气中的有害气体进行催化分解，为此在技术方案中采用了紫外灯。因此，根据说明书公开的技术方案，紫外线光是光催化氧化反应必须具备的条件，在光催化空气净化器内设置紫外灯是解决技术问题的必要技术特征，而独立权利要求 1 中没有记载上述必要技术特征，不符合《专利法实施细则》第20条第2款的规定。

有的考生认为，"光催化剂是两层金属丝网夹层多孔颗粒"是必要技术特征。一项技术方案中哪些技术特征是必要技术特征，取决于发明要解决的技术问题，这个技术问题是基于申请人描述的背景技术，是申请人主观上要解决的技术问题。如果认为"光催化剂是两层金属丝网夹层多孔颗粒"为必要技术特征，基于的是审查员提供的最接近现有技术（对比文件1）来确定的，本发明基于对比文件1要解决的技术问题是使催化反应更充分。可见，发明基于的现有技术不同，发明的起点就不同，相对于现有技术解决的技术问题、作出的技术贡献均不同。所以，确定必要技术特征，一定要先确定好基于的现有技术和所要解决的技术问题。

关于审查意见2。考题提供了对比文件1、2和3。对比文件1的申请日是2012年1月25日，授权日2012年10月9日晚于本申请的申请日，不构成本申请的现有技术，对比文件2的授权日2011年9月2日和对比文件3的授权日2011年4月9日早于本申请的申请日，构成申请文件的现有技术。

有的考生在发现对比文件1不能构成本申请的现有技术之后，就放弃使用对比文件1，掉入考题设置的陷阱。这是由于考生忽略了抵触申请。实际上，对比文件1在时间上满足抵触申请的条件，进一步核实会发现对比文件1记载了权利要求1的技术方案，确定对比文件1构成权利要求1的抵触申请，能够用于评价权利要求1的新颖性，第2项审查意见正确。

2. 关于审查意见3

权利要求2是权利要求1的从属权利要求，进一步限定的附加技术特征是"所述第一过滤网（5）是具有向下凸起曲面（10）的活性炭过滤网，所述第二过滤网（6）是PM2.5颗粒过滤网"。对比文件2和3都构成权利要求2的现有技术，其中对比文件2公开的权利要求2的特征更多，应作为最接近的现有技术，其与权利要求2相比存在区别特征。对比文件3公开了一种空气过滤器，并且在说明书中明确描述了"活性炭过滤网5呈锥状，……能增大过滤面积"，是否公开了权利要求2的向下凸起曲面呢？本题的结论是审查意见成立，权利要求2不具备创造性，需要修改权利要求2。具体的分析理由请参见参考答案。

有的考生也可能认为两种过滤网的形状不同，作用也不完全相同，判断结论是审查意见不成立，权利要求2具备创造性。这种情况下，考生需要在答题时详细论述权利要求2相对于现有技术具有创造性的理由，向客户说明可以通过陈述理由来争取。如果经过争辩答复，审查员仍坚持原审查意见，此时再根据审查意见修改权利要求2。按照这样的答题思路，即使创造性结论判断错误，也会因创造性论述要点、向客户的合理建议而得分。

有的考生基于对比文件1判断出权利要求1不具备新颖性后，继续基于对比文件1判断权利要求2的创造性。这是由于考生对抵触申请概念不够清楚，没有明白抵触申请不是现有技术，不能用于评述本申请的创造性。

3. 关于审查意见4~6

由于涉及的问题比较简单，这里就不做分析，具体参见参考答案。

（二）撰写答复第一次审查意见通知书时提交的修改后的权利要求书（第二题）

因为权利要求的修改是针对第一次审查意见通知书，这里提醒考生要特别注意，所做修改要同时满足《专利法》第33条和《专利法实施细则》第53条第1款的规定，即不能超出原始申请文件记载的范围和针对审查意见指出的缺陷进行修改。为此，考生可以在附件1的权利要求书的基础上，通过增加技术特征、合并权利要求等方式进行修改，修改后的权利要求不仅要克服新颖性或创造性等严重缺陷，也要避免不再出现审查意见指出过的撰写缺陷或其他形式缺陷。因为在应答考题第一题时已经对各个权利要求进行了分析，本题目具体的修改方式参见参考答案，这里就不再赘述。

（三）为客户撰写发明专利申请的权利要求书的分析（第三题）

第三题规定的撰写材料，是针对客户提交的技术交底书作为发明内容，把附件1和对比文件1~3均作为现有技术，注意附件1在第三题中已作为现有技术。

1. 阅读理解技术交底书，对比本发明与对比文件

通过阅读理解，本发明的主题是光催化空气净化器，属于产品。本发明的光催化空气净化器主要通过气流通过进风口、出风口、风机、第一过滤网5、第二过滤网6完成基本的空气中颗粒的吸附净化；通过光催化剂板7和紫外灯，完成光催化氧化反应，完成有害气体的氧化分解；通过消声结构9，降低气流流动造成的噪音。因此，光催化空气净化器可以分为吸附净化、光催化氧化分解、消音结构三大功能块。技术交底书中写明4种实施方式：第一种是由中央分流板10和导风板11构成消音结构；第二种由吸音材料构成消声器的实施方式，这两种发明构思一致，均是考虑解决净化器的噪音问题；第三种实施方式是光催化剂板7是三维蜂窝陶瓷网结构；第四种实施方式是光催化剂板7由螺旋导风片16替代，与第一、二种实施方式的发明构思不同，其考虑的是解决净化器增大气流与光催化剂的接触面积，以使催化反应充分、空气净化彻底。

2. 技术交底书与现有技术的特征对比

对试题素材进行全面分析，为了帮助对比，考生可以在练习时列出有关光催化空气净化器组件的技术特征，举例如下。

（1）吸附净化功能块包括：壳体 1、进风口 2、出风口 3、风机 4、第一过滤网 5、第二过滤网 6。

（2）光催化氧化功能块包括：光催化剂板 7、紫外灯 8。

（3）消音功能块，设置在光催化空气净化器上部的消声结构降低风机和气流流动产生的噪音，有两种实施方式：

①第一实施方式：消音结构是由吸音材料制成的中央分流板和一对侧导风板组成；与壳体的固定连接方式是：中央分流板固定连接在壳体顶部的内壁上，侧导风板对称地连接在壳体内壁上，中央分流板与一对侧导风板形成一个 V 字形出风通道；

②第二实施方式：消音结构是消声器，内部设置有有吸音材料制成的竖直布置的一组消声片，消声器接近第二过滤网的一端为圆弧形；与壳体的连接固定方式：通过支架安装在第二过滤网上部。

（4）增大接触面积、充分反应功能块，也有两种实施方式：

①第三实施方式：光催化剂板 7 是负载有纳米二氧化钛的三维蜂窝陶瓷网；

②第四实施方式：光催化剂板由螺旋导风片代替，其上喷涂二氧化钛涂层。

**技术交底书与附件 1 和对比文件 1~3 的技术特征对比表**

| 技术交底书 | 附件 1 | 对比文件 1 | 对比文件 2 | 对比文件 3 |
|---|---|---|---|---|
| 壳体 1、进风口 2、出风口 3、风机 4、第一过滤网 5、第二过滤网 6 | √ 活性炭过滤网 5、PM2.5 过滤网（虽然名称不同，但属于相同的技术特征） | √ 除尘过滤网、活性炭过滤网 | √ 活性炭过滤网 5、PM2.5 过滤网 | √ 除尘过滤网、活性炭过滤网 |
| 光催化剂板 7、紫外灯 8 | 光催化剂板 7、紫外灯 8 | 光催化剂多孔陶瓷板 7、紫外灯 8 | 涂覆纳米二氧化钛薄膜的导风板 7、紫外灯 8 | × |
| 消音结构是吸音材料制成的中央分流板和一对侧导风板；与壳体的固定连接方式是：中央分流板固定连接在壳体顶部的内壁上，侧导风板对称地连接在壳体内壁上，中央分流板与一对侧导风板形成一个 V 字形出风通道 | × | × | × | × |

续表

| 技术交底书 | 附件1 | 对比文件1 | 对比文件2 | 对比文件3 |
|---|---|---|---|---|
| 消音结构是消声器，内部设置有吸音材料制成的竖直布置的一组消声片，消声器接近第二过滤网的一端为圆弧形；与壳体的连接固定方式是：通过支架安装在第二过滤网上部；材料是吸引材料制成 | × | × | × | × |
| 光催化剂板7是负载有纳米二氧化钛的三维蜂窝陶瓷网 | × | × | × | × |
| 光催化剂板由螺旋导风片代替，其上喷涂二氧化钛涂层 | × | × | × | × |

3. 确定与本发明最接近的对比文件

附件1和对比文件1和2与技术交底材料相比，均在吸附净化和光催化氧化方面有较多的共有特征，但是附件1与技术交底材料的主题更接近，公开了更多的特征，因此确定附件1作为最接近的现有技术。

4. 确定全部必要技术特征

这一步非常关键，既是重点也是难点！下面进行详细分析。

准确确定发明相对于最接近现有技术解决的客观技术问题是基础，这一步错了，确定的必要技术特征肯定就错了。通过将技术交底书与附件1的内容进行比较，发现本发明解决两个技术问题：现有技术中风机高速运转带动的气流流动所产生的噪音；催化反应不充分。

针对第一个技术问题，首先，光催化空气净化器作为净化器本身所具备的对空气吸附净化和光催化氧化净化的基本功能所需基本部件，是本发明与现有技术共有的技术特征，是必要技术特征，包括：壳体（1）、位于壳体下部两侧的进风口（2）、位于壳体顶部的出风口（3）以及设置在壳体底部的风机（4），所述壳体（1）内设置有第一过滤网（5）、光催化剂板（7）、第二过滤网（6）和紫外灯（8），其次，消声结构及其设置位置与壳体等的必要连接关系，是本发明对现有技术作出贡献的区别技术特征，解决气流流动所产生噪音技术问题，具体特征参见前述（3）中的①和②所列特征。

针对第二个技术问题，与前面分析类似，与现有技术共有的必要技术特征是：光催化空气净化器作为净化器本身所具备的对空气吸附净化和光催化氧化净化的基本功能所需基本部件；与现有技术相区别的必要技术特征，有两种方式：一是光催化剂板用三维蜂窝陶瓷网，二是光催化剂板用螺旋导风片代替，它们都是增大气流与光催化剂的有效接触面积和接触时间，解决催化反应更充分的技术问题，但采用的关键具体技术手段不同，相应地构成的技术方案也不同，具体参见前述（4）中的①和②所列特征。

5. 撰写独立权利要求

在满足权利要求得到说明书的支持下，如果能做到不局限于发明的具体实施例，对实施方式进行适当的合理概括，撰写出一个保护范围较宽的独立权利要求，能够使发明得到更好的保护。本题能否合理概括呢？这是考生感到很困难的问题。根据前面对技术特征的梳理发现，技术交底书中对降低噪音结构提供了两种实施方式，两种实施方式在消音结构和与壳体的连接关系上都不相同，但共同的都是通过在光催化空气净化器上部设置由吸引材料制成的消声结构，起到降低噪音的功能，都能解决有效降低风机和气流流动所产生噪音的技术问题，两个实施例具有共性。而且，在技术交底材料中出现了"设置有消声结构"的描述，可以认为是对应当合理概括及概括后特征的提示。所以，应该对这两种实施方式进行概括。合理概括后的独立权利要求的区别特征为：在所述第二过滤网（6）至出风口（3）的空气流道中设置由吸音材料制成的消声结构（9）。

有的考生将中央分流板和侧导风板组成结构的第一种实施方式或消声片的第二种实施方式写为独立权利要求1。但是，权利要求书撰写的一个基本要求是，要撰写出保护范围尽可能大的独立权利要求，本题目的第一、第二实施例都有消声结构，都能解决消除噪声的技术问题，实际上可以合理概括出一个较宽的保护范围。将独立权利要求限定到任何一种具体实施方式的撰写方式，都会缩小独立权利要求的保护范围。有的考生将独立权利要求1撰写为一种空气净化方法的独立权利要求，没有撰写关于净化器产品的独立权利要求，这种撰写方式也是错误的，因为技术交底材料中公开的主要内容和描述都是净化器产品，给出的现有技术中也是净化器产品，所以在考试中至少应当要撰写关于净化器产品的独立权利要求。

有的考生在独立权利要求前序部分没有限定诸如壳体、出风口、进风口等必要技术特征。光催化空气净化器要完成净化功能，本身所需基本部件也是解决该技术问题的必要技术特征，这是与现有技术共有的必要技术特征，这类必要技术特征也不能漏掉。像风机会产生噪声这样的描述，是对技术问题产生原因的描述，属于非必要技术特征，不应将这类非必要技术特征限定至独立权利要求中。

6. 撰写从属权利要求

针对两种实施方式的具体消声结构分别进一步限定独立权利要求1，可以得到两个并列的从属权利要求。

分流板与导风板构成的V字形出风道的结构，可以对中央分流板和侧导风板组成结构做进一步限定，但只能引用中央分流板和侧导风板那个从属权利要求。消声器的消声片在接近第二过滤网的一端为圆弧形，进一步对消声器结构进行限定，所以应引用另一个从属权利要求。此外，第一种实施方式和第二种实施方式还公开了一些技术细节，如中央分流板的连接固定方式等，据此也应该撰写从属权利要求。

第三种实施方式中的光催化板是三位蜂窝陶瓷网和第四种实施方式中用螺旋导风片代替光催化板，它们都各自进一步解决增大反应面积使反应更充分的技术问题，可以继续撰写两个从属权利要求。

有的考生将第一实施例中的消声结构，中央分流板（10）和一对侧导风板（11），与两者的具体结构关系，例如中央分流板固定在壳体顶部的内壁上、侧导风板分别连接在壳体内壁上、中央分流板与侧导风板构成一个截面为V字形的出风通道，限定在引用独立权利要求1的同一个从属权利要求中。这种撰写方式忽略了从属权利要求撰写的要求，在独立权利要求解决技术问题的基础上进一步解决其他的技术问题，以使技术方案获得不同层次的保护。在独立权利要求1限定具有吸音材料制成的消声结构为特征部分以解决噪声问题之后，第一实施方式中的中央分流板（10）和一对侧导风板（11）是消声结构的组成部分，是对基础的具有消声功能的消声结构的进一步限定。当独立权利要求1的技术方案不满足新颖性或创造性的要求时，进一步限定具体消声结构的从属权利要求2，由于进一步解决了采用某种具体部件构成消声结构的技术问题，而可能获得保护范围尽可能大的专利权。具体的设置位置以及构成截面V字形出风通道，属于进一步的具体限定，可以将其撰写为从属权利要求2的从属权利要求3。第二实施方式的情况也是同理，采用在第二过滤网上方设置消声器的消声方式，作为引用独立权利要求1的另一个从属权利要求4。过滤网的一端为圆弧形，在技术交底书中已经提及过滤网的圆弧形端面可以使声音更好地吸收，可以撰写为引用从属权利要求4的从属权利要求5。

有的考生判断出了第三、第四实施方式与第一、第二实施方式解决的技术问题不同，将后两种实施方式单独进行独立方案进行分案申请，并未在主申请中就第三、第四种实施方式撰写从属权利要求。有的考生会存在疑问，认为后两种实施方式既然以独立权利要求进行分案保护，为何还要以引用本申请独立权利要求 1 作为从属保护？这是因为，从属权利要求可以引用在前的权利要求进一步解决其他技术问题。尽管后两种实施方式解决不同的技术问题，但是撰写为本申请的从属权利要求，可以解决更多的技术问题，形成层层保护的技术方案。这样撰写出的从属权利要求，不仅包含独立权利要求 1 的消声结构的全部技术特征，而且包括三维蜂窝陶瓷网或螺旋导风片等技术特征，在解决消声的基础上，进一步解决增大光催化反应效率的技术问题。当然了，就此所撰写的从属权利要求，不能与分案申请的权利要求的技术方案相同，否则就在两份申请中形成了保护范围相同的权利要求，导致不符合《专利法》第 9 条的规定。

7. 撰写多个独立权利要求

正如前面分析，本发明要解决两个技术问题。其中，第三、第四种实施方式对现有技术作出贡献的技术特征与催化反应不充分、空气净化不彻底有关；第一、第二种实施方式对现有技术作出贡献的技术特征与消声结构有关，它们对现有技术作出贡献的技术特征不相同也不相应，不属于一个总的发明构思，不具备单一性，因此，还应该将第三种实施方式和第四种实施方式分别撰写独立权利要求，并另案提交申请。

那么，针对第三、第四种实施方式，是分别撰写两个独立权利要求，这两个独立权利要求是合案申请还是另案申请，还是将第三、第四种实施方式合理概括成一个独立权利要求？这可能也是考生感到疑难的问题。

第三种实施方式是用三维蜂窝陶瓷网代替光催化剂板，增大与气流的接触面积，使反应充分。第四种实施方式是通过用螺旋导风片代替光催化剂板，上面喷涂纳米二氧化钛涂层的方式增大反应面积，两种方式虽然都是解决使反应更充分的技术问题，但具体采用的对现有技术作出贡献的技术手段不同，撰写为两个独立权利要求，它们之间是不具备单一性的，因此，应该提出两份分案申请进行保护。

如其所述，针对第三种实施方式和第四种实施方式，已经在主申请中撰写为两个从属权利要求，两个分案的独立权利要求就不能写入第一和第二实施方式中的消声结构特征，否则可能造成权利要求请求保护的技术方案重复。

（四）陈述新的发明专利申请中独立权利要求的技术问题和技术效果（第四题）

根据前面分析，分别回答独立权利要求解决了哪个技术问题，取得了哪些技术效果，具体请见参考答案。

## 三、参考答案

### 第一题 为客户撰写的咨询意见

尊敬的 A 公司：

经仔细阅读申请文件和审查意见通知书及现有技术，认为贵公司目前的发明专利申请文件存在一些不符合《专利法》和《专利法实施细则》规定的问题，将影响本发明专利申请的授权前景。

1. 关于对比文件 1~3 的核实

经核实，对比文件 1 的申请日早于本申请的申请日，但授权公告日晚于本申请的申请日，记载了权利要求 1 或 4 的技术方案，也是向中国专利局提出的申请，因此对比文件 1 不构成本发明专利申请的现有技术，但构成权利要求 1 或 4 的抵触申请。对比文件 2 和 3 的授权公告日早于该发明专利申请的申请日，因此构成本发明的现有技术。

2. 关于权利要求 1 存在的问题

本发明要解决的技术问题是利用空气净化器中的光催化剂在紫外光的作用下产生活性态氧，最终使空气中的有害气体进行分解。因此，在光催化空气净化器内设置紫外灯是本申请解决技术问题的必要技术特征，而独立权利要求 1 中未记载上述必要技术特征，所以不符合《专利法实施细则》第 20 条第 2 款的规定。

另外，如前分析，对比文件 1 是权利要求 1 的抵触申请，其公开了一种家用空气净化设备，记载了权利要求 1 所要求保护的技术方案的全部技术特征，而且两者的技术领域、技术方案、解决的技术问题和取得的技术效果相同。因此，权利要求 1 还不具备新颖性，不符合《专利法》第 22 条第 2 款关于新颖性的规定。

3. 关于权利要求 2 存在的问题

审查员认为权利要求 2 不具备《专利法》第 22 条第 3 款规定的创造性，代理人说明理由如下：

权利要求 2 引用权利要求 1，附加技术特征进一步限定了"所述第一过滤网（5）是具有向下凸起曲面（10）的活性炭过滤网，所述第二过滤网（6）是 PM2.5 颗粒过滤网"。对比文件 2 是最接近的现有技术，公开了一种车载空气清新机，其包括外壳 1、位于壳体一端的进风口 2、位于壳体另一端侧面的出风口 3。在壳体内从右往左依次设置有活性炭过滤网 5、鼓风机 4、PM2.5 颗粒过滤网 6、紫外灯 8 和格栅状导风板 7，所述导风板 7 靠近出风口 3，在所述导风板 7 上涂覆有纳米二氧化钛薄膜。权利要求 2 相对于对比文件 2 公开的内容，区别特征为"所述第一过滤网（5）是具有向下凸起曲面（9）的活性炭过滤网"。

191

该区别特征实际要解决的技术问题是如何增大过滤网的过滤面积。对比文件3公开了一种空气过滤器，并具体公开了"呈锥状设置的活性炭过滤网"。审查员由此得出了权利要求2不具备《专利法》第22条第3款的创造性的结论。

在答复审查意见通知书的陈述意见中强调"对比文件3的过滤网为锥形，与本申请中的曲面过滤网形状不同，采用曲面结构相对于锥形结构除了具有相同的加大接触面积外，还起到有助于降低噪音的作用，所起的作用并不相同，这些不同使得权利要求2具备突出的实质性特点和显著的进步，具备《专利法》第22条第3款规定的创造性。"尽力说服审查员接收上述意见。

如果审查员坚持认为该锥状设置的过滤网也是朝向进风口凸起，其与具有向下凸起曲面的活性炭过滤网相比属于形状的简单变型，在对比文件3中所起的作用同样是增大过滤面积，并因此认定权利要求2不具备突出的实质性特点和显著的进步，不具备《专利法》第22条第3款规定的创造性。

关于权利要求2的创造性问题可以进一步与审查员争辩交流，但做好审查员不接受的后续修改准备。

4. 关于权利要求3存在的问题

从属权利要求3的主题名称"光催化板"与其引用的权利要求1的主题名称"光催化空气净化器"不一致，不符合《专利法实施细则》第22条第1款的规定。

5. 关于权利要求4存在的问题

权利要求4要求保护一种空气净化方法，该方法包括使空气经过光催化剂板进行过滤净化的步骤。根据说明书记载的内容可知，该空气净化方法所采用的光催化剂板是利用"由两层表面负载有纳米二氧化钛层的金属丝网10和填充在两层金属丝网10之间的负载有纳米二氧化钛的多孔颗粒11组成"。采用该光催化剂板可以有效催化氧化空气中的有害气体，净化效果好。由此可知，并不是任何一种包括光催化剂板的空气净化器均能解决发明所要解决的技术问题，达到本发明的技术效果。因此，权利要求4的技术方案不能由说明书充分公开的内容得到或概括得出，没有以说明书为依据，不符合《专利法》第26条第4款规定。

代理人还认为，由于对比文件1构成了权利要求4的抵触申请，公开了一种家用空气净化设备的空气净化流程，包括使空气经过光催化剂多孔陶瓷板进行过滤净化的步骤，对比文件1公开了权利要求4所要求保护的技术方案的全部技术特征，而且两者的技术领域、技术方案、解决的技术问题和取得的技术效果相同。因此，权利要求4还不具备新颖性，不符合《专利法》第22条第2款的规定。

6. 关于权利要求5存在的问题

权利要求5要求保护一种利用光催化空气净化器治疗呼吸道疾病的方法，

是以有生命的人体为直接实施对象，属于疾病的诊断和治疗方法，属于《专利法》第25条第1款规定的不授予专利权的客体。

综合上述分析，目前贵公司的发明专利申请文件由于存在上述问题，需要对权利要求书进行修改，并在规定期限内对本次审查意见进行答复，撰写意见陈述书。请及时反馈贵公司意见，有问题请与我们随时沟通。

×××专利代理机构×××专利代理人<br>××××年××月××日

**第二题　修改后的权利要求书**

1. 一种光催化空气净化器，包括壳体（1）、位于壳体下部两侧的进风口（2）、位于壳体顶部的出风口（3）以及设置在壳体底部的风机（4），所述壳体（1）内设置有第一过滤网（5）、光催化剂板（7）、第二过滤网（6）和紫外灯（8），其特征在于，所述光催化剂板（7）由两层表面负载有纳米二氧化钛的金属丝网（10）和填充在两层金属丝网（10）之间的负载有纳米二氧化钛的多孔颗粒（11）组成。

2. 根据权利要求1所述的光催化空气净化器，其特征在于，所述第一过滤网（5）是向下凸起曲面（9）的活性炭过滤网，所述第二过滤网（6）是PM2.5颗粒过滤网。

3. 一种利用权利要求1所述的光催化空气净化器进行空气净化的方法，其特征在于，包括使空气经过光催化剂板（7）进行过滤净化的步骤。

**第三题　根据技术交底材料及现有技术撰写的权利要求书**

1. 一种光催化空气净化器，包括壳体（1）、位于壳体下部两侧的进风口（2）、位于壳体顶部的出风口（3）以及设置在壳体底部的风机（4），所述壳体（1）内设置有第一过滤网（5）、光催化剂板（7）、第二过滤网（6）和紫外灯（8），其特征在于，在所述第二过滤网（6）至所述出风口（3）的空气流道中设置由吸音材料制成的消声结构（9）。

2. 根据权利要求1所述的光催化空气净化器，其特征在于，所述消声结构（9）由中央分流板（10）和一对侧导风板（11）组成。

3. 根据权利要求2所述的光催化空气净化器，其特征在于，所述中央分流板（10）固定连接在壳体顶部的内壁上，所述侧导风板（11）对称地分别连接在壳体内侧壁上，所述中央分流板（10）和侧导风板（11）构成一个截面V字形的出风通道。

4. 根据权利要求 1 所述的光催化空气净化器，其特征在于，所述消声结构 (9) 是通过支架 (13) 安装在第二过滤网 (6) 上部的消声器 (12)，所述消声器 (12) 内设置有竖直布置的一组消声片 (14)。

5. 根据权利要求 4 所述的光催化空气净化器，其特征在于，所述消声片 (14) 接近第二过滤网 (6) 的一端均为圆弧形。

6. 根据前述权利要求中任一项所述的光催化空气净化器，其特征在于，所述光催化板 (7) 是负载有纳米二氧化钛的三维蜂窝陶瓷网 (15)。

7. 根据权利要求 1～5 中任一项所述的光催化空气净化器，其特征在于，所述光催化板 (7) 由壳体 (1) 内设置的螺旋导风片 (16) 所代替，由此在空气净化器内形成导流回旋风道，在风道内壁和螺旋导风片 (16) 上喷涂纳米二氧化钛涂层，将紫外灯 (8) 设置在风道的中央。

另案申请 1 的独立权利要求

1. 一种光催化空气净化器，包括壳体 (1)、位于壳体下部两侧的进风口 (2)、位于壳体顶部的出风口 (3) 以及设置在壳体底部的风机 (4)，在所属壳体内设有过滤网、光催化板 (7) 和紫外灯 (8)，其特征在于，所述光催化板 (7) 是负载有纳米二氧化钛的三维蜂窝陶瓷网 (15)。

另案申请 2 的独立权利要求

1. 一种光催化空气净化器，包括壳体 (1)、位于壳体下部两侧的进风口 (2)、位于壳体顶部的出风口 (3) 以及设置在壳体底部的风机 (4)，其特征在于，所述壳体 (1) 内设置的螺旋导风片 (16)，由此在空气净化器内形成导流回旋风道，在风道内壁和螺旋导风片 (16) 上喷涂纳米二氧化钛涂层，将紫外灯 (8) 设置在风道的中央。

需要提出 3 件专利申请的理由如下：

权利要求 1 的技术方案相对于现有技术作出贡献的技术特征为："光催化板空气净化器内还设置有消声结构 9"，从而解决净化器噪音大的问题。

另案申请 1 的独立权利要求的技术方案相对于现有技术作出贡献的技术特征为："光催化剂板是负载有纳米二氧化钛的三维蜂窝陶瓷网 15"。

另案申请 2 的独立权利要求的的技术方案相对于现有技术作出贡献的技术特征为："光催化板由壳体 1 内设置的螺旋导风片所代替"。

由此可见，3 个技术方案对现有技术作出贡献的技术特征既不相同也不相应，不属于一个总的发明构思，3 个权利要求彼此之间不存在相同或相应的特定技术特征，不具备单一性，不符合《专利法》第 31 条的规定，因此应当分别作为 3 件专利申请提出。

**第四题　简述所撰写的独立权利要求所解决的技术问题及取得的技术效果**

本申请独立权利要求相对于对比文件 1 解决的技术问题为：空气净化器的噪音大，取得的技术效果为：通过设置消声结构有效降低风机和气流流动所产生的噪音。

另案申请 1 与 2 的独立权利要求相对于对比文件 1 所解决的技术问题为：气流与光催化剂的有效接触面积小，催化反应不充分，空气净化不彻底，但解决技术问题的具体技术方案不同，即如上所述，对现有技术作出贡献的技术特征不相同。所取得的技术效果为：在三维蜂窝陶瓷网上负载纳米二氧化钛涂层或者是通过壳体内设置的螺旋导风片，增大了气流与光催化剂的有效接触面积，催化反应充分，净化效果好，空气净化彻底。

# 第四节　热响应开关案例分析与参考答案

## 一、试题说明

**第一题　撰写无效宣告请求书**

客户 A 公司委托你所在代理机构就 B 公司的一项实用新型专利（附件 1）提出无效宣告请求，同时提供了两份专利文献（附件 2 和附件 3）。请你根据上述材料为客户撰写一份无效宣告请求书，具体要求如下：

1. 明确无效宣告请求的范围，以专利法及其实施细则中的有关条、款、项作为独立的无效宣告理由提出，并结合给出的材料具体说明。

2. 避免仅提出无效的主张而缺乏有针对性的事实和证据，或者仅罗列有关证据而没有具体分析说理。阐述无效宣告理由时应当有理有据，避免强词夺理。

**第二题　撰写权利要求书并回答问题**

该客户 A 公司同时向你所在代理机构提供了技术交底材料（附件 4），希望就该技术申请发明专利。请你综合考虑附件 1 至附件 3 所反映的现有技术，为客户撰写发明专利申请的权利要求书。如果所撰写的权利要求书中包含两项或者两项以上的独立权利要求，请简述这些独立权利要求能够合案申请的理由；如果认为客户提供的技术内容涉及多项发明，应当以多份申请的方式提出，则请说明理由，并分别撰写权利要求书。

附件1（欲宣告无效的专利）：

［19］中华人民共和国国家知识产权局

［12］ 实用新型专利说明书

［45］授权公告日 2014 年 3 月 22 日

［22］申请日 2013 年 9 月 23 日
［21］申请号 201320123456.7
［73］专利权人　B 公司　　　　　　　　　　　　（其余著录项目略）

## 权利要求书

1. 一种热响应开关，由金属制的外罩壳（2）和固定在外罩壳的开口端上的盖板（3）构成，外罩壳与盖板形成一个容腔，两个导电端子销分别固定在穿过盖板的两个贯通孔上，其中一个导电端子销上焊接固定着固定接点（9），另一个导电端子销与热响应板（4）的一端导电连接，该热响应板（4）的另一端焊接固定着可动接点（6），其特征在于，可动接点（6）设置成与所述固定接点（9）构成一对开闭接点。

2. 如权利要求 1 所述的热响应开关，其特征在于，该热响应板（4）与固定着可动接点（7）那端相对的另一端，直接焊接固定在金属外罩壳（2）上，经由该金属外罩壳（2），该热响应板（4）与导电端子销导电连接。

3. 如权利要求 1 或 2 所述的热响应开关，其特征在于，所述热响应板（4）是双金属片。

4. 如权利要求 1 或 3 所述的热响应开关，其特征在于，该双金属片采用在整个金属片臂上仅在其中央部分凸起的形状。

# 说　明　书

## 一种热响应开关

**技术领域**

本实用新型涉及一种密封型电动压缩机的热响应开关，特别涉及用在密封型电动压缩机中的一种内部热响应开关。

**背景技术**

热响应开关一般用在电动压缩机中，用于检测流进电机的过电流等不正常运行或强制运行引起的环境温度的升高。这种热响应开关包括响应于环境温度升高的热响应金属元件；在出现过载运行或强制运行的情况下开关断开供给电机电流的电路，从而保护电机免于烧毁。如图1所示，热响应开关200包括一个金属外壳210和一个安装各种部件的金属顶盖220。顶盖220的外周边部分被固定并电连接到外壳210，作为一个终端。顶盖220的中心有一个孔，插头221安装在孔中并通过玻璃密封222与顶盖220电绝缘。插头221与外壳210中的固定板230电连接。固定板230通过金属钉232固定瞬动热响应板231的一端。可动触点233安排在热响应板231的另一端，可动触点233可动地与安装在外壳210的壁上的静触点211接合或不接合。热响应开关200的插头与电动压缩机的公共端连接，外壳210与电机的绕组侧电连接。热响应开关连接在电动机内部时，等效电路如图2所示，热响应开关200通过公共端插头221和外壳210与电机线圈32串联，在电动压缩机正常运行期间，从公共端供给插头221的电流，通过固定板230、热响应板231、可动触点233、静触点211和外壳210流进电机线圈32。热响应板可以是双金属片。如果由于某种原因，电动压缩机的电机的转子不能旋转，一个过电流流进转子，在上述的通道里产生热34，当它达到双金属片231的预设动作温度时，双金属片突然从一种弯曲形状变成相反的形状，动触点233动作离开静触点211，由此断开电源电路。

但是，上述技术存在缺陷：在图1所示的热响应开关的情况中，双金属片231安装固定在固定板230上，安排得远离外壳210，因此由双金属片231本身产生的热难于排放，影响热响应反应效果。

因此，本实用新型要保护一种可以便于排放内部热量，并具有提高热响应保护效果的热响应开关。

图3是本实用新型热响应开关的外部结构，图4是本实用新型热响应开关的内部结构。

热响应开关1由金属制外罩壳2和盖板构成气密容器。

盖板由金属板3和导电端子销8A及8B构成。金属板3上设有贯通孔3A和3B，导电端子销8A及8B穿过贯通孔3A和3B。

外罩壳2是具有一端开口的圆顶形状的金属制容器，外罩壳固定在金属板3上，构成一个容腔，在该容腔内部，安装有热响应板4，该热响应板4由前端设有可动接点6的双金属片构成，热响应板4可以在规定的温度急跳反转变形，使所述可动接点6接触固定接点。热响应板的另一端固定在外罩壳上。由于热响应板的一端直接固定在热容量大地外罩壳上，所以作为导电通路的热响应板产生的热量就能有效地排放到外壳中，保证热反应效果。

安装在所述盖板上的其中一个导电端子销8A的容器内侧端部上，焊接固定着与所述可动接点6相对的固定接点9。另一个导电端子销8B的容器内侧端部上，焊接固定着加热器10的一端，加热器10的另一端焊接固定在金属板3上。在容器内侧的电绝缘填料7的表面，毫无间隙地紧贴着陶瓷制的罩子11。

热响应开关1还可以用于检测电流过大引起的发热问题，例如当热响应开关1与电动机串联时，电动机的工作电流按照如下顺序流过：导电端子销8B—加热器10—金属板3—外罩壳2—热响应板4—可动接点6—固定接点9—导电端子销8A。当电动压缩机的电机的转子不能旋转，过电流流进转子，电机通道里产生热，当它达到双金属片4的预设动作温度时，双金属片突然从一种弯曲形状变成相反的形状，热响应板反转其弯曲方向，使可动接点脱离固定接点，切断向电动机的通电，防患烧损等事态的发生于未然。

附件1（欲宣告无效的专利的附图）：

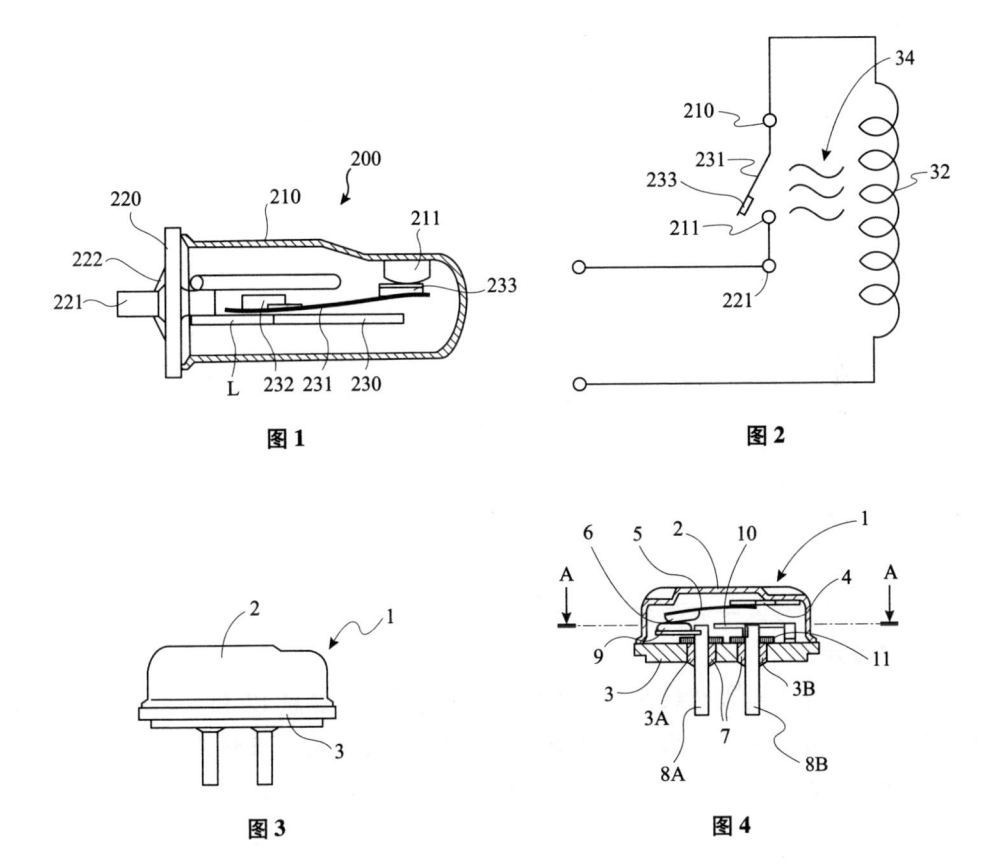

图1

图2

图3

图4

附件 2（客户提供的专利文献）：

[19] 中华人民共和国国家知识产权局

[12] 实用新型专利说明书

[45] 授权公告日 2011 年 8 月 6 日

[22] 申请日 2010 年 12 月 25 日
[21] 申请号 201020345678.9
[73] 专利权人　张××　　　　　　　　　　　　（其余著录项目略）

## 说　明　书

### 一种热敏开关

**技术领域**

本实用新型涉及一种保护装置——热敏开关。

**背景技术**

如图 1 所示，构成热敏开关 1 的外罩壳是由外壳金属板 12 构成，外壳金属板 12 与盖板 20 抵靠连接固定。外壳金属板 12 是用金属冲压制成的，盖板 20 由铁板加工而成，呈长圆形，通过环形凸焊等气密地焊接在金属板 12 的开口端 29 上。

金属热敏板 14 是由遇热可变形的材料加工成型，所以，在达到规定温度时，其弯曲方向会进行急跳反转。热敏板 14 的一端固定着动接点 16，另一端通过焊点 18 直接焊接到外壳金属板 12 上。盖板 20 上设有贯通孔 20.1，在贯通孔内，固定着导电销 22，导电销 22 与贯通孔之间的间隙用玻璃密封材料进行密封。在导电销 22 的位于顶端部附近与动接点 16 的相对应的位置上固定有静接点 24。导电销 22 与电机绕组的一端串接，盖板 20 的端部 20.4 与电机绕组另一端串接。

本实用新型的电机保护热敏开关与电机绕组串联，在导电销 22—静接点 24—动接点 16—外壳金属板 12—盖板端部 20.4 之间形成电路。

导电销 22 是由以铜作为芯材的复合金属材料构成的。

附件2（客户提供的专利文献的附图）：

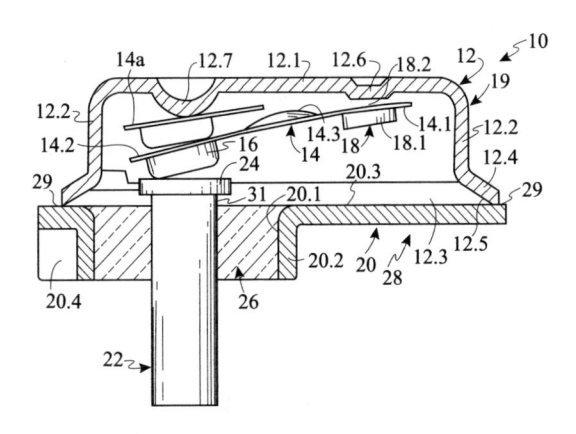

**图1**

附件3（客户提供的专利文献）：

[19] 中华人民共和国国家知识产权局

[12] 实用新型专利说明书

[45] 授权公告日 2010 年 1 月 2 日

[22] 申请日 2009 年 7 月 5 日
[21] 申请号 200920123456.7
[73] 专利权人 李××　　　　　　　　　　　（其余著录项目略）

## 说　明　书

### 一种温度开关

**技术领域**

本实用新型涉及一种温度开关。

**背景技术**

一种温度开关，如图1所示，温度开关包括壳体7，壳体7呈杯状，壳体7的底部由盖板1闭合，形成一个容腔。容腔内部，包括两个金属销3A和3B穿过设在盖板1的通孔，一个金属销3B在壳体内部与静触头5A固定在一起，另一个金属销3A上固定一个凸件23支撑接线板10，接线板10与金属簧板11A的一端固定，金属簧板11A的另一端与动触头12A固定。接线板10还固定支撑件9，支撑件9的另一端直接与壳体焊接固定。金属簧板11A是由双金属片或三金属片制成。当温度开关置于工作环境中，工作环境的温度升高且达到热响应材料的动作温度时，金属簧板11A变形，此时热响应材料将从向下凸状变为凹状，使动触头12A与静触头5A断开。壳体顶部还设置一个阻挡件15，位于金属簧板11A中央位置对应处，用于限制金属簧板11A在动作时过度变形而对壳体造成损坏。

**附件3（客户提供的专利文献的附图）：**

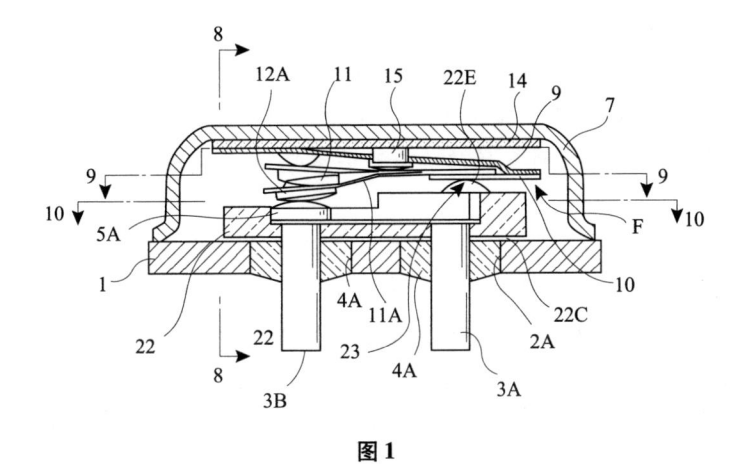

图1

附件4（客户提供的交底材料）：

我公司对附件1至附件3公开的热响应开关进行研究后发现它们各有不足。如果热响应开关，安装在密闭型电动压缩机的密闭容器内，也就是直接使用在被压缩的高温高压的制冷剂氛围中时，这种热响应开关需要具有一定的耐压能力。附件1、附件2和附件3的热响应开关承受压力不足，在使用中容易变形，导致开关损坏。

我公司提出改进的热响应开关，其可以置于高温高压的环境中，不仅能承受更大的压力，同时还能增大与被测物之间的接触面积，提高热交换效率，改善热响应开关对周围温度变化或散热量变化的反应性能。

图1至图4示出第一种实施方式。如图1和图2所示，改进的热响应开关，具有由金属制的外罩壳2和盖板3构成一个耐压容腔。外罩壳2为大体呈圆顶状的耐压力构造，其顶部为平面状。盖板3由金属板和导电端子销6A及6B构成。盖板3上设有贯通孔4A，导电端子销6A及6B穿过贯通孔4A，并通过玻璃等电绝缘填料5绝缘固定在盖板3上。该容腔内部安装有热响应板8，该热响应板8由前端设有可动接点7的双金属片构成，另一端直接焊接固定在外罩壳2上，热响应板8可以在规定的温度急跳反转变形，使所述可动接点7接触固定接点。

盖板上的其中一个导电端子销6A的容器内侧端部上，焊接固定着与所述可动接点7相对的固定接点9。另一个导电端子销6B的容器内侧端部上，焊接固定着加热器10的一端，加热器10的另一端焊接固定在盖板3上。在容器内侧的电绝缘填料5的表面，毫无间隙地紧贴着陶瓷制的罩子11。

该热响应开关1的动作温度是由热响应板8固定部附近变形来反映的，将热响应开关1置于密闭型压缩机内，热响应开关1与电动机串联时，电动机的工作电流就流过导电端子销6B、加热器10、盖板3、外罩壳2、热响应板8、可动接点7、固定接点9、导电端子销6A组成的电路中。当电流流进转子，在密闭环境里产生热，热响应开关的热响应板因而发热，但是，在通常情况下，这些热量被流过周围的冷却介质吸收，因此，热响应板保持在设定的动作温度以下，通电状态得以维持。若因某些原因，流进转子的电流过大，热响应开关内部的发热有所增加，使热响应板被加热至设定的温度以上，则热响应板反转其弯曲方向，使可动接点脱离固定接点，切断向电动机的通电，防患烧损等事态的发生于未然。

在本实施例中，通过将作为散热板的 3 个金属制散热板 25 焊接固定在外罩壳 2 的外侧表面上，从而可以增加热响应开关 1 的实质表面积。因此冷媒和热响应开关的接触面积得到增加，热交换效率也能得到提高。并且，在本实施例中，板状的散热板 25 的端面整体焊接固定在外罩壳 2 顶部的平面部 2A 上，从而增加了外罩壳 2 的强度。因此，相比现有技术，平面部 2A 可以进行减薄，热传导效率便会得到更大的提高。更进一步地，通过在散热板上设置有数个切口状的贯通孔 15A，每个贯通孔平行于外罩壳的平面部贯通设置，从而可以诱导冷媒的流动更容易流过贯通孔，提高热交换效率。

图 5 和图 6 示出第二种实施方式，通过将作为散热部的 8 根金属制的散热销 15 焊接固定在外罩壳 2 的外侧表面上，从而在不改变热响应开关基本构造的情况下，增加了外罩壳的总表面积。因此，将该热响应开关安装在密闭型电动压缩机的密闭容器内，使其暴露在制冷剂中时，制冷剂流过作为散热部的散热销之间，增加了接触量，从而提高了热响应开关与制冷剂的热交换效率。

图 7 至图 9 示出第三种实施方式，在本实施例中，通过冲压加工在外罩壳 2 的表面设置作为散热部的凹部 2A 和肋部 2B，凹部和肋部共同构成了增加外罩壳 2 强度的构造，可以提高外罩壳的耐压强度，同时还增加了外罩壳 2 的总表面积，因此，在不改变热响应开关基本构造的情况下，既增加了外罩壳的耐压强度又增加了外罩壳的总表面积。将该热响应开关安装在密闭型电动压缩机的密闭容器内，使其暴露在制冷剂中时，制冷剂沿着作为散热部的凹部等流过，接触量比以往增加，从而提高了热响应开关 1 与制冷剂的热交换效率。因此，还可以使外罩壳的板厚比以往的热响应开关薄，与增加表面积这一手段相互结合，进一步提高热传导效率。

另外，本公司提出的热响应开关的热响应板可以采用悬臂组件方式，如图 10 中所示的臂组件 120 包括一个与固定接点结合的动接点的导电活动板 121，导电活动板 121 是一种普通的具有挠性的金属板，和一个沿活动板 121 放置的在选定的温度上可在相反凹凸形状之间动作的热响应元件 122，和一个把活动板 121 和热响应元件 122 固定到外壳上的导电固定元件 90。活动板 121 和热响应板 122 都通过固定元件 90 以悬臂方式固定。当温度达到一定程度时，热响应元件产生向上凸起的形变，活动板 121 受驱动而随之产生向上变形的动作，也从凹形状变为相反的凸起形状，使动接点与固定接点分开。在前面的方案中，热响应元件存在由非受热原因引起的蠕动，这种蠕动微小动作有可能引起开关的误动作。但是热响应板采用了这种悬臂方式与活动板在一端固定的方式（图

10),当热响应板存在由非受热原因引起的蠕动时,悬臂端可以消解这种蠕动,不会引起活动板的动作,进而可以保证开关的正确开断。只有在热响应板真正受热变形产生较大形变的时候,才会驱动活动板变形。进一步地,如图11所示,在活动板的末端上有台阶部132,与活动板之间形成槽口133,热响应板80的悬臂端插入到槽口中。热响应板80的另一端与活动板131的一端通过导电固定元件90固定。当热响应板80受热向下凸起变形,插入槽口133悬臂端通过活动板131一端固定的台阶部132带动整个活动板131向上凸起变形,引起开关断开。同理,这样的设置方式也可以防止由于热响应元件蠕动微小动作时引起的误断开。其中热响应板80可以是双金属材料。

本公司改进的热响应开关,由于既增大外罩壳耐压强度,又通过增加表面积,提高了热交换效率,因此在制冷剂过热或者因过负荷工作产生过电流等异常情况时,能迅速动作,切断通电,能防止电动机烧损等发生。

## 附件4(客户提供的交底材料的附图):

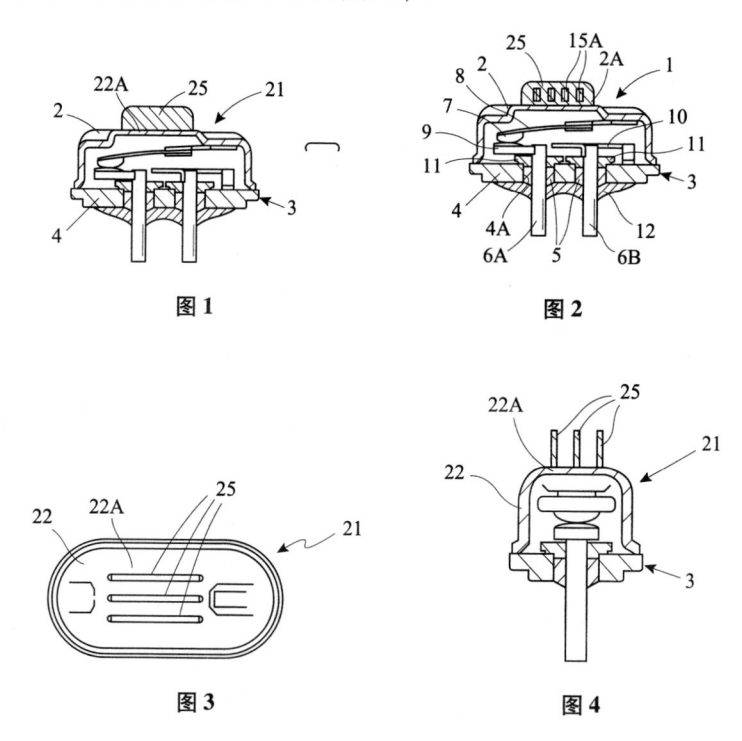

图1

图2

图3

图4

第六章 考试真题与模拟试题解析

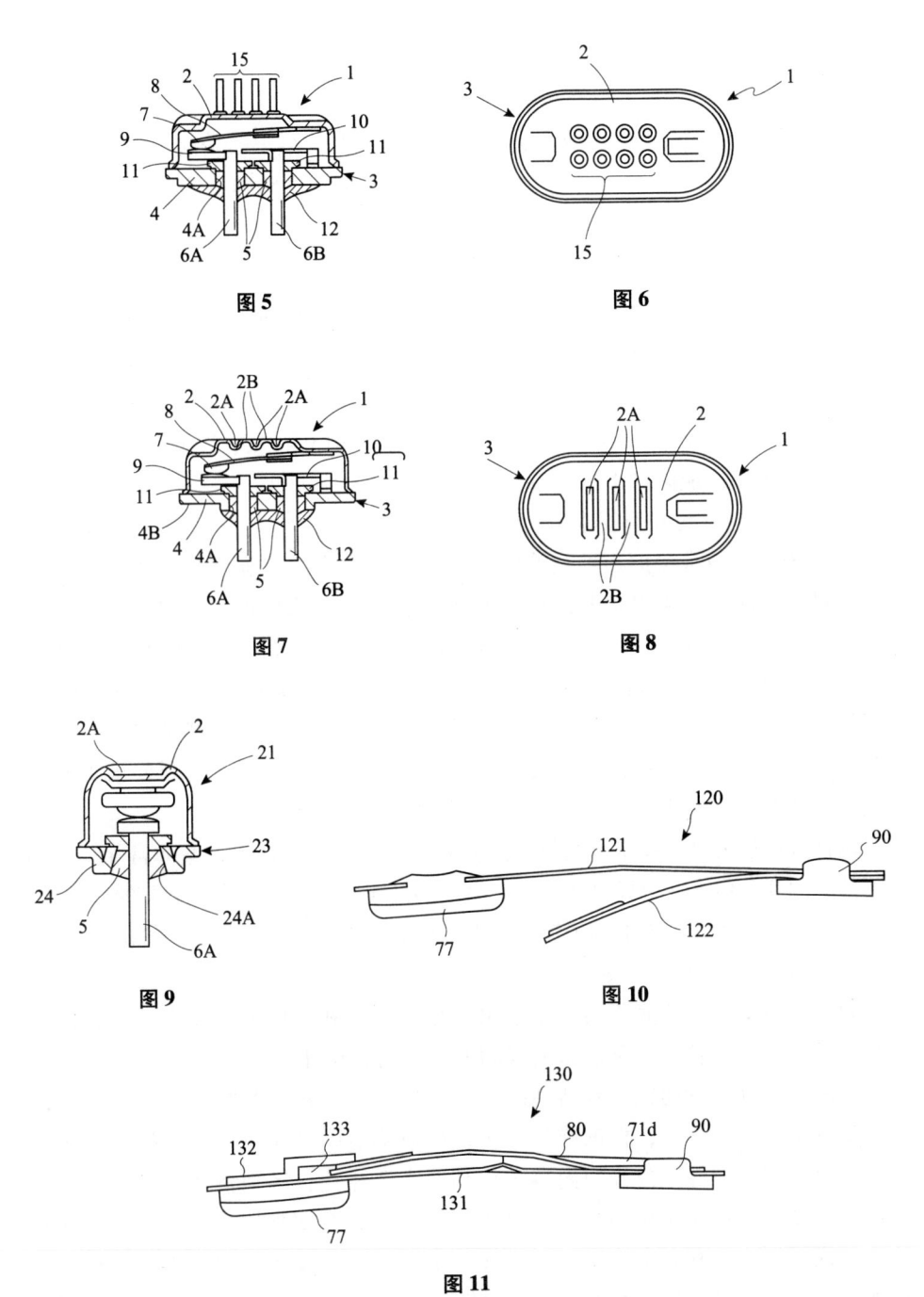

图 5

图 6

图 7

图 8

图 9

图 10

图 11

## 二、案例分析

本模拟试题与2011年代理人实务考试题目类似,第一题是要撰写无效宣告请求书,第二题是要撰写一份权利要求书并回答问题,对题目的总体分析可参考2011年卷三分析。

(一) 撰写无效宣告请求书

第一题共给出3份素材:附件1是欲宣告无效的专利,附件2和附件3是客户提供的两份专利文件。对于附件是否能构成附件1的现有技术或抵触申请,需要仔细核实。附件2的授权公告日(2011年8月6日)和附件3的授权公告日(2010年1月2日)都早于附件1的申请日(2013年9月23日),因此,附件2和附件3都构成附件1的现有技术。

1. 关于附件1的权利要求1

权利要求1请求保护一种热响应开关,其中限定的特征都是技术特征,结合对附件1的阅读,可以判断出权利要求1属于专利法保护的客体,具备实用性。首先可以考虑新颖性或创造性缺陷。将附件1的权利要求1的技术方案分别与附件2或附件3进行对比,发现权利要求1的全部技术特征已经被附件3公开。附件1和附件3都属于热响应开关的技术领域,解决的都是检测过电流引起发热的技术问题,都能达到保护电机的技术效果。因此,权利要求1相对于附件3不具备《专利法》第22条第2款规定的新颖性。

附件2虽然公开的技术方案与附件1的权利要求1的技术方案非常相似,但是附件2的开关包含一个导电端子销,另一端是通过盖板端部作为电路的另一端,没有公开开关包含两个导电端子销。所以附件2不能影响权利要求1的新颖性。

2. 关于附件1的权利要求2

附件3没有公开金属板与固定着可动接点那端相对的另一端直接焊接固定在金属外罩壳上的特征,不能影响权利要求2的新颖性。

下面考虑创造性问题。判断创造性时,按照《专利审查指南2010》中规定的三步法进行。第一步,根据前面分析,可以确定附件3应作为最接近的现有技术;第二步,附件3公开的内容与权利要求2相比,区别特征在于金属板与固定着可动接点那端相对的另一端直接焊接固定在金属外罩壳上。由上述区别技术特征可知,权利要求2相对于附件3实际解决的技术问题是排放由热响应板本身产生的热量。根据对比可知,附件2公开了金属热敏板14另一端通过焊点18直接焊接到外壳金属板12上,金属热敏板利用其遇热变型的特性,在开关中起到金属热响应的作用,因此附件2已经公开上述区别技术特征,且上述特征在附件2中所起的作用与其在该专利中所起的作用相同,都是由金属热响应板与金属外壳直接接触以便于排放其产生的热量。第三步,是站在本领域技术人员的角度,对两篇现有技术是否有结合启示进行考虑和判断,附件2、附件3与该专利属于相同的技术领域,都是为了解决金属热响应板上产生的热量不易排放、热响应保护效果不好的技术问题,在附件2的启示下,本领域技术人员容易想到将附件2公开的金属热敏片直接固定在金属壳体上的技术特征应用到附件3的技术方案中从而得到权利要求2的技术方案。最后得到结论并指出法律依据:权利要求2相对于附件2和附件3的结合不具备创造性,不符合《专利法》第22条第3款的规定。

3. 关于附件1的权利要求3

从属权利要求3的附加技术特征限定金属热响应板是双金属片。因为附件3中公开了金属簧板14是由双金属片或三金属片制成,即附件3已经公开了权利要求3中限定的金属片是双金属片的特征。因此,在引用的权利要求1不具备新颖性时,从属权利要求3不具备专利法第22条第2款规定的新颖性;在引用的权利要求2不具备创造性时,从属权利要求3不具备专利法第22条第3款规定的创造性。

4. 关于附件1的权利要求4

从属权利要求4限定双金属片可以采用在整个金属片臂上仅在其中央部分凸起的形状。但是,双金属片具有这个特殊的形状的技术方案在附件1的说明书中没有记载过,也不能从说明书公开的内容得到或概括得出,因此从属权利要求4的技术方案没有以说明书为依据,不符合《专利法》第26条第4款的规定。

此外,从属权利要求4引用权利要求1~3中任意一项,但从属权利要求4中的"双金属片"在权利要求1中没有记载,缺乏引用的基础,也就是说,在从属权利要求4引用权利要求1构成的技术方案中,进一步限定的"双金属片"属于热响应开关的哪一个部件及其位置关系都不清楚,导致权利要求4的保护范围不清楚。因此从属权利要求4引用权利要求1时的技术方案保护范围不清楚,不符合《专利法》第26条第4款的规定。

(二)为客户撰写权利要求书(第二题)

1. 对试题素材进行全面分析,列出有关热响应开关的技术特征

热响应开关要包括外罩壳与盖板构成的容腔结构、从导电销到动静接点的整个导通电路上电流流过的所有部件、散热部件三大功能块。其中,第一种实施方式和第二种实施方式结构类似,均采用在外壳外部设置散热片,既可以起到加强机械强度的作用,又可以增大散热接触面积,提高热敏感率。区别仅在

于第一种实施方式中采用片状散热片，第二种实施方式中采用柱状散热片，第三种实施方式与第一种、第二种实施方式稍有不同，不是向外部设置散热片，是通过向外壳外表面形成凸凹状表面，增大散热面积，这种方式也既能提高热敏感性，也能增大机械强度。说明书还记载了第四种和第五种实施方式，是关于热响应板采用悬臂组件的方式，都是要解决防止由于热响应元件蠕动微小动作引起的误断开的技术问题。第四种实施方式是将导电活动板与热响应元件通过固定元件以悬臂方式固定。第五种实施方式是在活动板的末端上的台阶部132与活动板之间形成槽口133，热响应板80插入到槽口中。因此所有的特征梳理为：

（1）外罩壳与盖板的容腔结构包括：外罩壳2、盖板3、两者构成一个容腔，动接点和固定接点置于该容腔中。

（2）导通电路上电流流过的所有部件包括：导电端子销—加热器—盖板—外罩壳—热响应板—可动接点—固定接点—另一个导电端子销。

（3）散热部件包括：

①壳体外部，向外延伸的片状散热片，包括：

散热板25、散热板上开有孔15A、向外延伸的柱状散热柱15；

②外壳表面向内延伸的散热片包括：外罩壳表面形成凹部2A和肋部2B。

（4）热响应板的悬臂组件结构包括：

①活动板121、热响应元件122、固定元件90、活动板121和热响应板122都通过固定元件以悬臂方式固定；

②在活动板的末端上的台阶部132，形成槽口133，热响应板80插入到槽口中。

2. 附件1至附件3的技术特征进行特征对比表

| | 技术交底材料中的热响应开关 | 附件1 | 附件2 | 附件3 |
|---|---|---|---|---|
| 容腔结构 | 外罩壳 | 有 | 有 | 有 |
| | 盖板 | 有 | 有 | 有 |
| | 形成封闭容腔 | 有 | 有 | 有 |
| 热响应工作导电工作电路 | 导电端子销6B—加热器10—盖板3—外罩壳2—热响应板4—可动接点6—固定接点9—导电端子销6A | 有 | 盖板端部20.4作为电路流出端，相当于另外一个导电端子销（未公开两个导电端子销） | 电流经壳体2—支撑接线板—金属簧板11—可动触头12A |

续表

|  | 技术交底材料中的热响应开关 | 附件1 | 附件2 | 附件3 |
|---|---|---|---|---|
| 散热部件（散热及加强强度用） | 散热片 | 无 | 无 | 无 |
|  | 散热柱 | 无 | 无 | 无 |
| 散热部件（仅散热用） | 凹部 | 无 | 无 | 无 |
| 热响应板的悬臂组件结构 | 活动板121、热响应元件122、固定元件90、活动板121和热响应板122都通过固定元件以悬臂方式固定 | 无 | 无 | 无 |
|  | 在活动板的末端上的台阶部132，形成槽口133，热响应板80插入到槽口中 | 无 | 无 | 无 |

3. 确定与本发明最接近的对比文件

从上面特征对比表可知，附件1、附件2和附件3属于相同的技术领域，附件1公开了本发明更多的技术特征，因此选择附件1作为最接近的现有技术。

4. 确定发明的区别技术特征和本发明实际解决的技术问题，以及全部必要技术特征

附件1的热响应开关虽然应用于密闭电动压缩机的密闭容器内，但是长期应用于高压环境中容易变形，导致开关损坏。对于技术交底材料中的热响应开关的方案来说，与最接近的现有技术附件1相比，两者的区别在于，在外罩壳体外部设置散热片，从而使热响应开关既能增大散热接触面积又能增大耐压强度，获得提高热响应效果的技术效果。因此，本申请的热响应开关要解决现有技术中耐压强度不足、开关外壳容易受压变形的技术问题，同时增大散热接触面积，提高热响应效果。因此，通过上面分析可知，热响应开关要解决上述技术问题的全部必要技术特征是：首先，热响应开关作为可为电机提供热保护的基本功能所需的特征，即外罩壳与盖板的密封结构和整个热响应开关的工作电路，是必要技术特征。其次，第一、第二、第三种实施方式都采用了散热且增加耐压强度的部件，第一、第二种实施方式采用在壳体外部设置向外延伸的散热片（柱），第三种实施方式采用在外壳表面向形成延伸的凸凹结构，三种实

施方式都具有散热的功能。因此，三种方式可以概括为在外罩壳表面设置有增大表面积的散热部，作为区别现有技术的特征部分的特征，也是解决散热且加强强度技术问题的必要技术特征。

5. 撰写独立权利要求

在满足权利要求得到说明书支持的前提下，如果能做到不局限于发明的具体实施例，撰写出一个保护范围较宽的独立权利要求，对于申请在确权后续程序中将会带来好处，使申请得到更好的保护。因此，应尽可能采取概括性描述来表达技术特征。并且，对于一个完整的产品技术方案来说，也不需要撰写该产品所有的构成要素，例如零部件或其他组成及之间的关系，仅仅写出解决技术问题的改进之处和与该改进发生关系（因为作出该改进而附带地要进行改进的零部件）的那些构成要素即可。例如，热响应板的一端直接焊接固定在外罩壳上的特征，虽然可以解决作为导电通路热响应板产生的热量能够有效地排放到外壳中的技术问题，但是针对前面分析的、相对于最接近的现有技术附件1所确定的提高耐压强度和增大散热接触面积的技术问题，这个特征是非必要技术特征，因此无须写入独立权利要求1中。

上面分析3种具体散热结构中，第一种、第二种、第三种实施方式类似，发明构思一致，均采用增加外壳面积同时形成加强筋。虽然第三种方式是直接利用外壳材料本身形成凸凹与第一种、第二种在外壳外部增设散热片的具体结构不同，但是两种方式要达到的功能是一样的，均是增大散热面积同时提高耐压强度。因此，基于前面分析，外罩壳与盖板的密封结构、整个热响应开关的工作电路流向，以及考虑对前三种实施方式中关于增大散热面积的不同结构进行概括，形成一个较上位的独立权利要求：

1. 一种热响应开关，包括金属制的外罩壳（2）和固定在外罩壳的开口端上的盖板（3）密封设置，外罩壳与盖板形成一个容腔，两个导电端子销分别固定在穿过盖板的两个贯通孔上，其中一个导电端子销上焊接固定着固定接点（9），另一个导电端子与双金属板（8）导电连接，该金属板（8）的一端焊接固定着可动接点（7），可动接点（7）设置成与所述固定接点（9）构成一对开闭接点，所述可动接点和固定接点置于所述容腔内，其特征在于：在外罩壳表面上设置有增加其表面积的散热部。

第四种、第五种实施方式类似，要解决的技术问题是防止热响应板蠕动微动作引起开关误断开，这个技术问题是针对热响应板做进一步改进，活动板121、热响应元件122通过固定元件以悬臂方式固定或是热响应元件80插入活动板131上部的插口133中，是必要技术特征。因此，第四种、第五种实施方式是与前面三种实施方式要解决的技术问题不同。根据第四、第五种实施方式中关于热响应板臂组件的不同结构进行概括，形成另一个比较上位的独立权利要求：

1. 一种热响应开关，包括金属制的外罩壳（2）和固定在外罩壳的开口端上的盖板（3）密封设置，外罩壳与盖板形成一个容腔，两个导电端子销分别固定在穿过盖板的两个贯通孔上，其中一个导电端子销上焊接固定着固定接点（9），另一个导电端子与一个热响应板悬臂组件导电连接，该热响应板悬臂组件由一个金属活动板和一个双金属片构成，该金属活动板（121）的一端焊接固定着可动接点（7），所述活动金属板（121）的另一端与该双金属板（8）通过固定元件（90）固定，所述可动接点（7）设置成与所述固定接点（9）构成一对开闭接点，所述可动接点和固定接点置于所述容腔内，其特征在于：该双金属板（8）未固定的一端呈悬臂状。

上述两个独立权利要求，第二独立权利要求解决的是防止热响应元件蠕动引起的误动作的技术问题，第一独立权利要求解决的是开关散热且增强强度的技术问题，它们之间不存在相同或相应的特定技术特征，不属于一个总的发明构思，应该将第二独立权利要求及其从属权利要求另案提交一份申请。

6. 归纳保护方案，对应具体实施方式撰写从属权利要求

针对本申请的独立权利要求，可以对散热部形状进行进一步限定，得到两个并列的从属权利要求，分别对应于散热板和散热片。

第三种实施方式是在外罩壳表面上形成凸凹散热部，以及散热部件的数量和"散热片上还有贯通孔"，可作为附加技术特征撰写从属权利要求，从而形成有层次的保护。这里要同时注意主题名称和引用关系。

另外，就第四种、第五种实施方式中，也可以分别撰写从属权利要求，在解决强度与散热问题的基础上，进一步解决防止热响应元件蠕动引起的误动作的技术问题。

## 三、参 考 答 案

由于前面已有详细分析，本案例只给出所撰写的权利要求书参考答案。

### 撰写的权利要求书

本案申请：

1. 一种热响应开关，包括金属制的外罩壳（2）和固定在外罩壳的开口端上的盖板（3）密封设置，外罩壳与盖板形成一个容腔，两个导电端子销分别

固定在穿过盖板的两个贯通孔上,其中一个导电端子销上焊接固定着固定接点(9),另一个导电端子与双金属板(8)导电连接,该金属板(8)的一端焊接固定着可动接点(7),可动接点(7)设置成与所述固定接点(9)构成一对开闭接点,所述可动接点和固定接点置于所述容腔内,其特征在于:在外罩壳表面上设置有增加其表面积的散热部。

2. 如权利要求1的热响应开关,其特征在于散热部为金属制的片状,所述散热部的端面整体固定在金属外罩壳顶部的平面上。

3. 如权利要求1的热响应开关,其特征在于散热部为金属制的柱状,所述散热部的一端固定在金属外罩壳顶部的平面上。

4. 如权利要求2的热响应开关,所述片状散热部上设置有数个切口状的贯通孔。

5. 如权利要求2或3的热响应开关,片状或柱状散热体数量为多个。

6. 如权利要求1的热响应开关,其特征在于:通过冲压加工在金属外罩壳上形成凹凸,形成散热部。

7. 如权利要求1的热响应开关,其特征在于:所述另一个导电端子与一个热响应板悬臂组件导电连接,所述热响应板悬臂组件由该双金属片与一个金属活动板构成,该金属活动板(121)的一端焊接固定着可动接点(7),所述活动金属板(121)的另一端与所述双金属板(8)通过固定元件(90)固定,所述可动接点(7)设置成与所述固定接点(9)构成一对开闭接点,所述可动接点和固定接点置于所述容腔内,其特征在于:该双金属板(8)未固定的一端呈悬臂状。

8. 如权利要求7所述的热响应开关,其特征在于,在活动板的末端上形成台阶部(132),该台阶部与活动板(122)形成槽口(133),该双金属片(80)插入到槽口中。

分案申请:

1. 一种热响应开关,包括金属制的外罩壳(2)和固定在外罩壳的开口端上的盖板(3)密封设置,外罩壳与盖板形成一个容腔,两个导电端子销分别固定在穿过盖板的两个贯通孔上,其中一个导电端子销上焊接固定着固定接点(9),另一个导电端子与一个热响应板悬臂组件导电连接,该热响应板悬臂组件由一个金属活动板和一个双金属片构成,该金属活动板(121)的一端焊接固定着可动接点(7),所述活动金属板(121)的另一端与该双金属板(8)通过固定元件(90)固定,所述可动接点(7)设置成与所述固定接点(9)构成一对开闭接点,所述可动接点和固定接点置于所述容腔内,其特征在于:该双金属板（8）未固定的一端呈悬臂状。

2. 如权利要求 1 所述的热响应开关，其特征在于，在活动板的末端上形成台阶部（132），该台阶部与活动板（122）形成槽口（133），该双金属片（80）插入到槽口中。

## 第五节　电源系统案例分析与参考答案

### 一、试题说明

1. 假设考生是某专利代理机构的专利代理人，受该机构委派代理一件专利申请，现已收到国家知识产权局针对该专利申请发出的第一次审查意见通知书及随附的两份对比文件。

2. 要求考生针对第一次审查意见通知书，结合两份对比文件的内容，撰写一份意见陈述书。如果考生认为有必要，可以对专利申请的权利要求书进行修改。鉴于考试时间有限，不要求考生对专利申请的说明书进行修改。

3. 如果考生认为该申请的一部分内容应当通过分案申请的方式提出，则应当在意见陈述书中明确说明其理由，并撰写分案申请的权利要求书。

### 权利要求书

1. 一种用于便携式电子设备的电源系统，包括：
充电系统，该充电系统包括：
一个外部能量转换模块，用于将外部能量转换为电能；
一个储能元件，其连接到外部能量转换模块，用于存储由外部能量转换模块转换得到的电能；以及电源，可操作地连接该充电系统。

2. 根据权利要求 1 所述的电源系统，所述外部能量转换模块由压电元件组成。

3. 根据权利要求 1 所述的电源系统，所述外部能量转换模块由太阳能转换器组成。

4. 根据权利要求 1 所述的电源系统，进一步包括控制电路，用于检测电源中可充电电池的现有电量，当现有电量小于预定的阈值时，发送控制信号给储能元件，当储能元件收到所述控制信号后，开始发送电量给可充电电池。

5. 根据权利要求4所述的充电系统，还包括有功率转换器。

6. 根据权利要求5所述的电源系统，其中所述功率转换器连接在外部能量转换模块和储能元件之间，以有利于两者之间进行功率转换。

7. 根据权利要求5所述的电源系统，其中所述功率转换器连接在储能元件和电源的可充电电池之间，以有利于储能元件与可充电电池之间的功率转换。

8. 根据权利要求5所述的电源系统，其中功率转换器为两个，分别连接在外部能量转换模块与储能元件之间以及连接在储能元件与电源的可充电电池之间，以有利于外部能量转换模块与储能元件、储能元件与可充电电池之间的功率转换。

9. 根据权利要求5~8任意一项所述的电源系统，其中所述功率转换器为DC－DC转换器。

10. 根据权利要求1所述的电源系统，其中，所述阈值预设于所述控制电路中。

11. 根据权利要求4~10中任意一项权利要求所述的电源系统，其中所述储能元件集成在所述可充电电池中。

## 说　明　书

### 电源系统

**技术领域**

[0001] 本申请涉及一种电源，特别是为便携式电子设备充电的电源系统。

**背景技术**

[0002] 近年来，便携式电子设备的使用逐年增加。一些便携式电子设备可以手持，比如便携式计算机、可移动通信设备（比如手机）或者便携式DVD播放器等，都是使用可充电或者已充电的电池作为电源。这些可充电电池通常是通过在该便携设备与充电装置（比如电池充电器）之间的线路连接进行充电。这些电池可以从便携设备上移除来进行充电。

[0003] 当电池需要充电而附近没有可用的充电装置时，该便携式电子设备可能就会被关闭以节省电能或者电池的电很快被用尽而关闭。这对于使用者来说十分不方便，特别是在某些紧急的情况下。另一方面，电池达到电被用尽的程度会影响电池的使用寿命。

[0004] 目前，已有一些充电系统，利用外部能量转换器1将其他能量（例如机械能或者太阳能）转换为电能，并将转换得到的电能经过电力变换装

置 2 的整流滤波后直接为可充电电池 3 进行充电，如图 1 所示。然而，这种充电系统尽管解决了充电电池对交流电源过分依赖的问题，但是其充电稳定性较差。同时，由于将转换得到的电能随时为可充电电池进行充电，会有损可充电电池的寿命。

**发明内容**

[0005] 本发明提供一种电源系统，以解决充电电池对交流电源过分依赖的问题，同时提高充电电池的充电稳定性以及延长充电电池的寿命。

[0006] 为了实现上述目的，提供一种用于便携式电子设备的电源系统，包括：充电系统和电源，其中所述充电系统包括外部能量转换模块，用于将外部能量转换为电能；储能元件，其连接到外部能量转换模块，用于存储由外部能量转换模块转换得到的电能；所述电源可操作地连接该充电系统。

[0007] 上述技术方案具有如下技术效果：

[0008] 通过将外部能量转换为电能，并将上述转换出的电能进行存储，可利用转换出的电能为便携设备如便携式计算机、可移动通信设备（比如手机）或者便携式 DVD 播放器等进行供电，从而既增强了电池的续航能力，有效延长便携式设备待机时间，又能提高充电的稳定性，使得可充电电池获得稳定的能量来源，同时由于具备储能元件，可以降低为可充电电池充电的频率，提高可充电电池的寿命。

**附图说明**

[0009] 图 1 是现有技术中的电源系统；

[0010] 图 2 是具有储能元件的电源系统；

[0011] 图 3 是一种集成了压电元件的电源系统的可选择的实施例；

[0012] 图 4 是集成了太阳能转换装置的电源系统的实施例。

**具体实施方式**

[0013] 本发明包括一种将振动能量源产生的电能先存储至储能元件后再为可充电电池充电的电源系统。图 2 示出了具有储能元件 36 的电源系统 30。

[0014] 电源系统 30 包括充电系统 34 和电源 32，其中，充电系统 34 包括储能元件 36 和振动能量源 38。电源 32 优选地包括可充电电池 33。为了使得储能元件 36 能够与电源 32 兼容，需要进行适当调节，该调节功能由控制电路 37 执行。控制电路 37 连接储能元件 36 与电源 32，用于检测电源 32 中的可充电电池 33 的现有电量，当现有电量小于预定的阈值时，发送控制信号给储能元件 36，当储能元件 36 收到所述控制信号后，开始发送电量给电源 32。通过预定的阈值的设置，可在电池 33 的电量低于一定值时再为电池充电，避免电池 33 由

于频繁充电而损害其寿命。优选地，预定的阈值预设于控制电路37中。

[0015] 为了便于电源系统的小型化，使得该电源系统更有利于应用于便携式电子设备的充电，该振动能量源可以由压电元件39组成，压电现象是指响应于所提供的机械应力或者振动而在特定的固态材料表面上积聚电荷的现象。因此，当便携式电子设备被振动、摇动或摆动时，压电元件39产生电能，将机械能或者动能转换为电能。简单地说，由于压电元件的小型化特征使得其尤其适合便携式电子设备，因此该振动能量源优选为压电元件。储能元件36存储由压电元件39产生的能量，该能量为电池33充电。

[0016] 为了进一步减小电源系统30所占的体积，储能元件36可以被集成在可充电电池33中。

[0017] 进一步地，为了提高各个模块之间的功率传输效率，在充电系统34中还设置了功率转换器42，如图3所示。充电系统34包括一组振动能量源38、储能元件36、控制电路37和功率转换器42。在该实施例中，充电系统34被连接到可充电电池33。优选地，功率转换器42连接在振动能量源38和储能元件36之间，以有利于两者之间进行功率转换。另外，功率转换器42也可以连接在储能元件36与可充电电池33之间，以有利于储能元件36与可充电电池33之间的功率转换；更进一步地，可以设置两个功率转换器，分别连接在振动能量源38与储能元件36之间以及连接在储能元件36与可充电电池33之间，以有利于振动能量源38与储能元件36、储能元件36与可充电电池33之间的功率转换。功率转换器可以是DC-DC转换器。

[0018] 另外，目前除了能够将机械能转换为电能之外，还可以利用太阳能转换器将光能转换为电能。

[0019] 图4示出了可利用太阳能转换装置形成的充电系统44。在该实施例中，充电系统44包括储能元件46和太阳能转换装置48，并且太阳能转换装置48连接到储能元件46上，充电系统44连接到电源32。该充电系统44可以集成在便携设备50中。

[0020] 另外，该太阳能转换装置48还可以集成在充电系统34中，并且该太阳能转换装置48连接到储能元件36上，使得前述充电系统34既可以将机械能转换为电能，也可以将光能转换为电能。同时，前述实施例中充电系统中的控制电路及其控制方式以及功率转换器及其功能也可以在充电系统44中实现。

[0021] 事实上，除了将机械能转换成电能以及将光能转换为电能之外，本发明中也可以利用其他外部能量转换器，将其他形式的能量转换为电能，进而将电能存储在储存元件中为可充电电池充电。

## 说明书附图

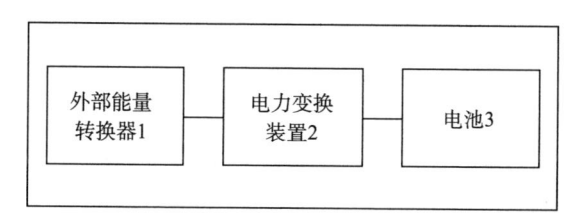

**图1**

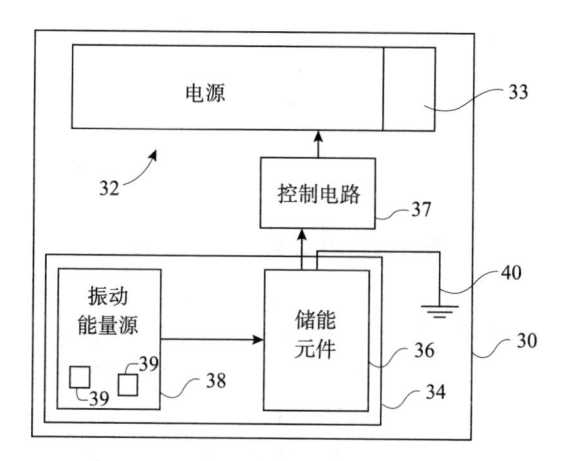

**图2**

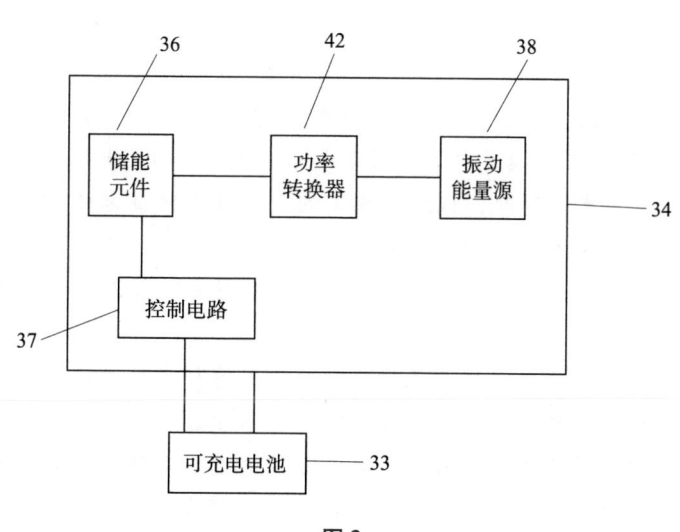

**图3**

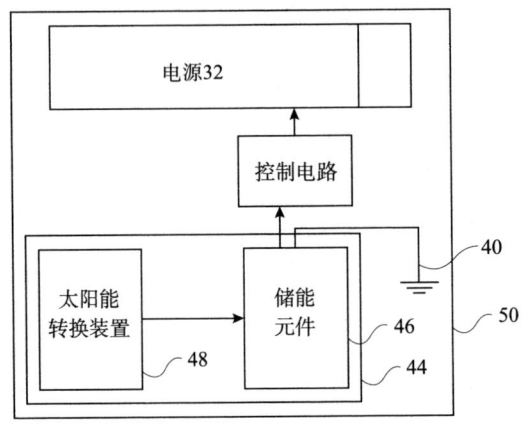

**图 4**

## 第一次审查意见通知书

本申请涉及一种电源系统,经审查,现提出如下审查意见:

1. 权利要求 1 请求保护一种用于便携式装置的电源系统。对比文件 1 公开了一种自发电装置及应用该装置的便携式电子装置,并具体公开了如下技术特征:自发电装置 2 包括一个支撑环 5,所述支撑环 5 内部定义有一个环道 6。所述环道 6 内放置有一个偏心环 7。偏心环 7 上固定有一个磁球 8。支撑环 5 外部环绕两个线圈 11,通过两节点 12 将该线圈 11 连接至一电能收集电路 13。所述电能收集电路 13 包括储能电路 16。当磁球 8 在支撑环 5 环道 6 内旋转时,两线圈 11 内产生感应电流,该感应电流进入储能电路 16,在储能电路 16 中存储。储能电路 16 可连接至便携式电子装置 1 内部二次电池的充电电路,经由该充电电路给二次电池充电。因此,权利要求 1 的全部技术特征都被对比文件 1 公开了,并且,两者的技术领域相同,解决的技术问题相同,并能产生相同的技术效果,因此,权利要求 1 的技术方案不符合《专利法》第 22 条第 2 款有关新颖性的规定。

2. 权利要求 2 引用权利要求 1,其附加技术特征未被对比文件 1 公开,构成权利要求 2 与对比文件 1 的区别技术特征。基于该区别技术特征可以确定该权利要求实际解决的技术问题为:外部能量源的选取以便为电池充电同时便于设备的小型化。对比文件 2 公开了一种利用压电模块充电的手机,具体公开了以下特征:压电单元 1 由压电元件组成,当按压手机按键或者手机进行振动时,压电元件通过压电传感器 D 产生电流，输出给充电电池。可见，该区别技术特征已被对比文件 2 公开，并且公开的该技术特征在对比文件 2 中所起的作用与其在本申请中所起的作用相同，都是为了选取外部能量源以便为电池充电同时便于设备的小型化。因此，当其引用的权利要求 1 不具备新颖性时，在对比文件 1 的基础上结合对比文件 2 获得权利要求 2 的技术方案对本领域技术人员来说是显而易见的，权利要求 2 不具有突出的实质性特点和显著的进步，不符合《专利法》第 22 条第 3 款有关创造性的规定。

3. 权利要求 3 引用权利要求 1，其附加技术特征未被对比文件 1 公开，构成权利要求 3 与对比文件 1 的区别技术特征，基于该区别技术特征可以确定该权利要求实际解决的技术问题为：利用太阳能为电池充电。由于利用太阳能转换器将太阳能转换为电能是本领域的公知常识，因此，当其引用的权利要求 1 不具备新颖性时，在对比文件 1 的基础上结合本领域的公知常识获得权利要求 3 的技术方案对本领域技术人员来说是显而易见的，权利要求 3 不具备突出的实质性特点和显著的进步，不符合《专利法》第 22 条第 3 款有关创造性的规定。

4. 权利要求 4 引用权利要求 1，对比文件 1 还公开了以下技术特征：该二次电池还连接至一监视电路，用于监视二次电池的温度，当二次电池的温度高于阈值时，停止储能电路对二次电池充电，以免电池过热损坏。根据对比文件 1 上述公开的内容，本领域技术人员通常会将对比文件 1 中的监视电路进行修改，将其用于监视电池的电量，在电量低于一定值时，使得储能电路为电池充电。因此，当其引用的权利要求 1 不具备新颖性时，在对比文件 1 的基础上结合本领域的公知常识获得权利要求 4 的技术方案对本领域技术人员来说是显而易见的，权利要求 4 也不具备突出的实质性特点和显著的进步，不符合《专利法》第 22 条第 3 款有关创造性的规定。

5. 从属权利要求 5 引用部分的主题名称为"充电系统"，然而其引用的权利要求的主题名称为"电源系统"，两者不一致，因此，权利要求 5 不符合《专利法实施细则》第 22 条第 1 款的规定。

6. 权利要求 10 引用权利要求 1，其附加特征为"所述阈值预设于所述控制电路中"，由于阈值和控制电路这两个技术特征在权利要求 1 中未提及，因此不清楚这两个特征与电源系统的其他特征之间的关系，从而导致权利要求 10 的保护范围不清楚，不符合《专利法》第 26 条第 4 款的规定。

7. 权利要求 11 本身属于多项权利要求，其引用在前的多项权利要求 9，因此不符合《专利法实施细则》第 22 条第 2 款的规定。

## 对比文件1说明书相关内容

本申请涉及一种自发电装置及该装置的便携式电子装置。

请参阅图1所示。本发明的自发电装置2安装于一个便携式电子装置1的内部，通过导线4跟该便携式电子装置1的内部供电电路3相连，以提供电能至该内部供电电路3。一种方式中，自发电装置2置于便携式电子装置1的内部。此外，便携式电子装置1的内部供电电路3包括置于便携式电子装置1内部的二次电池（未图示）与用电部件（未图示）。自发电装置2还可置于便携式电子装置1的外部，该自发电装置2还包括一个外壳（未图示），通过接口之类连接自发电装置1的内部供电电路3。

请参阅图2所示。所述自发电装置2包括一个支撑环5，所述支撑环5固定安装于便携式电子装置1的内部，以使自发电装置2固定安装于便携式电子装置1的内部。或者，所述自发电装置2置于便携式电子装置1的外部时，所述支撑环5固定于外壳内侧。所述支撑环5内部定义有一个环道6。所述环道6内放置有一个偏心环7。其中，偏心环7可与环道6具有同轴心9，亦可与环道6具有不同轴心。当具有不同轴心时，以偏心环7能在环道6内围绕环道6轴心旋转为限。偏心环7上固定有一个磁球8。所述磁球8使偏心环7重心10位置偏离其轴心9。因此，只有当便携式电子装置1静止不动或缓慢移动时，偏心环7重心10与其轴心9的连线处于地球引力的方向，即偏心环7处于一个平衡位置，此时偏心环7不旋转。当便携式电子装置1剧烈运动（振动）时，带动偏心环7在支撑环5环道6内围绕轴心9旋转，使偏心环7重心10偏离平衡位置，此时，即使便携式电子装置1停止剧烈运动，偏心环7亦会在自身重力的作用下为返回平衡位置而围绕轴心9旋转。

支撑环5外部环绕一个或多个线圈，其中图2中示出为围绕两个线圈11的情况，该两个线圈11每个上分别具有两节点12，通过该两节点12将该线圈11连接至一个电能收集电路13。所述电能收集电路13包括储能电路16。当磁球8在支撑环5环道6内旋转时，两线圈11内产生感应电流，该感应电流进入储能电路16，在储能电路16中存储。该储能电路16可以为多个大容量的储能电容。

该储能电路16连接至便携式电子装置1的内部供电电路3。例如，该储能电路16可连接至便携式电子装置1的用电部件，充当一个备用电池使用。如图3所示，该储能电路16也可连接至便携式电子装置1内部二次电池的充电电路17，经由该充电电路17给二次电池18充电。在进一步实施例中，二次电池还连接至一监视电路19，该监视电路19监视二次电池18的温度，当二次电池18的温度高于阈值时，停止储能电路16对二次电池18充电，以免电池18过热受到损坏。

## 附　　图

图1

图2

图3

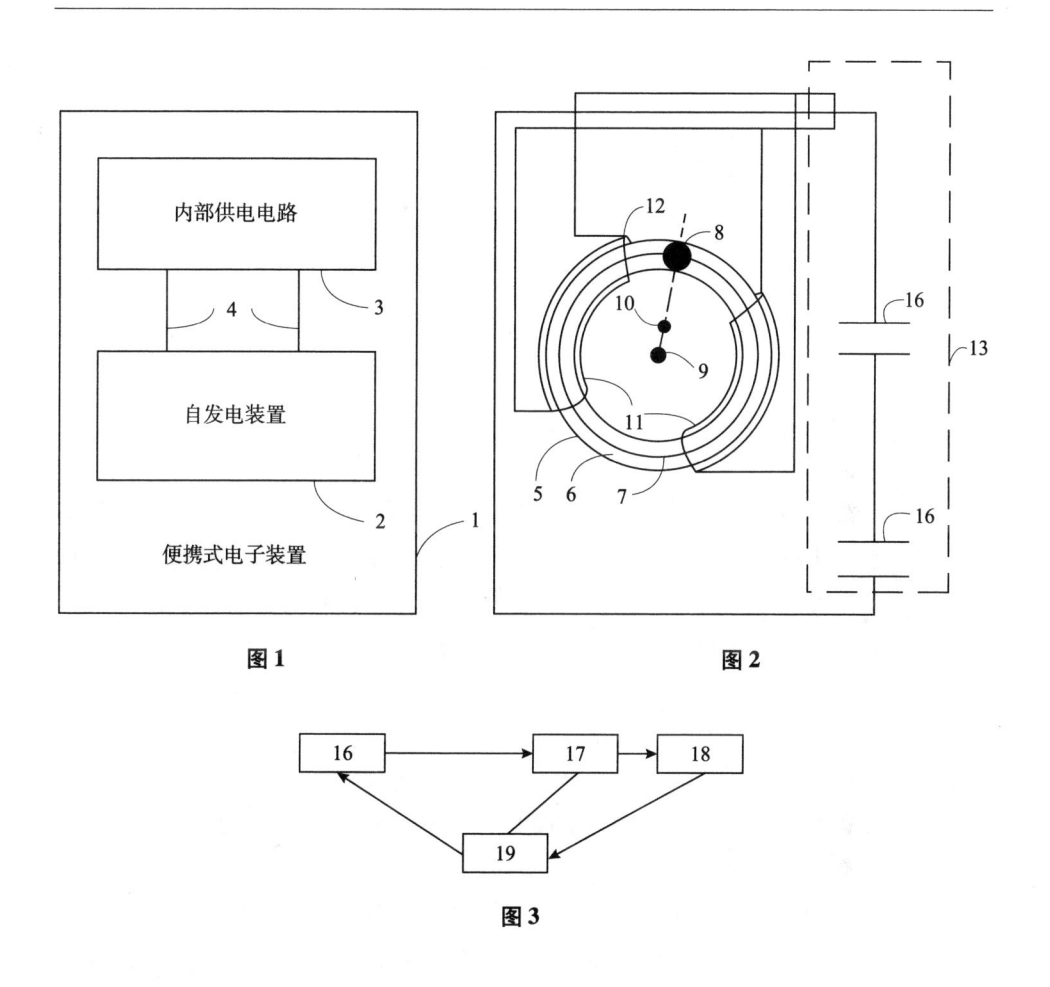

## 对比文件2说明书相关内容

本实用新型涉及一种利用压电模块充电的手机。

图1为本实用新型压电模块的电路原理图，如图1所示，该压电模块包括压电单元1和电路保护单元2，其中，压电单元1与电路保护单元2并联；压电单元1可以由压电元件组成，当按压手机按键或者手机进行振动时，压电元件产生电流，输出给充电电池；设置了电路保护单元2是为了防止电池过充。

附　　图

图1

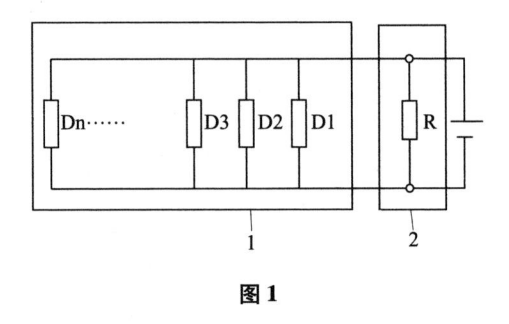

## 二、案例分析

（一）针对审查意见通知书对给定材料进行分析

本题要求针对审查意见通知书，结合两份对比文件的内容，撰写一份意见陈述书。在撰写意见陈述书之前，我们需要先对给定材料进行分析。即针对给定的权利要求书所存在的缺陷进行判断，进而判断审查意见是否正确。

1. 关于审查意见1

其指出权利要求1相对于对比文件1不具备新颖性。经对比，发现权利要求1的全部技术特征已经被对比文件1所公开，而且它们的技术领域、技术问题和技术效果也相同。因此，权利要求1不具备新颖性，审查意见1是正确的。

2. 关于审查意见2

其指出权利要求2不具备创造性。经过对比，对比文件1中的自发电装置是将磁能转换为电能，不是利用压电元件将动能转换为电能的，因此该附加技术特征没有被对比文件1公开。再看对比文件2，对比文件2公开了一种利用压电模块充电的手机，并且公开了"压电单元1可以由压电元件组成，当按压手机按键或者手机进行振动时，压电元件产生电流"，因此，对比文件2公开了权利要求2的附加技术特征，并且其在对比文件2中所起的作用也是选取外部能量源以便为电池充电同时便于设备的小型化，与其在本申请中所起的作用相同，存在将其结合到对比文件1的技术启示，因此，权利要求2不具备创造性，审查意见2也是正确的。

3. 关于审查意见3

其指出权利要求3不具备创造性。由本申请的背景技术可知，利用太阳能转换器将太阳能转换为电能的确是本领域的公知常识，可以判断出，权利要求

3 不符合《专利法》第 22 条第 3 款的规定，审查意见 3 也是正确的。这里需要提醒的是，由于本申请的说明书中明确提及利用太阳能转换器将太阳能转换为电能是现有技术，由此，我们可以将其作为公知常识判断的佐证。

4. 关于审查意见 4

其指出权利要求 4 不具备创造性。权利要求 4 进一步限定的附加技术特征是"进一步包括控制电路，用于检测电源中可充电电池的现有电量，当现有电量小于预定的阈值时，发送控制信号给储能元件，当储能元件收到所述控制信号后，开始发送电量给电源"。经过对比，我们不难发现，对比文件 1 中公开了"监视电路"，但是对于监视电路的具体功能的限定为"该监视电路监视二次电池的温度，当二次电池的温度高于阈值时，停止储能电路对二次电池充电，以免电池过热损坏"。也就是说，对比文件 1 公开的监视电路监视的是电池的温度，并在温度高于阈值时，停止充电，而权利要求 4 中的"控制电路"限定的是"检测所述的电池的现有电量"，两者检测的物理量不相同；由于对比文件 1 中监视电路检测的是电池温度，因此该监视电路所起的作用是避免电池过热损坏，而本申请中的控制电路，由于其检测的是电池的现有电量，该控制电路所起的作用是避免电池在不需要充电时而被充电，避免频繁充电而损害电池寿命，两者所起作用不相同，由于检测的物理量相差较远，相应的检测元件也会不同。因此，对比文件 1 没有公开权利要求 4 的附加技术特征，审查意见 4 是不正确的。另外，对比文件 2 中也没有公开上述特征。因此，该权利要求 4 具备创造性。

5. 关于审查意见 5

其指出权利要求 5 的主题名称与权利要求 1 的主题名称不一致。由于审查意见中未对权利要求 5 的新颖性、创造性、实用性提出意见，则说明审查员认为针对目前的对比文件来说，该权利要求满足新颖性、创造性和实用性的条件。经过对比，权利要求所要求保护的主题名称"充电系统"与权利要求 1 的"电源系统"不一样，不符合《专利法实施细则》第 22 条第 1 款的规定。即审查意见 5 也是正确的。

6. 关于审查意见 6

其指出权利要求 10 不清楚。对于从属权利要求，其附加技术特征应该是对引用的权利要求的进一步限定，而权利要求 10 引用权利要求 1，附加技术特征中限定了"控制电路"，而权利要求 1 并未出现"控制电路"，从而导致"所述控制电路"这一特征在没有引用基础的情况下，不清楚是对权利要求 1 中的哪个特征作出的进一步限定，因此权利要求 10 的保护范围不清楚，审查意见 6 也是正确的。事实上权利要求 4 限定了控制电路，也就是说权利要求 10 应该引用权利要求 4。

7. 关于审查意见 7

其指出了多项从属权利要求引用多项从属权利要求的缺陷，根据"多项从属权利要求"的定义，我们可以确定权利要求 12 和及其引用的权利要求 9 都属于"多项从属权利要求"，因此审查意见 7 也是正确的。

对于审查意见通知书中没有涉及的权利要求，也按照"专利三性"、清楚性、支持性的顺序逐一进行核查，经过核查，可以发现其他权利要求不存在上述缺陷。

（二）对撰写意见陈述书和权利要求书的分析

在撰写意见陈述书之前，需要修改申请文件以克服审查意见指出的缺陷，对本题来讲是修改权利要求书。修改权利要求书的思路，应该与撰写权利要求书的思路基本相同，但要特别注意符合《专利法》第 33 条的规定。下面我们就进行具体分析。

1. 判断发明专利申请可以保护的主题

对于具有可以借鉴参考的基础权利要求书的考题，可申请保护主题的分析步骤和方法是：

（1）以原权利要求书作为参考基础。我们通过对第（一）部分的分析已经知道其权利要求 1~3 分别不具备新颖性、创造性，权利要求 4~12 具备新颖性、创造性。

（2）将说明书与作为最接近的现有技术的对比文件进行详细对比，发现不一样的地方（有可能成为技术贡献的区别点）。

综合以上两点，我们发现本申请说明书与作为最接近的现有技术的对比文件 1 共有 4 处区别。区别一是本申请使用了压电元件（原权利要求 2 的附加技术特征）；区别二是本申请存在控制电路，用于检测电池的现有电量（原权利要求 4 的附加技术特征）；区别三是充电系统设置功率转换器（原权利要求 5 的附加技术特征）；区别四是使用了太阳能转换器作为能量转换器（原权利要求 3 的附加技术特征）。这 4 处区别配合相关联及相应的技术特征可能构成独立权利要求保护的具有创造性的技术方案，但还需进一步分析确定。

（3）结合其他现有技术（对比文件 2 和公知常识），判断上述所构成的技术方案的创造性。上述区别一"使用压电元件"将机械能转换为电能后为可充电电池充电的特征在对比文件 2 中公开，因此，将上述区别一撰写成独立权利要求不能满足创造性的要求（参见原权利要求 2 不具备创造性）；关于上述区别四"能量转换器"使用太阳能转换器属于本领域的公知技术（参见之前分析），因此，将上述区别四撰写成独立权利要求也不能满足创造性的要求（参见原权利要求3不具备创造性）。至于上述区别二和区别三都没有被对比文件1、对比文件2所公开，也不属于公知常识，将这两点撰写成权利要求，应该有可能满足创造性的要求。

（4）结合发明内容确定可以撰写独立权利要求的主题。上述第二、第三处不一样的地方，是分别撰写成独立权利要求呢，还是其中一个可撰写成从属权利要求？我们可以根据说明书的发明构思，本发明声称的要解决的技术问题进行判断。本申请声称解决的技术问题是提高充电的稳定性，提高充电电池的寿命。而采用上述区别二可以避免电池由于频繁充电而损害其寿命，也就是说，上述区别二是解决本申请声称解决的技术问题。而上述区别三解决的技术问题是提高各个模块之间的功率传输效率，是在解决了本申请声称解决的技术问题的基础上，进一步解决的技术问题，因此应该写入从属权利要求。

另外，还有一个辅助的判断方式，即根据本申请说明书中描述多少和提示语句配合发明目的进行判断。对于本申请，首先，说明书首先描述的是之二点，着墨也比较多；其次，描述完控制电路之后，在描述"充电系统还设置了功率转换器34"之前，说明书明确描述"进一步地，为了提高各个模块之间功率传输效率"，是为了实现进一步的效果，属于更好更优的特征，不是必要技术特征，应该写入从属权利要求；最后，独立权利要求1只写入"控制电路"以及控制电路检测的物理量，是本申请改进电池充电效果的基本技术手段，这样权利要求的保护范围也最大。

至此可以判断，关于利用机械能转换为电能为电池充电的主题，只能撰写一个独立权利要求，而且独立权利要求1对现有技术作出贡献的区别技术特征也确定了，即控制电路，用于检测所述的电池的现有电量，当现有电量小于预定的阈值时，发送控制信号给储能元件，当储能元件收到所述控制信号后，开始发送电量给电源，而关于功率转换器以及振动能量源的相关特征不是必要技术特征，应该在从属权利要求中继续限定。

现在看将太阳能转换为电能为电池充电这一主题，说明书第21段中提及了"事实上，除了将机械能转换成电能以及将光能转换为电能之外，本发明中也可以利用其他外部能量转换器，将其他形式的能量转换为电能，进而将电能存储在储存元件中为可充电电池充电"，即给出了将振动能量源或者太阳能转换器上位概括成"外部能量转换器"的提示。也就是说太阳能转换为电能为电池充电的方案没有必要分案申请。

可见，这样就比较容易地确定了保护主题，即利用外部能量转换为电能为电池充电并且延长充电电池寿命。

2. 权利要求书的撰写分析

对于本案，由于题目要求根据"第一次审查意见通知书"进行修改权利要求书，因此，需要注意同时满足《专利法》第 33 条和《专利法实施细则》第 53 条第 1 款的规定，克服审查意见指出的缺陷。

本案中原权利要求书中有 8 项权利要求是具备创造性的，那么应该将哪一项权利要求作为独立权利要求呢？在前面的分析中，我们已经确定了本申请的保护主题以及对现有技术作出贡献的区别技术特征，对比该保护主题与原权利要求书中的各项权利要求，我们很容易发现应该将原权利要求 4 作为本案的独立权利要求，并在撰写的过程中克服其存在的缺陷即可。

从属权利要求只需要照抄原权利要求书并克服其审查意见指出的缺陷即可。

3. 意见陈述书的撰写

意见陈述书的撰写，首先，需对审查意见作出回应，表明对所提出的审查意见是否同意，如果对某条审查意见有异议，则需要简述理由；其次，明确告知如何修改权利要求，即把修改后的独立权利要求写入意见陈述书的前半部分，然后论述该修改依据具体出自说明书的哪一部分，以此证明该修改符合《专利法》第 33 条的规定，接下来只需论述本案独立权利要求具备新颖性和创造性的理由以及对审查意见通知书提出的其他审查意见涉及的缺陷是如何进行修改的就可以了。

在论述新颖性时，需要注意的是，新颖性的判断原则是单独对比。考题给出了两份对比文件。因此，需要分别论述权利要求 1 相对于对比文件 1 或对比文件 2 具备新颖性的理由以及写明法律依据。在论述创造性时，需要注意的是创造性的判断原则是组合对比，应该按照《专利审查指南 2010》规定的"三步法"进行论述，并注意本部分第五章归纳的答题要点。

## 三、参 考 答 案

### 意见陈述书

尊敬的审查员：

申请人仔细地研究了您对本案的审查意见，针对该审查意见所指出的问题，申请人对申请文件作出了修改并陈述意见如下：

一、对审查意见的回应

针对第一次审查意见，申请人通过仔细阅读对比文件，同意第 1~3 条、第 5~7 条审查意见，不同意第 4 条审查意见，并且认为原权利要求 4 具备创造性，具体理由参见第三部分内容。

二、修改说明

修改后权利要求书共 11 项权利要求，其中独立权利要求 1 项。

1. 对权利要求 1 进行了修改，主要将原权利要求 4 的附加特征补入独立权利要求 1 中，修改后的独立权利要求 1 为：

一种用于便携式电子设备的电源系统，包括：

充电系统，包括

外部能量转换模块，用于将外部能量转换为电能；

储能元件，其连接到外部能量转换模块，用于存储由外部能量转换模块转换得到的电能；以及

电源，可操作的连接该充电系统；

进一步包括控制电路，用于检测所述电源中的可充电电池的现有电量，当现有电量小于预定的阈值时，发送控制信号给储能元件，当储能元件收到所述控制信号后，开始发送电量给电源。

上述修改参见原说明书第［0014］段，因此修改不超出原始申请文件记载的范围。

2. 修改了从属权利要求，以克服审查意见提出的缺陷。

3. 以上修改均未超出原始说明书和权利要求书所记载的范围，符合《专利法》第 33 条的规定。具体修改内容参见修改后的权利要求书。

三、关于新颖性

修改后的权利要求 1~11 相对于对比文件 1 或对比文件 2 具备新颖性。

对比文件 1 中公开了"监视电路"，但是对于监视电路的具体功能的限定为"该监视电路监视二次电池的温度，当二次电池的温度高于阈值时，停止储能电路对二次电池充电，以免电池过热损坏"，也就是说，对比文件 1 公开的监视电路监视的是电池的温度，并在温度高于阈值时，停止充电，而修改后的权利要求 1 中的"控制电路"限定的是"检测所述的电池的现有电量"，两者检测的物理量不相同，对比文件 1 没有公开类似于"控制电路"功能的模块。同时，对比文件 2 也没有公开类似于"控制电路"功能的模块，因此，权利要求 1 请求保护的技术方案既不同于对比文件 1 公开的技术方案，也不同于对比文件 2 公开的技术方案，相对于对比文件 1 或者对比文件 2 是具备新颖性的，从而从属权利要求 2~11 也具备新颖性。

四、关于创造性

修改后的权利要求 1~11 具备创造性。

在审查员提供的对比文件中，可以将对比文件1作为最接近的现有技术。

将本申请修改后的权利要求1与对比文件1相比，后者没有公开"控制电路，用于检测所述电源中的可充电电池的现有电量，当现有电量小于预定的阈值时，发送控制信号给储能元件，当储能元件收到所述控制信号后，开始发送电量给电源"这一技术特征，并且对比文件1中监视电路由于其检测的是电池温度，因此监视电路所起的作用是避免电池过热损坏，而本申请中控制电路由于其检测的是电池的现有电量，因此控制电路所起的作用是避免电池在不需要充电时而被充电，避免电池的频繁充电而损害电池寿命，两者作用不相同，且由于检测的物理量相差较远，相应的检测元件也是不相同的，因此上述技术特征不属于根据对比文件1公开内容而容易想到的内容。同时，由于对比文件2中没有公开类似于"控制电路"功能的模块，因此，修改后的权利要求1相对于对比文件1和对比文件2的结合不是显而易见的，具有突出的实质性特点和显著的进步。

因此修改后的权利要求1具备创造性，相应的从属权利要求2~11也具备创造性。

五、其他问题说明

对于权利要求还进行了如下修改：

1. 将原权利要求5的主题名称修改为"电源系统"，以与其引用的权利要求的主题名称一致。

2. 原权利要求10中关于"所述阈值"以及"所述控制电路"导致的保护范围不清楚的缺陷，通过将原权利要求4附加技术特征增加到权利要求1中而克服该缺陷。

3. 原权利要求11不符合《专利法实施细则》第22条第2款规定的缺陷，通过权利要求书的修改已经被克服。

4. 由于本申请仅有一组权利要求，不需要分案。

申请人相信，修改后的权利要求书已经完全克服了第一次审查意见通知书中指出的新颖性和创造性等缺陷，符合《专利法》及其《专利法实施细则》《专利审查指南2010》的有关规定。

专利代理人：×××

（电话×××××××××××）

**修改后的权利要求书**

1. 一种用于便携式电子设备的电源系统，包括：

充电系统，包括

外部能量转换模块，用于将外部能量转换为电能；

储能元件，其连接到外部能量转换模块，用于存储由外部能量转换模块转换得到的电能；以及

电源，可操作的连接该充电系统；

进一步包括控制电路，用于检测电源中可充电电池的现有电量，当现有电量小于预定的阈值时，发送控制信号给储能元件，当储能元件收到所述控制信号后，开始发送电量给可充电电池。

2. 根据权利要求1所述的电源系统，其中所述外部能量转换模块由压电元件组成。

3. 根据权利要求1所述的电源系统，其中所述外部能量转换模块由太阳能转换器组成。

4. 根据权利要求1所述的电源系统，还包括有功率转换器。

5. 根据权利要求4所述的电源系统，其中所述功率转换器连接在外部能量转换模块和储能元件之间，以有利于两者之间进行功率转换。

6. 根据权利要求4所述的电源系统，其中所述功率转换器连接在储能元件和电源的可充电电池之间，以有利于储能元件与可充电电池之间的功率转换。

7. 根据权利要求4所述的电源系统，其中功率转换器为两个，分别连接在外部能量转换模块与储能元件之间以及连接在储能元件与电源的可充电电池之间，以有利于外部能量转换模块与储能元件、储能元件与可充电电池之间的功率转换。

8. 根据权利要求4~7任意一项所述的电源系统，其中所述功率转换器为DC-DC转换器。

9. 根据权利要求1所述的电源系统，其中，所述阈值预设于所述控制电路中。

10. 根据权利要求1~7、9中任意一项所述的电源系统，其中所述储能元件集成在所述可充电电池中。

11. 根据权利要求8所述的电源系统，其中所述储能元件集成在所述可充电电池中。

## 四、其他分析

为了帮助本书的读者更好地理解本案例，我们再从以下两方面对本案例做

进一步的分析。

（一）独立权利要求必要技术特征的分析

经过与第一次审查意见通知书提供的最接近的现有技术——对比文件1的对比，重新确定本申请解决的技术问题为：利用外部能量为电池充电，并且避免电池由于频繁充电而导致的电池寿命缩短。为了解决这一技术问题，必然要包括外部能量转换模块，其将其他能量转换为电能，以及用于充电的电源；还需要包括控制电路，以便控制电池何时充电，同时，控制电路的控制对象也是必不可少的，也就是说，本申请说明书中记载了，控制电路在检测到电池中的现有电量大于阈值时发送控制信号给储能元件，从而控制储能元件为电池充电，因此，储能元件也是必不可少的技术特征。至此，我们可以看看所得到的技术特征的总和所构成的技术方案，是否足以使其区别于本申请背景技术以及"第一审查意见通知书"所提供的现有技术中的技术方案，由于上述技术特征的总和所构成的技术方案可以检测电池中现有电量，并且，当电池中现有电量大于阈值时，储能元件不发送电量给电池，从而避免了电池的频繁充电，进而有利于可充电电池的寿命的延长，而本申请背景技术、对比文件1、对比文件2均不存在避免电池频繁充电的技术方案，因此，所构成的技术方案是区别于背景技术、对比文件1、对比文件2中所包含的技术方案，换句话说，上述分析的技术特征属于为了解决本申请重新确定的技术问题的必要技术特征。

另外，我们再从说明书中提取其他技术特征，看看是否还遗漏了其他必要技术特征。对于"振动能量源"和"太阳能转换器"属于"外部能量转换器"的下位概念，具体限定了转换为电能的某一种外部能量的转换，属于进一步的方案。"所述振动能量源由压电元件组成"在说明书中记载的效果为"为了便于电源系统的小型化"，而将振动能量源限制为压电元件，即上述特征是本申请实现的进一步的效果必要技术特征。"储能元件集成在可充电电池中"在说明书中记载的效果为"进一步减少电源系统所占的体积"，是本申请实现的进一步的效果。"设置功率转换器"在说明书中记载的效果为"为了提高各个模块之间的功率传输效率"，也是本申请实现的进一步的效果。因此，这些技术特征都不是解决前述技术问题的必要技术特征。

由此，我们确定了本申请的独立权利要求的必要技术特征，参见修改文本中的权利要求1。

（二）修改文本是否超范围的分析

参见本申请修改后的权利要求书，修改涉及的部分包括以下几个方面。

1. 将原权利要求 4 的附加技术特征增加到原权利要求中

关于此处修改，由于原权利要求 4 是原权利要求 1 的从属权利要求，将其附加技术特征增加到权利要求 1 中所形成的新的独立权利要求的保护范围实质上与原权利要求 4 的保护范围相同，而且原说明书第 14 段明确记载了"控制电路 37 连接储能元件 36 与电源 32，用于检测电源 32 中的可充电电池 33 的现有电量，当现有电量小于预定的阈值时，发送控制信号给储能元件 36，当储能元件 36 收到所述控制信号后，开始发送电量给电源 32"，可见，修改后的权利要求 1 的技术方案在原说明书中有明确记载，因此，修改后的权利要求 1 没有超出原权利要求书和说明书记载的范围。

2. 将原权利要求 5 引用的权利要求编号修改为 1 并且修改其主题名称

关于该权利要求的修改，由于原权利要求 5 引用原权利要求 4，修改后的文本将原权利要求 4 合并至原权利要求 1，因此，修改引用权利要求的编号仅是适应性的修改。关于其主题名称的修改，根据《专利法实施细则》第 22 条第 1 款的规定，从属权利要求的主题名称应该与所引用的权利要求的主题名称一致，因此，为了克服原权利要求 5 与原权利要求 4 主题名称不一致的缺陷，对原权利要求 5 的主题名称进行修改没有超出原权利要求书和说明书记载的范围。

3. 修改了原权利要求 11 所引用的权利要求的编号

关于该权利要求的修改，由于《专利法实施细则》第 22 条第 2 款规定，引用两项以上权利要求的多项从属权利要求，不得作为另一项多项从属权利要求的基础。因此，在前的原多项从属权利要求 9（修改后的权利要求 8）不能作为原多项从属权利要求 11 的引用基础，为了不损失利益，将其另列为一项从属权利要求，这样的修改没有超出原权利要求书和说明书记载的范围。

另外，克服"多项引多项"的缺陷而增加了从属权利要求的项数，是符合《专利法实施细则》第 51 条第 3 款规定的。

## 第六节 电动牙刷案例分析与参考答案

### 一、试题说明

客户 A 公司向你所在的专利代理机构提供了技术交底材料 1 份、3 份对比文件（附件 1 至附件 3）以及公司技术人员撰写的权利要求书 1 份（附件

4)。现委托你所在的专利代理机构为其提供咨询意见并具体办理专利申请事务。

第一题：请你撰写提交给客户的咨询意见，逐一解释其自行撰写的权利要求书是否符合专利法及其实施细则的规定并说明理由。

第二题：请你综合考虑附件1至附件3所反映的现有技术，为客户撰写发明专利申请的权利要求书。

第三题：简述你撰写的独立权利要求相对于现有技术具备新颖性和创造性的理由。

第四题：如果所撰写的权利要求书中包含两项或者两项以上的独立权利要求，请简述这些独立权利要求能够合案申请的理由；如果认为客户提供的技术内容涉及多项发明，应当以多份申请的方式提出，则请说明理由，并撰写分案申请的独立权利要求。

**技术交底材料：**

电动牙刷在国外广泛使用，但在我国的应用尚不普及，随着国人保健卫生意识的提高，它将成为大众日常卫生保护的重要工具。

我公司致力于电动牙刷的研制，经过市场调研我们发现，现有的电动牙刷通常采用旋转式电机，其结构如对比文件1所示，牙刷刷头的转速跟随电机的转速，而且牙刷刷头的转向是唯一的。然而，科学的刷牙方式要求上牙从上向下刷，下牙从下往上刷。因此，这种电动牙刷不符合科学的刷牙方式，不利于保护牙齿的健康。

为此，有厂家设计了一种电动牙刷，如附件2所示，其在电动牙刷的手柄上设计了一个正反转开关，所述的正反转开关具有两个可以设置的位置，当其位于第一个位置上时，电机按一个方向转动；当其位于第二个位置时，电机按上述的转动方向的反方向转动。

尽管附件2的电动牙刷已经实现了正、反向的双向旋转，但现有技术中并没有对其转速加以控制。事实上，现实生活中，人们在刷牙时对于转速的要求是不同的，需要一种能够根据自身需求实现转速控制的电动牙刷。

在上述现有技术的基础上，我公司提出改进的电动牙刷。如图1所示，该电动牙刷包括刷头部分和刷柄部分。其中，刷头部分包括刷毛3；刷柄部分包括刷柄外壳2以及位于外壳2内的电池5和电机6。该电动牙刷的刷柄外壳2上具有可以改变电机6的转动方向的换向开关9。当按下开关9的一头接通电机电源时，电机6向右旋转，带动刷毛3向右旋转；当按下开关9的另一头接通电机电源时，电机6向左旋转，带动刷毛3向左旋转。该换向开关9采用的就是现有技术中的换向开关，其工作方式也与现有技术相同。本发明对该电动牙刷进行了改进，使得可以对其转速加以调节。

在第一个实施例中，如图2所示，该电动牙刷还包括并联连接的调速开关12和电阻11。调速开关12和电阻11的并联电路串联连接在电池5和电机6的路径中。可选地，电池5还可以通过换向开关9与电机6连接，该换向开关9即为现有技术中的改变电机6的转动方向的换向开关，它们之间的连接方式也与现有技术相同。该电动牙刷的工作原理为：当调速开关12导通时，电阻11被短路，电池5和电机6直接导通，电机6进入高速旋转状态；当调速开关12关断时，电池5和电机6之间经由电阻11导通，电机6进入低速旋转状态。由此，人们可以根据自身需要通过调速开关12的导通和关断实现"低速"和"高速"两挡转速刷牙。

上述的方式可以实现两速刷牙。为了满足更多人对速度的需求，可替换地，如图3所示，该电动牙刷包括多个并联支路，每个并联支路都包括串联连接的电阻R和开关K。优选地，每条并联支路上的电阻R的电阻值均不相同，电阻R的电阻值的大小与其所属支路所要达到的转速成反比，转速越大，则电阻值越小。这样，当要实现一个最慢的转速时，就可以导通电阻值最大的电阻所在的支路；当要实现一个最快的转速时，就可以导通电阻值最小的电阻所在的支路；以此类推。由此可见，并联支路的个数越多，则所能实现的转速的级别越多。

我公司进一步发现，该电动牙刷中含有多个电阻R和开关K，其必然需要占据外壳2内部的空间，增加了牙刷刷柄部分的体积，不便于持握；而且需要在外壳2上设置多个与各个开关K对应的开关，操作起来也不是很方便，为此发明了一种结构简单，能够实现多转速连续调节的电动牙刷。如图4所示，该电动牙刷包括可变电阻器13。该可变电阻器13串联连接在电池5和电机6的串联路径中，通过滑动可以增大或减小串联路径中的电阻值，进而可以改变流过电机6的电流，实现转速调节的目的。该可变电阻器13的具体设置如图5所示，包括位于刷柄外壳2上的滑动按钮134和刷柄外壳内的滑动变阻器本体131。具体地，刷柄外壳2的侧壁上设置有滑轨133，滑动按钮134设置在滑轨133上，并且滑动按钮134的底部深入滑轨133下，与滑动变阻器本体131上的滑片132连接。

通过以上实施例，本领域技术人员会想到其他与电池5和电机6串联连接并通过改变该串联支路中的电阻值的大小来进行转速调节的装置或电路结构，这些都包括在本发明的范围之内，都可以用来实现对电动牙刷进行转速调节的目的。

另外，现有的电动牙刷，大部分刷毛都无法定期更换，一旦电动牙刷整体使用过一段时间，则必须整体抛弃，造成了极大的浪费。有厂家设计过一款刷毛可替换的电动牙刷，如对比文件3，但该款电动牙刷仅通过紧固件来完成对刷头的固定，非常不牢固，使用一段时间后，由于刷头的长期旋转振动，刷头很容易脱落。为此，我公司还设计了一种刷头部分不容易松动并且刷头可更换的电动牙刷。

电动牙刷的结构分解图如图6所示。该电动牙刷包括刷头部分和刷柄部分。其中，刷头部分包括护罩1、刷毛3和转轴4，转轴4伸出护罩1一部分；刷柄部分包括刷柄外壳2以及位于外壳2内的电池5和电机6，电机6的输出轴7伸出外壳5之外。其中，刷头部分和刷柄部分相互独立。该电动牙刷还具有连接器8，用于将刷头部分和刷柄部分别连接在一起；连接器8一端固定在电机输出轴7上，连接器8另一端具有可以供转轴4插入的孔洞81。优选地，孔洞81的直径与转轴4的直径基本上一致，孔洞81的长度与转轴4伸出护罩1并伸入到孔洞81中的长度基本上一致。进一步地，为了使刷头部分更牢固地插接到连接器8中，转轴4伸出护罩1的部分上具有至少一个凸起41，连接器8的孔洞81的侧壁上与凸起41相对应的位置上设置有相应的凹槽（图中未示出）。优选地，凸起41和相应的凹槽的数量可以有2个或多个，并且分布均匀。这样，当需要更换刷头部分时，只需要拔出刷头部分进行更换即可，方便实用。

需要说明的是，该电动牙刷的可更换刷头部分的这种结构，可以用在任何电动牙刷中，包括我公司所发明的可以调节转速的电动牙刷中，以对其结构进行改进。

## 技术交底材料附图

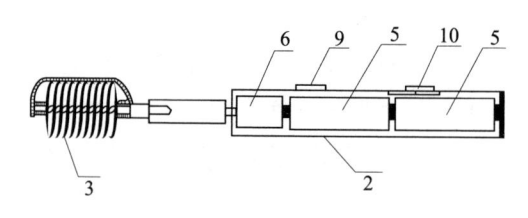

图1

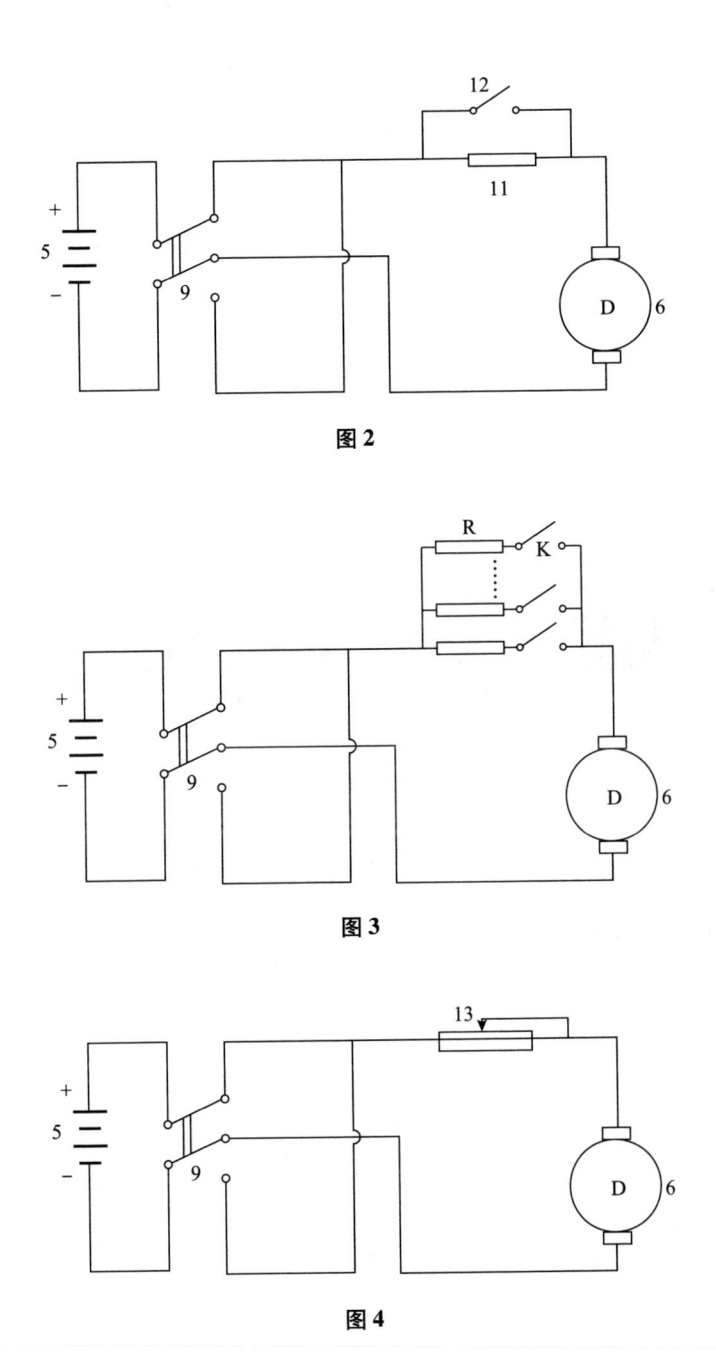

图 2

图 3

图 4

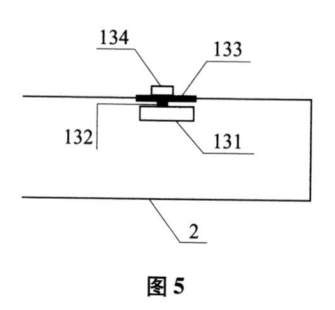

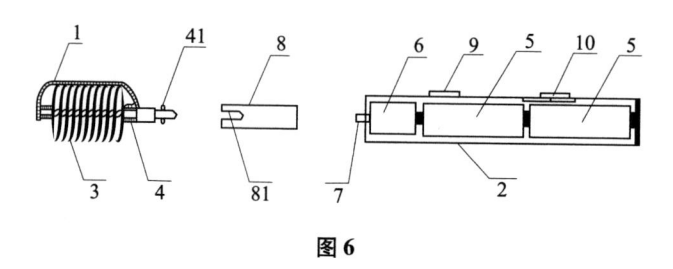

图 5

图 6

## 附件1（对比文件1）：

(19) 中华人民共和国国家知识产权局

**(12) 实用新型专利说明书**

(45) 授权公告日 2013.09.09

(21) 申请号 201221352468.9
(22) 申请日 2012.12.24

（其余著录项目略）

说　明　书

电动牙刷

　　本实用新型涉及牙刷领域，尤其涉及电动牙刷领域。

　　目前，人们刷牙所采用的牙刷是市场上出售的普通牙刷，利用这种牙刷来刷牙时，人们需顺着牙齿生长方向来纵向刷动，才能有效地清除齿缝中的污物。在实际应用中，牙刷在口腔内很难纵向刷牙，横刷的话又容易伤害到牙龈，并且不能有效地清洁牙齿。

　　本实用新型的目的在于：提供一种易于使用，并能有效地清除齿缝中污物的电动牙刷。

　　图1是本实用新型的电动牙刷的结构图。

　　如图1所示，该电动牙刷包括刷头1和刷柄2。刷头1为半覆结构，其下布置有刷毛3及与其相连的转动轴4的一部分。刷柄2为空腔结构，其中具有直流电机7，为该直流电机7供电的电池8，转动轴4的另一部分以及将转动轴4的该另一部分的末端与电机7的轴6固定连接的接头5。在刷柄2的下部还有一个开关9，当按下开关9，使得直流电机7通电旋转后，电机7的旋转可以带动轴6转动，同时轴6的转动可以带动转动轴4旋转，从而使刷毛3转动，自动完成刷牙工作，有效清洁牙齿。并且，刷头1的半覆结构与刷柄2的空腔结构一体成型，使得该电动牙刷结实耐用。

　　本实用新型的电动牙刷，结构简单，在电池有电的情况下，仅需要按下开关按钮，就可以自动开始刷牙，方便快捷。

## 说明书附图

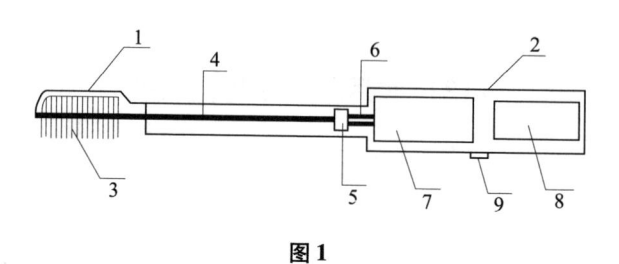

图 1

## 附件2（对比文件2）：

(19) 中华人民共和国国家知识产权局

**(12) 实用新型专利说明书**

(45) 授权公告日 2014.12.28

(21) 申请号 201320123456.7

(22) 申请日 2013.10.13

（其余著录项目略）

## 说 明 书

### 电动牙刷

本实用新型涉及的技术领域是人们生活日用牙刷的制造业。

现有市场上出售的人们常用的牙刷，一般只有刷柄、刷毛所构成，这种牙刷在使用时习惯上是牙刷毛朝牙缝的交叉方向刷，不是顺着牙缝方向刷，刷起来不均匀、不方便，牙缝中残留食物清除不干净，致使细菌生长，引起牙病，影响人们的健康。这是现有牙刷存在的缺点。

本发明的目的是克服现有牙刷的缺点，采用电动式刷毛转旋方向自然朝着牙缝方向，转速均匀，对牙缝中的残留食物清除干净，且不容易刷伤牙床，达到较理想的刷牙保健目的。

图1为电动牙刷构造剖面图。

图2为电动牙刷线路图。

本实用新型的电动牙刷由护罩1、刷毛2、转轴3、小电机4、双开关5、刷柄6、电池7、电机轴8所构成。牙刷柄部6装上小电机4和电池7，电机轴8接上转轴3，刷毛2安装在转轴3的顶端，刷毛2用半圆型护罩1保护。

图1中5为双开关，7为电池，4为小电机，当双开关5位于第一个位置上时，双开关5上的接点使小电机4的驱动端B与电池7的正极性端相连接，驱动端A与电池7的负极性端相连接，使电机4按一个方向转动；当双开关5的手柄位于第二个位置上时，双开关5上的接点使小电机4的驱动端B与电池7的负极性端相连接，驱动端A与电池7的正极性端相连接，使电机4按上述的转动方向的反方向转动。这样，刷毛在牙齿上就自然朝着牙缝方向转旋，牙缝中的残留食物就能清除干净，防止细菌的生长所引起的牙病，而又不易刷伤牙床，以达到保健牙齿的卫生效果。

## 说明书附图

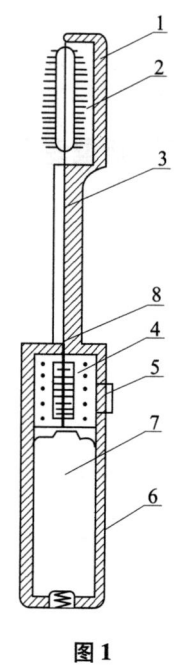

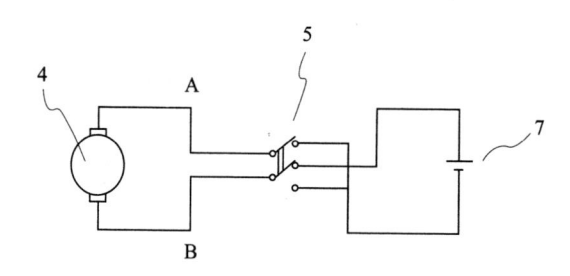

图 1

图 2

附件3（对比文件3）：

(19) 中华人民共和国国家知识产权局

**(12) 实用新型专利说明书**

(45) 授权公告日 2013.08.01

(21) 申请号 201220234567.8
(22) 申请日 2012.10.20

（其余著录项目略）

说　明　书

可更换牙刷头的电动牙刷

　　本实用新型涉及一种电动牙刷，特别涉及一种可更换牙刷头的滚动式电动牙刷。
　　随着电动牙刷的逐渐流行，越来越多的人选择使用电动牙刷来刷牙，但电动牙刷价格稍贵，如果使用一段时间后，因其刷毛变形而将其丢弃，不免有些浪费。
　　本实用新型为了克服以上技术的不足，提供了一种可更换牙刷头的滚动式电动牙刷。
　　图1是本实用新型的电动牙刷的结构示意图。
　　图2是本实用新型的牙刷头的结构示意图。
　　图中1为紧固件，2为紧固件，3为槽体，4为牙刷柄，5电池盖，6为凹槽。
　　如图1、图2所示的一种可更换牙刷头的滚动式电动牙刷，包括一体成型的牙刷前部和牙刷后部。牙刷后部为牙刷柄4。牙刷前部具有槽体3，并且槽体3的两个相对的侧面上分别具有紧固件1和紧固件2。如图2所示，牙刷头是带有刷毛的圆柱体，并且该圆柱体的两个相对的侧面上具有凹槽6。牙刷柄4内安装有电池和用于带动牙刷头转动的电机。牙刷头是通过位于槽体3两端的可拆卸的紧固件1、2固定在牙刷上，紧固件1、2的位置与凹槽6的位置相对应。紧固件2还与电机轴连接，刷牙时，电机轴转动带动紧固件2转动，进而带动牙刷头转动。当需要更换牙刷头时，仅需要通过按压紧固件1使得牙刷头稍微松动，即可很容易地更换牙刷头。

## 说明书附图

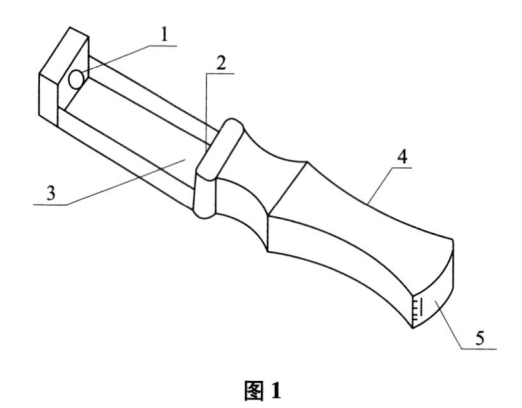

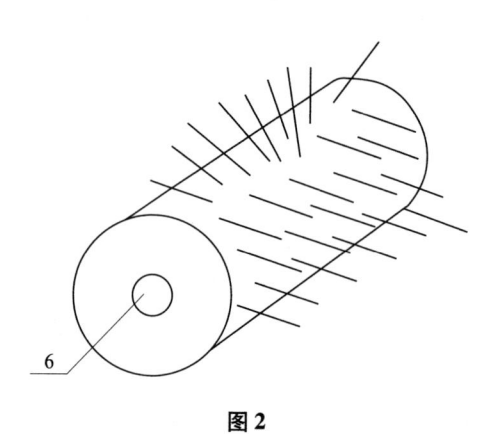

**图 1**

**图 2**

**附件 4（客户公司技术人员所撰写的权利要求书）：**

1. 一种电动牙刷，包括刷头部分和刷柄部分，刷头部分包括刷毛，刷柄部分包括刷柄外壳（2）以及位于外壳（2）内的电池（5）和电机（6），该电动牙刷的刷柄外壳（2）上具有可以改变电机（6）的转动方向的换向开关（9）。

2. 根据权利要求 1 所述的电动牙刷，其特征在于，还具有调节转速的装置。

3. 根据权利要求 2 所述的调节转速的装置，其特征在于，所述调节转速的装置与电池（5）和电机（6）串联连接并通过改变串联支路中的电阻值的大小来进行转速调节。

4. 根据权利要求 1 所述的电动牙刷，其特征在于，刷毛是可更换的。

## 二、案例分析

（一）为客户撰写咨询意见（第一题）的分析

电动牙刷的案例与 2013 年的考题题型类似，简单分析如下。

1. 新　颖　性

目前技术人员撰写的权利要求 1 要求保护一种电动牙刷，其限定的特征都属于技术特征，显然属于专利法保护的客体并具备实用性。将权利要求 1 的技术方案分别与对比文件 1 或对比文件 2 或 3 进行对比。通过对比，对比文件 1 并未公开权利要求 1 中的技术特征"电动牙刷的刷柄外壳（2）上具有可以改变电机（6）的转动方向的换向开关（9）"，因此，权利要求 1 相对于对比文件 1 具备《专利法》第 22 条第 2 款规定的新颖性。进一步仔细对比，发现权利要求 1 的全部技术特征已经被对比文件 2 所公开，而且它们属于相同的电动牙刷技术领域，解决的都是电动牙刷正、反向双向旋转的技术问题，都能达到使电动牙刷旋转符合科学刷牙方式的技术效果。因此，权利要求 1 相对于对比文件 2 不具备《专利法》第 22 条第 2 款规定的新颖性。

已经确定权利要求不具备新颖性，一般就不必判断其相对于对比文件 3 是否具备新颖性。在考试中，为了避免之前的对比有误，可以再继续考虑对比文件 3。

2. 独立权利要求缺少必要技术特征

本发明要解决的技术问题是电动牙刷刷牙时的转速不可控。但是，独立权利要求 1 中并没有记载任何对现有技术作出贡献的能够控制电动牙刷转速的技术特征。根据技术交底材料，电动牙刷转速的控制是通过与电池 5 和电机 6 串联连接，并通过改变串联支路中的电阻值的大小来进行转速调节的装置来实现的，而该技术特征并未记载在独立权利要求 1 中。因此，权利要求 1 还存在缺少必要技术特征的缺陷，不符合《专利法实施细则》第 20 条第 2 款的规定。

3. 权利要求得不到说明书支持

权利要求 2 是权利要求 1 的从属权利要求，其进一步限定的附加技术特征是"还具有调节转速的装置"。经过对比，我们不难发现包含该附加技术特征的技术方案没有被对比文件 1、对比文件 2 或对比文件 3 公开，因此其具备新颖性。同时，对比文件 2 为最接近的现有技术，在对比文件 2 的基础上结合对比文件 1、3 不能显而易见地得出权利要求 2 的技术方案，权利要求 2 具备《专利法》第 22 条第 3 款规定的创造性。

接着，我们可以考虑支持性、清楚性等问题。经过与技术交底材料的对比，我们发现，对于权利要求 2 的附加技术特征，技术交底材料首先是给出了 3 个具体的实施方式，然后概括描述为"其他与电池 5 和电机 6 串联连接并通过改变该串联支路中的电阻值的大小来进行转速调节的装置或电路结构，这些都包括在本发明的范围之内，都可以用来实现对电动牙刷进行转速调节的目的"。技术交底材料中强调了转速调节装置与电池和电机的连接以及转速调节是通过电阻调节来实现的。也就是说，权利要求 2 的附加技术特征没有对进行转速调节的装置与电池和电机的连接关系进行限定，也没有对如何进行转速调节进行描述，属于上位的功能性概括，对于权利要求 2 所限定的该功能，说明书中是以特定的电阻调节的方式来实现的，本领域技术人员不能明了此功能还可以采用说明书中未提到的其他替代方式来完成。而且，如果该功能能够以其他方式来限定，那么通常在技术交底材料中就会加以描述，例如"本领域技术人员知道，该电动牙刷的转速调节功能还可以替代地以其他方式来实现，比如二极管调节……"。然而，通篇阅读本申请的技术交底材料，发现并没有相类似的描述。也就是说，在考试的过程中，我们不能对技术交底材料未描述的内容进行过多地猜测和推想，对于本申请，不应该将其概括为"转速调节的装置"。因此，该方案未能以从技术交底材料（说明书）为依据，不符合《专利法》第 26 条第 4 款的规定。

权利要求的支持问题，对于电学领域的申请文件撰写来说，是一个比较容易出现的问题，也是一个难点，涉及概括方式和程度，故在此举例分析。

4. 权利要求主题名称改变

权利要求主题名称改变是一个比较容易被忽视的地方。从权利要求 3 的附加技术特征来看，是要对调节转速的装置进行进一步的限定和描述，因此，在撰写这个权利要求的时候，就会先入为主地将该权利要求引用部分的主题名称写成"调节转速的装置"，导致权利要求 3 的主题名称"调节转速的装置"与引用的权利要求 1 的主题名称不一致，不符合《专利法实施细则》第 22 条第 1 款的规定。

5. 创　造　性

权利要求 4 的附加技术特征是"刷毛是可更换的"，该附加技术特征已被对比文件 3 公开，并且其在对比文件 3 中所起的作用与附加技术特征在本申请中所起的作用相同，都是避免浪费。由此判断得出权利要求 4 不具备创造性，不符合《专利法》第 22 条第 3 款的规定。

需要说明的是，在本案例中，并没有涉及权利要求可能存在的所有种类的缺陷，仅涉及了几个主要的问题，目的在于有针对性地加强对重要法条的理解和掌握。

（二）为客户撰写发明专利申请的权利要求书（第二题、第四题）的分析

本案例在权利要求撰写过程中主要涉及的难点有：（1）权利要求的上位概括，这在对权利要求存在问题的分析过程中已有所涉及，这里再进行进一步的分析；（2）单一性问题。

1. 权利要求的上位概括

首先判断发明专利申请可以保护的主题，方法与之前的案例基本一致。

（1）以客户撰写的权利要求书作为参考基础。通过第一题的分析我们已经知道其权利要求 1、4 分别不具备新颖性、创造性，权利要求 2、3 具备新颖性、创造性。

（2）将技术交底书与最接近的对比文件进行详细对比，发现不一样的地方（有可能成为技术贡献的区别特征）。

综合以上两点，我们发现技术交底书与最接近的对比文件 2 共有 4 处区别：区别一为由并联连接的调速开关 12 和电阻 11 构成的转速调节的装置；区别二为由多个并联支路构成的转速调节的装置，每个并联支路都包括串联连接的电阻 R 和开关 K；区别三为由可变电阻器构成的转速调节的装置；区别四为以特定结构实现刷头可更换。

（3）结合其他现有技术（对比文件 1、3），判断保护主题的创造性。我们发现，上述 4 处区别都没有被对比文件 1、3 所公开，将这 4 点撰写成权利要求，应该具备创造性。

（4）结合发明内容确定可以撰写独立权利要求的主题。上述 4 点，尤其是

内容上比较关联的前三点，是分别撰写成独立权利要求呢？还是一个写为独立权利要求，另外两个写为从属权利要求？抑或是先概括一个上位的独立权利要求，再分别写三个从属权利要求？这是电动牙刷案例的权利要求撰写中的一个重点和难点。

对于本申请，首先，对于前三点，我们会发现，从着墨的程度上这三点的描述文字多少并没有明显的差别，这从一定程度上表征了这三点几乎处于相等的重要程度。其次，从本申请的发明目的我们可以看出，本申请是为了对电动牙刷的转速加以控制，而这三点无疑都是转速控制的具体实施方式。最后，从技术交底材料给出的提示信息看，本申请的技术交底材料首先给出了3个具体的实施方式，然后概括描述为"其他与电池5和电机6串联连接并通过改变该串联支路中的电阻值的大小来进行转速调节的装置或电路结构，这些都包括在本发明的范围之内，都可以用来实现对电动牙刷进行转速调节的目的"，强调了转速调节与电池和电机的连接以及转速调节是通过电阻调节来实现的。实际上，这段话就是对前面3个实施例的概括。可见，技术交底材料已经给出了我们通过上位概括撰写权利要求的暗示，我们应该先撰写一个上位概括的权利要求，再针对前三点进一步撰写3个并列的从属权利要求。而且，如果在独立权利要求中仅写入这样的概括，独立权利要求的保护范围也最大。但是，需要提醒的是，在概括的过程中，不能再犯前面已经分析过的权利要求得不到说明书支持的问题，必须概括适当，不能概括过于上位的"转速调节的装置"。

到这里，或许还有人会有疑问，这3个具体的实施例，从解决的问题来说，是逐步递进的，第一个实施例实现了两速刷牙，第二个实施例实现了多速刷牙，第三个实施例实现了多速的连续调节。为什么不可以一个撰写为独立权利要求，另外两个撰写为从属权利要求呢？首先，基于前面的理由，采用概括描述的方式撰写的独立权利要求保护范围是最大的。其次，一般来说，如果是要撰写为一个独立权利要求外加两个从属权利要求这样的方式，那么通常我们看的是其技术方案本身是否递进。也就是说，如果技术方案本身是以一个实施例作为基础，后面的实施例是在之前的实施例的基础上逐渐增加新的特征来进一步完善系统的结构和功能，那么这种情况下，可以将第一个实施例撰写为独立权利要求，后面的实施例逐步引用在前的实施例来撰写从属权利要求。对于本申请，这3个实施例并非是后一个在前一个的基础上增加新的特征来加以改进，而是采用了基本上替代的方式来实现。具体而言，如果你在独立权利要求中写明"由并联连接的调速开关12和电阻11构成的转速调节的装置"，那么后两个实施例如果想引用这样的独立权利要求是难以撰写的。

综上所述，对于前三点我们先从技术交底材料和技术方案出发概括一个上位的独立权利要求，再分别写3个从属权利要求。

2. 单一性问题

除了之前分析过的前三个区别，还需要看区别四，其解决的技术问题是"刷头部分容易松动并且刷头不可更换"。显然，该主题也可以撰写成独立权利要求，以对该发明主题进行专门保护，获取尽可能大的保护范围。而且，从技术交底材料的文字中我们也可以看出，这是另一个发明主题，例如"现有的电动牙刷，大部分……有厂家设计过……为此，我公司还设计了……"，这些文字无不透露着"另一发明"的内涵。

这里，大家可能还会有疑问，为何不是把这个主题仅仅撰写成第一个主题的从属权利要求就可以了？因为，如果撰写成从属权利要求也是合理的，是为了在解决了调制速度的同时再进一步解决更换刷毛的技术问题。很多从属权利要求的技术方案就是在独立权利要求解决的技术问题的基础上进一步解决另外一个技术问题。的确，这个主题可以撰写成第一个主题的从属权利要求，而且我们在权利要求的撰写时也确实这样做了（具体参见本案例从属权利要求的撰写分析），但是仅仅这样做还不够，因为如果仅仅撰写成从属权利要求，则权利要求的保护范围比较窄，申请人的利益没有最大限度地得到保护，而且这一主题也未被任何一篇对比文件公开，把其单独作为一个权利要求也不会丧失新颖性和创造性，申请人也能获得足够大的保护范围。

那么，为什么不把母案的其他从属权利要求的技术特征再撰写为分案的从属权利要求？这是因为，如果这样撰写的话，就会导致母案的一些从属权利要求和分案的一些从属权利要求保护范围完全一致，技术方案重复，这显然是没有必要的。

这样，我们就比较容易地确定了两个保护主题：之一是通过对电机和电池串联支路的电阻进行调节进而实现转速调节的主题；之二是通过本申请的结构实现牙刷头可更换而且还不容易松动的主题。

通过前述分析我们已经知道，前述两个可保护主题，解决的技术问题不同，对现有技术作出贡献的特征也不同，分别撰写成两个独立权利要求，这两个独立权利要求之间不存在相同或相应的特定技术特征，则不具备单一性，因此需要提交一个另案申请。

确定了单一性之后，我们还需要确定哪个主题作为本案，哪个主题作为分案。具体到本申请，技术交底书中首先描述的是主题一，着墨也比较多，基础发明在于实现转速控制的问题；而且，技术交底材料在描述主题二前，首先说明

"现有的电动牙刷,大部分……有厂家设计过……为此,我公司还设计了……",是一个转折性提示,后面公开的具体技术细节也比较少,也就是可撰写的从属权利要求数量就少。由此,我们可以确定,主题一做本案,主题二做分案。

3. 本案和分案的权利要求撰写分析

(1) 本案独立权利要求的撰写分析。

在前面的分析中,我们已经知道"与电池5和电机6串联连接并通过改变串联支路中的电阻值的大小来进行转速调节的装置"是对现有技术作出贡献的必要技术特征,3个具体的实施例应当分别写在3个从属权利要求中。其他特征,比如可变电阻器的具体设置等,都是具体的技术细节,也不是必要技术特征。对于这些技术细节,通常技术交底材料中也会给出一些提示,比如"优选""最大"等。

此外,我们需要确定独立权利要求与现有技术共有的技术特征,具体就是写出与本发明密切相关的、解决转速调节问题必不可少的、在从属权利要求中要对其做进一步限定的技术特征,这可以参考借鉴已有的权利要求书或技术交底书中的相关描述。

(2) 本案从属权利要求的撰写分析。

从属权利要求的撰写基本的原则是:从属权利要求所要求保护的技术方案要体现是发明更优选、更优质、效果更好、更具体的实施方式。查找优选技术方案的主要方法就是从技术交底书的具体描述中去寻找,注意技术交底书中"优选地""进一步地""具体地"等类似的描述和相应的技术特征。

对于另一主题中具有有利于解决更多技术问题的技术特征,应该撰写从属权利要求的问题进一步分析说明如下。

(3) 分案申请独立权利要求的撰写分析。

通过之前分析,我们已经确定分案申请的保护主题是通过本申请的结构实现牙刷头可更换而且还不容易松动。就此主题撰写独立权利要求,最关键的仍然是确定必要技术特征。

技术交底材料中对于这一部分内容进行了这样的描述"该电动牙刷包括刷头部分和刷柄部分。其中,刷头部分包括护罩1、刷毛3和转轴4,转轴4伸出护罩1一部分;刷柄部分包括刷柄外壳2以及位于外壳2内的电池5和电机6,电机6的输出轴7伸出外壳5之外。其中,刷头部分和刷柄部分相互独立。该电动牙刷还具有连接器8,用于将刷头部分和刷柄部分配接在一起;连接器8一端固定在电机输出轴7上,连接器8另一端具有可以供转轴4插入的孔洞81",通过与现有技术进行对比,我们发现,"刷头部分和刷柄部分是相互独立的"

"该电动牙刷还具有连接器8，用于将刷头部分和刷柄部分配接在一起；连接器8一端固定在电机输出轴7上，连接器8另一端具有可以供转轴4插入的孔洞81"这些特征是对现有技术作出贡献的必要技术特征，其他技术特征，比如"刷头部分、刷柄部分、刷头部分包括护罩1、刷毛3和转轴4，转轴4伸出护罩1一部分；刷柄部分包括刷柄外壳2以及位于外壳2内的电池5和电机6，电机6的输出轴7伸出外壳5之外"是与现有技术共有的必要技术特征。

至此，本案的权利要求书和分案申请的独立权利要求的撰写分析就基本完了。所撰写的本案的权利要求书和分案申请的独立权利要求请见参考答案。

（三）本案独立权利要求具备新颖性、创造性（第三题）的论述分析

权利要求1具备新颖性、创造性的论述请见参考答案。

## 三、参考答案

**第一题**：请你撰写提交给客户的咨询意见，逐一解释其自行撰写的权利要求书是否符合专利法及其实施细则的规定并说明理由。

尊敬的A公司：

贵公司技术人员所撰写的权利要求书存在不符合《专利法》和《专利法实施细则》规定的问题如下。

1. 关于权利要求1

权利要求1要求保护一种电动牙刷。对比文件2公开了一种电动牙刷，该电动牙刷包由半圆型护罩1、刷毛2、转轴3（半圆形护罩1、刷毛2和转轴3相当于本申请的刷头部分）、小电机4、双开关5、刷柄6、电池7、电机轴8所构成；牙刷柄部6装上小电机4和电池7（相当于本申请的刷柄部分包括刷柄外壳2以及位于外壳2内的电池5和电机6）；双开关5（相当于本申请的可以改变电机6的转动方向的换向开关）位于刷柄上，当其位于第一个位置上时，电机4按一个方向旋转，当其位于另一个位置上时，电机4按另一个方向旋转。可见，对比文件2公开了权利要求1所要求保护的技术方案的全部技术特征，并且它们都属于电动牙刷技术领域，都解决了刷毛双向旋转的技术问题，并能达到相同的技术效果。因此，目前的权利要求1不具备新颖性，不符合《专利法》第22条第2款的规定。

此外，本发明要解决的技术问题是转速调节，"与电池（5）和电机（6）串联连接并通过改变串联支路中的电阻值的大小来进行转速调节的调节转速的装置"是电动牙刷如何实现转速调节的必不可少的技术特征，属于解决技术问题的必要技术特征，而目前撰写的独立权利要求1中未记载上述必要技术特征，

所以缺少解决技术问题的必要技术特征，不符合《专利法实施细则》第20条第2款的规定。

2. 关于权利要求2

从属权利要求2的附加技术特征为"还具有调节转速的装置"，然而该附加技术特征没有对转速调节的装置与电池和电机的连接关系进行限定，也没有对如何进行转速调节进行描述，属于上位的功能性概括，对于权利要求2所限定的该功能，说明书中是以特定的电阻调节的方式来实现的，本领域技术人员不能明了此功能还可以采用说明书中未提到的其他替代方式来完成。因此，权利要求2要求保护的技术方案不能从技术交底材料充分公开的内容中得到或概括得出，没有以技术交底材料（说明书）为依据，不符合《专利法》第26条第4款的规定。

3. 关于权利要求3

从属权利要求3的主题名称"调节转速的装置"与其引用的权利要求1的主题名称"电动牙刷"不一致，不符合《专利法实施细则》第22条第1款的规定。

4. 关于权利要求4

从属权利要求4引用权利要求1，其附加技术特征进一步限定了"刷毛是可更换的"。对比文件2是最接近的现有技术，上述附加技术特征构成了权利要求4与对比文件2的区别技术特征。基于该区别技术特征可以确定权利要求4实际解决的技术问题是：避免电动牙刷的整体浪费，节约成本。对比文件3公开了一种可更换牙刷头的电动牙刷，该电动牙刷的牙刷前部具有槽体3，并且槽体3的两个相对的侧面上分别具有紧固件1和紧固件2，牙刷头是带有刷毛的圆柱体，该牙刷头是可更换的。因此，上述区别技术特征已经被对比文件3公开，且该特征在对比文件3中所起的作用与其在本申请中作用相同，都是用于避免电动牙刷的整体浪费，节约成本。可见，对比文件3给出了将上述区别技术特征应用于对比文件2以解决其技术问题的启示。本领域技术人员在对比文件3的启示下，容易想到将对比文件2和对比文件3结合得到权利要求4的技术方案，权利要求4相对于对比文件2和对比文件3的结合是显而易见的，并且取得相同的技术效果，这样的方案不具备突出的实质性特点和显著的进步，从而不具备创造性，不符合《专利法》第22条第3款的规定。

以上是我们的咨询意见。有问题请与我们随时沟通。

×××专利代理机构×××专利代理人

××××年××月××日

**第二题：请你综合考虑附件 1 至附件 3 所反映的现有技术，为客户撰写发明专利申请的权利要求书**

我公司重新撰写的权利要求书如下。

1. 一种电动牙刷，包括刷头部分和刷柄部分，刷头部分包括刷毛，刷柄部分包括刷柄外壳（2）以及位于外壳（2）内的电池（5）和电机（6），其特征在于，该电动牙刷还具有与电池（5）和电机（6）串联连接并通过改变电阻值的大小来进行转速调节的装置。

2. 根据权利要求 1 所述的电动牙刷，其特征在于，所述转速调节的装置包括并联连接的调速开关（12）和电阻（11）。

3. 根据权利要求 1 所述的电动牙刷，其特征在于，所述转速调节的装置包括多个并联支路，每个并联支路都包括串联连接的电阻（R）和开关（K）。

4. 根据权利要求 3 所述的电动牙刷，其特征在于，每条并联支路上的电阻（R）的电阻值均不相同，并且电阻（R）的电阻值的大小与其所属支路所要达到的转速成反比，转速越大，则电阻值越小。

5. 根据权利要求 1 所述的电动牙刷，其特征在于，所述转速调节的装置包括可变电阻器（13）。

6. 根据权利要求 5 所述的电动牙刷，其特征在于，所述可变电阻器（13）包括位于刷柄外壳（2）上的滑动按钮（134）和刷柄外壳内的滑动变阻器本体（131）。

7. 根据权利要求 6 所述的电动牙刷，其特征在于，刷柄外壳（2）的侧壁上设置有滑轨（133），滑动按钮（134）设置在滑轨（133）上，并且滑动按钮（134）的底部深入滑轨（133）下，与滑动变阻器本体（131）上的滑片（132）连接。

8. 根据前述任一权利要求所述的电动牙刷，其特征在于，该电动牙刷的刷柄外壳（2）上还具有可以改变电机（6）的转动方向的换向开关（9）。

9. 根据权利要求 1～7 任意一项所述的电动牙刷，其特征在于，刷头部分是可更换的。

10. 根据权利要求 9 所述的电动牙刷，其特征在于，刷头部分还包括护罩（1）和转轴（4），转轴（4）伸出护罩（1）一部分；电机（6）的输出轴（7）伸出外壳（5）之外；刷头部分和刷柄部分相互独立；该电动牙刷还具有连接器（8），用于将刷头部分和刷柄部分配接在一起；所述连接器（8）一端固定在电机输出轴（7）上，另一端具有可以供转轴（4）插入的孔洞（81）。

11. 根据权利要求 10 所述的电动牙刷，其特征在于，孔洞（81）的直径与转轴（4）的直径基本上一致，孔洞（81）的长度与转轴（4）伸出护罩（1）并伸入到孔洞（81）中的长度基本上一致。

12. 根据权利要求 10 或 11 所述的电动牙刷，其特征在于，转轴（4）伸出护罩（1）的部分上具有至少一个凸起（41），连接器（8）的孔洞（81）的侧壁上与凸起（41）相对应的位置上设置有相应的凹槽。

13. 根据权利要求 12 所述的电动牙刷，其特征在于，凸起（41）和相应的凹槽的数量可以有 2 个或多个，并且分布均匀。

**第三题：简述你撰写的独立权利要求相对于现有技术具备新颖性和创造性的理由**

1. 权利要求 1 的新颖性

对比文件 1、2 或 3 均没有公开权利要求 1 中的特征"该电动牙刷还具有与电池（5）和电机（6）串联连接并通过改变串联支路中的电阻值的大小来进行转速调节的装置"。因此，权利要求 1 与对比文件 1、2 或 3 分别相比具有区别技术特征，它们属于不同的技术方案，权利要求 1 分别相对于对比文件 1、2 或 3 具备《专利法》第 22 条第 2 款规定的新颖性。

2. 权利要求 1 的创造性

对比文件 2 公开的技术特征最多，并与本申请属于相同的技术领域，是本申请最接近的现有技术。权利要求 1 没有被对比文件 2 公开的特征是"该电动牙刷还具有与电池（5）和电机（6）串联连接并通过改变串联支路中的电阻值的大小来进行转速调节的装置"，该特征构成了权利要求 1 与对比文件 2 的区别技术特征，基于该区别技术特征可以确定权利要求 1 解决的技术问题是：如何调节电动牙刷的转速。该区别技术特征未被其他对比文件所公开，权利要求 1 所要求保护的技术方案相对于对比文件 1、2 和 3 的结合不是显而易见的。权利要求 1 的技术方案通过电机和电池所在串联支路的电阻的调节达到了实现电机多转速控制的有益效果。因此，权利要求 1 相对于对比文件 2 和对比文件 1、3 的结合，具有突出的实质性特点和显著的进步，符合《专利法》第 22 条第 3 款关于创造性的规定。

**第四题：如果所撰写的权利要求书中包含两项或者两项以上的独立权利要求，请简述这些独立权利要求能够合案申请的理由；如果认为客户提供的技术内容涉及多项发明，应当以多份申请的方式提出，则请说明理由，并撰写分案申请的权利要求**

分案申请的权利要求如下：

1. 一种电动牙刷，包括刷头部分和刷柄部分，刷头部分包括护罩（1）、刷毛（3）和转轴（4），转轴（4）伸出护罩（1）一部分；刷柄部分包括刷柄外壳（2）以及位于外壳（2）内的电池（5）和电机（6），电机（6）的输出轴（7）伸出外壳（5）之外；其特征在于，刷头部分和刷柄部分相互独立，并且该电动牙刷还具有连接器（8），用于将刷头部分和刷柄部分配接在一起；所述连接器（8）一端固定在电机输出轴（7）上，另一端具有可以供转轴（4）插入的孔洞（81）。

2. 根据权利要求1所述的电动牙刷，其特征在于，孔洞（81）的直径与转轴（4）的直径基本上一致，孔洞（81）的长度与转轴（4）伸出护罩（1）并伸入到孔洞（81）中的长度基本上一致。

3. 根据权利要求1或2所述的电动牙刷，其特征在于，转轴（4）伸出护罩（1）的部分上具有至少一个凸起（41），连接器（8）的孔洞（81）的侧壁上与凸起（41）相对应的位置上设置有相应的凹槽。

4. 根据权利要求3所述的电动牙刷，其特征在于，凸起（41）和相应的凹槽的数量可以有2个或多个，并且分布均匀。

需要分案申请的理由如下：

第一份专利申请的独立权利要求1相对于现有技术作出贡献的技术特征为"该电动牙刷还具有与电池（5）和电机（6）串联连接并通过改变电阻值的大小来进行转速调节的装置"，从而解决电机转速不可调的问题。

第二份专利申请的独立权利要求1相对于现有技术作出贡献的技术特征为"刷头部分和刷柄部分相互独立，并且该电动牙刷还具有连接器（8），用于将刷头部分和刷柄部分配接在一起；所述连接器（8）一端固定在电机输出轴（7）上，另一端具有可以供转轴（4）插入的孔洞（81）"，从而解决刷头部分不可更换的技术问题。

由此可见，两个独立权利要求对现有技术作出贡献的技术特征既不相同也不相应，不包含相同或相应的特定技术特征，不属于一个总的发明构思，不具备单一性，不符合《专利法》第31条的规定。

# 第三部分
# 专利申请文件撰写的难点及热点

也许，您已经基本具备了专利申请文件的撰写技能，然而，对于一些特殊领域的申请，对于一些特殊类型的申请，您可能仍然感到难以撰写。

的确，任何专利申请均需要满足《专利法》所规定的授权条件才能获权，但由于不同领域的技术本身具有不同的特点，面对不同的案情，同一法律条款在具体适用时也会呈现不同的特点。因此，受技术发展的不同阶段专利保护需求的变化以及不同领域和不同类型专利申请的不同特点影响，实践中存在一些法律适用的难点或热点问题，需要对相关法律规定的深刻理解才能驾驭。了解对这些难点和热点问题的把握标准，有利于在专利申请文件的撰写阶段充分预见专利审批程序中可能存在的驳回风险，降低专利确权程序中的无效风险，避免专利侵权诉讼程序中的败诉风险，防止因撰写不当给申请人造成不必要的损失。

在计算机领域，计算机程序与计算机硬件技术相互依存、相互促进。特别是随着计算机软件的发展，计算机技术已经渗透到社会经济生活的各个角落，甚至改变着人们的生产、生活方式。于是，诸如信息表述方法、计算机程序本身、数学算法等这些被认为属于"智力活动的规则和方法"与技术手段相互融合的申请也日渐增多。如何撰写这类申请，需要考虑的问题不仅仅是撰写形式要求，还需要了解有关专利保护客体的要求以及对计算机程序改进的适当的权利要求表达。为此，本部分重点围绕专利申请文件撰写的难点和热点问题，特别是计算机程序相关申请的撰写问题，结合案例，从专利审批、确权程序或侵权判定的角度全面分析专利申请文件撰写中的难点和热点。本部分分为三章，分别就如何判断和处理申请中包含"非技术性"内容的情形、在撰写涉及程序发明的产品权利要求时如何进行不同类型权利要求的选择，以及涉及交叉领域发明的专利申请文件撰写的一些特殊问题进行分析和讨论。

# 第七章 涉及"非技术性"内容的申请如何撰写

## 第一节 概 述

《专利法》第2条第2款规定：发明，是指对产品、方法或者其改进所提出的新的技术方案。也就是说，《专利法》保护的发明需要满足的一个基本条件是，申请的权利要求属于"技术方案"。因而，在撰写一项权利要求前，需要分析方案是否属于技术方案。特别是，对于既包含技术特征，也包含"非技术性"内容的方案，明确哪些属于技术方案的组成部分，对于正确地撰写权利要求具有至关重要的作用。

《专利审查指南2010》第二部分第一章第2节给出了技术方案的定义：技术方案是对要解决的技术问题所采取的利用了自然规律的技术手段的集合。技术手段通常是由技术特征来体现的。未采用技术手段解决技术问题，以获得符合自然规律的技术效果的方案，不属于《专利法》第2条第2款规定的客体。《专利审查指南2010》第二部分第九章结合具体案例说明了对于涉及计算机领域的发明是否解决技术问题、采用遵循自然规律的技术手段、获得符合自然规律的技术效果的所谓技术"三要素"的判断标准。上述内容虽然并未直接给出

"技术性"的定义，但可以看出，所谓"技术性"其核心在于包含受自然规律约束的内容，体现为采用的手段与解决的问题和获得的效果之间是否具有符合自然规律的必然联系。

与此相对，"非技术性"的内容则不受自然规律的约束，而主要由人的主观意志决定。《专利法》第25条第1款（二）项规定了智力活动的规则和方法不授予专利权。《专利审查指南2010》第二部分第一章第4.2节中对此作出进一步解释："智力活动，是指人的思维运动，它源于人的思维，经过推理、分析和判断产生出抽象的结果，或者必须经过人的思维运动作为媒介，间接地作用于自然产生结果。智力活动的规则和方法是指导人们进行思维、表达、判断和记忆的规则和方法，由于其没有采用技术手段或利用自然规律，也未解决技术问题和产生技术效果，因而不构成技术方案。"智力活动的规则和方法是典型的本章所述的"非技术性"内容。

撰写涉及"非技术性"内容申请的难点主要在于权利要求的撰写。存在两种权利要求包含非技术性内容的情形：权利要求方案整体的非技术性，以及权利要求技术方案中的非技术性内容。

第一，权利要求方案整体的非技术性。

《专利法》第2条第2款和《专利法》第25条第1款（二）项分别从正反两个方面说明了对授予专利权的客体要求，这一要求是对权利要求保护的方案整体而言的。根据这一要求，如果一项权利要求仅仅描述了智力活动的规则和方法本身，则其整体上来说必然是非技术性的，不构成技术方案。如果权利要求的方案中体现了采用技术手段，一般来说就能够解决相应的技术问题、获得技术效果，则构成技术方案，也必然不属于智力活动的规则和方法，即该权利要求方案就整体而言不存在非技术性的问题。本章涉及的权利要求方案整体的非技术性即指权利要求的方案整体实质上是智力活动的规则和方法，落入《专利法》第25条第1款（二）项规定的不予专利保护的客体范围，亦不符合《专利法》第2条第2款的规定。

第二，权利要求中的非技术性内容。

一项发明要获得专利保护，不仅要满足《专利法》对授权客体的要求，还应当具备《专利法》第22条第2~4款所规定的新颖性、创造性、实用性，即所谓"三性"。其中，新颖性要求体现在权利要求所描述的发明与现有技术相比存在区别。而创造性要求权利要求与现有技术相比具有突出的实质性特点和显著的进步，突出的实质性特点表现为权利要求的技术方案是非显而易见的，显著的进步体现为权利要求方案整体所具有的有益效果。发明的创造性体现的是该发明对现有技术作出的贡献,是对于技术人员来说该发明最具价值的内容,这样的内容集中体现在发明与现有技术相比的区别特征上。当一项权利要求的方案中既包含技术方案,又包含非技术性内容时,如果该技术方案已经被现有技术公开,或者该技术方案与现有技术相比显而易见,则该权利要求不具备创造性,其中非技术性内容的存在不影响对该权利要求创造性的判断结论,这与《专利法》保护客体是技术方案因而关注的是技术内容的要求一脉相承。正因如此,对于整体上构成技术方案的权利要求,在进行创造性判断时需要从本领域技术人员的角度认识权利要求的方案对现有技术的贡献,分辨其中对解决技术问题没有作用的非技术性内容,避免仅因权利要求中的非技术性内容认定其具备创造性。因此,本章涉及的权利要求方案中非技术性内容,关注的就是在创造性判断中,体现在权利要求与对比文件的区别特征中,对解决技术问题没有作用,不受自然规律约束,而主要取决于人的主观意志的内容。

在实践中,无论是对于权利要求的方案整体,还是在权利要求的技术方案中区别于现有技术的内容,都不能仅凭其用语的表面含义判断其非技术性,而是需要从权利要求方案整体表达的内容来进行具体分析。针对上述两种存在非技术性内容的情形,本章选取了有关记录介质、用户界面、算法、商业方法等方面的一些典型案例,通过具体分析这些案例中权利要求整体方案或创造性判断中权利要求区别特征在整体方案中的作用,向读者介绍非技术性判断考虑的因素,并在此基础上提出相关类型申请的撰写启示,以期对专利申请文件的撰写有所裨益。

## 第二节 记 录 介 质

信息表述方法、计算机程序本身作为智力活动的规则和方法,不属于专利保护的客体,而计算机可读存储介质(以下简称"记录介质")作为一种存储、记录信息和计算机程序的载体,可以用于记录不同的信息而自身结构无需任何改变。因此,对于主题名称为记录介质的权利要求,《专利审查指南2010》明确规定,仅由所记录的程序本身限定的计算机可读存储介质,由于其实质上仅仅涉及智力活动的规则和方法,因而不属于专利保护的客体。如果要求保护的介质涉及其物理特性的改进,如叠层构成、磁道间隔、材料等则不属此列。

实践中对《专利审查指南2010》的上述不属于专利保护客体规定的情形存在扩大化理解的问题,本节结合具体案例对此进行探讨。

## 一、颜色限定的记录媒体

（一）案情介绍

该案涉及借助颜色表示计算机对象从而增大记录容量的记录媒体。在该案中，如何看待颜色特征在记录媒体中的作用决定对记录媒体是否构成技术方案的判断结论。

一方面，随着计算机的普及，现有技术中记录信息的主要方法为在记录媒体上记录已转换为二元格式的信息，其基本上是将 1 比特的信息与记录媒体上的最小记录单位相联系（即记录最小记录单位的一个"点"）。记录媒体能够记录的内容量取决于记录媒体上"点"的数量。另一方面，近年来需要记录的信息激增，对记录媒体的记录容量的需求也越来越大，但由于记录媒体的记录容量受限于其上包括的"点"的数目，所以记录媒体的记录容量有限。该发明的记录媒体利用颜色来表示数据或信息，将印刷在一个点上的颜色种类或差异与多个数据等相联系，从而将每点的信息量增加到 1 比特以上（例如，2 比特、8 比特、16 比特等），解决了记录媒体记录容量受限的问题。

以下借助图 7-1 对该发明的方案进行具体说明。图 7-1 示出了一个方形记录媒体 171。该记录媒体 171 上包括纵向和水平直线排列的各个点，由印上空心圆或含有数字圆的颜色实体表示。记录媒体 171 表面上的大量方块 172 通过点链接线 173 被分成几个部分，以显示颜色实体的不同状态。174 所示部分的空心圆未对应于计算机对象，且尚未打印颜色实体。带有数字的圆记号①②等表示与计算机对象联系的颜色实体，即特别示出了某种计算机对象，其中 1、2、3……表示信息排列的通常顺序。在 175 所示的部分中，颜色实体以其固有的顺序排列。在这种情况下，如果以它们的排列顺序读取颜色实体，就能得到一系列有意义的信息。由 176 表示的部分为不同于信息固有顺序的排列顺序的例子。排列信息记载在安全区（图 7-1 中未示出，其可位于记录媒体的任何空闲位置）中。当读取如同 176 部分一样排列的颜色实体时，首先颜色实体的颜色以排列的顺序被输入，接着根据安全区的排列顺序信息来重新排列该顺序，从而再现原始的计算机对象，即按照信息固有顺序排序的计算机对象。由于颜色实体可以包括多种颜色，因此，采用多种颜色的数字圆可以表达多个比特，而不是一个比特。此外，图 7-1 中 177 表示的部分是将颜色以外的属性与颜色实体相结合的例子，例如黑三角记号 178 等具有形状或具有除颜色属性之外的其他属性。通过以这种方式组合多种属性和颜色，就能增加在 1 个点上表示的信息量。

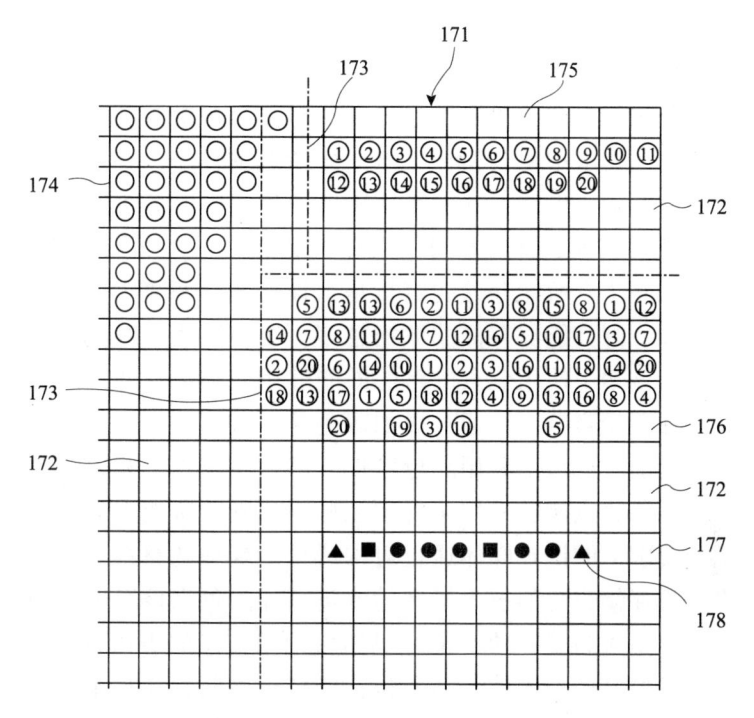

图 7-1 方形记录媒体 171 示意图

【权利要求】

1. 一种记录媒体,由能作为颜色记录的媒体构成,且能输出颜色实体用来表示计算机对象,其中,为排列色点,记录媒体的记录输出面被划分为控制区、存储区、安全区以及其他区域,而且这些区域能够随意排列。

【焦点问题】

如何区分对记录媒体限定的内容属于信息表述方法还是对记录媒体技术特性的限定,从而判断权利要求 1 是否构成技术方案是该案的焦点问题。

(二) 案例分析

对于该案,有一种观点认为,权利要求 1 要求保护的记录媒体仅限定记录媒体所采用的材料,未描述对这些材料需作出何种物理结构上的改变,例如未描述记录媒体的叠层构成及磁道构成等,而记录媒体上包括的排列色点与一般的标签文字等内容无异,只是作为记录媒体的外观或记录内容存在,这与印刷在纸张上的图画没有本质区别。权利要求 1 的方案中提及的控制区、存储区、安全区和其他区域的划分,也只是按照人为规定而进行的任意切分。至于利用颜色来表示多于 1 比特的更多内容,诸如红色、黄色、绿色和蓝色分别表示4个不同的比特是人为规定。因此，权利要求1请求保护的方案仅仅涉及信息表述方法本身，并不构成技术方案。这种观点实际上割裂了权利要求中各个部分相互之间的关联性，没有从整体上理解权利要求的方案，也没有客观看待权利要求中的各特征在方案中所起的作用。在该案中，权利要求1请求保护一种记录媒体，其由能够输出颜色实体以表示计算机对象的材料构成，其上排列色点，并且划分为各个功能区域。本领域技术人员知晓，在记录媒体上，一个点所能存储的容量是由该点的状态决定的，一个点所能表达的状态越多，则其能够存储的数据越多。结合该案中对具体实施方式的说明可以理解，该案中使用色点的目的即能够用同样数目的点来表示更多的信息，从而增加存储容量，即通过增加颜色这一维度，使一个点所能够表达的含义得到了增加。如果不利用颜色特性，那么一个点所能表达的信息只有一个比特，而如果该点能够采用两种颜色标识，则其所能表达的信息就为两个比特。权利要求1的记录媒体通过对构成记录媒体的材料颜色的限定，带来了记录媒体的存储容量的技术指标的改进，即颜色在该案中被用作材料的物理特性，而不是人为规定的对记录媒体所记录信息的表达方式。因此，权利要求1请求保护的记录媒体与其所包括的特征之间存在技术上的关联，记录媒体通过输出颜色实体实现了在同样单位面积上能够记录更多数据的技术效果。

可见，将权利要求1作为一个整体看待，其中通过"能输出颜色实体用来表示计算机对象"等特征实际上限定了记录媒体的物理特性，这种记录媒体相对于现有的记录媒体通过改变其存储单元的形式，即引入颜色表示手段来解决存储容量不足的问题，并由此使得权利要求1的记录媒体无论记录什么数据，每空间点的信息量都被增加到1比特以上，解决了现有技术中存储器或记录介质的存储容量不足的技术问题，获得了增加每空间点的记录容量的技术效果，使得同样面积的记录介质能够记录更多的内容。因此，权利要求1请求保护的方案符合计算机存储领域的自然规律，属于《专利法》第2条第2款规定的技术方案，而并非是智力活动的规则和方法。

（三）撰写启示

主题名称为记录介质的权利要求，其特征部分不能仅由记录介质所存储的计算机程序本身来限定，因为如此限定的记录介质实质上只是智力活动的规则和方法，而不属于专利保护的客体，这样的权利要求是不允许的。

如果主题名称为记录介质的权利要求是用记录介质的物理构造或物理特性

来限定的，体现了解决诸如扩大存储容量、提高存储效率等记录介质存在的技术问题，使得权利要求整体能够获得相应的技术效果，则构成技术方案，属于专利保护的客体。

例如，最为典型的记录介质权利要求是通过结构层、磁道间隔、沟深度等物理构造的特征来限定的："一种光信息记录介质，在衬底上按顺序具有记录层、粘合剂层或结合剂层以及保护层，其特征在于，磁道间隔为250～400nm，沟深度为10～150nm，照射500nm以下的波长的激光来记录、再现信息，并且具有中心孔，所述保护层的厚度是0.01～0.2mm，所述记录层是含有色素化合物的层，所述衬底和所述保护层通过粘合剂层或结合剂层在内周附近和/或外周附近的至少一部分的区域紧贴，并且该紧贴区域的直径方向长度的最大值，在外周近旁是0.4～2mm，在内周近旁是0.4～15mm。"

又如，该案权利要求1所请求保护的方案限定了记录媒体的物理特性，体现了解决扩大存储容量、提高存储效率的技术问题，同时其所采用的手段也是符合存储技术领域的自然规律，能够获得相应的技术效果，因此上述示例涉及的方案属于《专利法》第2条第2款规定的技术方案，并非是智力活动的规则和方法。

在满足保护客体要求的前提下，在撰写记录介质的权利要求时还需要注意充分挖掘技术改进点，以利于进一步满足新颖性和创造性的要求，同时避免不当增加不必要的限定特征。

从该案的撰写来看，一方面，权利要求1中记载的控制区、存储区、安全区等内容与其解决存储容量有限的技术问题并无直接关联，因此，写入这些内容不当地缩小了权利要求的保护范围。另一方面，在权利要求中仅简单记载在记录媒体上包括若干区无法体现与现有技术的区别，结合该案所公开的具体实施方式，可以就其中涉及解决如安全或更有效地增加容量等技术问题的技术内容撰写更多的权利要求，如"该记录媒体在被读取时，根据安全区中存储的排列顺序信息来将读取的颜色实体的颜色顺序恢复为其原本的颜色信息顺序"。或者"其中记录媒体的形状或其上的色点的形状为圆盘形、多边形或其他任何形状，所述不同的形状同样用来表示不同的信息"等。

## 二、小　　结

仅由其上记录的计算机程序限定的计算机本身可读存储介质或记录介质不

授予专利权,其目的在于,避免不当地保护实质上是智力活动的规则和方法或信息表述方法的方案,但不应对这种情形做扩大化的理解。应明确:

除采用通常意义上的物理结构特征限定记录介质以外,可以在对记录介质的限定中体现为解决诸如扩大存储容量、提高存储效率的技术问题而采用改进存储单元的物理特性,例如本节中案例所采用的不同颜色状态的技术手段,如此撰写的权利要求不会落入《专利法》第25条第1款(二)项规定的智力活动的规则和方法的范围,能够满足专利保护客体的要求。

## 第三节　用　户　界　面

目前我们所使用的用户界面主要为图形用户界面(Graphic User Interface,GUI),图形用户界面最早是针对计算机的操作系统而研究开发的。随着网络等其他新技术、新产品的不断涌现,以及图形用户界面设计本身的流变发展,网站的页面设计、网络交互服务界面、网络应用程序界面和一些移动设备的用户界面都采用了计算机图形用户界面的设计特征和方法。现在,图形用户界面已经成为软件开发的必备支撑环境,它提供了一种用户与应用程序之间的交互机制。通过它,用户可以使用鼠标、键盘等输入设备对屏幕上显示的构成用户使用接口的窗口、菜单、按钮、图符等界面构件进行直观的操作。

信息技术和互联网的迅速发展,使技术创新形态正在发生转变,以用户为中心、以人为本的设计越来越受到重视,界面设计也备受大众的关注。特别是,当前移动设备已经成为人们生活的必需品之一,移动设备的用户界面及使用中的用户体验越来越受用户关注。界面设计也从最初侧重于满足用户的功能需求和审美需求,到逐渐发展为关注更加人性化和更容易被用户接受的体验,即关注用户在使用产品或者服务的过程中建立起来的心理感受。而从信息技术应用设计方面来说,这种用户体验主要来自用户与人机界面的交互过程。

因此,围绕用户界面的专利申请越来越多,很多专利申请直接以用户界面为主题,其中并没有体现出这种用户与人机界面的交互过程,体现的仅仅是用户界面的布局或构成元素。本节通过对两个案例的介绍和分析,对于这类申请可保护的主题及其撰写方式进行说明。

第七章 涉及"非技术性"内容的申请如何撰写

## 一、图形用户界面本身

（一）案情介绍

此案涉及一种全景环形用户界面，能够在交互式地图上向用户提供查看方向上的目标位置周围的媒体对象或全景图像。该案对如何判断以图形用户界面为主题的权利要求是否属于专利保护客体进行了分析。

目前，互联网已成为定位地理位置的越来越流行的工具。诸如 MapQuest® 等流行的地图服务呈现了用户可以用来定位具体位置的交互式地图。除绘制位置之外，传统的地图服务还显示各个位置的航摄照片或卫星图像。然而，鸟瞰图只提供给定位置的有限视图，但难于精确了解看的是什么。

由 Amazon 的 A9® 或 Windows® Live local 的技术预览所提供的另一示例性服务使用户能够在地图上于城市列表内选择位置并浏览该位置的照片。所选位置的照片以幻灯片放映呈现给用户。然而，该幻灯片放映简单地显示照片，却未提供拍摄每一照片的方向或时间、角度或每一照片的视角。结果，用户难以查明该位置实际上看起来怎么样。另外，照片可能不是最新的，从而示出不再在该十字路口处存在的物体。或者用户可能想要查看该十字路口的几年前的照片。

当今的地图服务不提供上述这些灵活性，用户体验因不能准确地确定正在查看的事物的视角而受损。此外，当今的交互式地图服务不能提供以与全景（360°）图像进行交互的方式，以便用户可以确定该全景所显示的场景的实际位置。该案针对于在交互式地图上向用户显示涉及地理目标位置的一个或多个媒体对象的用户界面，其能够向用户提供查看方向上的目标位置周围的媒体对象或全景图像的一个版本。

图 7-2 示出了向用户呈现媒体对象或全景图像的方法 500 的流程图。首先，接收来自用户的指定地理地图上的目标位置的指示，如在 502 处所示。该指示可以例如通过在地图上随机选择位置或当一目标位置周围已经显示了媒体对象时（如管理员已经指定城市的感兴趣的各点）来发送。在一实施例中，关于全景图像的指示是独立地接收的，如在 504 处所示。

随后，搜索数据库以检索目标位置周围的全景图像、一个或多个媒体对象或其组合，如在 506 和 508 处所示。在一实施例中，将数据库中的媒体对象的参数与目标位置的参数进行比较，以寻找相同的附近范围的媒体对象。这些参数可以包括地理位置、地理编码、时间、数据、清晰度、分辨率、角度等。在另一实施例中，通过将数据库中的媒体对象的纬度和经度与目标位置的纬度和经度进行比较来寻找目标位置周围的媒体对象/图像。

```
                    500
    ┌─────────────────┐        ┌─────────────────┐
    │ 接收关于全景图像的指示 │        │ 从用户接收指定地理地图 │
    │                 │        │ 上的目标位置的指示    │
    └────────┬────────┘        └────────┬────────┘
          504                         502
    ┌─────────────────┐        ┌─────────────────┐
    │ 定位并检索目标位置 │        │ 定位并检索目标位置周围的 │
    │ 周围的全景图像    │        │ 一个或多个媒体对象    │
    └────────┬────────┘        └────────┬────────┘
          506                         508
              └─────────┬─────────┘
              ┌─────────────────┐
              │ 呈现所检索的媒体对象/│
              │ 图像              │
              └────────┬────────┘
                    510
              ┌─────────────────┐
              │ 从用户接收在地图上 │
              │ 指定查看方向的指示 │
              └────────┬────────┘
                    512
              ┌─────────────────┐
              │ 向用户呈现查看方向上的│
              │ 媒体对象/图像的一个版本│
              └─────────────────┘
                    514
```

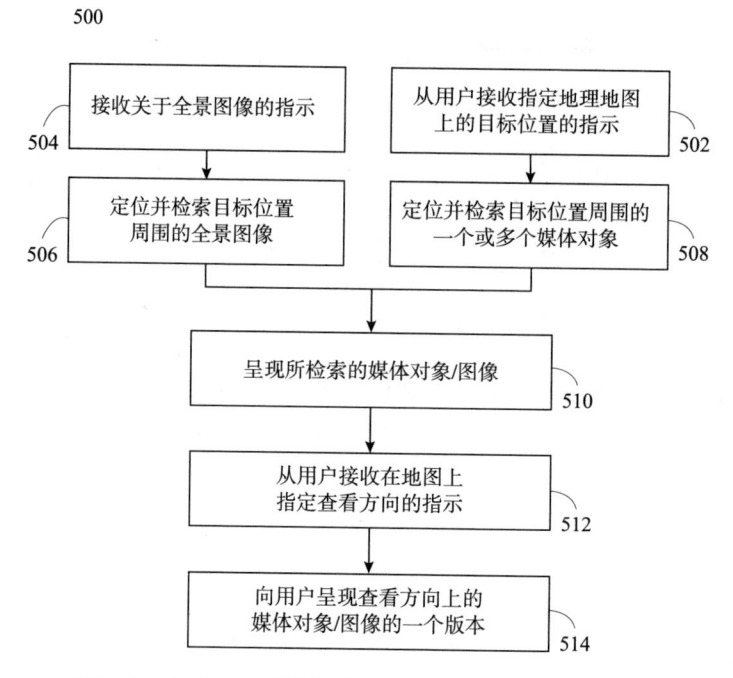

**图 7-2　向用户呈现媒体对象或全景图像方法 500 流程图**

所检索的媒体对象/图像随后经由用户界面在地图上呈现给用户，如在 510 处所示。它们可以在地图上被定位成使得每一媒体对象都被置于自目标位置的、捕捉该媒体对象的方向上。

用户还可以通过姿势来在地理地图上指示自目标位置的查看方向，如在 512 处所示。在一实施例中，用户在特定方向上拖曳鼠标指针以指示查看方向。另选地，用户在地图上选择终点位置，且查看方向从目标位置到终点位置来计算。查看方向可通过上述姿势的任一个来指示。本领域技术人员可以理解，还可以使用各种其他方法。下一步，在查看方向上的一个或多个媒体对象/图像的一个版本被呈现给用户，如在 514 处所示。

【权利要求】

1. 一种具体化在计算机可读介质上且可在计算机上执行的图形用户界面，所述图形用户界面包括：

被配置为在交互式地图上描绘目标位置的第一显示区域；以及

被配置为在所述目标位置周围显示第一媒体对象的第二显示区域，其中所述第二显示区域被定位成使得所述媒体对象被置于所述交互式地图上在自所述目标位置的、捕捉所述媒体对象的方向上。

2. 一种在具有图形用户界面的、包括显示器和用户界面选择设备的计算机系统中的方法，所述方法在所述显示器上提供地理地图，并在所述地理地图上呈现涉及用户所选择的目标位置和查看方向的一个或多个媒体对象，所述方法包括：

在所述地理地图上在目标位置周围显示一个或多个媒体对象，以便所述一个或多个媒体对象的每一个都被置于自所述目标位置的、捕捉所述一个或多个媒体对象的每一个的方向上；

从所述用户接收指定所述地理地图上的自所述目标位置的方向的指示；以及

在所述指定的方向上显示所述一个或多个媒体对象的放大版本。

【焦点问题】

该案的焦点问题在于，以"图形用户界面"为主题的权利要求是否属于专利保护的客体。

(二) 案例分析

该案权利要求中包含一项图形用户界面权利要求和一项方法权利要求。

对于以图形用户界面为主题的权利要求来说，由于"图形用户界面"不同于一般的名词或术语，其在本领域具有特定的含义和解释，图形用户界面又称图形用户接口，是指采用图形方式显示的计算机操作环境用户接口。也就是说，图形用户界面本身更多涉及的是其所呈现的布局或设计。因此，图形用户界面本身属于外观设计的保护范畴。当然，具体的保护形式还要符合外观设计的相关要求，在此不作更多讨论。❶ 如果权利要求的方案中仅仅涉及图形用户界面本身的布局或设计，则不属于专利保护的客体。只有将图形用户界面应用于方法或装置权利要求中，作为方法或装置权利要求的一部分体现出对图形用户界面的交互控制或处理时，才能构成专利保护的客体。

具体到该案的权利要求1，虽然按照说明书的记载，其图形用户界面可以实现用户对地理地图上的目标位置和查看方向进行选择和交互，但在当前的图形用户界面权利要求中，其主题名称为一种"图形用户界面"，其限定内容包括第一显示区域和第二显示区域。虽然权利要求中对"第一显示区域"和"第二显示区域"都进行了进一步的限定，限定了其所显示的具体内容，但这些限定都是对"图形用户界面"本身的构成元素或布局的限定，没有体现出用户对

---

❶ 鉴于外观设计专利不属于本书的讨论范畴，以下讨论所涉及的图形用于界面相关问题均仅针对发明或实用新型专利申请。

其的交互控制过程。也就是说，其方案仅在于对图形用户界面本身的布局或设计，体现的仅仅是图形用户界面上的某个位置或区域放置什么内容，完全依赖于人的设计思维。因此，目前以图形用户界面为保护主题的权利要求1属于智力活动的规则和方法，不能被授予专利权。

对于该案方法权利要求2，很显然在权利要求的撰写中已经体现出对呈现在地理地图上的媒体对象的交互控制和处理过程，因此，该权利要求不涉及专利保护客体的问题。

在该案审查过程中权利要求1因"图形用户界面"权利要求不属于专利保护客体而最终被删除。针对检索到的现有技术文件对权利要求2进行了修改。以下为修改后的权利要求：

1. 一种用于在描述目标位置的交互式地图上显示媒体对象的方法，所述方法包括：

将用户所选择的目标位置提供给图像数据库，其中所述目标位置表示地理位置；

接收多个媒体对象，每个媒体对象分别描述自所述地理位置的各个查看方向之一捕捉的图像，其中所述多个媒体对象中的一部分包括自所述地理位置的相同的查看方向捕捉的多个图像；以及

以覆盖方式在所述交互式地图上显示所述多个媒体对象中所包括的每个媒体对象的各自的缩略图版本，

其中所述各个缩略图版本的每一个被显示为包括反映各自查看方向的相对于所述目标位置的定向；

其中所述多个媒体对象的一部分的缩略图被显示为相互覆盖的一堆缩略图；

其中所述多个缩略图版本以各自定向并且以围绕所述目标位置的配置被同时显示，使得可同时呈现多个查看方向。

（三）撰写启示

在明确了"图形用户界面"本身不属于专利保护的客体之后，在撰写权利要求时应该尽量避免直接使用"图形用户界面"作为权利要求的主题名称。

如果除其主题名称之外，对权利要求限定的内容已经体现出了对图形用户界面的交互控制和处理过程，则不再需要围绕客体问题进行过多考虑。因为，《专利审查指南2010》第二部分第九章中明确指出，如果一项权利要求在对其限定的全部内容中既包含智力活动的规则和方法，又包含技术特征，则就该权利要求整体而言并不是一种智力活动的规则和方法。同时，上述内容涉及对图形用户界面的交互控制和处理过程，其能够解决一定的技术问题，并带来相应

的技术效果。但此时权利要求主题名称涉及一种"图形用户界面",而其限定内容部分则涉及对图形用户界面的交互控制或处理过程,两者内容不相适应,因此权利要求还存在不清楚的缺陷。也就是说,最终仍然要对权利要求的主题名称进行修改,以使其主题名称与其限定内容相适应。因此,在撰写权利要求时,申请人应将图形用户界面的内容作为方法或装置的一部分,将权利要求的主题名称限定为"一种×××方法"或"一种×××装置",在限定内容部分体现出对图形用户界面的交互控制或处理过程,这样既能够避免因保护客体问题而被拒之门外,又满足主题名称与限定内容相适应的清楚的要求。

考虑到满足新颖性和创造性的要求,在撰写过程中应尽量把图形用户界面所包含的部分,例如控件、显示区域或菜单等,融入到整个方案的交互处理过程中,而不是在权利要求中简单地包含几个接收或选择的常规步骤,其余内容都是对图形用户界面各部分构成元素/布局的描述。

因为,在这种情况下,常规的处理步骤很容易被现有技术所公开,如果涉案申请与现有技术的主要区别就在于图形用户界面布局的不同,则在创造性的显而易见性判断上会存在易于被否定的风险。而如果能够很好地将涉案申请的图形用户界面的各部分融入到整个方案的交互处理过程中,则在与现有技术作特征对比时,很难将图形用户界面的布局单独割裂开来作为区别特征看待,这对于满足创造性的要求更为有利。比如,在该案修改后的权利要求中,就很好地体现了在查看方向上显示所述目标位置的媒体对象版本的选择和交互过程,而不是把图形用户界面构成元素(如显示区域)与选择等过程割裂限定。比如,在修改后的权利要求中的接收和显示步骤,不仅体现了媒体对象的接收过程以及对媒体对象不同缩略图版本的显示方式,还描述了媒体对象与目标位置查看方向上图像之间的关联,使得图形用户界面元素作为接收和显示处理过程所处理的对象,而不是孤立地仍作为一个显示区域被呈现。

## 二、图形用户界面生成方法

(一)案情介绍

该案涉及一种图形用户界面及其生成方法,其在控件显隐控制单元与控件之间直接建立对应关系,便于修改和扩展界面的功能。该案说明的问题是,在主题为图形用户界面生成方法的权利要求撰写中既要注意满足专利保护客体的要求,又要关注所撰写权利要求的新颖性和创造性。

随着界面功能的日益完善和丰富,对增加界面上的用户交互区的大小的要求也越来越多。现有技术中存在多种增加用户交互区的大小的方法。其中一种方法是增加用户交互窗口的大小,这种方法的缺陷在于:在窗口大小有限制的情况下应用将会受到制约。另一种方法是在界面中增加一个窗口的 TAb 控件。该 TAb 控件通过控制与其相关联的 TAb 属性页(窗口)的显示和隐藏来实现软件控件的切换。由于该 TAb 控件为 MFC 控件,所以应用较多。该方法的实现过程大致是(参照图 7-3 和图 7-4):采用传统的 Window Tab 控件技术,在界面 900 中形成窗口 910 和 920,分别对应控制控件 TAB1 和 TAB2。因此,通过控制窗口 910 和 920 的显示就可以达到对控件 A、B、C、D 和 E、F 的显示控制,因为控件的显示状态取决于其父窗口的显示状态。例如,当切换到 TAB1 对应的窗口 910 的时候,窗口 910 显示,窗口 920 隐藏,从而达到控件 A、B、C、D 的显示和控件 E、F 的隐藏。

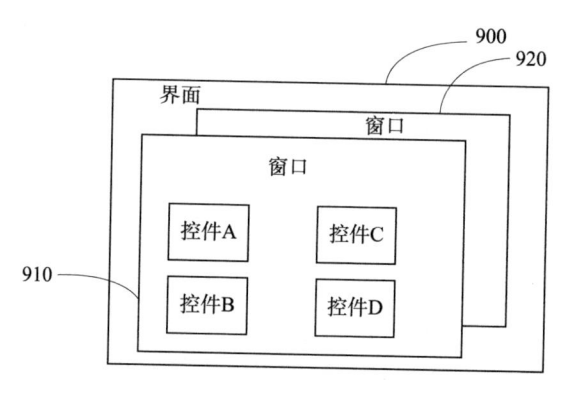

图 7-3

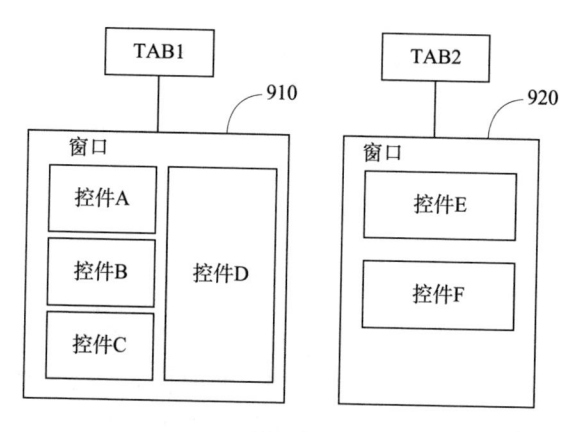

图 7-4

也就是说,在现有技术中,界面中功能交互区的显隐可以通过控制与其相关的窗口的显隐来实现,而窗口的显隐表现出来的最终效果就是窗口中软件控件的显隐。但是，该方法的缺陷在于：对于一个已经实现界面功能并且其功能逻辑比较复杂的界面来说，如果要将一个窗口中的软件控件移动到另一个窗口（属性页）中去，其实现难度是比较大的，因为必然涉及整个窗口的修改。也就是说，原有的 Window TAb 技术在修改已经实现的界面上表现出一定的局限性。此外，在无法新增窗口的情况下，要扩展界面的功能，需要在现有的窗口中增加软件控件，其实现也是比较困难的。

  该案解决的技术问题在于提供一种图形用户界面生成方法，便于修改和扩展界面的功能，具有较大的自由度。相对于现有技术其有益效果是：首先，由于该案在控件显隐控制单元与控件之间直接建立对应关系，因此在修改已经实现的界面时，只需要修改对应关系即可，无须对控件或控件的组合作较大的改动。其次，在扩展界面的功能时，也仅仅需要在对应关系中增加一些描述即可，无须对显示窗作较大的改动，因此实现较为简单。

  图 7-5 示出了一种图形用户界面的实施例。该图形用户界面的显示窗 100 中当前显示的是控件 A、B 和 C，而控件 A、B 和 C 构成页面 110；在该实例中，显示窗 100 的控件显隐控制单元具体包括按钮 151、152 和 153，分别对应不同的页面，当前的有效按钮是 151。一并参阅图 7-6，按钮 151、152 和 153 和不同的控件之间建立对应关系。其中，按钮 152 对应于构成页面 120 的控件 D 和 E；按钮 153 对应于构成页面 130 的控件 F 和 G。其中，可以采用链表的形式来实现按钮和控件之间的对应。构成同一页面的控件形成一个链表，各控件都是该链表中的一个节点；每个按钮对应于一个链表，用于控制该链表的控件的显隐。

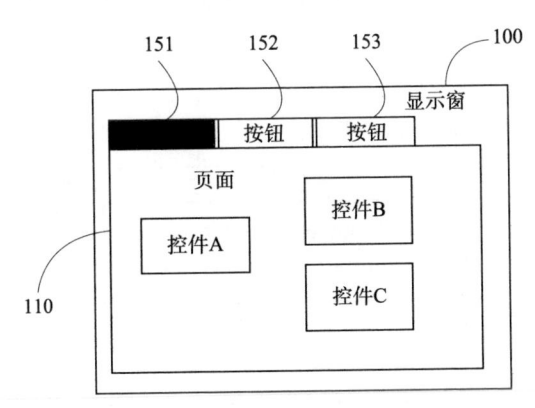

图 7-5  图形用户界面实施例图

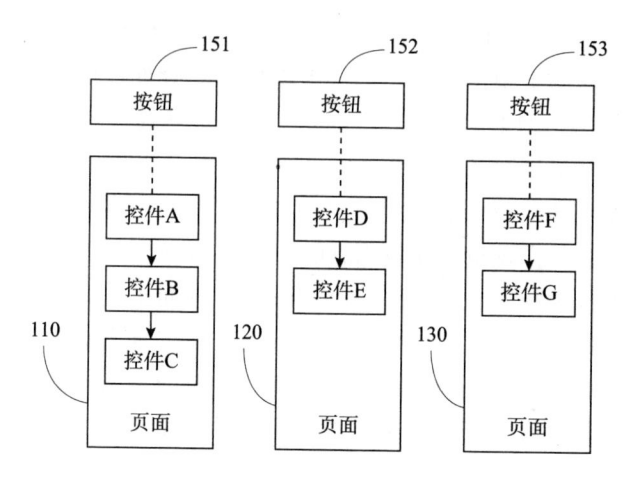

图 7-6 图形用户界面实施例图

图 7-7 是图形用户界面的生成方法的流程图。步骤 S10，生成图形用户界面的控件，所述控件可以是按钮、下拉菜单、滑动条等各种形式的软件控件。为便于用户的操作，可以按照功能分类对控件进行管理，从而形成由不同控件组成的多个页面（虚拟页面）。步骤 S20，生成图形用户界面的控件显隐控制单元，该控件显隐控制单元用于接收用户切换页面的操作指令并进行处理。步骤 S30，建立控件和控件显隐控制单元之间的对应关系。因此，当控件显隐控制单元接收到用户的输入信息后，将能够根据该对应关系判断需要显示的控件以及需要隐藏的控件，并控制相应控件的显示或隐藏，从而在显示窗上实现页面切换的效果。步骤 S40，生成图形用户界面的显示窗，其中显示控件显隐控制单元和当前选定的控件。

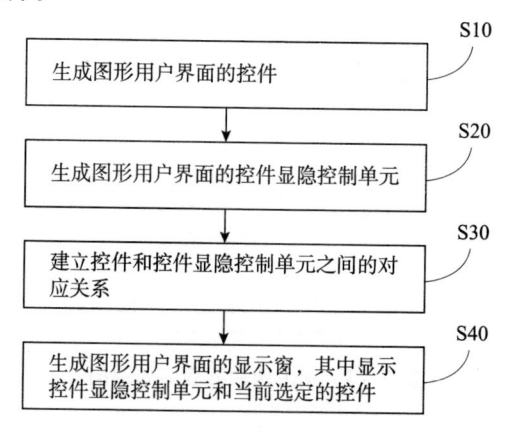

图 7-7 图形用户界面生成方法流程图

【权利要求】

1. 一种图形用户界面的生成方法，其特征在于，包括步骤：

（1）生成图形用户界面的控件；

（2）生成图形用户界面的控件显隐控制单元；

（3）建立所述控件和控件显隐控制单元之间的对应关系；

（4）生成图形用户界面的显示窗，其中包括当前需显示的控件和控件显隐控制单元。

【焦点问题】

该案的焦点问题在于图形用户界面的生成方法是否属于专利保护的客体，以及在满足保护客体要求的情况下，对权利要求新颖性和创造性的考虑。

（二）案例分析

权利要求1请求保护一种图形用户界面的生成方法，其特征部分限定的都是生成图形用户界面所包含的各种控件、显示窗等。可以看到，虽然由该图形用户界面的生成方法最终生成的也是一种图形用户界面，但是由于该方法体现了图形用户界面的动态生成过程，并不仅仅涉及图形用户界面本身。因此，从形式上看，该权利要求不涉及专利保护客体的问题，在撰写中需要进一步关注的是其是否能够满足新颖性和创造性的要求。对于这种形式的权利要求来说，如果其最终仅仅是形成相应的包含各构成元素的图形用户界面，则容易检索出包含所述构成元素的图形用户界面，从而破坏这样一种生成方法类权利要求的新颖性或创造性。

对于上述权利要求1，在审查过程中，检索到最接近的现有技术之后，经与检索到的对比文件进行对比分析，判断出该解决方案与现有技术的区别主要在于"生成图形用户界面的显示窗，其中包括当前需显示的控件和控件显隐控制单元"。对于这一特征，经过分析认定其属于本领域的公知常识，因此该权利要求未能满足创造性的要求。

由此可见，虽然图形用户界面的生成方法由于体现了图形用户界面的动态生成过程而不涉及专利保护客体的问题，但是在创造性判断时，控件的生成过程并不能作为使其技术方案具备创造性的决定因素，除非该生成过程是以一种新的，或区别于现有技术且非显而易见的方式实现的。

（三）撰写启示

第一，通过该案的分析可以看到，将涉及图形用户界面的申请撰写成"一种图形用户界面的生成方法"的形式也是允许的，其可以克服图形用户界面本身不能被授予专利权的问题。但是，这种形式的权利要求由于其最终生成的是包含各构成元素的图形用户界面，因此，易于被以创造性为由予以否定。在撰写时，不能仅简单地将不予保护的图形用户界面以该案权利要求1的生成方法的形式表现出来，而是应该在所述生成方法中体现出对图形用户界面各构成元素的一定的交互处理或控制过程。例如，如何实现对控件的显隐控制等，从而区别于现有技术，以提高授权的可能性。

第二，虽然该案权利要求仅涉及图形用户界面的生成方法，但是涉及图形用户界面的申请也可以撰写成××装置的形式。同时，虽然对于仅包含各构成元素的图形用户界面本身不予保护，但是图形用户界面的各构成元素可以作为上述装置的组成部分，只是正如本节涉及图形用户界面本身的案例所述，在撰写过程中应尽量把图形用户界面所包含的部分，例如控件、显示区域或菜单等，融入到整个方案的交互处理过程中，以满足新颖性和创造性的要求。

第三，在说明书的撰写中，我们可以看到，虽然图形用户界面本身是不授权的客体，但是为了清楚地说明该案的解决方案，在撰写这类申请时可以将图形用户界面本身的特征以直观的方式进行表达和展现，这样更有利于对专利申请文件的理解和判断。同时，为专利申请文件的修改也预留了一定的空间。

### 三、小　　结

（1）涉及图形用户界面的发明专利申请可以分为以下几种情形。

①如果主题名称和限定内容均涉及图形用户界面的布局或设计，则由于其仅仅涉及图形用户界面的布局或设计，属于人的设计思维，不受自然规律的约束，不属于专利保护的客体。

②如果主题名称涉及一种图形用户界面，但其限定内容能够体现出对图形用户界面的动态生成过程，或者能够体现出对用户界面内的控件、菜单、窗口以及显示等方面的交互控制或处理，则需要对其主题名称进行修改，使其与实际所要保护的内容相适应。这种情况下，不会因为其主题名称涉及一种图形用户界面而否定其可专利性。

③如果主题名称以及限定内容均能体现出对图形用户界面的动态生成过程，或者能够体现出对用户界面内的控件、菜单、窗口以及显示等方面的交互控制或处理，并且这种处理过程是按照自然规律解决特定的问题，则其属于专利保护的客体。

（2）注意这类申请的基本撰写要求，首先需要满足专利保护客体撰写形式上的要求，不宜直接以"图像用户界面"为主题，而是应该以××装置或××方法为主题；限定的内容不能仅体现图形用户界面本身的构成元素，而是要体现出图形用户界面的动态生成过程，或是对用户界面的交互处理或控制过程。也就是说，图形用户界面的构成元素可以作为所述方法或装置的组成部分，但是重点是要体现出其动态生成过程或交互控制/处理过程。

（3）在满足基本的撰写要求之后，为了符合新颖性和创造性的要求，在撰写时应该尽量在图形用户界面的生成过程中，或者在图形用户界面的相关装置或方法中体现出对图形用户界面各构成元素的交互控制或处理过程，而不能仅简单地将图形用户界面各构成元素与常规的接收或选择步骤/装置相组合，从而提高授权的可能性和授权质量。

## 第四节 算 法

随着信息产业的迅速发展，云计算、大数据、智能制造等新技术不断突破，计算机技术高度普及并应用于各个领域，软件产业也随之蓬勃发展，而在软件产业中，有相当大一部分的技术创新是由算法带来的，因此如何给予算法适当的保护一直是业界争论不休的问题。

从《专利法》《专利法实施细则》及《专利审查指南2010》的现行规定来看，对于单纯的算法或数学计算规则不能给予专利保护。但现实情况中，绝大多数与算法相关的发明专利申请，其表现形式往往不限于记载算法和数学计算规则本身，而是还包括诸如算法的运算载体、参数获取、运算过程、结果控制或应用环境等。

本节通过对以下4个案例的分析，对与算法相关的发明专利申请进行了大致分类，并结合审查实践对这类申请的撰写给出了针对性的建议。

### 一、机器学习

（一）案情介绍

该案涉及一种信息处理设备和信息处理方法，针对现有学习算法获得的估计函数的不足，其可以生成一种在保持估计准确性的同时能够进一步降低计算量的估计函数。该案对于算法是否给执行算法的计算机内部性能带来改进给出了分析示例。

在现有技术中，诸如线性回归/判别、SVM（支持向量机）/SVR（支持向量回归）以及RVM（相关向量机）的算法被称为用于执行回归或判别的学习算法。现有技术的方法使用诸如线性回归、非线性回归、或SVM的学习算法，自动生成用于从内容数据检测特征量的特征量检测算法。

现有学习算法接收特征量向量 $x = \{x_1, \cdots, x_m\}$，并通过机器学习生成估计函数 $f(x) = \sum w_m \varphi_m(x) + w_0$，其中，用于输出标量的基函数 $\varphi_m(x)$ ($m = 1$ 到 $M$) 被线性地组合。具体地，当给定特征量向量 $x_j$ ($j = 1$ 到 $N$) 和目的变量 $t_j$ 时，获得估计函数 $f(x)$，其用于从特征量向量 $x$ 估计目的变量 $t$ 的估计值 $y$。

在线形回归/判别的情况下，使用模型 $\varphi_m(x) = x_m$。因此，如果在所给定的特征量向量 $x_j$ 和目的变量 $t_j$ 之间存在非线性，则难以基于该模型通过估计函数 $f$ 准确地拟合一组特征量向量 $x_j$ 和目的变量 $t_j$，降低了估计函数 $f$ 的估计准确性。另外，在 SVM/SVR 和 RVM 的情况下，使用具有 $\varphi_m(x)$ 作为非线性核函数的模型。因此，即使在所给定的特征量向量 $x_j$ 和目的变量 $t_j$ 之间存在非线性时，也可以基于该模型通过估计函数 $f$ 准确地拟合该组特征量向量 $x_j$ 和目的变量 $t_j$。结果，获得能够从特征量向量 $x$ 准确地估计估计值 $y$ 的估计函数 $f$。

一方面，计算通过 SVM/SVR 或 RVM 获得的估计函数 $f(x)$ 所需的计算量大于计算通过线性回归/判别获得的估计函数 $f(x)$ 所需的计算量。另一方面，如果在特征量向量 $x_j$ 和目的变量 $t_j$ 之间存在非线性，则通过线性回归/判别获得的估计函数 $f$ 的估计准确性小于通过 SVM/SVR 或 RVM 获得的估计函数 $f$ 的估计准确性。因此期望提供一种可以生成在保持估计准确性的同时进一步降低计算量的估计函数的信息处理方法和信息处理设备。

图 7-8 描述了信息处理设备 100 的功能配置。如图 7-8 所示，信息处理设备 100 主要由数据输入单元 101、基函数生成单元 102、存储单元 103、基函数计算单元 104、估计函数生成单元 105 以及函数输出单元 106 构成。估计函数生成单元 105 包括机器学习单元 1051 和基函数评估单元 1052。这些单元分别用于实现学习算法的各个步骤。

图 7-9 描述了根据学习算法的整体处理流程。由上述信息处理设备 100 执行与该学习算法有关的处理。如图 7-9 所示，首先，将学习数据输入到信息处理设备 100 (S101)。输入一组特征量向量 $x$ 和目的变量 $t$ 作为学习数据。当输入学习数据时，信息处理设备 100 通过基函数生成单元 102 的功能，生成基函数 (S102)。接下来，信息处理设备 100 通过基函数计算单元 104 的功能，计算基函数 (S103)。即信息处理设备 100 通过将特征量向量 $x$ 输入到在步骤 S102 中生成的基函数，计算基函数的计算值。接下来，信息处理设备 100 通过估计函数生成单元 105 的功能，执行基函数评估和估计函数生成 (S104)。

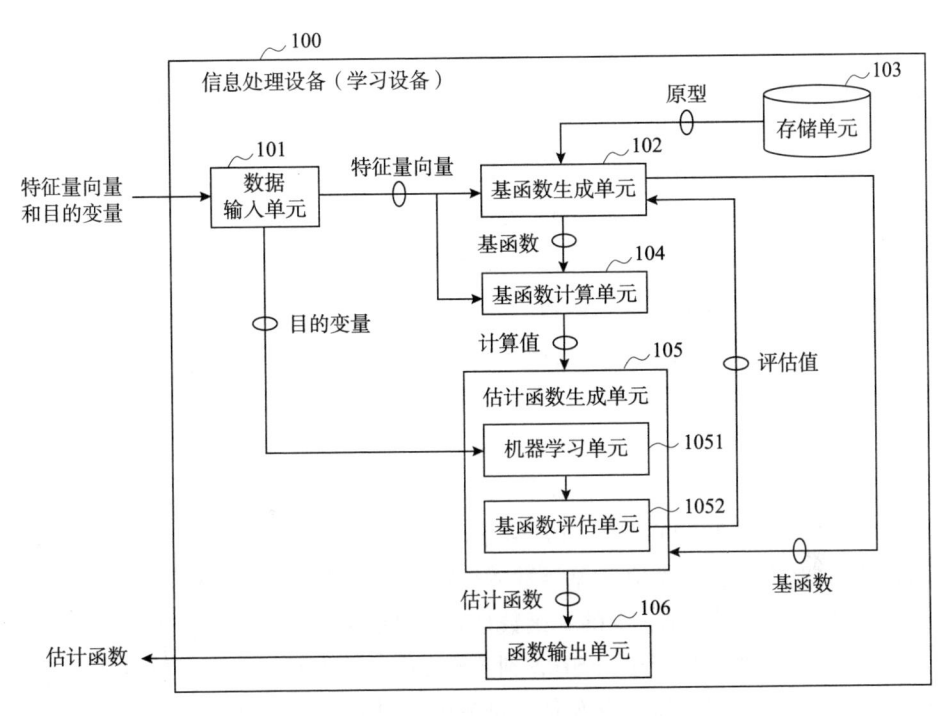

图 7-8　信息处理设备 100 功能配置图

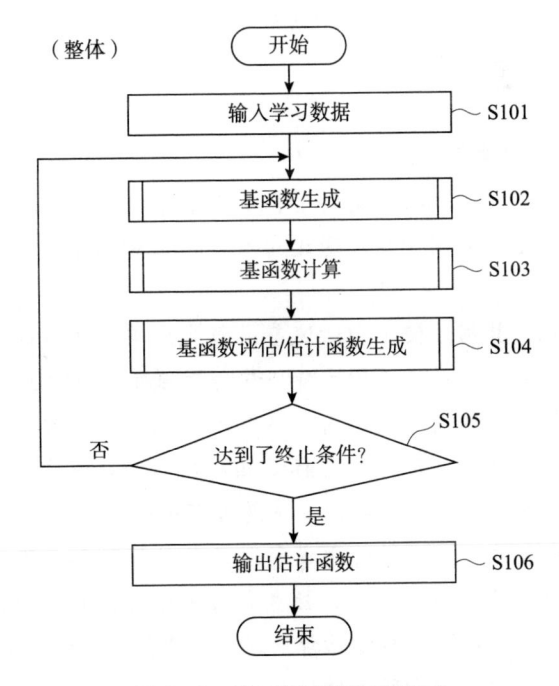

图 7-9　学习算法整体流程图

接下来，信息处理设备 100 确定是否达到了预定终止条件（S105）。如果达到了预定终止条件，则信息处理设备 100 将处理移至步骤 S106。另外，如果尚未达到预定终止条件，则信息处理设备 100 将处理返回到步骤 S102，并迭代执行步骤 S102 到步骤 S104 的处理。如果处理已移至步骤 S106，则信息处理设备 100 通过函数输出单元 106 的功能，输出估计函数（S106）。如上所述，迭代执行步骤 S102 到 S104 的处理。在以下描述中，在第 $\tau$ 次迭代处理的步骤 S102 中生成的基函数被称为第 $\tau$ 代基函数。

其中基函数评估/估计函数生成步骤由信息处理设备 100 通过基于 AIC 的逐步法的回归/判别学习来计算估计函数的参数 $w = \{w_0, \cdots, w_m\}$。即信息处理设备 100 通过回归/判别学习来获得向量 $w = \{w_0, \cdots, w_m\}$，使得通过估计函数 $f$ 来拟合一组计算值 $q_{mi} = \varphi_{m,\tau}(x(i))$ 和目的变量 $t(i)$（$i = 1$ 到 $N$）。在这方面，估计函数 $f(x)$ 是 $f(x) = \sum w_m \varphi_{m,\tau}(x) + w_0$。接下来，信息处理设备 100 将其中参数 $w$ 为 0 的基函数的评估值 $v$ 设置为 0，并将基函数的另一评估值 $v$ 设置为 1。即评估值 $v$ 的基函数是有用基函数。

如上所述，迭代执行步骤 S102 到步骤 S104 的处理，并且通过进化技术依次更新基函数，使得获得具有高估计准确性的估计函数。特别地，因为没有限制基函数原型的类型，因此即使对非线性数据进行回归/判别时也获得较高拟合准确性。此外，因为仅选择性地使用特征量向量的有用的维度，因此可以降低施加于估计函数计算的负荷。

【权利要求】

1. 一种信息处理设备，包括：

输入单元，其用于输入特征量向量和与所述特征量向量相对应的目的变量；

基函数生成单元，其用于生成通过对所述特征量向量进行映射来输出标量的基函数；

标量计算单元，其用于使用由所述基函数生成单元生成的基函数来对所述特征量向量进行映射，并计算与所述特征量向量相对应的所述标量；

基函数评估单元，其用于使用由所述输入单元输入的目的变量连同由所述标量计算单元算出的标量以及与所述标量相对应的特征量向量，评估用来计算所述标量的基函数对于估计所述目的变量是否有用；

估计函数生成单元，其用于使用由所述基函数评估单元评估为有用的基函数、基于由所述标量计算单元算出的标量和与所述标量相对应的目的变量，通过机器学习来生成用于从所述标量估计所述目的变量的估计函数；以及

输出单元，其用于输出由所述估计函数生成单元生成的估计函数。

2. 一种信息处理方法，包括：

输入特征量向量和与所述特征量向量相对应的目的变量；

生成用于通过对所述特征量向量进行映射来输出标量的基函数；

使用所述基函数对所述特征量向量进行映射，并计算与所述特征量向量相对应的标量；

使用所述目的变量连同所述标量以及与所述标量相对应的特征量向量，评估用来计算所述标量的基函数对于估计所述目的变量是否有用；

使用被评估为有用的基函数、基于所述标量和与所述标量相对应的目的变量，通过机器学习来生成用于从所述标量估计所述目的变量的估计函数；以及

输出所述估计函数。

【焦点问题】

该案的焦点问题在于权利要求 1 和权利要求 2 中涉及机器学习的信息处理设备和信息处理方法是否属于改善计算机内部性能的技术方案，以及在创造性判断时如何考虑算法特征的作用。

（二）案例分析

从该案权利要求整体方案看，所要解决的问题是对算法的改进。但是，由于权利要求中还包含了诸如可用于执行估计函数生成算法的通用计算机设备，因而其客观上可能构成解决利用计算机自动化执行数学运算的技术问题。

利用计算机设备实现算法的自动化运算，应当属于技术方案，但该方案已经是该领域普遍采用的成熟的技术。因而该案权利要求在审查中可能会遇到殊途同归的两种审查方式：一种方式为，当审查员与申请人存在共识：上述技术方案为公知技术因而并非该发明实质内容，则可直接对算法在权利要求方案中的作用进行分析，基于此判断其是否属于专利保护客体；另一种方式为，考虑到需要引入公知常识进行判断，将上述分析过程在创造性审查中进行论述。在这两种方式中，权利要求方案的审查结论都取决于对算法在权利要求方案中作用的分析结论。

1. 涉及机器学习的算法相关方案的保护客体分析

涉及计算机技术的算法中，有关机器学习的算法具有典型性。机器学习专用于研究计算机怎样模拟或实现人类的学习行为，重新组织已有的知识结构使之不断改善自身性能。因此，判断此类申请是否属于保护客体的要点在于，算法是否改进了计算机的内部性能，或者算法是否用于处理外部的数据以解决特定的技术问题。由于该案不涉及对外部技术信息的处理，因而就该案而言判断的关键在于是否改进了计算机的内部性能。根据该案对背景技术的描

述，线性回归/判别、SVM/SVR 以及 RVM 算法均为机器学习的常用学习算法，而通过 SVM/SVR 或 RVM 获得估计函数的计算量大于通过线性回归/判别获得估计函数的计算量。如果特征量向量和目的变量间存在非线性，则通过线性回归/判别获得估计函数的准确性小于通过 SVM/SVR 或 RVM 获得估计函数的准确性。由此，该案属于涉及机器学习的算法相关发明专利申请，其所要解决的问题是提供一种估计函数生成方法，在保持估计准确性的同时降低计算量。从其发明目的可以看出，该案的解决方案是对机器学习涉及的学习算法进行的优化和改进。那么，在对背景技术的描述中提及的提高准确性、降低计算量之类的改进目标，能否作为改进计算机系统内部性能的直接判断依据呢？

就该案权利要求 1 和权利要求 2 请求保护的方案而言，其解决方案可概括为：输入目的变量，生成基函数，使用基函数进行映射并生成标量，使用目的变量、标量、特征向量来评估基函数是否有用，使用有用的基函数来生成评估函数、输出评估函数。虽然在权利要求 1 和权利要求 2 记载的方案中包含有"通过机器学习来生成用于从所述标量估计所述目的变量的估计函数"这样的特征，并且由上述权利要求记载的方案可知，该方案由通用计算机设备来实施，但是，方案中提及的"机器学习"仅仅是其中某函数的实现手段。此外，上述解决方案在计算机上运行各计算步骤的目的仅在于获得估计函数，在利用计算机实现各计算步骤的过程中，方案中的算法特征与计算机系统内各组成部分之间不存在任何技术上的关联，在计算机上运行该函数生成算法不会使计算机系统内各组成部分在设置或调整方面有任何技术上的改进。在上述解决方案中，计算机在方案中仅充当估计函数生成算法的执行载体，该解决方案所要实现的提高准确性、降低计算量的效果，是通过改进估计函数生成算法直接获得的，而并非直接作用于计算机系统的内部结构，通过对计算机系统各组成部分的一系列设置或调整，来实现计算机运算性能的改进。换言之，执行各类简单或复杂数学算法是通用计算机的固有性能，该案的解决方案并非旨在使原本不能运行数学算法的计算机具备新的处理能力，而仅仅是利用计算机固有的数据运算能力来执行估计函数的改进算法。由此，权利要求 1 和权利要求 2 记载的解决方案仅涉及对估计函数生成算法的优化和改进，与计算机内部结构并无特定关联，这种运算效率的改进类似于数学简化方法带来的改进，与使用何种设备无关。因此，该案请求保护的解决方案不属于改善计算机内部性能的技术方案。

综上所述，当从能否改善计算机系统内部性能的角度来判断算法相关发明

第七章 涉及"非技术性"内容的申请如何撰写

专利申请是否属于保护客体时,关键在于判断方案中的算法特征与计算机内部结构的设置或调整等方面是否有技术上的关联,只有在这种特定技术关联上作出的改进,才被认为是给计算机系统内部性能带来的改进。如果一项解决方案仅涉及对数学算法进行优化,改进的是数学算法本身,与计算机内部结构并无特定关联而仅将通用计算机作为算法的执行工具,那么该解决方案不属于对计算机内部性能的改进方案。

2. 包含算法的自动化解决方案的创造性判断

能够完成数学运算的通用计算机在现有技术中已普遍存在,如上所述的仅将计算机系统作为算法执行载体的解决方案,其与现有技术的区别仅在于算法特征部分,而对算法特征的调整和改变不会给现有技术带来技术上的贡献。

虽然权利要求1和权利要求2记载的解决方案涉及能够实现该估计函数生成算法的信息处理设备,但是本领域普通技术人员知晓这种能够完成数学运算的信息处理设备在现有技术中已经被公开,即我们熟知的通用计算机。通过简单检索即可确定,该权利要求记载的方案与现有技术的区别仅在于所述估计函数生成算法的各个步骤,即输入目的变量,生成基函数,使用基函数进行映射并生成标量,使用目的变量、标量、特征向量来评估基函数是否有用,使用有用的基函数来生成评估函数,输出评估函数。上述估计函数生成算法本质上只是一种运算规则,并未涉及任何具体技术领域,其在整个方案中所起的作用也只是按照方案当前记载的步骤生成特定的函数,并非要解决特定应用领域的任何技术问题,显然该案所体现出的智慧贡献也仅反映在函数的构造算法上。换句话说,所述算法与计算机各单元之间的配合关系与现有技术中通用计算机各装置与一般计算机程序之间的配合关系并无本质上的差别,对计算机内部性能也没有产生可以运行所述计算机程序之外的新的影响,亦即在该方案中通用计算机只是作为执行所述算法或计算机程序的承载工具存在,二者之间并不存在其他的技术上的关联。因此,对于上述信息处理设备(或通用计算机)而言,运行此估计函数生成算法与执行其他一般的计算机程序或进行一般的数学运算并不会使此通用计算机有任何不同。

基于上述分析,权利要求1和权利要求2所请求保护的解决方案实质上只是一种运行了特定算法的通用计算机和用通用计算机运行的特定算法,其只是对所述算法本身作出了改进,由于对数学运算方法本身的改进仅仅是人们对算法规则的调整与改变,其在权利要求的技术解决方案中解决的仍然是数学运算上的问题,而没有解决任何技术问题,因此,对权利要求的技术解决方案没有作出技术性贡献。因而从整体上看，相应的权利要求请求保护的方案不具备创造性。

可以看出，对于该案权利要求，两种审查方式的结论都是驳回申请。

(三) 撰写启示

在撰写权利要求书时，有人为了回避客体的问题，在权利要求中除记载算法外，还会记载某些硬件，例如，计算机、输入/输出设备等。但是，如果这些算法的执行工具是现有技术中已知的设备，并且这种设备只是作为运行算法的载体被加以利用，那么这种工具的使用没有改变权利要求的解决方案仍然是对算法规则的调整与改变的本质。因此，即便权利要求中记载了诸如通用计算机的硬件部件，这样的权利要求即便通过客体审查最终也会因不具备创造性而无法获得专利权。

如果算法的改进能够提高计算机的内部性能，那么在撰写权利要求时应当体现算法与计算机具体技术参数、结构部件等的结合，体现该算法在整个方案中发挥的技术作用。例如，如果发明请求保护一种涉及提高硬盘访问速度的方法和设备，其解决方案为通过改进硬盘数据的读取和写入算法来提高数据访问速度，那么，在撰写权利要求时，不但要在权利要求中记载算法的具体实现步骤，还要记载与硬盘数据读写相关的技术内容，更要写明该算法对计算机硬盘读写部件或操作在技术上的配合、影响或作用，以体现出计算机因该算法的改进使得其访问速度获得更好性能，以此区别于仅仅在计算机上运行了该新的算法。例如这样一个权利要求：

一种提高非易失性闪存芯片使用寿命的方法，其特征在于将非易失性闪存芯片中的数据块 Block 划分到动态存储区与静态存储区，并在设定的条件下，动态存储区与静态存储区区域转换，从而达到读写次数的均衡；由一个参数 $E_i$ 来确定每个数据块 Block 是为动态存储区或为静态存储区，$E_i = \alpha X_i / (\sum X_i / n)$，其中，$Block_i$ 为第 $i$（$i$ 为正整数）个数据块 Block，$X_i$ 为 $Block_i$ 的擦除次数，$n$ 为数据块 Block 的总数，$\alpha$ 为可设置的参数；根据需求设定一个临界值，当 $E_i$ 大于这个临界值时，则 $Block_i$ 为动态存储区，当 $E_i$ 小于这个临界值时，则 $Block_i$ 为静态存储区。

在上述权利要求中可以看出虽然闪存芯片的结构并未发生改变，但是该算法与闪存芯片的读写部件和擦除操作在技术上是存在影响的，存储芯片按照该算法来对数据块的擦除操作进行控制，由此能够解决闪存芯片寿命低的技术问题，获得了增强闪存芯片的使用性能的技术效果。在这样的技术方案中，算法特征和其他计算部件特征在创造性评价中均需予以考虑。

## 二、以 PC 机作为硬件平台

(一) 案情介绍

该案涉及一种基于遗传计算的二维泊松方程快速求解方法，采用遗传计算对松弛因子进行全局寻优，将遗传计算得到的最佳松弛因子作为并行超松弛迭代算法的松弛因子进行迭代计算，从而实现二维泊松方程的快速计算。该案着重从计算机内部性能的改进和外部数据的处理两个角度分析了如何看待算法在权利要求方案中的作用。

在现有技术中，泊松方程的求解有很多种方法，例如常用解法包括格林函数法、分离变量法、有限差分法、迭代算法等，但这些方法都存在各种各样的问题。格林函数可以将微分方程边值问题转化为积分方程问题，但对于有限域的泊松方程，因为找不到其对应的格林函数，故该法求解比较困难。分离变量法是求解数学物理方程中应用最广泛的一种方法，但该法在应用时坐标系的选择有一定限制。有限差分方法对于椭圆型问题的逼近往往需要求解较大的稀疏矩阵，数据处理也很复杂。并行超松弛迭代算法因其有明显的并行性，能大大提高计算效率、节省计算时间、减少迭代次数，由于采用了并行技术，计算机各处理器间通信与计算时间重叠，获得了较为理想的加速效率，缺点是最佳松弛因子选择困难。在一般的情况下，并行超松弛迭代算法最佳收敛因子只能凭借经验取值，因此如何快速选取最佳因子成为并行超松弛迭代算法的关键。

该案要解决的问题是采用遗传计算对松弛因子进行全局寻优，将遗传计算得到的最佳松弛因子作为并行超松弛迭代算法的松弛因子，进行迭代计算，从而实现二维泊松方程的快速计算。该方法能够有效减少迭代次数，提高算法效率，节省计算时间，从而加快二维泊松方程的求解速度以及提高计算精度。

图 7-10 示出了整个算法的各个步骤，其中在 106，由一台主机与四台从机构成机群系统，算法通过机群系统实施，主机负责与四台从机进行通信并更新分界线上点的值，四台从机进行分块场域的超松弛迭代计算。

如图 7-11 所示，将目标问题所在场域（电场、磁场、温度场等）划分为四个部分，用四台从机对子域 A、B、C、D 分别进行超松弛迭代，主机负责迭代子区域上的边界点并将新值传送到从机。每次迭代后验证收敛性，即判断泊松方程是否达到精度要求，若达到则停止迭代。

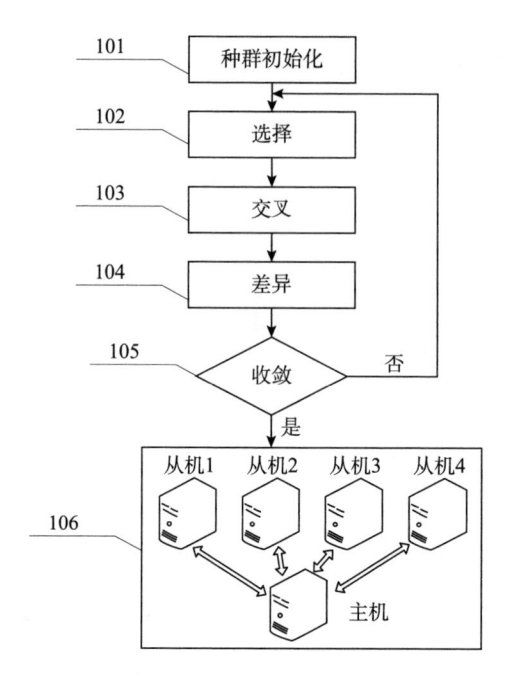

图 7-10　流程框图

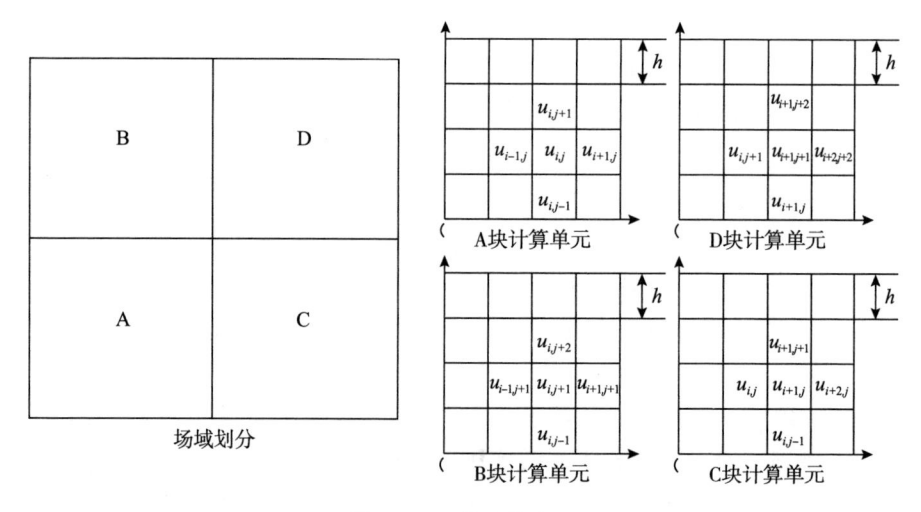

图 7-11　算法格式图

【权利要求】

1. 一种基于遗传计算的二维泊松方程快速求解方法，其特征在于，包括以下步骤：

（1）采用遗传计算对松弛因子进行全局寻优，适应度函数建模为与迭代次

数 N 以及收敛精度 max$|u_{i,j}^x - u_{i,j}^{x-1}|$ 有关的多目标适应度函数，式中 $u_{i,j}$ 表示电场、磁场或温度场点 $i$，$j$ 处的位函数，K 表示当前迭代数；

（2）初始化种群，采用截断选择法与稳态繁殖法相结合对种群进行优胜劣汰的筛选，只保留精英个体，提高种群的多样性；

（3）新个体由父个体的线性插值及非均匀变异产生，交叉概率和变异概率根据自适应遗传算法进行计算；

（4）判断收敛性，遗传算法的收敛条件是迭代次数超过 300 或者最大适应度连续 3 代变化都小于 $10^{-10}$，算法收敛时适应度最大值对应的个体即为最佳松弛因子；

（5）若算法收敛，则选用五台处理能力相同的 PC 机作为硬件平台，一台作为主机，其余作为从机，主机与从机通信，从机之间互不干扰；将遗传计算得到的最佳松弛因子作为并行超松弛迭代算法的松弛因子，进行并行超松弛迭代计算，实现二维泊松方程的快速计算；

若算法不收敛，则返回步骤（2），继续通过截断选择法与稳态繁殖法相结合对种群进行优胜劣汰的筛选。

【焦点问题】

该案的焦点问题在于以 PC 机作为硬件平台的算法是否属于专利保护的客体，以及在创造性判断时如何考虑算法特征的作用。

（二）案例分析

1. 关于客体问题的考虑

权利要求 1 中虽然包括了算法特征，即基于遗传算法快速求解二维泊松方程的各个步骤特征，但根据权利要求 1 中的明确限定，所有的这些内容都是基于 PC 机硬件平台来运行的，并非仅包含单纯的算法特征本身，因此不属于《专利法》第 25 条第 1 款（二）项排除的智力活动的规则和方法范畴。

2. 算法特征给 PC 机硬件平台带来的变化

在该案中，由该权利要求中所述的各个算法特征以及 PC 机硬件平台构成了一个用于快速求解二维泊松方程的计算机系统，而对于涉及计算机程序的申请，通常认为对计算机系统的改进主要包括两个方面，对系统内部性能的改进以及对外部技术数据的处理。

一方面，《专利审查指南 2010》第二部分第九章第 2 节 "涉及计算机程序的发明专利申请的审查基准" 中指出，如果涉及计算机程序的发明专利申请的解决方案执行计算机程序的目的是改善计算机系统内部性能，通过计算机执行一种系统内部性能改进程序，按照自然规律完成对该计算机系统各组成部分实施的一系列设置或调整，从而获得符合自然规律的计算机系统内部性能改进效果，则这种解决方案属于《专利法》第 2 条第 2 款所说的技术方案，属于专利保护的客体。

我们通常所说的计算机系统内部性能的指标主要包括：运算速度、字长（计算机在同一时间内处理的二进制位数）、内存容量（主存）、外存容量（硬盘）、外部设备的配置及扩展能力、软件配置等。参看《专利审查指南2010》第二部分第九章中的【例5】，其请求保护的是一种利用虚拟设备文件来扩充移动计算设备存储容量的方法，属于对计算机系统存储容量带来的改进。而对于该案，其中 PC 机硬件平台在整个系统中只是为了执行算法步骤特征，即 PC 机硬件平台在整个系统中只是起到了执行各种数学运算的作用，而该作用是任何一台通用计算机的固有属性，通过在其上运行二维泊松方程求解算法并没有使得该 PC 机硬件平台具备新的处理能力，或者在运算速度、精度、稳定性等方面带来提升，也就是说并没有带来系统内部性能上的改进或提升。换句话说，在该方案中，所述 PC 机硬件平台只是起到了一个承担运行平台的作用。因此，该案实际上是在通用计算机或由其构成的硬件平台上运行算法（二维泊松方程求解算法）的典型情形，并没有给整个计算机系统带来内部性能方面的改进。

另一方面，《专利审查指南2010》第二部分第九章第 2 节还规定，如果涉及计算机程序的发明专利申请的解决方案执行计算机程序的目的是为了处理一种外部技术数据，通过计算机执行一种技术数据处理程序，按照自然规律完成对该技术数据实施的一系列技术处理，从而获得符合自然规律的技术数据处理效果，则这种解决方案属于《专利法》第 2 条第 2 款所说的技术方案，属于专利保护的客体。

我们通常所说的外部技术数据是指带有某种特定物理含义的数据，例如在图像处理中涉及的图像噪声，计算机系统通过对代表外部图像噪声的数据进行技术上的处理从而实现去除图像噪声的目的，属于通过执行计算机程序而使得整个系统实现了对外部技术数据的处理。而在该案中，由通用计算机构成的 PC 机硬件平台处理的是求解二维泊松方程中用到的各种抽象数据，例如迭代次数、收敛精度、松弛因子等，显然这些都不属于带有某种特定物理含义的外部技术数据，也没有对其执行符合自然规律的技术处理，因此该案中所述的 PC 机硬件平台并没有实现对外部技术数据的技术处理。

由此可见，算法特征并没有给由通用计算机构成的 PC 机硬件平台带来性能上的改进或者使其能够实现对外部技术数据的技术处理，所有可能的变化均来自算法本身，其所有可能产生的效果也是由该算法本身带来的，与通用计算机或由通用计算机构成的 PC 机硬件平台并没有任何技术上的关联。通用计算机只是一个执行运算的载体，与涉及机器学习的案例类似，该方案从整体上来看仍旧是对算法规则的调整和改变，即便在权利要求中记载了通用计算机等硬件结构，也会由于不具备创造性而无法被授权。

（三）撰写启示

（1）如果涉及算法的计算机程序相关发明专利申请能够提升计算机内部性能，那么在权利要求中要体现出该算法与计算机内部构件等之间的交互，如何通过这种交互使得该算法在整个方案中在提升系统内部性能方面发挥了作用。

比如，如果一项发明请求保护的是一种提高内存页面调度速度的方法和设备，其发明的实质性内容就是通过改进内存页面调度算法并与内存页面调度机制相结合，从而实现了提高内存页面调度速度的效果，那么在撰写权利要求时，除了要明确记载该调度算法的改进之处外，还需要明确记载该调度算法是如何与内存页面相互配合的，正是由于这种相互之间的配合才从整体上实现了内存页面调度速度上的提升，而不仅仅在于内存页面算法上的改进。

（2）如果涉及计算机程序算法的发明专利申请涉及了特定的技术领域，那么在撰写权利要求时，一定要体现出所述的算法如何与相应的技术领域相结合，如何对外部的技术数据进行处理。

比如，如果一项发明请求保护的是一种利用地震波勘探石油的方法和设备，其发明的实质内容就是通过某一具体算法与由地震波各类参数，例如距离、时间、强度、烈度等各项技术数据相结合从而快速得出勘探石油的结果。那么在撰写该权利要求时，除了要明确记载该具体算法的改进之处以外，还需要明确记载该具体算法如何通过与地震波各类参数，例如距离、时间、强度、烈度等各项技术数据相结合才能最终得出石油勘探结果的效果，从而使得整个方案不再是单纯的数值运算，而是运用到石油勘探这一具体技术领域。

### 三、计算机图形学

（一）案情介绍

该案涉及一种基于附属平行六面体空间的面心立方网格直线生成方法，其利用附属平行六面体空间的平行六面体与面心立方网格空间的体素之间的一一对应关系生成面心立方网格直线。该案中通过从权利要求方案是否采用技术手段、解决技术问题以及获得技术效果，即所谓技术"三要素"的角度，运用整体判断原则对权利要求是否构成技术方案进行了具体分析。

三维直线生成方法的应用领域包括物体的真实感显示、光线追踪、医学图像的三维重建、体元素绘制、计算机视觉以及立体几何造型。直线生成方法的好坏不仅直接影响图形生成与显示的效率，而且与数控加工和快速原型制造的速度和精度有直接的关系。体素为菱形十二面体构成的三维网格称为面心立方（Face-centered Cubic，FCC）网格，面心立方网格与方形网格相比具有如下优点：提高了算法的效率；误差小于方形网格，从而具有更好的近似效果；需要较少的采样点就可以完全重构信号，从而可以节约内存空间，提高体绘制速度；面心立方网格上曲线或曲面更平滑。另外，面心立方网格能比立方网格减少23.02%的体数据量。面心立方网格因其良好的采样性质将在三维计算机图形学及CAD中具有较好的应用前景。目前，国内外文献对三维直线生成方法大多集中在方形网格，而对于具有更好采样性质的面心立方网格，缺乏相应的直线生成方法。

该案提供了一种基于附属平行六面体空间的面心立方网格直线生成方法，以提高图形系统中直线的生成效率。表7-1列出了对于不同长度和数目的直线，该方法的执行时间比较，该表中所列的时间是执行完整的方法所需的时间，即包括主循环体外对判断变量等的初值和增量的计算。从表7-1可以看出，随着直线长度的加大和直线数目的增加，方法执行时间逐步增加。

表7-1 生成不同长度直线所需要的时间　　　　　　　　　单位：秒

| 直线长度（万条） \ 直线数目 | 200 | 400 | 600 | 800 | 1000 | 1200 |
|---|---|---|---|---|---|---|
| 10 | 0.323 | 0.422 | 0.542 | 0.656 | 0.765 | 0.859 |
| 100 | 3.265 | 4.580 | 5.397 | 6.382 | 7.429 | 8.513 |
| 1000 | 32.788 | 43.285 | 53.219 | 63.455 | 75.726 | 85.888 |

在该方法的具体实施中需要进行以下步骤。

1. 建立离散面心立方网格空间的附属平行六面体空间

按如下方法构造面心立方坐标系：选取一个体素中心定义为坐标原点 $O$，坐标原点 $O$ 的所有坐标值为0，即 $O=(0,0,0)$。然后确定三个坐标轴，考虑坐标原点体素（菱形十二面体）的一个有三个相邻面的顶点（即度为3的顶点），过原点且分别垂直于这三个相邻面的直线为坐标轴 $O_x$、$O_y$ 和 $O_z$。为离散面心立方空间 $N$ 定义相应的附属平行六面体空间 $N^1$。$N$ 中的每个体素 $h(x, y, z)$ 都对应一个 $N^1$ 的平行六面体 $p(x, y, z)$。$p(x, y, z)$ 称为 $h(x, y, z)$ 的附属平行六面体，它们具有相同的中心，并且平行六面体 $p(x, y, z)$ 的边为空间 $N$ 的基向量 $u$、$v$ 和 $w$。按这种方法定义的 $N^1$ 和 $N$ 具有相同的中心和基向量。

## 2. 面心立方网格空间体素及其对应的附属平行六面体之间的邻接关系

分析构成空间 $N$ 和 $N^1$ 的体素之间的关系。记 $h(x, y, z)$ 为 $N$ 的体素且 $p(x, y, z)$ 为与之对应的 $N^1$ 中的平行六面体。可以得出如下结论：平行六面体 $p(x, y, z)$ 有 26 个相邻平行六面体，其中 6 个与 $p(x, y, z)$ 面相邻，12 个与 $p(x, y, z)$ 边相邻，其余 8 个与 $p(x, y, z)$ 点相邻。根据对称性，相邻的两个平行六面体有 13 种不同的坐标对，分别对应于表 7-2 的 13 行，由表 7-2 中可以看出，面相邻的体素坐标对有 6 种（由于对称性，对应于 12 个面相邻体素），点相邻体素坐标对有 3 中（由于对称性，对应于 6 个点相邻体素），不相邻的体素坐标对有 4 种，其中对应于边相邻的平行六面体 3 中（由于对称性，对应于 6 个边相邻平行六面体），点相邻的平行六面体 1 种（由于对称性，对应于 2 个点相邻平行六面体）。

表 7-2　面心立方网格体素及其对应的平行六面体空间平行六面体之间的邻接关系

| 相邻的坐标对 | 邻接关系 平行六面体 | 邻接关系 体素（菱形十二面体） | 需要增加的体素个数 |
|---|---|---|---|
| $(x, y, z)$ 和 $(x+1, y, z)$ | 面相邻 | 面相邻 | 0 |
| $(x, y, z)$ 和 $(x, y+1, z)$ | 面相邻 | 面相邻 | 0 |
| $(x, y, z)$ 和 $(x, y, z+1)$ | 面相邻 | 面相邻 | 0 |
| $(x, y, z)$ 和 $(x+1, y, z-1)$ | 边相邻 | 面相邻 | 0 |
| $(x, y, z)$ 和 $(x+1, y-1, z)$ | 边相邻 | 面相邻 | 0 |
| $(x, y, z)$ 和 $(x, y+1, z-1)$ | 边相邻 | 面相邻 | 0 |
| $(x, y, z)$ 和 $(x+1, y-1, z-1)$ | 点相邻 | 点相邻 | 0 |
| $(x, y, z)$ 和 $(x+1, y+1, z-1)$ | 点相邻 | 点相邻 | 0 |
| $(x, y, z)$ 和 $(x+1, y-1, z+1)$ | 点相邻 | 点相邻 | 0 |
| $(x, y, z)$ 和 $(x+1, y, z+1)$ | 边相邻 | 不相邻 | 1 |
| $(x, y, z)$ 和 $(x, y+1, z+1)$ | 边相邻 | 不相邻 | 1 |
| $(x, y, z)$ 和 $(x+1, y+1, z)$ | 边相邻 | 不相邻 | 1 |
| $(x, y, z)$ 和 $(x+1, y+1, z+1)$ | 点相邻 | 不相邻 | 2 |

对于体素不相邻的情形，需要增加体素来连接这两个不相邻的体素。若相应的两个平行六面体为边相邻的情形，需要增加 1 个体素来连接体素。若相应的两个平行六面体为点相邻的情形，需要增加 2 个体素来连接体素，此时坐标对为 $(x, y, z)$ 和 $(x+1, y+1, z+1)$。

注意到有 3 种选择：$h(x+1, y, z)$、$h(x, y+1, z)$ 和 $h(x, y, z+1)$，分别对应 3 个平行六面体：$p(x+1, y, z)$、$p(x, y+1, z)$ 和 $p(x, y,$

$z+1$)。要在这 3 个平行六面体中选取一个使其与直线的距离最小。我们根据判断变量 $e_{yx}$ 和 $e_{zx}$ 的大小来选择，$e_{yx}$ 和 $e_{zx}$ 的初始化和递增公式详见"面心立方网格上的直线生成方法"的步骤 B。首先在 $xy$ 平面由 $e_{yx} < \Delta y$ 是否成立决定 $y$ 是否先变化，然后在 $xz$ 平面由 $e_{zx} < \Delta z$ 是否成立决定 $z$ 是否先变化。根据 $e_{yx}$ 和 $e_{zx}$ 的大小有以下四种情形：

(1) 若 $e_{yx} < \Delta y$ 且 $e_{zx} < \Delta z$，则选取平行六面体 $p$（$x+1$，$y$，$z$）（体素 $h$（$x+1$，$y$，$z$））。

(2) 若 $e_{yx} < \Delta y$ 且 $e_{zx} \rangle = \Delta z$，则选取平行六面体 $p$（$x$，$y$，$z+1$）（体素 $h$（$x$，$y$，$z+1$））。

(3) 若 $e_{yx} \geqslant \Delta y$ 且 $e_{zx} < \Delta z$，则选取平行六面体 $p$（$x$，$y+1$，$z$）（体素 $h$（$x$，$y+1$，$z$））。

(4) 若 $e_{yx} \geqslant \Delta y$ 且 $e_{zx} \geqslant \Delta z$，则选取平行六面体 $p$（$x$，$y+1$，$z$）或 $p$（$x$，$y$，$z+1$）（体素 $h$（$x$，$y+1$，$z$）或 $h$（$x$，$y$，$z+1$））。

首先考虑情形（1），$e_{yx} < \Delta y$ 且 $e_{zx} < \Delta z$，则选取的体素 $h$（$x+1$，$y$，$z$）与 $h$（$x+1$，$y+1$，$z+1$）还不相邻，连接它们的体素可能为 $h$（$x+1$，$y$，$z+1$）或 $h$（$x+1$，$y+1$，$z$）。通过分析，我们发现变量 $e_{zy} = e_{zx}\Delta y - e_{yx}\Delta z$ 的符号决定了该选取哪个连接体素：若 $e_{zy}$ 为正，则应选取 $h$（$x+1$，$y$，$z+1$），即体素 $h$（$x$，$y$，$z$）的紧接着的 3 个体素为 $h$（$x+1$，$y$，$z$）、$h$（$x+1$，$y$，$z+1$）、$h$（$x+1$，$y+1$，$z+1$）；否则体素 $h$（$x$，$y$，$z$）的紧接着的 3 个体素为 $h$（$x+1$，$y$，$z$）、$h$（$x+1$，$y+1$，$z$）、$h$（$x+1$，$y+1$，$z+1$）。

现在考虑情形（2），$e_{yx} < \Delta y$ 且 $e_{zx} \geqslant \Delta z$，则选取的体素 $h$（$x$，$y$，$z+1$）与 $h$（$x+1$，$y+1$，$z+1$）还不相邻，连接它们的体素可能为 $h$（$x+1$，$y$，$z+1$）或 $h$（$x$，$y+1$，$z+1$），但由于 $e_{yx} < \Delta y$，只能选取 $h$（$x+1$，$y$，$z+1$）。于是体素 $h$（$x$，$y$，$z$）的紧接着的 3 个体素为 $h$（$x$，$y$，$z+1$）、$h$（$x+1$，$y$，$z+1$）、$h$（$x+1$，$y+1$，$z+1$）。

现在考虑情形（3），$e_{yx} \geqslant \Delta y$ 且 $e_{zx} < \Delta z$，则选取的体素 $h$（$x$，$y+1$，$z$）与 $h$（$x+1$，$y+1$，$z+1$）还不相邻，连接它们的体素可能为 $h$（$x+1$，$y+1$，$z$）或 $h$（$x$，$y+1$，$z+1$），但由于 $e_{zx} < \Delta z$，只能选取 $h$（$x+1$，$y+1$，$z$）。于是体素 $h$（$x$，$y$，$z$）的紧接着的 3 个体素为 $h$（$x$，$y+1$，$z$）、$h$（$x+1$，$y+1$，$z$）、$h$（$x+1$，$y+1$，$z+1$）。

最后考虑情形（4），$e_{yx} \geqslant \Delta y$ 且 $e_{zx} \geqslant \Delta z$，则可能选取的体素为 $h$（$x$，$y+1$，$z$）或 $h$（$x$，$y$，$z+1$），与情形（1）的分析类似，我们可以在 $yz$ 平面由 $e_{zy} = e_{zx}\Delta y - e_{yx}\Delta z$ 的符号决定应该选取哪个体素。若 $e_{zy} < 0$，则应该选取 $h$（$x$，$y+1$，

$z$)和 $h$($x$, $y+1$, $z+1$),于是体素 $h$($x$, $y$, $z$)的紧接着的 3 个体素为 $h$($x$, $y+1$, $z$)、$h$($x$, $y+1$, $z+1$)、$h$($x+1$, $y+1$, $z+1$)。否则若 $e_{yx} \geq 0$ 体素 $h$($x$, $y$, $z$)的紧接着的 3 个体素为 $h$($x$, $y$, $z+1$)、$h$($x$, $y+1$, $z+1$)、$h$($x+1$, $y+1$, $z+1$)。

### 3. 面心立方网格上的直线生成方法

假设直线的起点和终点的面心立方坐标分别为($x1$, $y1$, $z1$)和($x2$, $y2$, $z2$),则($x1$, $y1$, $z1$)和($x2$, $y2$, $z2$)同时也是相应点的平行六面体坐标。令 $\Delta x = |x2-x1|$,$\Delta y = |y2-y1|$ 和 $\Delta z = |z2-z1|$,$x\text{sign} = \text{SIGN}$($x2-x1$),$y\text{sign} = \text{SIGN}$($y2-y1$)和 $z\text{sign} = \text{SIGN}$($z2-z1$)。为简便起见,我们这里假设 $\Delta x > \Delta y$ 且 $\Delta x > \Delta z$(即 $x$ 轴为主坐标轴),则 $x$ 值每一步都递增(或递减)。定义判断变量 $e_{yx}$ 和 $e_{zx}$ 的初始值如下:$e_{yx} = 2\Delta y - \Delta x$,$e_{zx} = 2\Delta z - \Delta x$。面心立方网格上,两点($x1$, $y1$, $z1$)和($x2$, $y2$, $z2$)之间的直线生成方法包括如下步骤:

步骤 A:选取起点($x1$, $y1$, $z1$)为当前体素(也是当前平行六面体)。

步骤 B:与三维方形网格直线生成 Bresenham 方法类似,在平行六面体空间决定下一步所选取的平行六面体。下面将说明其详细过程。由于方法在平行六面体空间 $x$ 值每一步都递增(或递减),因此只要决定下一平行六面体的 $y$ 和 $z$ 坐标是否变化即可。假设当前平行六面体为 $E = p$($x$, $y$, $z$),则下一平行六面体的取法只有四种可能的选择,即 $A = p$($x+x\text{sign}$, $y$, $z$)、$B = p$($x+x\text{sign}$, $y+y\text{sign}$, $z$)、$C = p$($x+x\text{sign}$, $y$, $z+z\text{sign}$)和 $D = p$($x+x\text{sign}$, $y+y\text{sign}$, $z+z\text{sign}$)。要在这四个平行六面体中选取一个使其与直线的距离最小,我们根据判断变量 $e_{yx}$ 和 $e_{zx}$ 的符号来选择。我们分两步进行,首先在 $xy$ 平面由 $e_{yx}$ 的符号决定 $y$ 是否变化,然后在 $xz$ 平面由 $e_{zx}$ 的符号决定 $z$ 是否变化。根据 $e_{yx}$ 和 $e_{zx}$ 的符号有以下四种情形:

①若 $e_{yx} < 0$ 且 $e_{zx} < 0$,则下一平行六面体为 $p$($x+x\text{sign}$, $y$, $z$),同时变量 $e_{yx}$ 递增为 $e_{yx} = e_{yx} + 2\Delta y$,$e_{zx}$ 递增为 $e_{zx} = e_{zx} + 2\Delta z$。

②若 $e_{yx} < 0$ 且 $e_{zx} \geq 0$,则下一平行六面体为 $p$($x+x\text{sign}$, $y$, $z+z\text{sign}$),同时变量 $e_{yx}$ 递增为 $e_{yx} = e_{yx} + 2\Delta y$,$e_{zx}$ 递增为 $e_{zx} = e_{zx} + 2(\Delta z - \Delta x)$。

③若 $e_{yx} \geq 0$ 且 $e_{zx} < 0$,则下一平行六面体为 $p$($x+x\text{sign}$, $y+y\text{sign}$, $z$),同时变量 $e_{yx}$ 递增为 $e_{yx} = e_{yx} + 2(\Delta y - \Delta x)$,$e_{zx}$ 递增为 $e_{zx} = e_{zx} + 2\Delta z$。

④若 $e_{yx} \geq 0$ 且 $e_{zx} \geq 0$,则下一平行六面体为 $p$($x+x\text{sign}$, $y+y\text{sign}$, $z+z\text{sign}$),同时变量 $e_{yx}$ 递增为 $e_{yx} = e_{yx} + 2(\Delta y - \Delta x)$,$e_{zx}$ 递增为 $e_{zx} = e_{zx} + 2(\Delta z - \Delta x)$。

步骤 C：根据当前体素和下一个体素的相邻关系，决定是否需要增加体素，若需要增加体素，根据判断变量 $e_{yx}$、$e_{zx}$ 和 $e_{zy} = e_{zx}\Delta y - e_{yx}\Delta z$ 的值选取合适的体素。

步骤 D：若还没到达终点（$x2$，$y2$，$z2$），则转向步骤 B，否则方法结束。

运算量主要集中在步骤 B 和步骤 C，这两步需要重复 $N = \mathrm{Max}$（$\Delta x$，$\Delta y$，$\Delta z$）次，在方法步骤 B，需要 2 次比较和 2 次加法操作，在方法步骤 C，若不需要增加体素，即一次仅生成一个体素则没有任何操作；若需要增加 1 个体素，即一步生成 2 个体素，则步骤 C 需要 1 次比较操作；若需要增加 2 个体素，即一步生成 3 个体素，则步骤 C 最多需要 2 次比较、2 次乘法和 1 次加法运算共 5 次操作。因此，本方法的时间复杂度为 $O(N)$。

【权利要求】

1. 一种基于附属平行六面体空间的面心立方网格直线生成方法，该方法包括，

以菱形十二面体为体素的面心立方网格三维空间中，在三维方形网格的 Bresenham 方法的基础上，利用附属平行六面体空间的平行六面体与面心立方网格空间的体素之间的一一对应关系生成面心立方网格直线，其步骤为：

a. 建立离散面心立方网格空间的附属平行六面体空间；

b. 分析面心立方网格空间体素及其对应的附属平行六面体之间的邻接关系；

c. 选取平行六面体起点（$x1$，$y1$，$z1$）为当前体素；

d. 三维方形网格直线生成方法采用 Bresenham 方法，在平行六面体空间决定下一步所选取的平行六面体；

e. 根据当前平行六面体和选取的下一个平行六面体的相邻关系和对应体素的相邻关系，决定是否需要增加体素并选取合适的体素；

f. 若还没到达终点（$x2$，$y2$，$z2$），则返回 d，否则方法结束。

【焦点问题】

该案的焦点问题在于：对涉及计算机图形学中基本图形元素相关处理的申请，如何从技术三要素的角度，从整体上判断权利要求是否构成技术方案。

（二）案例分析

有的人认为：该案所涉的计算机图形学是一门基础学科，不属于专利法意义上的技术领域，计算机图形处理领域的算法由于未应用到具体的技术领域，因此不属于专利保护的客体；并且，权利要求 1 中的三维直线属于计算机图形学中基本的几何元素，该案利用平行六面体与面心立方网格空间的体素之间的

对应关系生成面心立方网格直线,其没有应用到具体的技术领域,最终结果仅用于生成用于绘图的三维直线,仍属于单纯的数学算法,因此,该发明属于一种智力活动的规则和方法,不属于专利保护的客体。

造成上述对该案客体的质疑原因主要在于两个方面:一是没有注意到应当将方案作为一个整体,不能仅凭方案中包含部分非技术方面的内容或者方案的贡献在于非技术方面而忽略方案中同时包含的技术性内容进而否定整个方案的技术性;二是混淆了纯数学算法与技术数据处理方法之间的界限。

判断一项权利要求所请求保护的方案是否构成技术方案,应当将方案作为一个整体,分析其是否采用技术手段来解决技术问题,以获得符合自然规律的技术效果。其中,所谓的"将方案作为一个整体"的含义,是指要基于权利要求所限定的整个方案进行判断,不能仅凭方案中包含部分非技术方面的内容或者方案的贡献在于非技术方面而忽略方案中同时包含的技术性内容进而否定整个方案的技术性。在分析一项解决方案"是否采用技术手段来解决技术问题,以获得符合自然规律的技术效果"时需要注意,如仅从解决的问题和获得的效果到底被定性为是技术性的还是社会性来加以判断,有时是模糊的,例如为了达到节油效果,可以通过少开车和改进发动机燃油效率两个不同方案来实现。而区分上述两个方案哪个构成技术方案的关键,显然不在于判断"节油效果"是技术性的还是非技术性的,而在于判断为了实现预期的"节油效果",哪个方案是建立在技术性约束的基础上的,即从技术手段本身加以判断。

该案涉及计算机图形学中基本图形元素的相关处理,对涉及计算机图形学中基本图形元素的处理算法的权利要求进行保护客体判断时,其关键点在于判断基于该算法的解决方案是否采用了技术手段,解决了技术问题并达到了相应的技术效果,不能脱离具体情况而简单或泛泛地从计算机图形学是否属于技术领域的角度就加以断言,需结合具体请求的方案,从技术三要素角度加以分析与判断。具体到该案,其解决的问题与达到的效果是:提高直线的生成效率。可能在该问题与效果是否是技术性的方面存疑,实质上,此处的提高生成效率是指计算机生成同等数量直线图像所花费的时间少,即图形自动生成的效率高,这无疑是技术性的。我们再从方案手段本身进行判断:该案中首先建立三维空间,之后考查其中的附属平行六面体以及面心立方网格空间体素之间的位置关系来实现直线的生成。而其中所提及的"体素",即立体像素(voxel),其技术含义是:数字数据于三维空间分区中的最小单位,概念上类似用于二维计算机图像影像数据的二维空间最小单位"像素",体素本身并不含有空间中的位置坐标,但是可以从它们相对于其他体素的位置来推敲它们在构成体积图像的数据结构中的位置,因此体素的相对位置实质上是一个反映三维影像数据结构位置的物理量。而整个方案利用了计算机三维立体空间基础上的自然规律,其算法均是依据计算机图形三维立体空间的位置关系进行计算,计算的结果是三维立体空间的位置选择,上述过程遵循了图形系统生成空间图形所需的数据处理规律,也就是说,该案方案是否建立在技术性的约束条件之上(即受到科学规律的约束),并依据该技术性约束条件构建整体方案进而解决其技术问题且达到技术效果,并非单纯的数学算法。因此,通过从技术三要素角度加以分析与判断,该案例权利要求所述方案属于技术方案。

(三)撰写启示

作出是否属于技术方案的判断时,不能简单地从申请是否属于技术领域的角度加以断言,需结合具体方案从技术三要素角度加以分析与判断。通常情况下,方案所解决的问题、采用的手段和达到的效果之间是相互关联的,三者技术性与否也通常是一致的。判断技术性与否的关键在于分析解决相应问题和达到相应效果的方案是否建立在技术性的约束条件之上(即受到科学规律的约束),并依据该技术性约束条件构建整体方案。

基于上述分析,该案为了避免在客体方面的质疑,在撰写方面可进一步从以下几个方面进行改进:

(1)应突出权利要求中所处理的对象是技术数据,其所具备的物理含义。

(2)对相关数据的处理的描述应当尽可能地结合计算机处理技术来描述,以便其更清晰地区别于抽象的数学运算。

(3)突出所请求方案作为整体所具备技术三要素,以及技术问题的解决和技术效果的实现与权利要求中所提及的哪些技术手段相关。

### 四、集装箱操作

(一)案情介绍

该案涉及一种装船时减少集装箱翻箱量的优化方法,集装箱进入相应堆场后在空闲时间对集装箱的排布进行有目的的翻箱整理,从而将无序的集装箱堆放状态整理为有序。该案所示例的权利要求体现了算法与具体技术领域的结合,因而符合《专利法》关于保护客体的要求。

集装箱码头的效率是衡量一个码头生产能力的最重要的指标,能否高效率地装卸船对于减少运输成本、遵守船期有着重大的影响。由于出口箱由道口进入堆场时的顺序是随机性的,海关多采用先进港再查验的流程,以及堆放出口箱时多采用集卡司机或轮胎吊司机个人经验，无法全面考虑出口箱装船顺序等因素，当出口箱进入箱区后，堆放状态较为无序。在进行装船时，需要边翻箱边装船，不仅翻箱次数较多，而且降低装船效率。

针对现有集装箱装船操作方法中存在的不足，该申请所要解决的技术问题是提供一种装船时减少集装箱翻箱量的优化方法，集装箱进入相应堆场后在空闲时间对集装箱的排布进行有目的的翻箱整理，从而将无序的集装箱堆放状态整理为有序，提高出口箱装船效率，减少装船所用的时间，并在一定程度上提高装船准确率。

由于在实际操作时，轮胎吊司机通常会首先将暴露在堆场表面的已发箱做掉，然后再考虑对埋在未发箱下的已发箱进行翻箱操作，所以在运行翻箱操作算法前我们首先进行装箱运算，即对当前堆场上可以直接装车的箱进行处理，将它们从各自的栈中POP出来，之后再在余下的箱构成的模型中进行翻箱操作，这样做更贴近实际操作并能够简化算法。在边翻箱边装车的算法中，当箱子被翻到表面后，无需继续留在堆场上，也就是无需继续留在堆栈里，这时应该将它们POP出来，并调整描述堆场状态的二维数组。在将一个栈里的未发箱移到别的栈时，我们会对当前堆场所剩余的空位置根据先底层后高层，在小于5层时优先考虑离当前要移动的箱最近的位置，当有两个位置都适合时，优先考虑已经翻过箱子的栈，即右边靠近倒箱位的栈；在第5层只考虑无须翻箱的栈，靠近1号位的优先，如果以上都不满足，就考虑倒箱位等原则来为当前移动的箱子挑选合适的位置。不同于边翻箱边作业，在进行先翻箱后作业的情况下，已发箱并不离开堆场，即它们将继续留在栈中只是换了别的栈，所以在计算时算法同前者不同，我们这时要求这个已发箱在转换了栈以后不会造成被PUSH的栈还要翻箱。

该案说明书还对发明所涉及的数学理论进行了详细说明，包括初始状态的假设条件、数学变量的定义、通过研究翻箱规律得到的数学结论、移箱过程的优先目标等内容。

【权利要求】

1．一种装船时减少集装箱翻箱量的优化方法，由航次和港口决定装船顺序时的步骤如下：

（a）确定模糊目标状态：先对栈中的集装箱数目进行分类别统计，同航次同港口的集装箱为同一类别，然后计算各类别集装箱需要占用的列数，需要混合的类别则进行混合，接着根据初始栈状态尽量使最多数的集装箱不移动把相同类别的集装箱分配到相同的列；

（b）搜索确定目标状态：采用广度搜索的算法，数据结构为一队列，初始状态为队列的第一个元素，从队列的第一个未处理元素开始进行如下处理，取出第一个未处理元素作为当前栈状态，对当前栈状态移箱一次产生一个新的栈状态，然后判断此栈状态是否符合模糊目标状态，如果符合则把此栈状态记为确定目标状态，否则将其插入队列，然后再对当前栈状态移箱一次产生新状态，然后判断是否符合模糊目标状态，重复这种操作直至当前栈状态不能再产生新的栈状态为止，再然后到队列中取出最前一个栈状态作为当前栈状态进行上述操作直至搜索出确定目标状态或队列满为止；

（c）确定具体翻箱步骤：用步骤（b）中算法确定目标状态，且在搜索过程中记录搜索顺序，在搜索到确定目标状态后进行回溯，把搜索的过程输出为一个具体的翻箱步骤。

【焦点问题】

该案的焦点问题在于涉及计算机外部对象处理时技术方案的判断。

（二）案例分析

该案涉及集装箱码头、堆场的自动化生产操作方法，更具体地说是涉及一种通过计算机安排生产操作减少装船时集装箱翻箱量的方法，属于工业应用领域。

采用的方案为：由航次和港口决定装船顺序时的步骤如下：（a）确定模糊目标状态；（b）搜索确定目标状态；（c）确定具体翻箱步骤。在上述基础上进一步考虑集装箱重量时先执行步骤（a）、（b），把得到的确定目标状态作为一个新的初始状态，对新的初始状态中集装箱数目进行分类统计，同航次、同港口、同重量的集装箱为同一类别，然后重复进行（b）、（c）步骤的操作。也就是说在该案方案中记载了该算法与具体的集装箱翻箱操作相结合的处理过程，算法所处理的对象是集装箱翻箱操作所涉及的数据。

结合说明书可以判断出该案要解决的问题是：提供一种减少装船时集装箱翻箱量的优化方法，使得集装箱进入相应堆场后在空闲时间内对集装箱的排布进行有目的的翻箱整理，属于技术问题。利用该案权利要求的方案，轮胎吊司机在等待集卡的空闲时间进行有目的翻箱，可以将无序的集装箱堆放状态整理为有序，集卡不必经过等待可以直接从堆场运输集装箱装船，从而减少装船所用的时间，并在很大程度上提高了装船准确率，即获得了相应的技术效果。

上述权利要求的撰写中在算法的具体处理过程中体现出了其与具体的集装箱翻箱操作相结合，因此满足算法对外部数据处理的撰写要求。

由于所述算法体现了与集装箱码头、堆场的自动化操控领域的关联，算法涉及的各个参数也体现了在该技术领域中应用的物理含义,因此算法相关的特征构成了相应的技术手段,在进行新颖性和创造性判断时,算法相关的特征应一并考虑。

(三) 撰 写 启 示

涉及算法的发明专利申请,可以对计算机系统内部对象或外部对象进行控制或处理。当涉及对计算机系统外部对象进行处理时,如果算法的改进是针对于解决具体技术领域的特定技术问题作出的,那么在撰写权利要求时应当注意:首先,体现出其应用的具体技术领域;其次,在权利要求中具体描述所述算法如何与其应用的技术领域相结合,所述算法涉及的各参数也应体现出在该技术领域中应用的物理含义,从而使得权利要求方案整体上解决的不再是单纯的数值运算问题,而是特定应用领域的技术问题。

## 五、小 结

通过对以上案例的分析可以看出,涉及算法的发明专利申请可以分为以下几种情形。

1. 单纯的算法或计算规则

由于单纯的算法或计算规则仅仅涉及利用计算机程序进行数值运算,属于智力活动的规则和方法,不能被授予专利权。

2. 算法与通用计算机相结合

当算法与通用计算机相结合时,如果能够体现出其对计算机系统内部性能带来了改进,则属于专利保护的客体,并且算法特征已经成为一种技术手段,在新颖性和创造性判断时需要予以考虑。如果仅仅涉及在通用计算机上执行一种算法的运算,则这种情况下,权利要求中包含了能够执行数学运算的通用计算机,通常不会被认为是单纯智力活动的规则和方法而予以否定。但是,由于对算法本身的改进仅仅是人们对算法规则的调整与改变,没有对权利要求的技术方案作出技术性贡献,因此对于权利要求的方案满足创造性要求并无帮助。

3. 算法与具体技术领域相结合

如果算法涉及对外部数据的处理,算法的改进是针对解决具体技术领域的特定技术问题作出的,那么需要注意,在撰写权利要求时,应当在权利要求中具体描述所述算法如何与其应用的技术领域相结合,所述算法涉及的各参数也应体现出在该技术领域中应用的物理含义,从而使得方案整体上解决的不再是数值运算问题,而是特定应用领域的技术问题。

如果仅仅在权利要求的主题中体现了应用的技术领域,但是特征部分仍然是对某种通用算法的处理过程，则也不符合撰写要求。

# 第五节 商业方法

商业方法是指实现各种商业活动和事务活动的方法，是一种对人的社会和经济活动规则和方法的广义解释，例如包括证券、保险、租赁、拍卖、广告、服务、经营管理、行政管理、事务安排等。通常认为涉及商业方法的发明专利申请对应于《国际专利分类表》（以下简称"IPC 分类表"）中的 G06Q 小类，该小类涵盖专门适用于行政、商业、金融、管理、监督或预测目的的数据处理系统或方法，以及 IPC 分类表中的其他类目不包含的专门适用于行政、商业、金融、管理、监督或预测目的的处理系统或方法。涉及商业方法的发明专利申请可以分为单纯的商业方法发明专利申请和商业方法相关发明专利申请。

在信息技术已经从计算机单机运行发展到互联网时代的今天，涉及商业方法的发明大多离不开计算机技术、网路技术的支持，涉及商业方法的发明成为计算机程序相关技术在非技术性领域中应用的最为典型的实例。本节通过几个不同的案例，分别讨论如何整体判断权利要求是否构成技术方案，属于专利保护客体，以及在权利要求中明显包含技术方案的情况下，在创造性审查中如何考虑其中可能包含的非技术性内容，借以对这类发明专利申请的撰写提出建议。

## 一、包含个别技术特征的产品配置规则

（一）案情介绍

该案涉及一种产品规划过程中的产品配置规则，能够将规则定制和规则匹配分层解决，并且能够面向整个产品族群进行产品配置。该案阐述了权利要求中出现个别技术特征的情况下保护客体的判断问题。

映射规则确定的是与订单需求相关的产品选配结构，此时得到的结构是分散的，各结构之间能否装配还未确定，需要通过一定的配置规则将其组合起来形成合理结构。产品结构中可选部分使得产品呈现出多样化的特性，产品配置规则就是这种产品结构中可选部分之间的选择关系，产品配置的目的就是依据规则表达的可选部分之间的选择关系来实现客户个性化的需求，产生特定关系的定制产品结构。

以往的产品配置规则存在两点不足：一是缺乏灵活性。配置规则是按照产品模型的主结构来定制的，没有将规则定制逻辑和规则匹配实行分层解决。二

是缺乏通用性。配置规则与产品模型之间是一种固定关系，不同的产品模型其配置规则的定制都具有不同的方法和工具，缺乏对面向产品族的产品配置支持。

该申请所要解决的技术问题是，提供一种产品配置规则，既能够将规则定制和规则匹配分层解决，又能够面向整个产品族群进行产品配置，最后可有效地实现客户个性化的需求，产生特定关系的定制产品结构。

说明书实施例中描述了应用此规则的产品规划系统。

1. 根据得到的聚类订单，进行规格化样本数据输入系统中

假设现有 4 个客户提出的订单如表 7-3 所示。

表 7-3　订单表

| 工作环境 | 布局方式 | 传动比 | 输入转速<br>(r/min) | 最大扭矩<br>(N·mm) | 工作时间<br>(h) |
|---|---|---|---|---|---|
| 矿山设备用 | 立式 | 1140 | 940 | 15000 | 20 |
| 矿山设备用 | 卧式 | 12 | 700 | 80000 | 20 |
| 提升机用 | 卧式 | 16 | 720 | 70000 | 20 |
| 矿山设备用 | 立式 | 40 | 900 | 20000 | 20 |

2. 对订单表达方式进行定义

将本体匹配的订单排列成如图 7-12 所示形式，需求包括所需匹配产品的需求参数，右侧是产品族里存在的关联匹配。

|  | 需求类型 | 需求名 | 需求值类型 | 聚类订单201112001 | 关联01 | 关联02 | 关联03 | 关联4 |
|---|---|---|---|---|---|---|---|---|
| 1 | 使用参数 | 工作环境 | 状态型 | 矿山设备用 | 提升机用 | 矿山设备用 | 轻化设备用 | 矿山设备用 |
| 2 | 使用参数 | 布局方式 | 状态型 | 立式 | 立式 | 卧式 | 立式 | 立式 |
| 3 | 使用参数 | 传动比 | 状态型 | 40 | 18 | 35 | 16 | 1140 |
| 4 | 使用参数 | 输入转逻 | 状态型 | 900 | 1080 | 720 | 1000 | 940 |
| 5 | 使用参数 | 最大扭矩 | 状态型 | 20000 | 325000 | 835000 | 376000 | 15000 |
| 6 | 使用参数 | 工作时间 | 状态型 | 20 | 20 | 24 | 18 | 20 |

图 7-12　订单排列图

3. 需求值规格化

按照产品配置规则，对订单需求项进行数值化，以形成后面步骤的相似矩阵。

4. 计算聚类订单与任意关联的相似度

计算出一个订单与产品族每个关联的相似度，每个订单与产品族关联中相对应各个需求项的相似度。

5. 输入参数相似度权重系数

权重系数代表一个需求项在其他需求项中的重要度。

6. 建立相似矩阵

某个订单与所有关联之间建立一个对称的相似矩阵，如图 7-13 所示，对角的"1"是指某订单或关联与其本身的相似度为 1。

| | 聚类订单&关联 | 聚类订单20111... | 关联01 | 关联02 | 关联03 | 关联4 | 关联5 | 关联6 | 关联7 |
|---|---|---|---|---|---|---|---|---|---|
| 1 | 聚类订单20111... | 1 | 0.899 | 0.871 | 0.8945 | -0.838 | 0.8925 | 0.8755 | 1 |
| 2 | 关联01 | 0.899 | 1 | 0 | 0 | 0 | 0 | 0 | 0 |
| 3 | 关联02 | 0.871 | 0 | 1 | 0 | 0 | 0 | 0 | 0 |
| 4 | 关联03 | 0.8945 | 0 | 0 | 1 | 0 | 0 | 0 | 0 |
| 5 | 关联4 | -0.838 | 0 | 0 | 0 | 1 | 0 | 0 | 0 |
| 6 | 关联5 | 0.8925 | 0 | 0 | 0 | 0 | 1 | 0 | 0 |
| 7 | 关联6 | 0.8755 | 0 | 0 | 0 | 0 | 0 | 1 | 0 |
| 8 | 关联7 | 1 | 0 | 0 | 0 | 0 | 0 | 0 | 1 |
| 9 | 关联8 | 0.937 | 0 | 0 | 0 | 0 | 0 | 0 | 0 |
| 10 | 关联9 | 0.962 | 0 | 0 | 0 | 0 | 0 | 0 | 0 |

图 7-13 相似矩阵图

7. 输入阀值

在形成相似矩阵的基础上输入阀值，阀值的不同影响到订单与关联匹配的结果。

8. 通过阀值计算得到截矩阵

"0"表示匹配未成功，"1"表示匹配成功。

9. 保存结果

【权利要求】

1. 一种产品规划过程中的产品配置规则，其组成包括：作用范围、传递性、可逆性、自反性、合并性、互斥性、互补性、一致性、强制性，在给出以上配置规则后，可对产品族中的结构进行规则定制。

2. 如权利要求 1 所述的产品配置规则，其特征在于，在产品族中定义的规则其作用范围只能在产品族内，规则与规则之间可能相互影响，且只在相同产品族的规则之间才能产生影响。

3. 如权利要求 1 所述的产品配置规则，其特征在于，其传递性分为向前传递和向后传递，这两种情况下不等关系不具有传递性。

4. 如权利要求 1 所述的产品配置规则，其特征在于，产品的配置存在可逆性，若存在两个规则相互关联，则关系对规则之间会相互产生影响。

5. 如权利要求 1 所述的产品配置规则，其特征在于，把设计产品族时的需求与结构之间的知识映射关系描述成映射规则，并存储到知识库中。

【焦点问题】

该案的焦点问题在于在进行专利保护客体的判断时某些技术特征的出现对权利要求是否能够起到限定作用。

## (二) 案例分析

该申请权利要求 1~4 均请求保护一种产品规划过程中的产品配置规则，其特征部分仅是对产品配置过程规则本身的限定，没有体现出产品配置过程中的具体处理，属于人为设定的规则。也就是说，无论是主题名称还是限定内容，权利要求 1~4 均请求保护的是一种产品配置规则，因此属于《专利法》第 25 条第 1 款（二）项规定的智力活动的规则和方法，不属于专利保护的客体。

权利要求 5 引用权利要求 1，其限定特征为"把设计产品族时的需求与结构之间的知识映射关系描述成映射规则，并存储到知识库中"。虽然该权利要求中包含有"存储""知识库"等技术特征，但是其本质保护的仍然是一种产品配置规则，上述特征对其主题并无实质限定作用，因此，权利要求 5 仍然属于《专利法》第 25 条第 1 款（二）项规定的智力活动的规则和方法。类似于《专利审查指南 2010》第 3 部分第九章对于存储有计算机程序本身的介质的认定，虽然也涉及存储，但其实质是保护计算机程序本身，属于智力活动的规则和方法，不能被授予专利权。

此外，该案说明书中的内容撰写也比较简单，在说明书的发明内容部分描述了产品配置规则以及给出配置规则后对产品族中的结构进行规则定制的步骤，而在说明书的具体实施方式部分则仅简单描述了应用此规则的产品规划系统的处理过程（见以上案情介绍部分的内容），难以体现出应用该产品配置规则能够解决何种实际的技术问题，不利于后续程序的修改。

## (三) 撰写启示

（1）如果权利要求的主题名称及其限定内容均是针对某种商业规则本身的限定，则在通常情况下，这种规则都是人为制定的规则，不受自然规律的约束，属于智力活动的规则和方法，不能被授予专利权。

在这种情况下，即使权利要求中出现有个别技术特征，但是由于该技术特征对其主题起不到实质的限定作用，其仍然可以适用《专利法》第 25 条第 1 款（二）项规定的智力活动的规则和方法。当然，不排除在对权利要求的进一步限定过程中增加的某些技术特征，使得权利要求的方案就其整体而言能够解决相应的技术问题，并且能够获得相应的技术效果，此时权利要求的方案构成技术方案，属于专利保护的客体。但在撰写时，仍需要注意不应直接以"××规则"为主题，即使其特征部分包含有能够解决相应技术问题、获得相应技术效果的技术特征，权利要求的主题也需要作适应性的修改，这一点类似于"图形用户界面"的撰写要求。

(2) 说明书的撰写应当尽可能的详细。在具体实施方式部分，首先应该围绕权利要求的内容进行详细描述，以使权利要求能够得到说明书的支持；其次针对主要涉及商业规则的申请，应当在该部分详细描述该规则的具体应用，尤其是体现出运用该规则能够解决何种实际的技术问题，以为权利要求的后续修改留有余地。

## 二、基于计算机构成特性进行数据属性转换的管理方法

(一) 案情介绍

该案涉及一种利用计算机实现的尼尔森规格管理方法及系统，通过进行符合计算机构成特性的数据属性转换，降低了数据计算处理的资源负载。在该案中，权利要求方案是否构成技术方案取决于数据属性转换在权利要求方案中的作用。

在半导体行业，产品加工工艺非常复杂，成本高，故整个加工过程需要不断地对正在加工的产品进行质量监控，以保证每道工艺加工的质量得到可靠保证以及加工机台是有效可用的，从而生产出高质量的产品。在整个加工过程中，每个产品加工完成后所上传的测量数据众多，因此对大量的测量数据进行快速分析计算以判断相应的产品数据是否超出规格就成为一个关键的问题。对产品工艺加工的监控，通常都是采用统计过程控制方法，即对产品加工过程中测量收集到的数据进行统计学上的分析和必要的规格、趋势管理。常见的统计过程控制（Statistical Process Control，SPC）系统，可以采用尼尔森规则（Nelson Rule）进行规格和趋势管理。

尼尔森规则一共有 8 条规则，每条规则所使用的采样点范围都有所不同，而且其中部分规则还需要历史数据作为采样点。尼尔森规则中术语 Zone A（区域 A）、Zone B（区域 B）、Zone C（区域 C）、Upper Control Limit（UCL，上限）、Target（Center Line，中心线）、Lower Control Limit（LCL，下限）的定义如表 7-4 所示。

表 7-4 尼尔森规则表

| 尼尔森规则 | 描述 | 举例 |
|---|---|---|
| （Rule 1）规则一 | One point beyond Zone A (3 Sigma) 点在 A 区 (3 Sigma) 以外 | |

续表

| 尼尔森规则 | 描述 | 举例 |
|---|---|---|
| （Rule 2）规则二 | 〈n〉points in a row in Zone C or Beyong 连续 N 个点在中心线同一侧 | |
| （Rule 3）规则三 | 〈n〉points in a row Steadily increasing or decreasing 连续 N 个点递增或递减 | |
| （Rule 4）规则四 | 〈n〉points in a row Alternating Up and Down 连续 N 个点上下交错 | |
| （Rule 5）规则五 | 2 out of 3 points in a row in Zone A or Beyond 连续 3 个点中有 2 个点落在中心线同一侧 B 区以外 | |
| （Rule 6）规则六 | 4 out of 5 points in a row in Zone B or Beyond 连续 5 点中有 4 点落在中心线同一侧的 C 区以外 | |
| （Rule 7）规则七 | 〈n〉points in a row in Zone C Above and Below the Centerline 连续 N 个点落在 C 区 | |
| （Rule 8）规则八 | 〈n〉points in a row on both sides of the Centerline with none in Zone C 连续 N 个点落在 C 区以外 | |

在现有尼尔森规格管理系统中，当产品的测量数据进入该系统时，系统会按照尼尔森规则逐条获取所需数据，根据产品质量要求设置好的规格及所需要的数据统计采样点，结合历史数据中同类型测量数据，判断数据有无超出控制规格，从而来判断该工艺的趋势发展是否异常。

现有尼尔森规格管理系统的数据处理算法，虽然逻辑上很直观，但耗时长，对应用系统资源负载要求高、速度慢。该案在进行产品数据属性的转换基础上实现尼尔森规格管理，提高了尼尔森规格管理的计算速度，降低了数据计算处理的资源负载。

在该案中，根据尼尔森规则中每一条规则的特点，对每一个产品数据进行特征总结分析，并将其转化为8个属性的二进制值，然后根据尼尔森规则中每一条规则与8个属性的关联关系，采用二进制的按位算法来判断相应的产品数据是否超出规格，即包括两个步骤：（1）确定最后收集的N个产品数据的8个属性的二进制值；（2）根据收集的N个产品数据的8个属性的二进制值，确定收集的N个产品数据是否超出控制规格。该案中具体方案描述参见以下权利要求。

【权利要求】

1. 一种尼尔森规格管理方法，其特征在于，包括以下步骤：

（1）按照下表，确定最后收集的N个产品数据的8个属性的二进制值；

| 属性 | 属性描述 | 具有该属性 | 不具有该属性 |
| --- | --- | --- | --- |
| 1 | 落在A区以外 | 1 | 0 |
| 2 | 落在A区 | 1 | 0 |
| 3 | 落在B区 | 1 | 0 |
| 4 | 落在C区 | 1 | 0 |
| 5 | 落在中心线上侧 | 1 | 0 |
| 6 | 落在中心线下侧 | 1 | 0 |
| 7 | 大于前一个点的值 | 1 | 0 |
| 8 | 小于前一个点的值 | 1 | 0 |

表中的A区、B区、C区、中心线是尼尔森规则的相应定义，N为正整数；

（2）根据收集的N个产品数据的8个属性的二进制值，确定收集的N个产品数据是否超出控制规格，具体如下：

①如果最后收集的一个产品数据的属性1的值为0，则不违反第一条尼尔森规则；

②如果最后收集的N个产品数据的属性5的值不都为1，或者最后收集的N

个产品数据的属性 6 的值不都为 1，则不违反第二条尼尔森规则；

③如果最后收集的 N 个产品数据的属性 7 的值不都为 1，或者最后收集的 N 个产品数据的属性 8 的值不都为 1，则不违反第三条尼尔森规则；

④如果最后收集的 N 个产品数据的属性 7 的值不是 0、1 交错，并且最后收集的 N 个产品数据的属性 8 的值不是 0、1 交错，则不违反第四条尼尔森规则；

⑤如果最后收集的 3 个产品数据的属性 1 的值中至少有两个为 0，或者最后收集的 3 个产品数据的属性 2 的值中至少有两个为 0，或者最后收集的 3 个产品数据的属性 1 的值中至少有 1 个为 0 并且最后收集的 3 个产品数据的属性 2 的值中至少有 1 个为 0，或者最后收集的 3 个产品数据的属性 5 的值不都是 1 并且最后收集的 3 个产品数据的属性 6 的值不都是 1，则不违反第五条尼尔森规则；

⑥如果最后收集的 5 个产品数据的属性 4 的值中至少有两个为 1，并且最后收集的 5 个产品数据的属性 5 的值不都是 1、最后收集的 5 个产品数据的属性 6 的值不都是 1，则不违反第六条尼尔森规则；

⑦如果最后收集的 N 个产品数据的属性 4 的值不都是 1，则不违反第七条尼尔森规则；

⑧如果最后收集的 N 个产品数据的属性 4 的值不都是 0，则不违反第八条尼尔森规则。

2. 一种尼尔森规格管理系统，其特征在于，包括产品数据属性转换模块、控制规格处理模块；所述产品数据属性转换模块，用于……（此处省略的内容对应于权利要求 1 中的步骤一）；

所述控制规格处理模块，用于……（此处省略的内容对应于权利要求 1 中的步骤二）。

【焦点问题】

智力活动的规则和方法不属于专利保护的客体，而该案权利要求的主题名称"尼尔森规格管理方法"看似落入《专利审查指南 2010》第二部分第 1 章对于智力活动的规则和方法所列举的"组织、生产、商业事实和经济等方面的管理方法及制度"，是否能够以此得出该案权利要求属于《专利法》第 25 条第 1 款第（二）项规定的情形成为该案的焦点问题。

（二）案例分析

目前大量被归入商业方法类型的发明专利申请都以计算机或者计算机网络为基本平台，并以计算机程序为实现手段，实际上可称为商业方法相关软件专利申请。面对这类申请，通常首要问题是判断其是否利用技术手段解决技术问题从而构成技术方案，属于专利保护的客体。具体到该案，权利要求 1 和权利要求2的方案明显由两部分构成,第一部分涉及产品数据属性的转换,第二部分则是利用转换后的产品数据属性值进行是否满足尼尔森规则的判断。因此准确理解该发明请求保护的方案的前提首先是正确认识尼尔森规则的性质,其次是产品数据属性转换在该发明中所起的作用。

1. 尼尔森规则的性质

尼尔森规则是一种已知的可以在统计过程控制中应用的确定测量的变量是否失控的数据处理规则。这类用于检测失控状况的规则最早由 Walter A. Shewhart 在20世纪20年代提出和设定。尼尔森规则属这类规则中的一种,由 Lloyd S. Nelson 在1984年提出。

在统计过程控制中,无论是该申请提到的尼尔森规则,或者其他文献中引用的其他规则,均被用于判断待分析的数据是否存在因非随机因素导致的异常。这些规则以数学规律为背景,但在具体细节上,例如规则成立与否的条件、是否满足某一规则时选取的数据点个数等则由规则制定者主观设定并假设为真,作为规则运行的基础。因此可认定尼尔森规则本身属于智力活动的规则和方法。

但该案对现有技术的改进并不在于对尼尔森规则的修改,即该案中所称尼尔森规则就是现有技术中已知的尼尔森规则,权利要求1和权利要求2的方案的第二部分的内容就是将转换后的属性值与各项尼尔森规则对照以判定其是否得到满足的过程。因此,判断权利要求1和权利要求2是不是专利保护客体的关键在于确定产品数据属性转换的作用。

2. 产品数据属性转换的作用

在权利要求1和权利要求2的第一部分中,对产品数据属性的转换涉及数字的进制表示形式。数字的进制也就是进位制。人类社会在日常生活中使用最多的是十进制,在某些计量领域也习惯使用例如十二进制。对于任意一个数字,都可以使用不同进位制的数字来表示,并且这些不同进制的数字可以根据各进位制的规则相互转换。由此可见,不同进制数字之间依进制定义进行转换的方法是一种纯粹的数学算法,属于智力活动的规则和方法范畴。

美国20世纪60年代的 Benson 案是关于数字进制转换方法可专利性的典型案例。在 Benson 案独立权利要求8的技术方案中,引入了"重入移位寄存器"这样的具有技术特征的通用装置。尽管如此,美国联邦最高法院在该案中指出,即使将数字计算机的应用引入到数字进制的转换过程中,也不能改变此类方法本质上属于抽象的数学公式的实质。

然而该案与上述 Benson 案情形有所不同。在该案中,尽管产品数据的属性通过转换后被以8位的二进制数字表示,但是在转换开始之前,被转换的产品数据值并非是某种进制的数字表达形式，因而该申请中的产品数据属性的转换过程并非简单的数字进制的转换。

根据该案公开的内容可知，直接使用尼尔森规则存在耗时长、对应用系统资源负载要求高、速度慢的缺点，这是因为直接使用尼尔森规则虽然在逻辑上直观，但需要计算机依照人类使用该规则进行判断的完整过程，对照各项规则，对所有待处理数据进行判断、统计和比较。为了克服上述缺点，在该案中并非直接对测量的产品数据适用各项尼尔森规则，而是增加了属性转换赋值的预处理，所述属性是参考已知的尼尔森规则中的 A 区、B 区、C 区和中心线定义的。

由于所述属性转换过程的存在，测得的产品数据值被表示为尼尔森规则相关的 8 位二进制数字。转换的结果导致当所述方法由计算机而非人来执行时，计算机在适用各项尼尔森规则判断时不必逐一处理产品数据值，而是能够通过对于计算机来说相对简单的二进制逻辑运算获取判断结果。也就是说，在使用计算机平台处理的前提下，通过所述的给产品数据的属性赋值过程，能够使计算机获得缩短计算时间的技术效果。即该案权利要求方案实质上既不是利用通用计算机将验证某种规则的运算过程的自动化，也不是能够降低计算机运算量的某种新进规则本身，而是通过对待处理数据先施以符合计算机构成特性的转换，以发挥计算机进行二进制逻辑运算的能力，并提升计算效率的方案，因此构成了技术方案。

（三）撰写启示

根据以上分析可知，尼尔森规则本身或者其改进都仅仅是单纯的智力活动的规则和方法，不属于专利保护的客体，申请人能够尝试保护的是为在计算机上允许而涉及的应用了尼尔森规则的管理方法，而该案之所以构成技术方案，关键就在于通过符合计算机构成特性的数据属性转换与计算机的结合，从而使得其中的数据转换规则不再是单纯的智力活动规则，而转化为技术手段，具有技术性。因此，对于这类申请在撰写中应当注意。

（1）在权利要求的撰写中应当体现规则与技术的结合，在该案中，除应记载数据属性转换的内容外，还应在权利要求中明确体现计算机的参与。

从该案权利要求 1 的文字表述来看，没有限定该尼尔森规格管理方法必须使用计算机平台来运行，因此没有体现出借助技术手段对技术问题的解决，这样的方案容易被认为是人为制定的智力活动规则而不包含任何技术特征。由于该申请对现有技术的贡献在于额外的属性转换过程带来的计算机应用尼尔森规则的方式的改进，因此在撰写方法权利要求时除记载数据属性转换的内容外，至少还应体现该方法由计算机来执行。在权利要求2的尼尔森规格管理系统的方案中，该系统包括产品数据属性转换模块和控制规格处理模块，由此明确体现了结合计算机的运行特点使用尼尔森规则的产品质量控制系统的技术方案，属于专利保护的客体。此外应该注意，尽管尼尔森规则本身或者其改进都不属于专利保护的客体，但是权利要求2的将转换后的属性值与各项尼尔森规则对照以判定其是否得到满足的这部分限定特征是适当的，因为由此才实现了在产品数据属性转换的基础之上以较高效率完成规则满足与否的判断。

（2）在说明书的撰写中应当侧重描述在技术问题的解决过程中自然规律的作用，即阐明解决的具体技术问题究竟是什么，体现所用手段的技术性。笼统地将借助计算机平台实现的方案的技术效果归纳为提升计算速度或计算效率不利于技术性的充分体现，因为这只是以计算机平台实现某种方案或者系统的一般性效果。

该案说明书对现有技术状况的介绍中较为详尽地描述尼尔森规则的定义，以常规方法对产品数据适用该规则的过程，有助于快速建立对该规则及统计过程控制领域的初步认识，这种做法值得推荐。然而在整个说明书中，没有对现有的尼尔森规格管理中存在的问题的原因给出较为明确的解释，也没有从技术上分析该案所采用的技术方案能够提升计算速度、降低数据计算处理资源的负载的原因，仅仅孤立地强调数字进制转换的固有作用，因此尽管该发明的发明内容及实施例描述的较为详尽，但是依然使人容易产生该申请的方案是一种对尼尔森规则改进的错觉。如果在说明书的撰写中突出数据属性的转换与计算机构成特性之间的关联，将有利于体现出解决技术问题所借助的是利用了自然规律的技术手段，体现该申请方案的技术性。

### 三、利用通信网络实现的交易、管理方法

（一）案情介绍

该案涉及一种管理交易和清算的方法，能够总括地管理种种商业交易和它们的清算等诸信息，自动地进行清算。该案在专利授权后的无效程序中因权利要求不具备创造性被全部无效，其中如何看待技术方案中的非技术性内容成为决定专利权是否有效的关键。

在现有技术中，在提供商品或服务的供应者（公司、行政机关或公共团体机关）的计算机系统和购入商品或服务的买主（个人或法人）的计算机系统之间，通过通信网络交换电子信息，因此，能够使自动实施供应者和买主之间进

行的各种交易的信息管理和关于这些交易的清算（例如，商品或服务的贷款支付、公共费用的支付或税金的交纳等）的系统实用化。

现有技术中存在的问题是：一方面，对于买主，不能提供用于将关于来自供应者的账单（信息）到达买主，买主应该支付的时期，和在买主的银行户头中的收支等的信息总括起来自动地进行管理的自动化装置；作为买主，必须从许多来自各种人的多种杂乱的电子邮件中一件一件地寻找出特定的交易明细表和账单，这是非常麻烦的事；现有技术也不能实现通过买主对账单的承认自动地从买主的银行户头向供应者支付钱款那样的账单确认和清算处理的实时或适当时间中的联动。另一方面，对于供应者，现有技术不能提供实时地或在适当时间自动确认关于买主是否见到账单，买主是否承认应该支付的时期，买主是否承认账单的内容，买主是否已经支付和支付日期等的信息的自动化装置。因此，供应者为了对许多交易信息进行管理和整理，掌握现金流动，必须付出很多的劳动力。

该发明使买主能够在买主的计算机系统的 GUI 画面上总括地管理关于该买主进行的种种商业交易和它们的清算等的诸信息，进行对供应者发送过来的账单的承认，实时地或在适当时间自动进行该账单的清算。该发明还使办理供应者或买主的银行户头的金融机关能够在该金融机关的计算机系统的 GUI 画面上总括地管理与该供应者或买主进行的种种商业交易有关的清算的诸信息，对容易地管理清算处理作出贡献。

图 7-14 是表示按照该发明的一个实施形态的交易和清算管理系统的全体构成的方框图。如图 7-14 所示，存在作为购入商品或服务的买主 1 使用的计算机系统的买主系统 3 和作为提供商品或服务的供应者 5 使用的计算机系统的供应者系统 7。又存在作为办理买主 1 的存款户头的金融机关 9 使用的计算机系统的银行系统 13 和作为办理供应者 5 的存款户头的金融机关 11 使用的计算机系统的银行系统 15。银行系统 13 和 15 能够通过银行间清算系统 17，进行为了在买主 1 的存款户头和供应者 5 的存款户头之间的资金移动（户头转账）等的通信。买主系统 3 和供应者系统 7 能够分别通过例如互联网银行业务那样的电子银行业务系统，与银行系统 13 和 15 通信。

进一步，如图 7-14 所示，存在由清算管理公司运营的服务器系统 25。服务器系统 25 的作用是自动地管理并处理在买主 1 和供应者 5 之间进行的商业或非商业的交易和与这些交易有关的清算。这个服务器系统 25 可以通过互联网，公众电话线路网，专用通信网络或电子银行业务系统等，与买主系统 1，供应者系统 5 和银行系统 13、15 进行通信。

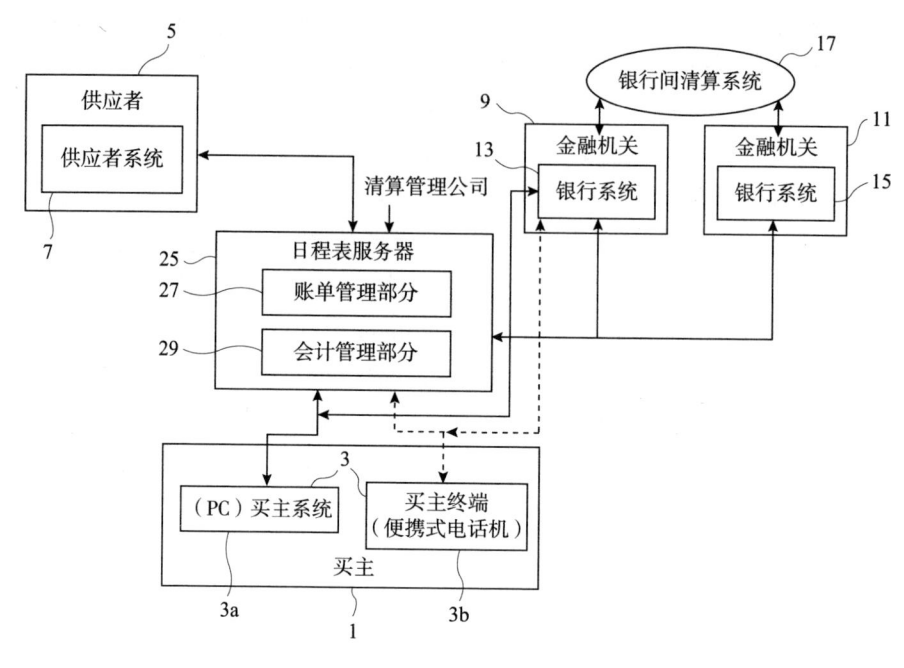

图7-14 交易和清算管理系统图

服务器系统25，例如作为WWW服务器起作用，向买主系统3提供显示日程表（每月或每周的附有全部日期的一览表）的GUI画面（以下称为"日程表画面"）。这个日程表画面总括地管理与买主1进行的种种商业或非商业交易有关的利用明细表或账单（以下总称为"账单"）和与这些交易有关的清算（户头收支）的信息，而且，具有通过买主1的承认，实时地或在适当时间自动地实施这些交易的各个清算的功能。服务器系统25称为"日程表服务器"。

又，服务器系统25总括地管理供应者5进行的与种种商业或非商业交易的账单和与这些索取有关的清算的信息，因此，向供应者系统7提供为了容易地掌握现金流动的功能和GUI画面。服务器系统25还分别向银行系统13和15提供为了总括地管理关于用金融机关9和11分别办理的银行户头进行清算的账单的信息的功能和GUI画面。

图7-15表示当代理公司作为一种供应者存在时，按照该发明的交易和清算管理系统的构成。代理公司99持有对买主1的赊销债权或从供应者5买取这个赊销债权，而且，利用日程表服务器25从买主1收回这个贷款。代理公司99的计算机系统（代理系统）97可以通过所定的通信网络与供应者系统7和日程表服务器25进行通信。征收系统98可以与收存买主户头的银行系统13和收存代理公司99的户头的银行系统15进行通信。

说明书对图7-14和图7-15所示系统处理流程进行了具体说明。

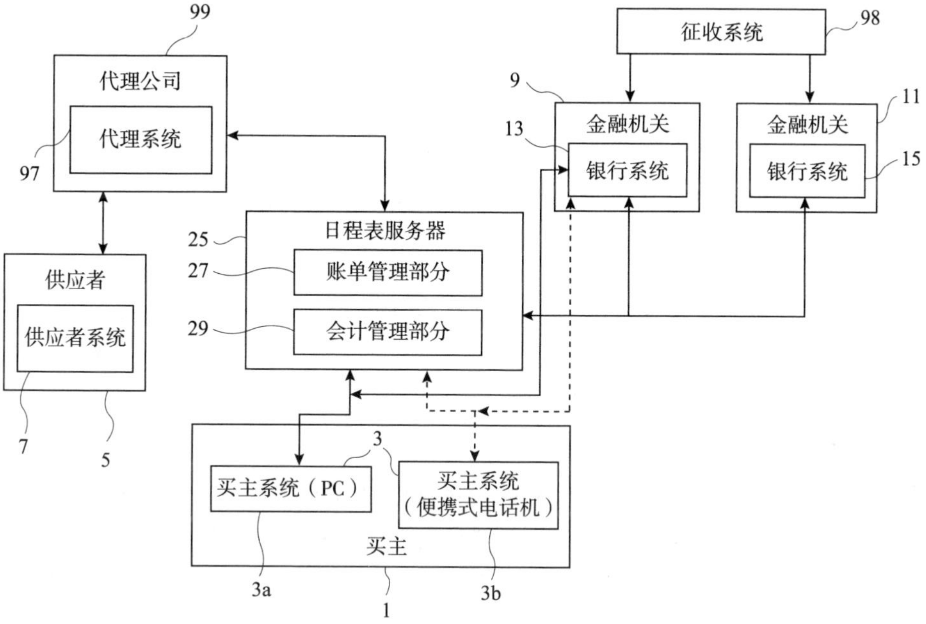

图7-15 交易和清算管理系统图

【权利要求】

1. 一种管理交易与清算的方法，该方法使用：

发布账单的供应者使用的供应者系统；

接受账单的买主使用的买主系统；

供应者银行系统，管理供应者的银行账户；

买主银行系统，管理买主的银行账户；

服务器，通过通信网络与上述供应者系统、上述买主系统、上述买主银行系统及上述供应者银行系统可通信地连接，

所述管理交易与清算的方法包括如下步骤：

上述服务器从上述供应者系统接收由上述供应者系统记载了用于确定是哪个账单的固有识别码的电子账单；

上述服务器将上述接收到的电子账单登录在数据库中；

（a1）上述服务器向上述买主系统发送GUI画面并使之显示该GUI画面，该GUI画面使上述买主看见上述电子账单的内容，并且使上述买主输入对于上述电子账单的支付要求；

（a2）上述服务器或买主系统对于上述买主系统上所显示的上述GUI画面，

接受由上述买主输入的对于上述电子账单的支付要求，制作具有在上述电子账单上由上述供应者系统所记载的上述固有识别码的转存委托电文，并向上述买主银行系统发送；和

（a3）上述买主银行系统接受具有上述固有识别码的转存委托电文，对于上述供应者银行系统进行用于对具有上述固有识别码的电子账单进行转存的收支处理，上述供应者银行系统将具有上述固有识别码的电子收支明细向上述服务器或者上述供应者系统进行发送，

其中，通过以上处理，作为上述服务器或者上述供应者，可以根据从上述银行系统接收到的电子收支明细所持有的上述固有识别码，特定已经支付的电子账单是哪一个。

2. 根据权利要求1所述的方法，其特征在于：

具有计算机系统即代收账款系统，

具有银行系统，用于管理供应者的银行账户和买主的银行账户的双方，进行将要求金额从上述买主的银行账户移动到上述供应者的银行账户的征收处理，

上述供应者系统把上述电子账单发送给上述代收账款系统或者上述服务器，

上述代收账款系统当从上述供应者系统接收上述电子账单时，将该电子账单发送给上述服务器，

在上述进行接收的步骤中，上述服务器从上述供应者系统经由或者不经由上述代收账款系统接收上述电子账单，

在上述电子账单中记录要求金额的发送目标账号，在上述服务器不经由上述代收账款系统接收到的电子账单中，作为上述发送目标账号记录转账目标账号，另一方面，在经由上述代收账款系统接收到的电子账单中，作为上述发送目标账号记录入款目标账号，

（A）当上述服务器接收到的上述电子账单是从上述供应者系统不经由上述代收账款系统接收到的，作为上述发送目标账号记录转账目标账号的电子账单的情况下，执行上述的（a1）至（a3）的步骤，

（B）当上述服务器接收到的上述电子账单是从上述供应者系统经由上述代收账款系统接收到的，作为上述发送目标账号记录入款目标账号的电子账单的情况下，执行以下的（b1）至（b5）的步骤，

（b1）上述服务器接收到来自上述买主对电子账单的认可时，基于上述登录的电子账单的固有识别码，自动生成用于支付上述登录的电子账单的征收委托电文，并将其发送给上述银行系统，

（b2）上述银行系统接收上述征收委托电文，进行从买主银行账户向上述

第七章 涉及"非技术性"内容的申请如何撰写

供应者的银行账户移动上述收委托电文中所记载的要求金额的征收处理,当征收结束之后,向上述服务器发送征收结束通知,

(b3)上述服务器从上述银行系统接收征收结束通知,

(b4)上述服务器当接收上述征收结束通知后,根据上述征收结束通知从上述数据库确定具有成为上述征收委托电文基础的上述电子账单的固有识别码的电子账单,将上述确定的登录于上述数据库的电子账单的状态更新为支付结束,

(b5)上述服务器,作为该电子账单更新后的状态将支付结束至少通知给上述供应者系统和上述买主系统中的一个。

【焦点问题】

在创造性判断中,如何看待权利要求中出现的"非技术性"内容。

(二)案例分析

该案实际上涉及对互联网第三方支付操作模式的保护。在针对该案授权权利要求提出的专利权无效宣告请求中,无效宣告请求人提出了涉及修改、保护客体、撰写缺陷等的诸多无效理由,然而专利复审委员会最终仅以权利要求不符合《专利法》第22条第3款规定为由,宣告该专利全部无效。在此,我们姑且不考虑专利复审委员会合议组作出上述选择的原因,重点关注无效宣告请求决定得出该专利不具备创造性的具体理由。

1. 无效宣告请求决定对权利要求创造性的分析

无效宣告请求决定以一份对比文件作为与该专利最接近的现有技术,指出:

对比文件公开了一种电子账单呈递和支付系统,权利要求1所要求保护的方案与对比文件相比,区别特征在于:(1)该专利中采用了固有识别码,使其在整个处理环节流通,即电子账单、转存委托电文、电子收支明细当中均具有固有识别码,服务器或者供应者可以根据从银行系统接收到的电子收支明细所持有的固有识别码,特定已经支付的电子账单是哪一个,而对比文件没有公开采用固有识别码来特定账单;(2)该专利权利要求1的步骤(a3)中包括向服务器发送电子收支明细的动作,但对比文件没有明确公开上述动作。根据上述区别特征(1)(2)可以确定该专利权利要求1实际解决的问题是:如何区分账单以便于销账以及如何实施交易与清算过程中的收支管理。

针对区别特征(1),合议组经详细分析,指出"为了解决上述'如何区别账单以便于销账'的问题,采用在电子账单,以及与该电子账单相关的其他电子文档中加入统一的固有识别码的手段是本领域的技术人员无需付出创造性劳动即可实现的"。针对上述区别特征(2),合议组认为"对比文件虽然没有公

开向服务器发送电子收支明细的动作，但是依照本专利权利要求1的整体方案以及说明书中的相关描述可知，服务器收到上述电子收支明细后，会根据电子收支明细所持有的固有识别码来确定众多发出的账单中哪一个账单被支付了以便于达到对已清算了的账单进行销账的目的，可见该处理动作实际上只是基于本专利所要最终完成销账处理的需求作出的动作，其仅仅是基于实施交易与清算过程中的收支管理需求而人为规定的商业操作规则所执行的动作，因此该区别特征（2）并不能为本专利的管理交易与清算的方法带来任何技术效果，进而未带来任何技术上的贡献"，因此权利要求1不具备创造性。

关于权利要求2，合议组认为其实际解决的问题仍然是如何实施交易与清算过程中的收支管理，并在对权利要求2的创造性分析中指出，其中代收账款系统和银行系统所实施的操作步骤的加入仅仅是基于实施管理交易与清算过程中所额外增加的业务需求而人为规定的商业操作规则所执行的动作，其不能为该专利的管理交易与清算的方法带来任何技术效果，进而未带来任何技术上的贡献。合议组通过分析得出结论，认为权利要求2仍不具备创造性。

2. 在创造性判断中对"非技术性"内容的考虑

该案实际上涉及在创造性判断中如何考虑诸如商业操作规则之类的"非技术性"内容的问题。在该案中，权利要求的方法依托供应者系统、买主系统、供应者银行系统、买主银行系统和服务器等实体构成的系统实施，其中服务器通过通信网络与上述供应者系统、上述买主系统、上述买主银行系统及上述供应者银行系统可通信地连接。在现有技术公开了具有类似构成的系统及构成系统的各实体之间的通信功能的情况下，权利要求的方法方案中增加仅由商业操作规则所决定的系统不同构成实体之间操作步骤，例如不同构成实体之间的信息发送、接收等步骤，由于在这一过程中并不需要为发送、接受信息而克服任何技术上的困难，且这些信息所携带的只是商业信息，信息内容不具有技术属性，因此这样的操作步骤即便反复执行多次，从技术人员的视角来看，其对方法方案所带来的也仅仅是动作数量上、耗费时间上的增加，没有质的改变。

具体到权利要求1的区别特征（2），即权利要求1的步骤（a3）中有关包括向服务器发送电子收支明细的特征，其所描述的不过是向服务器发送信息的操作步骤，而现有技术已经公开了服务器和其他各系统构成实体之间可进行信息通信，在此情况下是否要向服务器发送信息，以及发送"电子收支明细"还是其他信息，仅是由商业操作规则决定的，其作用仅仅是借助信息的传递完成商业操作，从技术人员的视角来看，其对权利要求1技术方案带来的变化仅仅是增加了信息传递的次数。正因如此，可以说权利要求1的区别特征（2）所涉及的商业规则（即取决于规则要求的向服务器发送电子收支明细）这样的"非技术性"内容不能为所要求保护的方案带来任何技术效果和技术上的贡献。

这种判断思路在权利要求2的创造性判断中体现得更加明显。权利要求2是权利要求1的从属权利要求，其中进一步限定了整个交易与清算管理流程中所要执行的交易与管理操作的诸多细节，例如步骤（b1）到（b5）所限定的服务器在买主认可电子账单时生成用于支付电子账单的征收委托电文，将其发送给银行系统，银行系统则进行征收处理并在征收结束后通知服务器，服务器根据该通知更新电子账单的状态为支付结束，并通知供应者系统或买主系统支付结束。可以看出，这里买主认可、征收委托、执行征收、账单状态更新、通知支付结束等操作细节都是出于实施管理交易与清算过程中的业务需求和预定规则而执行的动作。因此，尽管这些操作细节在权利要求2的方案中占据了相当的比重，在与现有技术的比较中体现出诸多区别，但对于技术人员来说，与权利要求1的区别特征（2）的情形同样，这些操作细节的加入与否对于权利要求2的方法仅仅导致操作步骤数量上的增加，在这些操作中主要体现的是商业操作规则所要求的"非技术性"的内容，而没有任何技术上的改进。

可见，对于既包含技术方案又包含非技术性内容的权利要求，一方面，对权利要求中看似"非技术性"的表述，不能轻言某些内容为非技术特征，割裂其与技术方案整体之间的关联，不能无视在"非技术性"的表述中包含的如信息通信等需要借助技术手段实现的技术步骤。因为在利用技术手段实现的解决方案中，往往"非技术性"的内容和技术性的内容结合在一起，难以清楚地剥离，如果勉强剥离二者，容易造成割裂技术、非技术之间的关联，忽略"非技术性"的描述对技术方案产生的影响，从而错误判断创造性的问题。另一方面，也不能以现有技术中不存在与这些"非技术性"内容一致性的描述或不存在相关描述的表象，认定区别特征众多，并代替对其给技术方案带来的实际影响的考虑，简单作出具备创造性的判断结论。在判断过程中要客观分析这些"非技术性"内容在发明中的作用，对于仅仅体现了智力活动规则，如商业操作规则，而不进行技术上的改进或不需要克服技术上的困难就能实现的"非技术性"内容，无论增加多少，也无助于支持技术方案的创造性。

（三）撰写启示

通过了解创造性判断中对权利要求中"非技术性"内容的分析思路，可以为专利申请文件的撰写提供以下启示：

（1）在专利申请文件的撰写中，应当始终以挖掘发明的技术方案对现有技术作出的技术贡献为目标。一件发明申请具备创造性是其得以获得专利权、有资格享受专利保护的最根本原因，创造性体现发明对现有技术作出的贡献，在权利要求的撰写中，应当在充分理解发明构思的基础上，在独立权利要求的撰写中用尽可能少的特征体现发明对现有技术的贡献之处，限定出范围尽可能大同时满足专利授权条件的技术方案。

具体到涉及计算机程序的发明应用于商业、管理等通常被认为的非技术领域的情形，在权利要求的撰写中，不可避免需要使用一些看似"非技术性"的名称和措辞来描述权利要求的技术方案。此时应注意：这些出现在权利要求中的"非技术性"的名称或措辞应当主要是为说明构成技术方案的技术手段，为体现这些"非技术性"的名称或措辞对权利要求在技术上的限定作用，相应地在说明书相关部分的撰写中，应当注意尽可能从解决技术问题及由此获得的技术效果的角度阐述其作用，因为如果这些内容仅具有在商业运作中的意义，或者仅仅是管理规则的内容，则对于体现该发明对现有技术的贡献并无裨益。例如，在该案中，对于权利要求1的区别特征（2），即向服务器发送电子收支明细，无效宣告请求决定正是基于说明书中的相关记载，指出其目的在于对已清算了的账单进行销账，认为其仅仅是基于实施交易与清算过程中的收支管理需求而人为规定的商业操作规则所执行的动作，进而否定其对支持权利要求创造性的意义。

（2）尽量避免在权利要求中写入非技术性内容。专利保护的客体是技术方案，权利要求中出现的"非技术性"内容对于帮助权利要求满足《专利法》规定的授权条件不具有任何意义。因此，原则上，在权利要求中不应写入非技术性的内容，例如在权利要求中写入仅用于说明商业操作规则的内容。

在实践中，描述应用于商业领域的涉及计算机程序的发明时，往往技术性内容和非技术性内容交织在一起，不容易清晰地分辨和剥离，这使得不同个体之间在非技术性内容的认定上可能存在一定偏差，由此可能造成在申请的审批阶段，由于权利要求表现出与现有技术的诸多非技术性内容的区别而得以获权。但如此在审批过程中侥幸获得的专利权并不稳定，在授权后的确权程序中很可能被无效，使权利人面临较大的败诉风险。以该案权利要求2为例，虽然其中记载了诸多现有技术没有公开的内容，但由于这些内容实际上体现的是商业操作规则，不能使权利要求2摆脱被无效的结果。

还存在另一种情形，由于对非技术性内容的认定存在一定的不确定性，一方面权利要求中写入的非技术性内容可能对于维护权利要求的稳定性并无意义，而另一方面，在依据权利要求主张权利时，这些本不必要写入的非技术性内容却很可能导致权利要求保护范围的不适当缩小，造成权利人的权利损失。

当然，实践中也存在专利权人出于其专利运营策略的考虑，宁愿选择获得专利权后面临无效风险，也不希望专利申请在审批阶段就夭折的情况，此种情形则另当别论。

## 四、小　　结

涉及商业方法的申请，在撰写中最容易出现的问题：一是将权利要求撰写成单纯的智力活动规则和方法，其中不包含技术特征，或者仅仅孤立地包含了个别技术特征；二是在权利要求的方案中写入不必要的非技术性内容。基于此，在涉及商业方法的专利申请撰写中应当注意：

（1）在说明书的撰写中，不能仅从商业运作需求的角度描述发明的方案，应当注意从解决技术问题、获得技术效果的角度，对发明中采取的相关手段进行说明。

（2）在权利要求的撰写中，应当注意满足《专利法》对于保护"技术方案"的要求，权利要求主题的选择和限定主题的特征撰写中，以描述解决技术问题的技术方案为目标，对在权利要求中写入仅出于商业运作需求而采取的步骤、手段等应采取审慎态度，仔细斟酌。

# 第八章 涉及程序申请的产品权利要求如何撰写

## 第一节 概 述

提到涉及计算机程序的发明专利申请的撰写，尤其是其产品权利要求的撰写，有人脱口而出的一个字便是"难"。那为何难写呢？归结起来，原因大致有以下三个方面。

一是程序相关解决方案的无形性。传统的产品有形，看得见、摸得着，所以很容易用自然语言描述清楚这个产品有哪些组成部分，每个组成部分的结构是怎样的、组成部分之间的相互关系又是怎样的。因此，要想撰写一个传统的实体产品权利要求还是相对容易的。而计算机程序则不具有直观性，程序的部分功能似乎只有在其正常运行在机器上才表现出来。那么，如何描写程序相关的产品？用功能描述？用程序流程步骤描述？若用功能描述，是否符合专利审查规则中对功能限定的要求？若用程序流程步骤描述，其属于方法限定还是功能限定？如何理解其在权利要求中的限定作用？

二是程序相关解决方案的复杂性。该复杂性在于软件自身产生过程复杂。一个最终的软件产品从立项到交付使用所经过的历程非常复杂，其工作流程至少包括以下环节：需求分析、概要设计、详细设计（包括 UML 建模）、业务流程图、数据流程图、写代码、测试、撰写测试文档、维护文档和用户文档、交付使用。在这么多环节中哪些创新构思可以作为撰写产品权利要求的基础呢？创新构思又怎样体现在权利要求中？该复杂性还在于软件与硬件的关系复杂。软件编程人员编写的程序通过汇编编译器翻译成硬件可以读懂的语言（二进制代码），进而硬件根据二进制文件执行相应的操作。简而言之，软件通过硬件实现功能，硬件受控于软件，就像是人的身体与思想之间一样，在一个系统中缺一不可。针对如此复杂又密不可分的软件和硬件关系，产品权利要求中如何用自然语言清楚地描述二者的关系呢？

三是程序相关产品权利要求表现形式的多样性。如果读者细心观察会发现：符合专利保护客体审查要求的软件解决方案，有时被撰写成系统式权利要求，有时被撰写成组件式权利要求，有时还被撰写成功能模块构架类的权利要求等，如何基于特定的软件解决方案撰写合适类型的产品权利要求呢？不同类型的权利要求的保护范围是否相同？授权后可能的被控侵权主体是否相同？

鉴于程序相关解决方案的无形性、复杂性、程序相关产品权利要求表现形式的多样性，如何撰写涉及计算机程序的产品权利要求是一个困扰很多人的难点问题。下面将分别结合几个案例解析程序相关的产品权利要求的撰写方法。

## 第二节　产品权利要求的类型

程序相关的产品权利要求体现形式五花八门，程序相关解决方案也因其应用领域与场景不同千差万别。就程序相关的解决方案而言，其改进点可能在于软件、硬件，即在通用设备上运行特定数据处理流程；也可能在于软件、硬件的共同改进，即在特定设备上运行了特定数据处理流程，如关于软件与硬件之间相互工作关系上的改进。下面我们以一个软硬件都有改进的撰写案例来示范其产品权利要求的类型及其撰写方式。

### 一、输入装置、控制装置、控制系统及方法

（一）案情介绍

该案涉及输入装置、控制装置、控制系统及方法，通过软件和硬件的改进，无需增加部件就能够实现三维操作输入装置的平面操作。在该案的分析中给出了各种类型权利要求的撰写思路。

现有一种三维输入鼠标,其包括三个加速度传感器和三个角速度传感器(陀螺仪),检测在三轴方向上的角速度和加速度,即检测总共 6 个自由度的量。上述三维输入鼠标如在平面操作,需要额外设置光学传感器等用于检测鼠标已被放置在平面上。增设光学传感器使得部件数和成本都增加,并且用于排列光学传感器的空间有限。

因此,该案要解决的技术问题是,使得三维操作输入装置无需增加部件数就能够进行平面操作。

该案主要发明构思为:输入装置(1)包括角速度传感器单元 15 和加速度传感器 16。根据角速度传感器单元 15 检测的角速度值($\Omega X$, $\Omega Y$)是否小于阈值(TH3)(ST1505)以及加速度值($AX$, $AZ$)中的至少一个是否大于阈值(TH4)(ST1506),来判断是在平面移动还是在三维空间中移动,在平面操作模式与三维操作模式之间进行切换。因此无需使用除加速度传感器 16 与角速度传感器 15 之外的传感器(即无需增加部件数)。

该案包括硬件上的改进和软件上的改进。硬件上的改进部分主要包括以下内容。

图 8-1 为该案的控制系统图。控制系统 100 包括显示装置 5、控制装置 40 和输入装置 1。控制装置 40 包括 MPU 35(或 CPU)、RAM 36、ROM 37、收发器 38、天线 39、视频 RAM 41 和显示控制部 42。

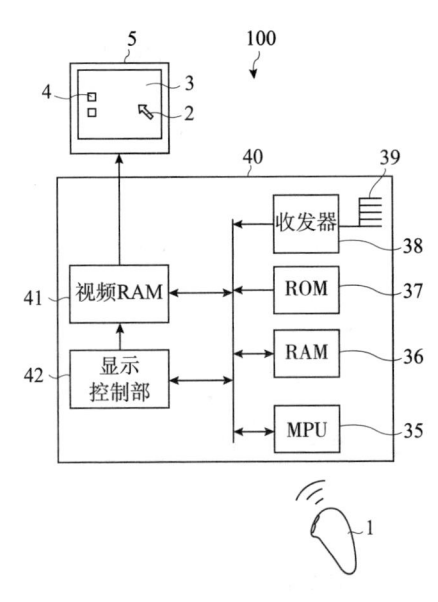

图 8-1 控制系统图

输入装置1包括控制单元，惯性传感器单元17，外壳，操作部11、12、13等。图8-2为输入装置1的电结构的框图。控制单元包括主基板和MPU19（微处理器或CPU）等。传感器单元17包括用于检测绕两条正交轴的角速度的角速度传感器单元15（即第一角速度传感器和第二角速度传感器，可使用科里奥利力的振动陀螺传感器）和用于检测三个正交轴（$X'$轴、$Y'$轴和$Z'$轴）的加速度传感器单元16（即第一加速度传感器、第二加速度传感器和第三加速度传感器，可使用诸如压阻传感器、压电传感器或电容传感器的任何传感器）。MPU19接收来自传感器单元17的检测信号和来自操作部的操作信号等，并执行各种计算以响应这些输入信号产生控制信号。具体包括计算与外壳在平面上的移动相对应的平面速度值（平面对应值）的功能以及计算与外壳的三维移动相对应的空间速度值（空间对应值）的功能，平面速度值和空间对应值对应于指针2在画面3上的位移量的空间速度值。基于输入装置1传送给控制装置40的控制信号，MPU35执行用于控制在显示装置5上光标的移动操作或用于控制图标4的操作。

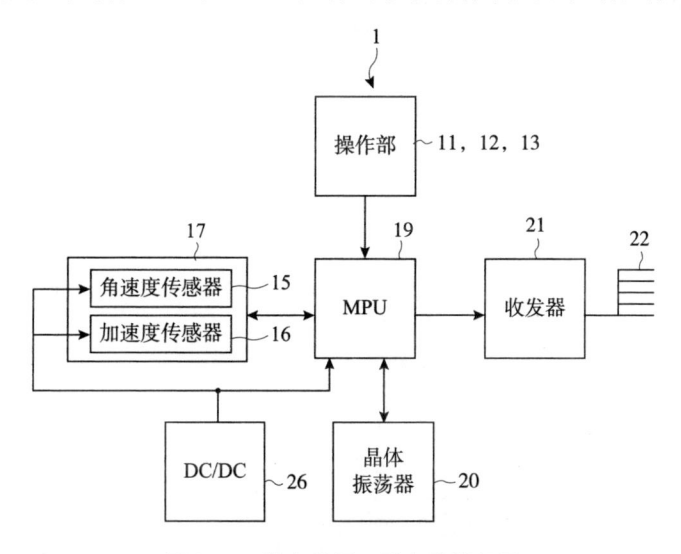

图8-2 输入设置1的电结构框图

软件流程方面上的改进部分主要包括三维操作模式和平面操作模式判断与切换流程。图8-3为输入装置的输入操作模式（三维操作模式和平面操作模式）的判断与切换操作的流程图。

如图8-3所示，首先接通开关（电源）（未示出）（ST1501），并读取记录在MPU19的嵌入式非易失性存储器中的参考0电压作为参考值（ST1502）。接下来，从加速度传感器单元16获得加速度信号，并计算加速度值（$a_x$，$a_y$，$a_z$）（ST1503）。接下来，从角速度传感器单元15获得角速度信号，并计算角速度值（$\omega x$，$\omega y$）（ST1504）。然后，为了判断输入装置 1 是否被放置在平面上的被同时操作，MPU19 判断在步骤 1504 中获得的两个角速度值（$\omega x$，$\omega y$）是否都小于阈值 Th3（ST1505）（判断装置）。接近于 0 的值被设定为阈值 Th3，这是因为即使在平面之内仍产生相对小的角速度。

```
                开始
                 │
              接通电源         ST1501
                 │
           读取角速度和
           加速度的参考值      ST1502
                 │
         计算加速度传感器单元的
         加速度值（ax, ay, az）  ST1503
                 │
         计算角速度传感器单元的
         角速度值（ωx, ωy）     ST1504
                 │
             ST1505
      （ωx, ωy）<阈值Th3 ?
          是 │        否 ─────┐
             │                │
             │  ST1506        │
       （ax, az）>阈值Th4 ?    │
          是 │        否 ─────┤
             │                │
  （平面操作模式）              │
   ┌─────────┼──────────┐    │
   │ 计算加速度传感器单元的│    │
   │ 加速度值（ax, ay, az）│ ST1507
   │         │            │   │
   │      计算速度值       │ ST1508
   │         │            │   │
   │     执行坐标变换      │   │
   │  （Vx→Vx, Yz→Vy）    │ ST1509
   │         │            │   │
   │    输出（传送）速度值 │ ST1510
   └─────────┼──────────┘    │
             │            （三维操作模式）
             │             ST103~ST115
             │
            结束
```

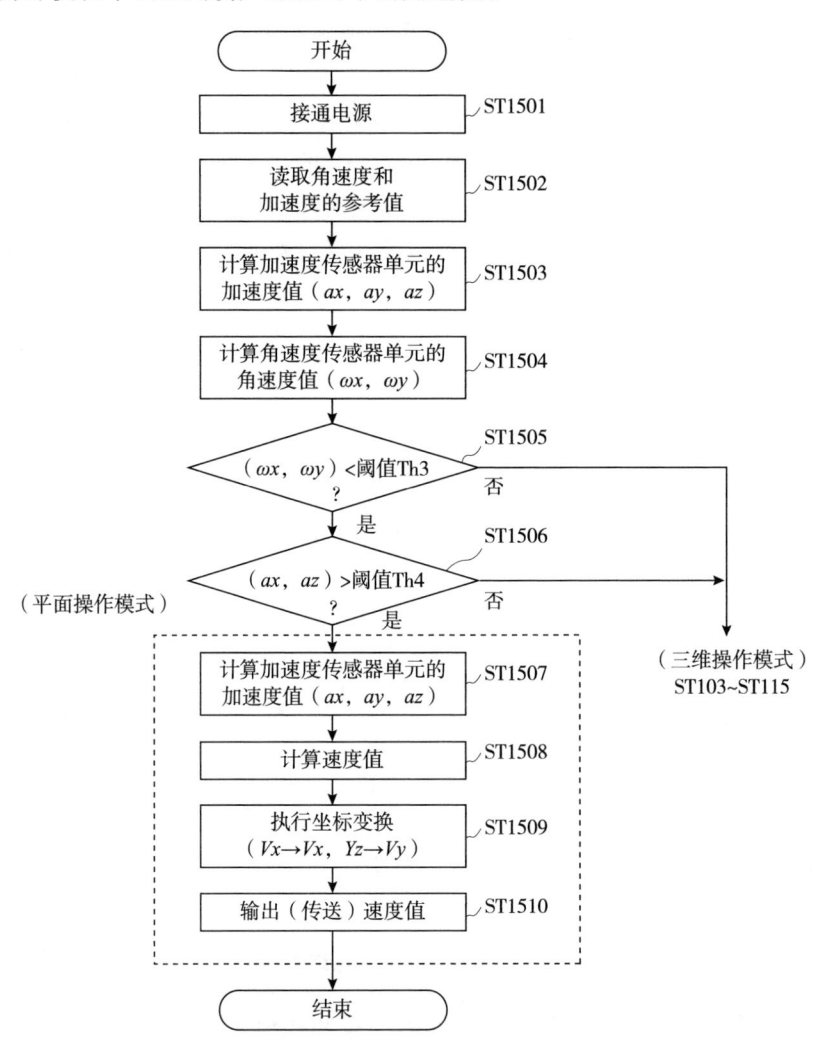

图 8-3　输入装置的输入操作模式（三维操作模式和平面操作模式）的判断与切换操作流程图

一方面，当在步骤 1505 中角速度值（$\omega x$，$\omega y$）中的至少一个等于或大于阈值 Th3 时（ST1505 中为否定判断），判断输入装置 1 被三维操作，并执行三维操作模式（ST103～ST115）。

另一方面，当在步骤 1505 中角速度值（$\omega x$，$\omega y$）都小于阈值 Th3 时（ST1505 中为肯定判断），判断输入装置 1 没有绕 $X'$ 轴和 $Y'$ 轴旋转。在 ST1505 中为肯定判断的情况下，MPU19 在步骤 1506 中判断加速度值（$ax$，$az$）中的至少一个是否大于阈值 Th4（判断装置）。

当步骤 1506 中加速度值（$ax$，$az$）中的至少一个大于阈值 Th4 时（ST1506 中为肯定判断），能够判断加速运动是沿 $X'Z'$ 面上的 $X'$ 和 $Z'$ 轴中的至少一条进行的。因此，MPU19 判断输入装置 1 在 $X'Z'$ 面上操作，并且执行步骤 1507 和后续步骤的平面操作模式（切换装置）。

当步骤 1506 中加速度值（$ax$，$az$）都等于或小于阈值 Th4 时，MPU19 判断输入装置 1 不在 $X'Z'$ 面上移动，并且执行三维的操作模式（ST103～ST115）而无需变换到平面操作模式（切换装置）。

当通过步骤 1505（的肯定判断）和步骤 1506（的肯定判断）判断输入装置 1 处于平面操作模式时，执行下列处理。

首先，MPU19 获得输入装置 1 在平面操作时的加速度值（$ax$，$ay$，$az$），并且计算加速度值（$ax$，$ay$，$az$）。

接下来，MPU19 对加速度值进行积分来计算速度值（$Vx$，$Vz$）（平面速度值）（ST1508）。

MPU19 基于输入装置 1 在 $X'Z'$ 面上沿 $X'$ 方向的速度值 $Vx$ 来获得（关联）指针 2 在画面 3 上沿 $X$ 轴方向的速度值 $Vx$，并且基于输入装置 1 在 $X'Z'$ 面上沿 $Z'$ 方向的速度值 $Vz$ 来获得（关联）指针 2 在画面 3 上沿 $Y$ 轴方向中的速度值 $Vy$（ST1509）。

因此，输入装置 1 在 $X'Z'$ 面上沿 $X'$ 方向的移动对应于指针 2 在画面 3 上沿 $X$ 方向的移动，并且输入装置 1 在的 $X'Z'$ 面上沿 $Z'$ 方向的移动对应于指针 2 在画面 3 上沿 $Y$ 方向的移动。MPU19 将所转换的速度值 $Vx$ 和 $Vy$ 输出至控制装置 40（ST1510）。

如上所述，输入装置 1 包括角速度传感器单元 15 和加速度传感器单元 16，并且通过为由角速度传感器单元 15 所检测的角速度值（$\omega x$，$\omega y$）设定阈值 Th3（ST1505 的阈值 Th3），能够基于角速度值（$\omega x$，$\omega y$）是否小于阈值 Th3（ST1505）（以及加速度值（$ax$，$az$）中的至少一个是否大于阈值 Th4（ST1506））来在平面操作模式与三维操作模式之间进行切换。因此，能够在平面操作模式与三维操作模式之间进行切换，而无需使用除加速度传感器单元 16 与角速度传感器单元 15 之外的传感器（无需增加部件数）。

【权利要求】

1. 一种控制方法，基于包括外壳的输入装置的移动来输出用于显示器画面上指针的控制信号，所述控制方法包括：

接收从所述输入装置的惯性传感器输出的检测值；

基于所述惯性传感器的所述检测值，计算与所述外壳在放置所述输入装置的平面上的移动相对应的平面对应值，所述平面对应值对应于所述指针在所述画面上的位移量；

基于所述惯性传感器的所述检测值，计算与所述外壳在空间中的移动相对应的空间对应值，所述空间对应值对应于所述指针在所述画面上的位移量；

基于所述惯性传感器的检测值来判断所述外壳的移动是在放置所述输入装置的平面上还是在空间中；以及

基于所述惯性传感器的所述检测值，在与所述外壳在平面上的移动相对应的平面对应值的计算和与所述外壳在空间中的移动相对应的空间对应值的计算之间进行切换。

2. 一种控制系统，包括输入装置、控制装置和显示装置，

输入装置，包括外壳、控制单元和惯性传感器，所述惯性传感器用于检测所述外壳的移动，

所述控制单元，用于基于所述惯性传感器的检测值，生成并输出对应于所述指针在所述画面上的位移量的控制信号；其包括，

平面对应值计算装置，用于基于所述惯性传感器的检测值，计算与所述外壳在放置所述输入装置的平面上的移动相对应的平面对应值，所述平面对应值对应于所述指针在所述画面上的位移量；

空间对应值计算装置，用于基于所述惯性传感器的所述检测值，计算与所述外壳在空间中的移动相对应的空间对应值，所述空间对应值对应于所述指针在所述画面上的位移量；

判断装置，用于基于所述惯性传感器的所述检测值，判断对所述外壳的移动是在平面上还是在空间中；以及

切换装置，用于基于所述判断装置的判断，在由所述平面对应值计算装置进行的所述平面对应值的计算与由所述空间对应值计算装置进行的所述空间对应值的计算之间进行切换；

所述控制装置，用于基于所述控制单元输出的控制信号来生成并输出指针的位移量与显示信号；

显示装置，用于基于所述控制装置输出的指针位移量与显示信号在所述画

面上移动和显示指针。

3. 一种输入装置，包括外壳、控制单元和惯性传感器，

所述惯性传感器，用于检测所述外壳的移动，

所述控制单元，用于基于所述惯性传感器的检测值，生成并输出对应于显示器画面指针在所述画面上的位移量的控制信号；其包括，

平面对应值计算装置，用于基于所述惯性传感器的检测值，计算与所述外壳在放置所述输入装置的平面上的移动相对应的平面对应值，所述平面对应值对应于所述指针在所述画面上的位移量；

空间对应值计算装置，用于基于所述惯性传感器的所述检测值，计算与所述外壳在空间中的移动相对应的空间对应值，所述空间对应值对应于所述指针在所述画面上的位移量；

判断装置，用于基于所述惯性传感器的所述检测值，判断对所述外壳的移动是在平面上还是在空间中；以及

切换装置，用于基于所述判断装置的判断，在由所述平面对应值计算装置进行的所述平面对应值的计算与由所述空间对应值计算装置进行的所述空间对应值的计算之间进行切换。

4. 一种控制装置，用于基于包括外壳的输入装置的移动来输出用于显示器画面上指针的控制信号，所述控制装置包括：

接收装置，用于接收从所述输入装置的惯性传感器输出的检测值；

平面对应值计算装置，用于基于所述惯性传感器的所述检测值，计算与所述外壳在放置所述输入装置的平面上的移动相对应的平面对应值，所述平面对应值对应于所述指针在所述画面上的位移量；

空间对应值计算装置，用于基于所述惯性传感器的所述检测值，计算与所述外壳在空间中的移动相对应的空间对应值，所述空间对应值对应于所述指针在所述画面上的位移量；

判断装置，用于基于所述惯性传感器的检测值来判断所述外壳的移动是在放置所述输入装置的平面上还是在空间中；以及

切换装置，用于基于所述惯性传感器的所述检测值，在与所述外壳在平面上的移动相对应的平面对应值的计算和与所述外壳在空间中的移动相对应的空间对应值的计算之间进行切换。

【焦点问题】

基于上述软件和硬件改进，可以撰写什么类型的产品权利要求，以及如何撰写呢？另外，产品权利要求2、3中所限定的平面对应值计算装置、空间对应

值计算装置、判断装置和切换装置都是基于软件改进所实现的,其是否可以作为权利要求2、3所请求保护主题的(控制系统和输入设备都为物理实体)的组成部分呢?

(二)案例分析

《专利审查指南2010》对于方法权利要求与产品权利要求通常的描述方式给出一些规定:产品权利要求通常用产品的结构特征描述,方法权利要求通常用工艺过程、操作条件、步骤或者流程等技术特征描述。需要注意的是:上述规定应当理解为通常的而非穷举的撰写范例。

1. 产品权利要求的主要类型

该案不仅公开了输入装置1中控制单元30中所运行的软件流程(即基于所接收的惯性传感器检测值进行输入模式判断和切换并输出控制信号的软件流程),而且还公开了含有上述软件的输入装置1的方案以及由该特定的输入装置1、控制装置40和显示装置5组成的控制系统100的方案。

我们知道,计算机程序流程是反映过程的一系列逻辑与步骤,因而很容易基于程序流程撰写方法权利要求(如该案的权利要求1)。而对于产品权利要求,通常可以撰写为系统式权利要求(如该案的权利要求2)、组件式权利要求(如该案的权利要求3)和功能模块构架类装置权利要求(如该案的权利要求4)。打个比方,如果相机的镜头及其相应的图像采集数据处理程序都有改进,那么可以基于图像采集数据处理程序撰写一组方法权利要求及其对应的功能模块构架类装置权利要求,也可以撰写一组含该改进的镜头(信号采集设备)及图像采集数据处理单元的主题为"相机(或图像生成系统)"的系统式权利要求,还可以请求保护一组主题名称为"信号采集设备(或镜头)"的组件式权利要求。当然需要注意上述多组权利要求需满足单一性要求,即具备相同或相应的特定技术特征。

2. 系统式权利要求的撰写

该案中的控制系统100就是一个系统。撰写系统式权利要求时,我们首先画出控制系统100的系统方框图(见图8-4),其中,按照信号在控制系统组件间的流向过程先整体后局部的顺序依次列出系统的各组成部分。对于该案,按照信号流向的控制系统100的组件依次是输入设备1、控制装置40和显示装置5。其中,输入装置1包括外壳、惯性传感器和控制单元30,控制单元30通过运行相关软件实现基于所接收的惯性传感器检测值计算平面对应值、空间对应值、并进行平面或空间操作模式的判断、根据判断进行平面对应值或空间对应值计算的切换以及产生控制信号。控制装置40包括接收装置、MPU35(或CPU)和显示控制部，用于接收从所述输入装置 1 输出的控制信号，并通过运行相关软件实现用于基于输入设备 1 产生的控制信号生成指针的位移与显示信号。

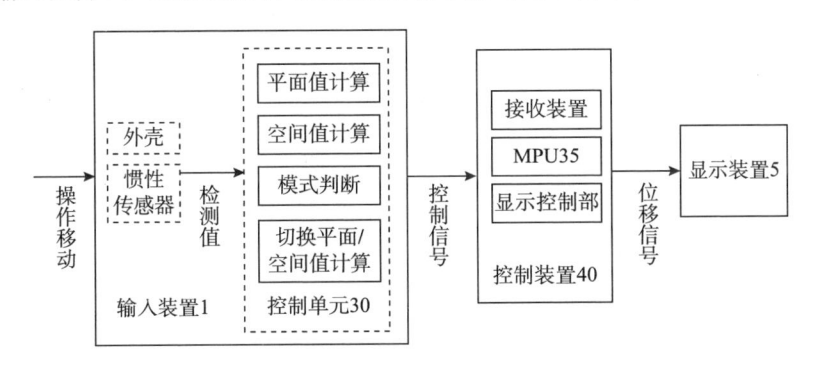

**图 8-4 控制系统 100 的系统方框图**

然后描述各软硬件组成部分的相互关系：惯性传感器用于检测所述外壳的移动；控制单元 30 中的每一项功能单元可以视为其子装置，其中平面对应值计算子装置用于基于所述惯性传感器的检测值，计算与所述外壳在放置所述输入装置的平面上的移动相对应的平面对应值；空间对应值计算子装置用于基于所述惯性传感器的所述检测值，计算与所述外壳在空间中的移动相对应的空间对应值；判断子装置用于基于所述惯性传感器的所述检测值，判断对所述外壳的移动是在平面上还是在空间中；切换子装置用于基于所述判断装置的判断，在由所述平面对应值计算装置进行的所述平面对应值的计算与由所述空间对应值计算装置进行的所述空间对应值的计算之间进行切换。控制装置，用于基于所述控制单元输出的控制信号来生成并输出指针的位移量与显示信号。显示装置，用于基于所接收的指针位移量与显示信号在所述画面上移动和显示指针。

基于上述分析，可以撰写出权利要求 2 所述的系统权利要求。

3. 组件式权利要求的撰写

另外，不难注意到，该案的发明点主要是控制系统 100 中的关键组件，即输入装置 1，尤其是其中的判断子装置和切换子装置及其功能。因此可以撰写一组主题为输入装置的组件式权利要求。在撰写组件式权利要求时，我们首先将输入装置 1 作为一个整体画出其框图（如图 8-4 所示的输入装置 1 的框图），其中，首先按照信号流向列出的输入装置的主要组件依次是外壳、惯性传感器和控制单元 30。控制单元 30 的功能主要是通过运行相关软件而实现，所述功能包括基于所接收的惯性传感器检测值计算平面对应值、空间对应值并进行平面或空间操作模式的判断、根据判断进行平面对应值或空间对应值计算的切换以及产生控制信号的功能。然后描述各软硬件组成部分的相互关系，之后列出必要技术特征。经上述步骤，撰写如权利要求3所述的主题为输入装置的组件式权利要求。

4. 功能模块构架类权利要求的撰写

在撰写主题分别是控制系统和输入装置的权利要求时，该案的主要改进在于控制单元30所运行的相关软件流程，因此可以全部基于所述软件流程撰写一组与流程各步骤对应的主题为"控制装置"的功能模块构架类权利要求。需要注意的是，《专利审查指南2010》中关于功能模块构架类权利要求的规定其目的在于对此种特殊撰写形式的权利要求进行认可并就其如何解释进行明确，以便使其区别于包含一般功能性限定特征的权利要求，但并非对撰写形式的唯一限制，功能模块构架类权利要求仅是程序解决方案可供选择的产品权利要求撰写方式之一。

就该案而言，将图8-3所反映的程序流程视为一个整体的控制装置，从控制装置的数据输入即惯性传感器的检测值的接收出发，按照数据与信息的变换与传递顺序，依次对应程序处理流程步骤写出控制装置的组成部分及其关系。在该案中，相应的程序处理流程步骤依次简要地概括为包括：接收惯性传感器的检测值，基于检测值进行平面对应值计算和空间对应值计算，基于检测值来判断所述外壳的移动是在放置所述输入装置的平面上还是在空间中，基于判断在平面移动对应的平面对应值计算和空间移动对应的空间对应值计算之间进行切换，输出用于指针控制信号。依次对应上述程序处理流程步骤写出控制装置的对应组成部分，即可撰写出如权利要求4所述的功能模块构架类的权利要求。需要注意的是权利要求4是全部基于程序流程而撰写的，其保护范围并不涵盖硬件及其改进。

5. 权利要求的清楚、完整，以说明书为依据

与传统领域的产品权利要求一样，程序相关的产品权利要求无论撰写成何种类型同样必须满足清楚、完整，以说明书为依据的要求。所谓清楚，就是产品主题、各组成要素自身、要素关系对于本领域技术人员而言都是清楚的。所谓完整，就是相对于申请所要解决的技术问题而言，独立权利要求必须从整体上反映技术方案，包含（明确记载或隐含）所有必要技术特征。所谓以说明书为依据，究其本质而言是权利要求的保护范围应当与说明书所公开内容相适应。对于程序相关的产品权利要求的撰写，不同在于上述清楚、完整和支持是基于计算机领域技术人员的角度而言的。

关于该案权利要求的清楚与否。理解《专利法》第26条第4款中"清楚"的含义，要基于本领域技术人员的角度，从实质上考虑权利要求的保护范围是

否清楚。具体分析之前，我们首先从计算机领域技术人员的角度，以一个通用的计算机系统为例，以图示的方式看其都有哪些组成部分。由图8-5可知，软件（或称程序）与硬件都是计算机系统不可或缺的组成部分。

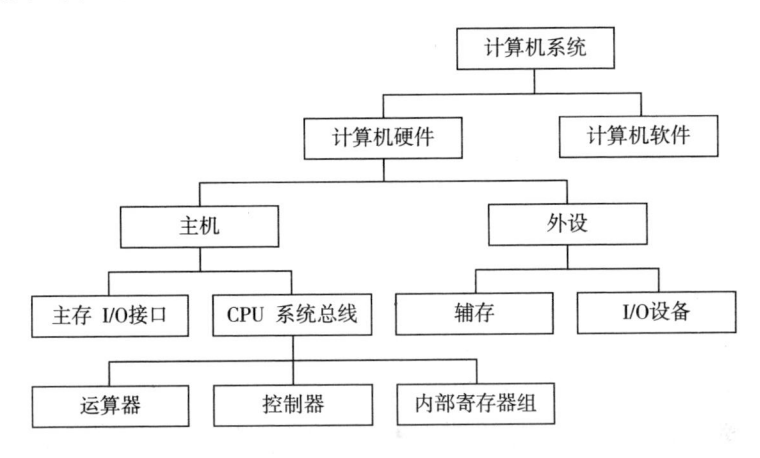

图8-5 计算机系统组成图

具体看该案，其中接收装置、平面对应值计算装置、空间对应值计算装置、判断装置和切换装置虽然都基于软件改进所实现的，也无论其被解释为软件单元还是协同作用的软件与硬件，都不影响其作为权利要求保护主题的组成要素而存在，并且这些组成要素其自身含义，与其他要素之间的关系都是清楚的。因此，该案请求保护的权利要求2、3的边界范围是清楚的。

关于权利要求的完整与否。该案主要根据惯性传感器检测的角速度值（$\Omega X$, $\Omega Y$）是否小于阈值（TH3）（ST1505）以及加速度值（$AX$, $AZ$）中的至少一个是否大于阈值（TH4）（ST1506），来判断所述外壳的移动是在放置所述输入装置的平面上还是在空间中，进而在平面操作模式与三维操作模式之间进行切换。因此该案无需使用除加速度传感器（16）与角速度传感器（15）之外的还需要增加光电传感器，即使得三维输入装置无需增加部件数就能够进行平面操作。在该案示例的独立权利要求1~4中，都包含了根据惯性传感器检测的角速度值和加速度值的判断及切换步骤或装置这些对于所解决的技术问题的必要技术特征，完整反映了技术方案。

关于权利要求的支持与否。该案说明书中记载了由角速度传感器单元检测的角速度值来计算输入装置的速度值的操作流程，说明了如何进行平面对应值计算和空间对应值计算。记载了输入装置的输入操作模式（三维操作模式和平面操作模式）的判断与切换操作流程。此外还详细描述了控制系统及其输入装置的组成与功能。所属技术领域的技术人员基于说明书给出的上述内容，能够得到或概括出权利要求请求保护的技术方案。

（三）撰写启示

就程序相关的解决方案而言，其改进点可能在于软件，通常利用程序流程图加以描述；也可能在于软硬件的共同改进，通常在程序流程图之外，辅助以系统方框图的方式加以描述。

针对程序相关的解决方案，其产品权利要求的常见类型主要包括：系统式权利要求、组件式权利要求和功能模块构架类权利要求。对于不同类型权利要求的撰写提出以下建议。

1. 撰写系统式权利要求的方法

首先以控制系统为请求保护的主题。为此，可以预先画出控制系统的方框图，其中，按照信号在控制系统组件间的流向过程、先整体后局部的顺序依次列出系统的软硬件各组成部分。从整体而言，一般的控制系统通常包括输入设备、控制或处理装置和输出装置等几个主要组成部分。然后再进一步列出各主要组成部分的必要子组成部分，尤其是根据控制或处理装置内部逻辑处理过程进一步列出各个子装置。其次描述出各组成部分之间的信号往来关系。

2. 撰写组件式权利要求的方法

对于控制系统的组成单元有改进的解决方案，建议就其改进的单元部分撰写组件式的权利要求。同样地，首先以组件作为请求保护的主题。将该组件作为一个整体画出其方框图，其中按照信号流向列出该组件必要的软硬件子组成部分，然后描述出各子组成部分之间的信号往来关系。

3. 撰写功能模块构架类权利要求的方法

首先将软件所实现的功能看成一个整体，分析其功能，找出被控数据对象，然后以数据流向为线索，找出所述整体外部输入数据源和输出数据目的。从外部数据输入源出发，按照系统的逻辑需要，逐步描述出一系列内部逻辑处理过程（包括信息的处理即数据变换算法、传递、存储过程），直至到外部实体处理所需的数据输出。基于上述过程概括出程序处理流程主要步骤，并依次对应上述程序处理流程步骤写出对应的各组成部分，即可撰写出功能模块构架类的权利要求。

4. 完成权利要求的撰写后，可以从审查的角度审视所撰写的权利要求是否符合授权要求

与传统领域的产品权利要求一样，程序相关的上述产品权利要求也必须满足清楚、完整、以说明书为依据的要求。不同在于上述清楚、完整和支持是基于计算机领域技术人员的角度而言的。

## 二、小　　结

应当基于计算机领域技术人员的角度，审视程序相关的产品权利要求是否满足清楚、完整、以说明书为依据的要求。

对于软件方面的改进，计算机领域通常以程序处理流程的方式加以描述。对于软硬件都有改进的解决方案，计算机领域通常以系统方框图的方式加以描述。

产品权利要求的常见撰写方式主要包括：基于系统软硬件方框组成撰写系统权利要求，基于系统框图的单元撰写组件式权利要求，基于数据处理流程撰写功能模块构架类权利要求。

## 第三节　产品权利要求的组成要素

在传统领域中，产品权利要求通常的组成要素是结构特征所描述的硬件。在涉及计算机程序的申请中，功能模块构架类产品权利要求的组成要素是功能模块。而在实践中，还出现了一些其他方式的权利要求，例如以程序作为产品权利要求的组成要素，这种撰写方式是否被允许，我们以下将结合一个具体的案例加以分析。

### 一、车辆通信接口

（一）案情介绍

该案涉及一种车辆通信接口，通过采用标准化接口，使得车辆通信接口的软件应用程序和驱动程序之间的应用程序接口数量最小化，节省了成本。在该案中就如何理解由程序限定的产品权利要求进行了阐述。

在现有技术中，车辆通信接口实现车辆与主系统（如计算机）的通信，其中，不同的软件应用程序采用不同的协议与车辆的数个电子系统通信，不同的驱动程序采用不同的协议与主系统进行通信，为了使软件应用程序与驱动程序进行通信，在软件应用程序与每个驱动程序之间需要编制单独的应用程序接口，因而生产车辆通信接口的复杂性和成本增加。

针对上述背景技术，该案要解决的技术问题是使得车辆通信接口的软件应用程序和驱动程序之间的应用程序接口数量最小化，节省成本。

针对上述技术问题，该案在车辆通信接口的软件应用程序和多个驱动程序之间采用标准化接口，所述标准化接口使用一个协议分别与软件应用程序和驱动程序通信。

参见图8-6，该车辆通信接口 VCI 10 设备不但包括与车辆 12 通信的多个的车辆接口 14、16、18、20、22 和与主系统 24 通信的主系统接口 26、28、30、32、34，而且还包括处理器、存储器等；此外，VCI 10 还包括：软件应用程序 46、多个软件驱动程序 48、50、52、54、56 以及标准化接口 58；该软件应用程序 46、软件驱动程序 48、50、52、54、56 和标准化接口 58 可包含于 VCI 10 内的一个或多个处理器和/或存储器上并被执行。软件应用程序 46 被配置为处理从车辆 12 处通过车辆接口 14、16、18、20、22 中的一个接收数据。当在软件应用程序 46 中接收到数据时，软件应用程序 46 处理信息并使用 TCP/IP 协议转发至标准化接口 58。随后，标准化接口 58 使用 TCP/IP 将处理后的信息转发至软件驱动程序 48、50、52、54、56 中的一个或多个，软件驱动程序 48、50、52、54、56 中的每一个一般被配置为使用另一种通信协议和与其连接的主系统

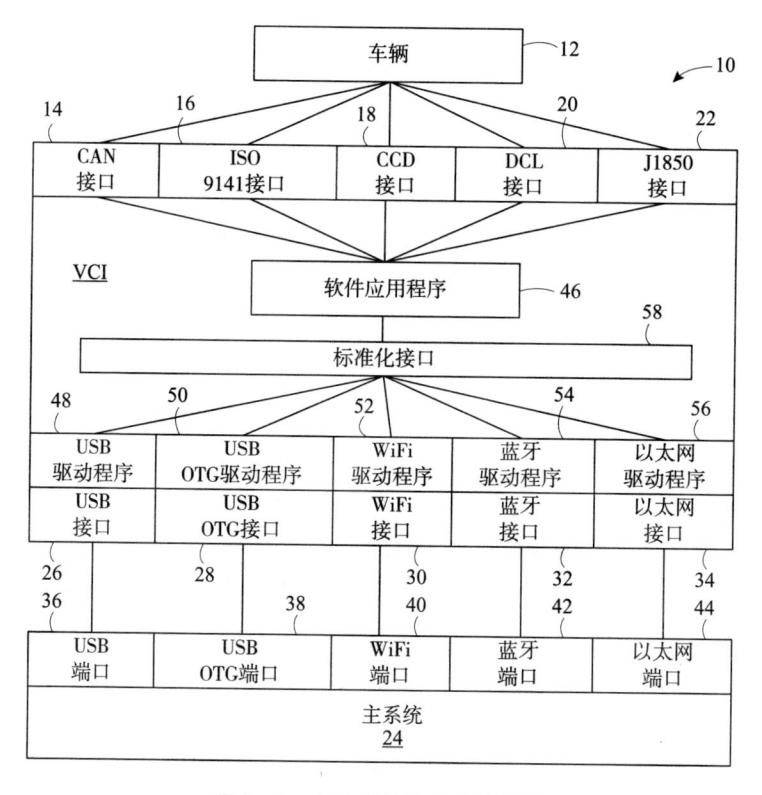

图 8-6 车辆通信接口系统框图

第八章　涉及程序申请的产品权利要求如何撰写

接口进行通信。例如，图8-6中最左侧的软件驱动程序48和最右侧的软件驱动程序56都使用TCP/IP协议与标准化接口58进行通信的同时，最左侧的软件驱动程序48被配置为使用USB协议与最左侧的主系统接口26进行通信，而最右侧的软件驱动程序56被配置为使用以太网协议与最右侧的主系统接口34进行通信。由于使用单个标准化接口在软件应用程序和所有软件驱动程序之间中继信息代替了为每个主系统接口包含并单独研发单独的软件驱动程序。这就降低了VCI和通信方法的整体的复杂性和成本。

图8-7示出了根据本发明的实施方式的与车辆通信的方法的步骤。

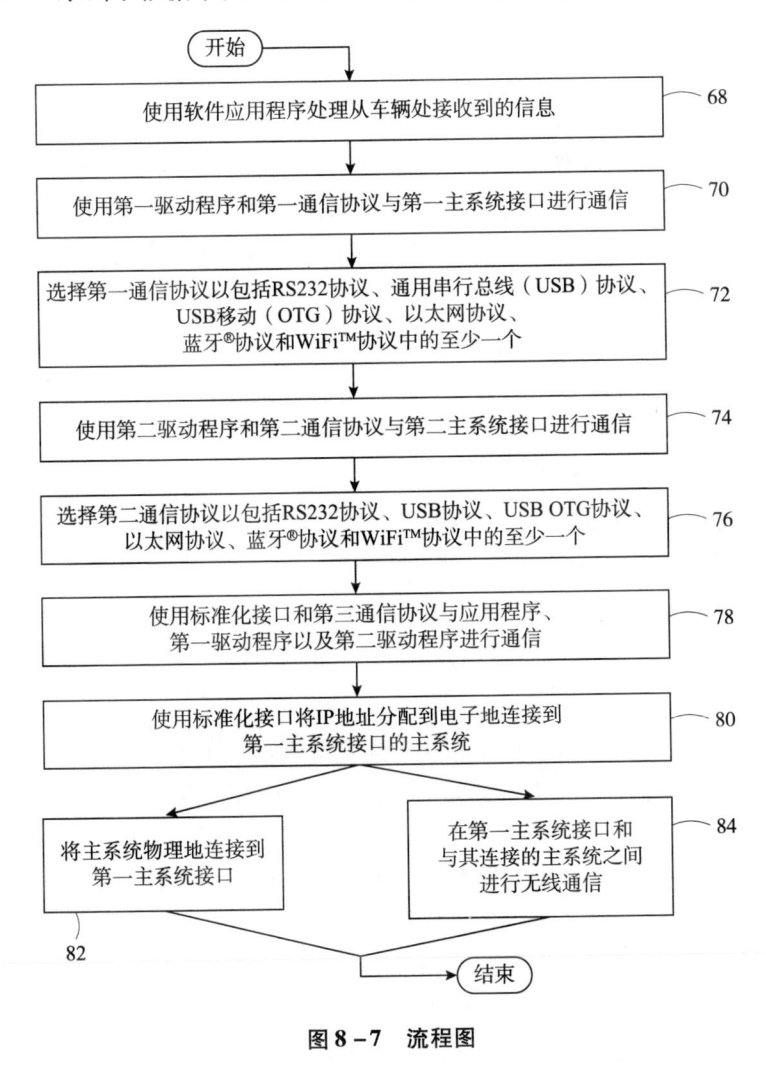

```
开始
  │
  ▼
使用软件应用程序处理从车辆处接收到的信息 ── 68
  │
  ▼
使用第一驱动程序和第一通信协议与第一主系统接口进行通信 ── 70
  │
  ▼
选择第一通信协议以包括RS232协议、通用串行总线（USB）协议、
USB移动（OTG）协议、以太网协议、
蓝牙®协议和WiFi™协议中的至少一个 ── 72
  │
  ▼
使用第二驱动程序和第二通信协议与第二主系统接口进行通信 ── 74
  │
  ▼
选择第二通信协议以包括RS232协议、USB协议、USB OTG协议、
以太网协议、蓝牙®协议和WiFi™协议中的至少一个 ── 76
  │
  ▼
使用标准化接口和第三通信协议与应用程序、
第一驱动程序以及第二驱动程序进行通信 ── 78
  │
  ▼
使用标准化接口将IP地址分配到电子地连接到
第一主系统接口的主系统 ── 80
  │
  ┌───┴───┐
  ▼       ▼
将主系统物理地连接到   在第一主系统接口和
第一主系统接口         与其连接的主系统之间 ── 84
                       进行无线通信
  82
      └───┬───┘
          ▼
        结束
```

图8-7　流程图

· 335 ·

【权利要求】

1. 一种车辆通信接口方法，包括：

处理从车辆接口接收到的数据，其中，处理从所述车辆接口接收到的数据包括将从所述车辆接口接收到的所述数据转换至第三通信协议；

使用第一通信协议与第一主系统接口进行通信；

使用第二通信协议与第二主系统接口进行通信；以及

使用所述第三通信协议与所述软件应用程序、所述第一驱动程序以及所述第二驱动程序中的每一个进行通信。

2. 一种车辆通信接口设备，包括：车辆接口、第一主系统接口和第二主系统接口；

存储器，用于存储程序；

处理器，用于执行程序，其中所述程序进一步包括：

软件应用程序，其被配置为处理从车辆接口接收到的数据，其中，处理从所述车辆接口接收到的数据包括将从所述车辆接口接收到的所述数据转换至第三通信协议；

第一驱动程序，其被配置为使用第一通信协议与第一主系统接口进行通信；

第二驱动程序，其被配置为使用第二通信协议与第二主系统接口进行通信；以及

标准化接口，其被配置为使用所述第三通信协议与所述软件应用程序、所述第一驱动程序以及所述第二驱动程序中的每一个进行通信。

2a. 一种车辆通信接口设备，包括：

软件应用程序，其被配置为处理从车辆接口接收到的数据，其中，处理从所述车辆接口接收到的数据包括将从所述车辆接口接收到的所述数据转换至第三通信协议；

第一驱动程序，其被配置为使用第一通信协议与第一主系统接口进行通信；

第二驱动程序，其被配置为使用第二通信协议与第二主系统接口进行通信；以及

标准化接口，其被配置为使用所述第三通信协议与所述软件应用程序、所述第一驱动程序以及所述第二驱动程序中的每一个进行通信。

3. 一种车辆通信接口装置，包括：

软件应用装置，其被配置为处理从车辆接口接收到的数据，其中，处理从所述车辆接口接收到的数据包括将从所述车辆接口接收到的所述数据转换至第三通信协议；

第一驱动装置，其被配置为使用第一通信协议与第一主系统接口进行通信；

第二驱动装置，其被配置为使用第二通信协议与第二主系统接口进行通信；以及

标准化接口装置，其被配置为使用所述第三通信协议与所述软件应用程序、所述第一驱动程序以及所述第二驱动程序中的每一个进行通信。

【焦点问题】

上述权利要求2、2a所示撰写方式中将程序作为产品权利要求的组成要素，这种撰写方式是否符合《专利审查指南2010》的有关清楚、完整和支持的规定，权利要求是否属于对计算机程序本身的保护，是否违反功能模块构架权利要求的撰写要求，与"介质+流程特征"或"计算机程序产品+流程特征"的权利要求是否存在本质区别？

(二) 案例分析

为解决"使得车辆通信接口的软件应用程序和驱动程序之间的应用程序接口数量最小化，节省成本"的问题，该案的发明构思是：在车辆通信接口的软件应用程序和多个驱动程序之间采用标准化接口，所述标准化接口使用一个协议分别与软件应用程序和驱动程序通信。

需要确定的前提是，对于涉及计算机程序的发明，判定其权利要求是否清楚、完整和支持，不能偏离计算机领域技术人员的理解。

1. 产品权利要求2和产品权利要求2a清楚与否

产品权利要求清楚与否通常看其类型、主题名称、组成要素含义是否清楚，以及要素之间的关系是否清楚。产品权利要求2和产品权利要求2a是否清楚，关键的争议在于，程序是否能作为产品权利要求的组成部分。

"清楚与否"的审查标准，要从实质上考虑权利要求的保护范围是否清楚，而不是仅仅从字面上理解权利要求的保护范围是否清楚。计算机技术的重要特征是一个产品中包含两个不可或缺的相互协同作用的部分，一是计算机硬件，二是计算机软件。产品的改进既可以是硬件的改进，也可以是软件的改进或者是软件与硬件之间相互工作关系上的改进。因此，当一个计算机产品的主要改进在于计算机程序流程时，权利要求中清楚地描述出其计算机程序流程的改进方案：一是符合计算机领域中相关产品客观存在的状态；二是使得计算机领域的技术人员清楚地理解保护范围在于计算机产品中包含具有所有必要流程特征的计算机程序。

产品权利要求2和产品权利要求2a中的主题"车辆通信接口设备"在所属技术领域的含义是指车辆主系统与其他系统直接进行数字通信的接口设备，属

于实体产品。就一般的技术理论而言，计算机程序与硬件是一个完整的车辆通信接口互相依存的两大部分，硬件是程序赖以工作的物质基础，程序的正常工作是硬件发挥作用的唯一途径。就该案的具体方案而言，其公开了 VCI 10 设备不但包括车辆接口、主系统接口、处理器和存储器等物理实体，而且包括与上述物理实体相互作用的软件应用程序、多个软件驱动程序以及标准化接口 58 这些程序。由此可见，程序是该车辆通信接口设备不可或缺的组成部分。《专利审查指南 2010》有关"产品权利要求通常用产品的结构特征描述"的规定应当理解为通常的而非穷举的撰写范例，如化学领域产品权利要求中所允许的组分限定就非结构性特征。不能仅凭产品权利要求中的程序特征不属于结构特征就断言会导致产品权利要求的保护范围不清楚。在所属技术领域的技术人员看来，车辆通信接口权利要求的类型清楚，主题名称、组成要素含义及要素之间的关系也清楚，能够明晰界定权利要求的边界，其保护范围就是清楚的。

另外，需要特别指出的是，该案所撰写原始相应权利要求为：

1. 一种车辆通信接口，包括：软件应用程序，其被配置为处理从车辆处接收到的数据；第一驱动程序，其被配置为使用第一通信协议与第一主系统接口进行通信；第二驱动程序，其被配置为使用第二通信协议与第二主系统接口进行通信；以及标准化接口，其被配置为使用第三通信协议与所述应用程序、所述第一驱动程序以及所述第二驱动程序中的每一个进行通信。

有人认为该原权利要求 1 的主题"一种车辆通信接口"不能清楚表明其含义是指"车辆通信接口设备"还是"车辆通信接口程序"。造成这种质疑的原因主要是因为"接口"这个术语在所属技术领域不同的应用场景中对应不同的含义，例如指"物理接口或实体接口设备""用户界面"或"软件接口"。如果孤立地看"接口"这一术语，似乎会带来含义所指不清之嫌。而如占位所属技术领域的技术人员水平，回归到该案具体方案，"车辆通信接口"的含义无疑是指车辆通信接口设备。例如，从说明书实施方式的文字部分及图 8-6 中都描述了车辆通信接口 VCI 10 包括多个软件、硬件组成部分，这些描述清晰地诠释和印证了"一种车辆通信接口"的确切所指。不过，虽然"一种车辆通信接口"这一主题在该案中并不会实际造成保护范围的不清楚，但为了进一步提高撰写质量，避免不必要的争议，权利要求 2 和权利要求 2a 最好采用"一种车辆通信接口设备"的主题名称。

2. 产品权利要求 2 和产品权利要求 2a 是否得到说明书的支持

《专利法》第 26 条第 4 款要求权利要求应当以说明书为依据（即通常所说的"支持"）。这里体现的权利要求与说明书之间关系的要求，本质上是对于权利与技术贡献、公开程度相平衡的要求，体现了法理上权利与义务应当匹配的原则。根据《专利审查指南 2010》关于"支持"的解释，本领域技术人员从说明书的内容中得到的技术方案，以及以说明书的内容为起点进行合理的扩展后概括得出的技术方案，共同构成说明书公开的范围。权利要求要以说明书为依据，就是说权利要求所要求保护的技术方案不能超出说明书公开的范围。

从该案说明书记载的内容以及现有技术来看，车辆通信接口设备既包含现有的多个物理接口、存储器、处理器等硬件，也包含软件应用程序、多个驱动程序等软件，其对现有技术所作的贡献在于程序之间工作流程的改进，其通过标准化接口采用一个通信协议来实现软件应用程序与多个驱动程序之间的信息中继，从而简化应用程序接口的数量。权利要求请求保护的车辆通信接口包括软件应用程序、第一驱动程序、第二驱动程序以及标准化接口四个部分。软件应用程序被配置为从车辆处接收数据并将数据转换成第三通信协议，第一驱动程序被配置为使用第一通信协议与第一主系统接口通信，第二驱动程序被配置为使用第二通信协议与第二主系统接口通信，标准化接口被配置为使用第三通信协议与软件应用程序、第一驱动程序和第二驱动程序的每一个进行通信。上述权利要求 2 和产品权利要求 2a 请求保护的方案，通过在权利要求中写明其所包括的程序方面改进之处，与说明书中直接记载的技术方案相一致，也是根据说明书文字记载的内容和说明书附图能直接、毫无疑义地确定的技术方案，因此属于所属技术领域的技术人员能够从说明书充分公开的内容"得到"的技术方案，因而符合《专利法》第 26 条第 4 款中的"支持"的要求。

3. 产品权利要求 2 和产品权利要求 2a 完整与否

我们知道权利要求的主题名称作为前序部分的重要内容，是权利要求不可或缺的组成部分，其对保护范围的限定作用不能忽视。产品权利要求 2 和产品权利要求 2a 的主题名称是车辆通信接口设备，其是指车辆主系统与其他系统直接进行数字通信的接口设备，属于物理接口设备，这样的主题隐含着其行使其作为车辆通信接口设备正常功能所必需的组成部分。由于车辆通信接口设备权利要求中含有"标准化接口，其被配置为使用所述第三通信协议与所述软件应用程序、所述第一驱动程序以及所述第二驱动程序中的每一个进行通信"，因此具有能够解决"使得车辆通信接口的软件应用程序和驱动程序之间的应用程序接口数量最小化，节省成本"这一问题的必要技术手段。因此，车辆通信接口设备权利要求是完整的。说明书记载的解决方案中还提及了车辆通信接口设备中所包括的车辆端的多个接口，如 CAN 接口、CCD 接口等；还包括主系统侧的 USB 接口、WiFi 接口等。这些具体的接口特征都是现有技术特征，对于所确定的"接口数量最小化这一技术问题"而言,只要有多个驱动程序按照各自协议实现多个主系统物理接口通信,以及软件应用程序通过其协议实现与车辆物理接口的通信,并且软件应用程序和驱动程序按同一协议与所述标准化接口通信即可,至于这些具体的物理接口是什么接口以及具体的驱动程序是什么对于解决的技术问题并非必不可少的。

4. 权利要求2和权利要求2a与计算机程序本身明显不同

从《专利审查指南2010》中给出"计算机程序本身"和"涉及计算机程序的发明"两者的定义可知,"计算机程序本身"和"涉及计算机程序的发明"存在本质的区别。产品权利要求2和产品权利要求2a的主题名称是车辆通信接口设备,属于物理接口设备,这样的主题隐含着其行使作为车辆通信接口设备正常功能所必需的组成部分。此外,产品权利要求2中还明确限定了其包括:车辆接口、第一主系统接和第二主系统接口、存储器和处理器。因此,产品权利要求2和权利要求2a与计算机程序本身存在本质区别。

5. 权利要求2和权利要求2a与所排除的介质或程序产品类权利要求明显不同

对于仅由所记录的程序限定的计算机可读介质或者一种计算机程序产品,计算机可读介质与其上所记录的程序的关系是,存储载体与被存储信息的关系,并无记录之外的协同作用。

而权利要求2和权利要求2a虽然从表象上看似采用了计算机程序来对实体物理产品进行限定的方式,但车辆通信接口设备权利要求与仅由所记录的程序限定的计算机可读介质权利要求有本质的差别。车辆通信接口物理设备与其所包含的计算机程序之间是技术上的动态协同作用的关系,而非静态存储的关系。这种协同作用关系体现出为解决"不需要单独编制应用程序接口,避免接口复杂性"问题的解决方案,体现出数据通信流程的执行。而对于计算机可读存储介质来说,其所记录的计算机程序仅仅是存储介质中的数据文件,计算机程序与存储介质之间没有技术功能和技术效果上的关联。因此,车辆通信接口权利要求与仅由所记录的程序限定的计算机可读介质权利要求或程序产品权利要求有本质的差别。

6. 权利要求2和权利要求2a是否违反功能模块构架权利要求的撰写要求

《专利审查指南2010》关于功能模块构架权利要求的规定仅是表明如果全部以计算机程序流程为依据,按照完全对应一致的方式撰写装置权利要求,该装置权利要求应当被认可以及如何解释。由此不能推定功能模块构架类权利要求是全部以计算机程序流程为依据的装置权利要求的唯一撰写方式。特别是对于一项符合《专利法》第26条第4款规定的权利要求,仅以《专利审查指南

2010》中有关某种形式权利要求的解释规则拒绝其他形式的权利要求，缺乏依据。因此，不能仅凭权利要求 2 和权利要求 2a 未采用功能模块构架权利要求的撰写形式而予以否定。

比较上述车辆通信接口设备权利要求 2 和权利要求 2a 和车辆通信接口装置权利要求 3 可知，权利要求 2 和 2a 所请求的车辆通信接口设备为物理实体，权利要求中也写明了其软硬件组成部分以及软硬件的工作关系，所以与车辆通信接口设备技术存在的状态较为接近，因此这种撰写方式更容易被所属技术领域的技术人员所理解。车辆通信接口装置权利要求 3 的撰写方式相对特殊一些，其中的软件应用装置、第一驱动装置、第二驱动装置和标准化接口装置这些组成部分根据《专利审查指南 2010》规定的解释原则，应被解释为实现相应程序流程各步骤所必须建立的功能模块，而整个装置权利要求解释为主要通过说明书记载的计算机程序实现该解决方案的功能模块构架。以上是两种产品权利要求的差别。

综上所述，程序可以作为程序相关产品权利要求的组成要素。权利要求 2 和权利要求 2a 在满足新颖性和创造性的条件下，是可被授权的。

（三）撰写启示

对于涉及计算机程序的发明，判定其权利要求是否清楚、完整和支持，不能偏离计算机领域技术人员的理解。应明确：

（1）程序可以作为程序相关产品权利要求的组成要素。计算机技术的重要特征是一个产品中包含两个不可或缺的相互协同作用的部分，一是计算机硬件，二是计算机软件。产品的改进既可以是硬件的改进，也可以是软件的改进或者是软件与硬件之间相互工作关系上的改进。因此，当一个计算机产品的主要改进在于计算机程序流程时，权利要求中清楚地描述出其计算机程序流程改进方案：一是符合计算机领域中相关产品客观存在的状态；二是使得计算机领域的技术人员清楚地理解保护范围在于计算机产品中包含具有所有必要流程特征的计算机程序。因此，可以将程序作为程序相关产品权利要求的组成要素。

（2）在产品权利要求的撰写中允许计算机程序作为产品权利要求的组成部分既不违背现行《专利法》《专利法实施细则》以及《专利审查指南 2010》的相关规定，也为涉及计算机程序的发明提供产品形式的专利保护带来了切实可行的操作方式。

允许计算机程序作为产品权利要求的组成部分，一方面使得更加易于撰写其改进之处在于软件的产品发明，另一方面也能够使得产品权利要求的保护范围更加易于被人们感知，更加接近技术创新的实质。允许产品权利要求中明确限定完成相应功能的计算机程序作为产品权利要求的组成部分，同时也限定所述计算机程序完成相应功能的方法步骤，则可以较好地解决多年来因将其理解为对硬件产品的功能性限定而带来的困惑。

## 二、小　　结

理解《专利法》第 26 条第 4 款中"清楚"的含义，要基于本领域技术人员的角度，从实质上考虑权利要求的保护范围是否清楚。审视产品权利要求清楚与否，通常看其类型、主题名称、组成要素含义是否清楚以及要素之间的关系是否清楚。

计算机程序与硬件是一个计算机系统互相依存的两大部分，硬件是程序赖以工作的物质基础，程序的正常工作是硬件发挥作用的唯一途径。所以程序是计算机系统不可或缺的组成部分，不能仅凭产品权利要求中有的程序特征不属于结构特征就断言会导致产品权利要求的保护范围不清楚。

# 第四节　产品权利要求的撰写策略

随着信息技术的进一步发展和应用需求的提升，单一的信息处理设备逐步被开放、互联环境中整合了多个装置/组件的信息处理系统所取代。以大数据时代的"云计算"为例，云环境下，由网络连接的大量计算资源被统一管理和调度，构成一个计算资源池以供用户提供按需服务，服务提供商可按照不同的交付模式和部署方式来提供数据服务。再以"互联网＋"为例，利用通信技术和互联网平台将传统产业在线化、数据化，"互联网＋"所依赖的硬件设施涵盖了"云"（云计算和大数据基础设施）、"网"（互联网和物联网）、"端"（直接服务个人的设备）。显然，这类复杂的信息处理系统需要多方主体的共同参与，系统的运行处理也需要在互联网环境下由多参与方共同配合、协作完成，由此产生的专利技术，其技术方案的实施也必然涉及多方主体。

囿于技术思维的限制和诉讼经验的不足，涉及多参与方的方案往往被撰写成庞大、复杂的系统级权利要求以及对应的方法权利要求，然而，这种涉及多参与方的系统及方法类型权利要求在侵权诉讼中存在诸多弊端。本节由一个实际案例展开讨论，通过对权利要求保护范围的解释，分析司法程序中对专利侵权判定的相关规定，从而对涉及多参与方复杂系统的专利申请文件撰写策略提出几点建议。

## 一、提供与位置信息相关联的在线黄页电话簿的系统和方法

（一）案情介绍

该案涉及一种提供与位置信息相关联的在线黄页电话簿的系统和方法，以在移动通信网络上向移动电话用户提供与用户的移动电话终端所在物理位置相关联的在线黄页电话簿服务。该案以涉及多方参与的权利要求为例，从侵权判定的视角阐述了就权利要求撰写策略的问题。目前的移动通信领域，当用户需查询其所在位置附近的黄页电话簿中的电话号码或其他信息时，一般是通过拨打查号台进行人工交互语音。

语音交互至少存在以下缺陷：（1）查号台提供的信息有限，无法满足人们对更多信息的需求；（2）语言障碍造成不准确的查询结果；（3）满足查询条件的结果是多条信息时，对查询者来讲，有记忆难度。

该案提供与位置信息相关联的在线黄页电话簿的系统和方法，以在移动通信网络上向移动电话用户提供与用户的移动电话终端所在物理位置相关联的在线黄页电话簿服务，用户通过与位置信息相关联的在线黄页电话簿就能够在其移动电话终端上显示其所在位置附近的，其要求类别的所有电子名片供其浏览与选择，用户能够通过其移动电话终端选择出电子名片，选择通信方式并确认后，移动电话终端以所述通信方式与选择出的对象建立通信联系。

图8-8是基于与位置信息相关联的在线黄页电话簿模式实现通信的优选系统结构图。

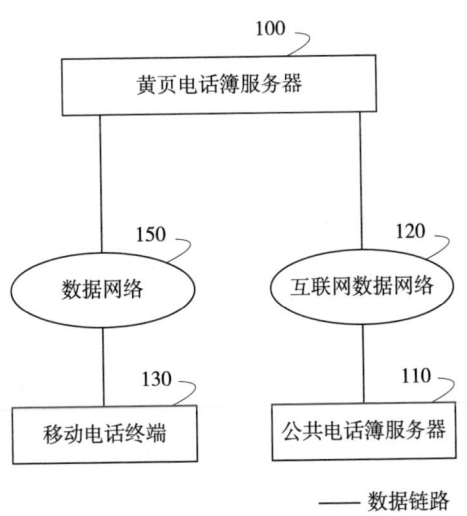

图8-8 系统结构图

黄页电话簿服务器100是用于储存和管理用户账户资料，用于按照用户的当前地理位置采集并生成所述用户的与位置信息相关联的黄页电子名片记录消息，用于接收检索电子名片指令并返回检索结果消息的计算机数据库服务器。

公共电话簿服务器110是用于提供公共电话簿检索与管理的计算机服务器组，包括但不限于公共电子名片网站服务器和/或公共电话号簿即电子黄页服务器。

移动电话终端130与黄页电话簿服务器100之间通过数据网络150互连，用于向用户提供与位置信息相关联的黄页电子名片的在线检索服务，并向用户提供检索出的所有电子名片的列表，用于完成基于与位置信息相关联的在线黄页电话簿的通信过程，即用户在所述列表中选定电子名片中的联系地址，并选定通信方式后，启动到所述联系地址的通信过程。

黄页电话簿服务器100与公共电话簿服务器110之间通过互联网数据网络120互连，网络电话簿服务器100通过互联网数据网络120从公共电话簿服务器110获取满足检索条件的电子名片记录信息。

一种与位置信息相关联的在线黄页电话簿是具有以下功能的客户端软件：通过数据网络150与黄页电话簿服务器100互连；能够发送带有移动电话终端当前地理位置和位置偏移量以及黄页类型参数的检索电子名片指令到黄页电话簿服务器100，在接收到黄页电话簿服务器100返回的应答消息后，用户的移动电话终端上显示检索到的所有电子名片的列表，对于用户在所述列表中选定的电子名片中的通信目的地址，能够通过用户的移动电话终端启动到所述目的地址的通信过程。

移动电话终端130带有GPS模块，包括支持GPRS的移动电话终端、支持CDMA1X的移动电话终端、第三代移动通信终端等能够访问互联网的各种或多种移动数据终端。

所述地理位置是指地理上的经纬度。所述位置偏移量是指以当前地理位置为中心的以米或其他单位计量的半径值。

所述黄页类型是指所有类型的黄页电子名片，包括以下一种或超过一种的组合：餐饮类型的黄页电子名片、宾馆类型的黄页电子名片、办公类型的黄页电子名片。

所述选择通信方式是指从以下模式的任意组合中选择一种模式：呼叫模式、短消息模式、多媒体消息模式、PTT模式、电子邮件模式、WEB模式、WAP模式、即时通信模式。

图 8-9 是与位置信息相关联的在线黄页电话簿的一种优选的主窗口，图 8-10、图 8-11 是与位置信息相关联的在线黄页电话簿的主窗口中各个子窗口模板示意图。

如图 8-8、图 8-10 所示，与位置信息相关联的在线黄页电话簿的主窗口中包括：设置位置偏移量、当前位置范围内的电话黄页、退出。

设置位置偏移量子窗口模板中包括：当前位置偏移量、位置偏移量输入框、确认、取消等。当前位置范围内的电话黄页子窗口模板中包括：选择黄页类型、确认、取消等。

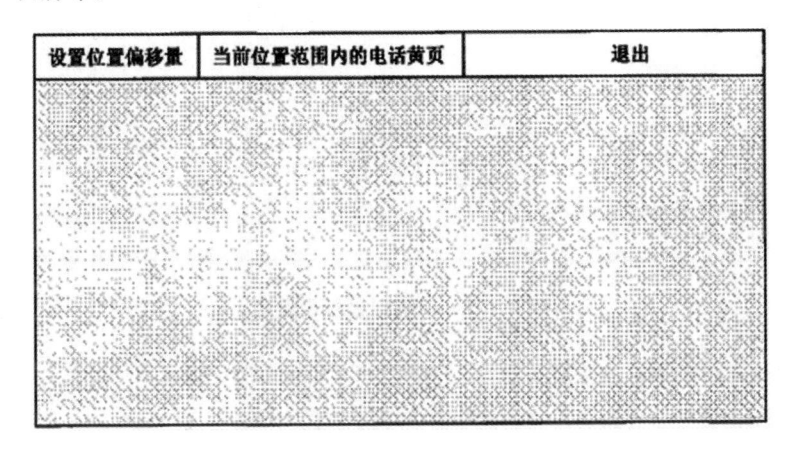

图 8-9　主窗口图

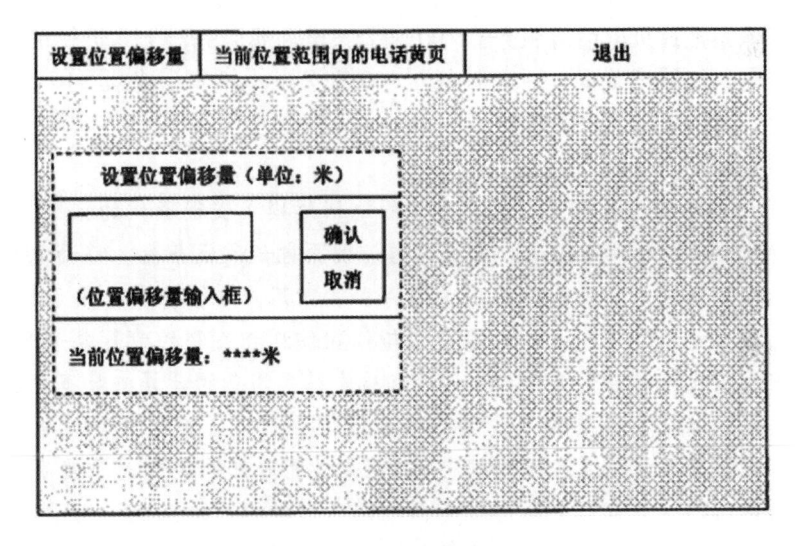

图 8-10　子窗口模板示意图

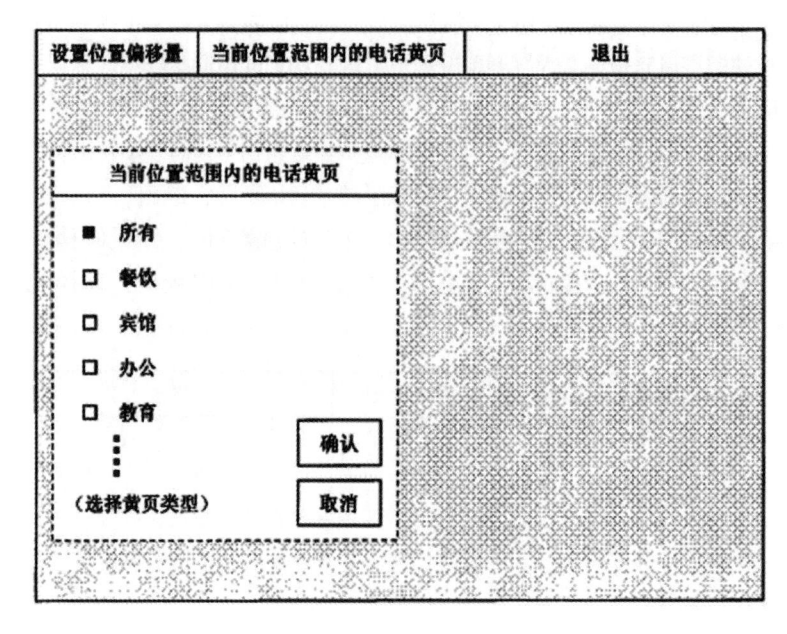

图8-11 子窗口模板示意图

黄页电话簿服务器100是为用户提供WEB网站或WAP网站访问服务。用户通过WEB或WAP或客户端方式访问黄页电话簿服务器100，并为申请业务的用户在黄页电话簿服务器100中开立账号和密码，并通过所述账号和所述密码登录黄页电话簿服务器100。

虽然该案把黄页电话簿服务器100和公共电话簿服务器110进行单独描述，但在实施时，能够把黄页电话簿服务器100和公共电话簿服务器110的功能集中在一台计算机服务器中实现。

【权利要求】

1. 基于与位置信息相关联的在线黄页电话簿模式实现通信的系统，其特征在于，包括公共电话簿服务器、数据网络、黄页电话簿服务器、移动电话终端；其中，所述黄页电话簿服务器是用于储存和管理用户账户资料，用于按照用户的当前地理位置采集并生成所述用户的与位置信息相关联的黄页电子名片记录消息，用于接收检索电子名片指令并返回检索结果消息的计算机数据库服务器；所述公共电话簿服务器是用于提供公共电话簿检索与管理的计算机服务器组，包括但不限于公共电子名片网站服务器和/或公共电话号簿即电子黄页服务器；所述移动电话终端与黄页电话簿服务器之间通过数据网络互连，用于向用户提供与位置信息相关联的黄页电子名片的在线检索服务，并向用户提供检索出的所有电子名片的列表，用于完成基于与位置信息相关联的在线黄页电话簿的通信过程,即用户在所述列表中选定电子名片中的联系地址,并选定通信方式后,启动到所述联系地址的通信过程;所述黄页电话簿服务器与所述公共电话簿服务器之间通过互联网数据网络互连,从公共电话簿服务器获取满足检索条件的电子名片记录信息。

2. 根据权利要求1所述的基于与位置信息相关联的在线黄页电话簿模式实现通信的系统,其特征在于,所述公共电话簿服务器提供的电子名片记录中包括联系地址的地理位置字段。

3. 根据权利要求1所述的基于与位置信息相关联的在线黄页电话簿模式实现通信的系统,其特征在于,所述黄页电话簿服务器的功能能够集成到公共电话簿服务器中实现。

4. 根据权利要求1所述的基于与位置信息相关联的在线黄页电话簿模式实现通信的系统,其特征在于,所述选定通信方式是指从以下模式的任意组合中选择一种模式:呼叫模式、短消息模式、多媒体消息模式、PTT模式、电子邮件模式、WEB模式、WAP模式、即时通信模式。

【焦点问题】

该案关注的焦点问题是,从利于专利授权后的维权角度看,当一项发明的技术方案涉及多个参与主体时,在进行权利要求的撰写时采用怎样的撰写策略更有利。

(二) 案例分析

该案经历了专利授权后的侵权诉讼和确权程序。专利权人A公司以B公司某APP产品涉嫌侵犯该案专利(以下简称"在线黄页专利")为由,向B公司发起专利侵权诉讼。A公司认为,B公司提供的APP业务中包含"附近的人""微信公众账号"等功能,已经完整地覆盖了其所持有的专利"提供与位置信息相关联的在线黄页电话簿的系统和方法"的全部技术特征。B公司则针对涉在线黄页专利先后两次向专利复审委员会提出无效宣告请求,专利复审委员会作出维持专利权有效的决定。该决定在后续程序中被法院撤销,并经北京市高院作出终审判决,维持一审判决。

我们不去深究在线黄页专利被提起无效宣告请求的具体理由,而是聚焦于侵权诉讼,从专利侵权判定的角度分析该专利在撰写方面存在哪些问题和缺陷,从而造成专利权人在维权阶段陷入权利难以行使的困境。

在线黄页专利仅包括一项独立权利要求。众所周知,侵权行为的认定与专利权保护范围的确定密不可分,如果认定一种实施行为构成专利侵权,则表明专利权的保护范围可以被解释为足够囊括该实施行为。也就是说,如果他人实施的技术方案再现了权利要求中记载的全部技术特征，那么该实施行为落入了专利权的保护范围；反之，如果他人实施的技术方案没有包括权利要求中记载的某个或某些技术特征，那么该实施行为通常不会落入专利权所确定的保护范围。

在线黄页专利的权利要求1限定了一个涉及多参与方的复杂系统，该系统包括四个组件——公共电话簿服务器、黄页电话簿服务器、数据网络、移动电话终端，这四个系统组件分别对应四个参与方角色，即公共电话簿服务提供商、黄页电话簿服务提供商、网络运营商和移动终端（手机）制造商。《专利法》第59条规定：发明或实用新型专利权的保护范围以其权利要求的内容为准，说明书和附图可以用于解释权利要求的内容。该案的权利要求中明确写入上述四个组件，每个组件及其所执行的操作均对权利要求的保护范围起到相应的限定作用。专利权人在撰写权利要求时，对保护范围大小的问题显然没有多加考虑，而是采用了系统级的描述来限定其技术方案。相对于组件级的描述方式，系统级描述包括了复杂的信号流向和多方交互，无疑大大缩小了整个权利要求的保护范围。

2009年出台的《最高人民法院关于审理侵犯专利权纠纷案件应用法律若干问题的解释》第9条规定：人民法院判定被诉侵权技术方案是否落入专利权的保护范围，应当审查专利权人主张的权利要求记载的全部技术特征；被诉侵权技术方案缺少权利要求记载的一个以上的技术特征，或者有一个以上的技术特征不相同也不等同，人民法院应当认定其没有落入专利权的保护范围。该条款规定了专利侵权判定中的重要原则——"全面覆盖原则"。此外，北京市高级人民法院《专利侵权判定指南》第30条和第31条也对"全面覆盖原则"作出了类似的规定。

反观在线黄页专利诉讼的被控侵权产品，不难发现被诉侵权的技术方案并没有包括专利权人主张权利要求的全部技术特征。被告B公司的涉案产品是一款用于移动终端的APP，被诉侵权的"附近的人""微信公众账号"等功能仅仅涉及移动电话终端的操作。B公司既没有提供公共电话簿服务也没有自行建立黄页电话簿服务器，更没有运营数据通信网络和制造移动电话终端。也就是说，B公司的产品不可能覆盖该权利要求的全部技术特征，因而，B公司不可能单独实施该专利保护的技术方案，根据判断直接侵权的"全面覆盖原则"，B公司显然不可能构成单独侵权。

尽管在立法层面，我国法律法规没有关于"专利间接侵权"的专门规定，❶

---

❶ 我国专利法律法规没有关于"专利间接侵权"的专门规定，北京市高级人民法院2001年公布的《专利侵权判定若干问题的意见（试行）》以及最高人民法院2003年公布的《最高人民法院关于审理专利侵权纠纷案件若干问题的规定（讨论稿）》对专利间接侵权作出了相关规定。此外，司法实践中对共同侵权判定往往适用《民法通则》第130条的规定："二人以上共同侵权造成他人损害的，应该承担连带责任。"

但是在司法实践中，基于"专利间接侵权理论"进行判决的案例时有出现。假定专利权人主张认定间接侵权，那么，A 公司需要将协同实施涉案专利技术方案的所有主体（公共电话簿服务提供商、黄页电话簿服务提供商、网络运营商、手机制造商）共同列为被告，并且需要证明 B 公司故意引诱多人共同实施该专利的技术方案，或者 B 公司自己实施了涉案专利技术方案中的部分技术特征（执行了部分组件的功能）并引诱他人实施了技术方案中的其余技术特征（引诱他人执行其余组件的功能）。显而易见，参与主体越多，举证难度越大。即使理论上存在间接侵权的可能，但是由于举证难度过大，法院判定 B 公司间接侵权成立的可能性几乎为零。

涉及多方参与的系统及方法权利要求的侵权判定，美国专利法及其相关案例给予我们更多的启示。美国专利法第 271 条（a）款规定了"单方当事人原则"，只有单方当事人未经专利权人许可而进行的实施行为涵盖了权利要求的全部技术特征时，才能认定直接侵权行为。美国专利法第 271 条（b）款和（c）款则分别规定了诱导侵权（inducement infringement）和帮助侵权（contributory infringement）原则，但是，诱导侵权和帮助侵权仍然是以直接侵权为前提，被告需要证明单个实体执行了方法权利要求的全部步骤，或者证明被告虽然没有执行完所有的步骤，但对其余步骤的执行施加了足够的控制或指挥而应当归咎于被告。

美国专利法关于专利侵权判定的规定更为明确和具体。从美国司法实践来看，近年来也陆续出现了多起涉及多方参与主体的侵权诉讼。无论是 2007 年首次确立"控制或指挥"（control or direction）标准的 BMC 案、2008 年进一步澄清上述标准的 Muniauction 案，还是 2012 年美国联邦巡回上诉法院对 Akamai 案和 McKesson 案的再审，最终的判决结果均认定侵权行为不成立。这也进一步印证了多方参与系统或方法专利在侵权举证和认定方面的困难。

（三）撰写启示

1. 在满足权利要求清楚、完整要求的前提下，在权利要求的撰写中尽量避免对不必要的参与主体的限定，以减少参与主体的数量

通过对在线黄页专利的分析可以看出，其技术方案的核心在于构建一个特殊的服务器，该服务器能够基于用户当前的地理位置提供与位置信息关联的黄页电话簿。当前的权利要求 1 中写入了 4 个参与主体：公共电话簿服务器、黄页电话簿服务器、数据网络、移动电话终端，然而，数据网络是服务器与终端之间建立连接的必经通道，无论以有线方式还是无线方式完成服务器与终端之间的数据交换都属于现有技术的范畴，即使描述中省略该组件也不影响权利要

求的清楚性和完整性。此外，说明书中记载了"但在实施时，能够把黄页电话薄服务器100和公共电话薄服务器110的功能集中在一台计算机服务器中实现"，鉴于此，是否有必要将两种服务器分开撰写成两个参与主体，也是值得商榷的。权利要求中还限定了一系列用户的操作，然而用户并不是以生产经营为目的的行为主体，因此在权利要求中引入用户为参与主体的描述显然是不明智的。

2. 在可能的情况下尽量进行技术方案的"单侧描述"

分析在线黄页专利的技术方案不难发现：系统的核心部件就在于服务器与移动终端，应当分别着眼于服务器和移动终端各自实现的功能尽量进行"单侧描述"。若以服务器作为参与主体，应当描述其如何接收请求、如何获取地理位置、如何存储信息、如何执行检索、如何生成位置相关的黄页电话薄数据以及如何返回响应信息。若以移动终端为参与主体，则可以着重描述移动终端提供的交互功能、对于请求消息的发送以及对接收响应结果的处理和显示。

事实上，说明书中已经清晰、完整地描述了移动终端侧的操作："一种与位置信息相关联的在线黄页电话薄，是具有以下功能的客户端软件：通过数据网络150与黄页电话薄服务器100互连；能够发送带有移动电话终端当前地理位置和位置偏移量以及黄页类型参数的检索电子名片指令到黄页电话薄服务器100，在接收到黄页电话薄服务器100返回的应答消息后，在用户的移动电话终端上显示检索到的所有电子名片的列表，对于用户在所述列表中选定的电子名片中的通信目的地址，能够通过用户的移动电话终端启动到所述目的地址的通信过程"，因此完全可以依照上述方式，以移动终端为单方参与主体，基于信号流向来进行限定。

在线黄页专利中，移动终端制造商、网络运营商、服务提供商以及APP开发者在整个系统中扮演了不同的角色，应根据不同的参与者在系统中所承担的功能和执行的操作，以具体部件为核心，同时将核心部件与其他部件的交互以信号流向的方式完成撰写。

## 二、小　　结

基于上述分析，涉及多个参与主体的技术方案如果采用系统级的撰写方式，将不可避免地存在权利要求保护范围狭窄、维权阶段被控侵权方难以界定以及侵权行为举证困难等问题。因此，在专利申请文件撰写阶段就应当增强维权意识，从权利行使的角度充分考虑权利要求的设置，基于技术方案可预期的实施方式预设一个或多个"侵权诉讼对象"，避免维权阶段出现多个诉讼主体共同侵权的情形。

应当从整体发明构思出发，确定系统的核心部件和关键流程，尽可能地从单一主体的角度出发进行撰写，避免主权利要求中出现多个参与主体。也就是说，避免撰写成系统级的权利要求，建议以关键组件为核心撰写成组件级的装置权利要求及其对应的方法权利要求。此外，从行使权利的角度出发，申请人可以假设潜在的侵权对象，有针对性地撰写多组权利要求，分别以系统中不同的角色作为参与主体进行立体式布局。

专利申请文件撰写是专利保护的基石，撰写质量的高低决定了专利权人行使权利的难度。通过对在线黄页专利进行分析和解读，可以看出由于其撰写方面存在的缺陷，导致专利权人难以行使权利。在当前云计算、移动互联网、开放式体系结构风行的技术背景下，国内申请人应当培养法律思维、增强维权意识，努力避免将技术方案撰写成复杂的、涉及多参与方的系统级权利要求，撰写方式逐步从"系统级权利要求"过渡到"组件级权利要求"，进一步提升专利申请文件的质量。

# 第九章 交叉领域的发明专利申请如何撰写

## 第一节 概　　述

　　随着电子化、自动化向各个领域渗透，电学领域中的许多发明已经不仅仅涉及电学领域，而是多个领域相互交叉。涉及不同技术领域的发明往往具有不同的特点。例如，就传统的机械、电学、化学三大领域的划分来说，通常机械领域的发明主要基于产品机械结构的改变而作出；电学领域的发明脱离不开产生、处理电信号的方法或装置；化学领域的发明则往往涉及具有特定性质或效果的化合物或混合物的获得或应用。因此，对于涉及多领域交叉的发明，撰写专利申请文件时，需要关注所涉及的不同领域的不同特点。本章将结合案例重点介绍涉及多技术领域交叉的发明的专利申请文件如何撰写。

　　读过第三部分前两章的读者可能已经发现，这两章中讨论的诸如涉及"非技术性"内容的申请、涉及程序申请的产品权利要求的撰写等问题，大多涉及计算机技术领域。事实上，涉及计算机程序的申请不仅具有上述特点，而且也通常存在多技术领域交叉的情形。因此，本章第二节和第三节重点介绍计算机技术应用到其他技术领域发明的撰写问题。其中，第二节涉及计算机技术在医疗设备中的应用；第三节以电力技术领域为例，讨论计算机技术与传统电学领域结合时需要注意的问题。

此外，电学领域中还有一类发明经常与化学领域交叉。由于化学领域作为一种特殊的领域在《专利审查指南2010》中有一些特殊的审查规则，这些规则对于电学领域的发明人或专利代理人可能比较陌生。因此，本章第四节专门介绍在电子元器件领域中利用化学材料的专利申请文件撰写要点，第五节涉及用参数特征限定产品权利要求的专利申请文件撰写要点及专利"三性"判断，第六节涉及用制备方法或者用途特征限定产品权利要求的专利申请文件撰写要点及"三性"判断，这些内容是以电学领域为基础，针对容易忽视或者容易产生争议的、涉及与化学领域交叉的内容进行梳理，以期能够对读者有所提醒和启发。

## 第二节 基于计算机程序的疾病诊断治疗方法

在撰写这类发明专利申请文件时，难点在于如何避免将权利要求撰写成疾病诊断治疗方法。

按照《专利审查指南2010》的相关规定，疾病的诊断和治疗方法，不属于专利保护客体，而用于实施疾病诊断和治疗方法的仪器或装置属于可被授予专利权的客体。随着计算机技术的发展，越来越多的发明应用了计算机相关技术，这类发明往往借助计算机相关技术，在对病理的分析和处理中，解决了很多实际的问题，使得对病灶的位置和大小的确定、病症的判断等方面都更加的准确，为医生后续给出合理的诊断和治疗方案提供了可靠的参考依据。

然而，在这些发明专利申请中，有很多申请是借助于计算机程序来实现的，那么以计算机程序为基础的装置权利要求应当如何撰写才能与方法相区别，从而不被视为"实质上"属于疾病的诊断和治疗方法呢？本节通过对一个涉及图像诊断支持处理装置的案例的分析，对这类申请的可专利性及撰写问题进行探讨。

### 一、以计算机程序为基础的装置

（一）案情介绍

该案涉及一种图像诊断支持处理装置，通过计算出作为三维地分析结节状区域而得到的结果的轮廓圆度，可以提供精度高的轮廓圆度。如何理解涉及疾病诊断和治疗方法的功能模块构架类权利要求是该案关注的问题。

在现有技术中，为了将低射线量螺旋CT确立为肺癌诊察的方法，人们广泛认识到需要用于防止失察肺癌的基于计算机的读影支持诊断系统（Computer Assisted Diagnosis，以下记为"CAD"）。在作为 CAD 对象脏器的肺中，在其性质上，可知与胸膜相接而易于产生生理/病理学上的变化。对于进行针对与胸膜相接的病变结构的图像诊断的医生而言，可以仅通过二维信息来判断是否为结节的情况较多。其意味着，断面图像中的病变的形态信息是主要的判断材料，在判断中对象的轮廓（silhouette）起到较大的作用。

在鉴别肺的局部性病变时，将多边形的轮廓作为报告良性的指标之一。例如，在可以用三角形来良好地近似肺的小病变的轮廓的情况下，其首先可以认为是瘢痕而可以忽视。一般在可以用 $n$ 边形来良好地近似病变的轮廓时，$n$ 越大，病变的形状越接近圆，所以肿瘤性病变的可能性变得更高。古典的圆度是随着 $n$ 的增加而单调增加的特征量。该古典的圆度是指，在 2 值图像上的目标的面积为 $A$、周围长度为 $L$ 时，由 $4\pi A/L^2$ 给出的量。如果给定 $L$ 值，则在目标与真正的圆相等时 $A$ 最大，所以圆度显然取大于 0 小于等于 1 的值。

在 CAD 中，作为从检测中间结果而得到的多个结节候补中进一步挑选结节候补时的参数之一，有时使用上述的圆度。在该情况下，挑选具有判定阈值以上的圆度的结节候补，用于该挑选的判定阈值如设为 0.8。

与胸膜相接的病变的结节被形容成隆起性，其为肿瘤的可能性高。但是，这样的结节由于是半圆形，其为大约 0.75，无法通过上述挑选判定阈值而被挑选成结节候补。其结果是可能发生遗漏，而降低了灵敏度。

因此，在为了减少该遗漏而将与圆度相关的挑选判定阈值设为低至如 0.6 时，将不与胸壁相接的结构挑选成结节候补的可能性变高，其结果是有可能使假阳性增加。这样，古典的圆度在与胸膜相接的病变中与主观的病变的"圆形度"不一致，认为采用上述圆度作为用于肺结节的挑选的参数是不恰当的。

根据这样的情况，要求可以统一地对与胸膜相接的结节状病变、孤立的结节状病变等各种类型的结节设定定量化的指标。通过使用该案计算出的轮廓圆度，可以以低的假阳性并且以高的灵敏度来识别结节状病变。此外，由于将针对朝向分别不同的多个断面分别计算出的轮廓圆度的代表值设为最终的轮廓圆度，所以通过计算出作为三维地分析结节状区域而得到的结果的轮廓圆度，可以提供精度高的轮廓圆度。

在该案中，图像诊断支持处理装置包括结节候补区域确定部、轮廓圆度计算部、判定部、显示图像生成部以及显示器。结节候补区域确定部在成为处理对象的三维摄像图像数据所表示的三维摄像图像（以下记为"处理对象图像"）中，确定有可能为结节的区域（以下记为"结节状区域"）。轮廓圆度计算部根据处理对象图像通过后述的处理来计算与结节状区域相关的轮廓圆度。判定部根据结节候补区域及其周边区域各自的特征量来判定结节状区域是否为结节。另外,判定部为了上述判定,参照由轮廓圆度计算部计算出的轮廓圆度。显示图像生成部生成为使医生对判定部中的判定结果等进行读影而提供的显示图像。

图 9-1 是轮廓圆度计算部的处理步骤的流程图。

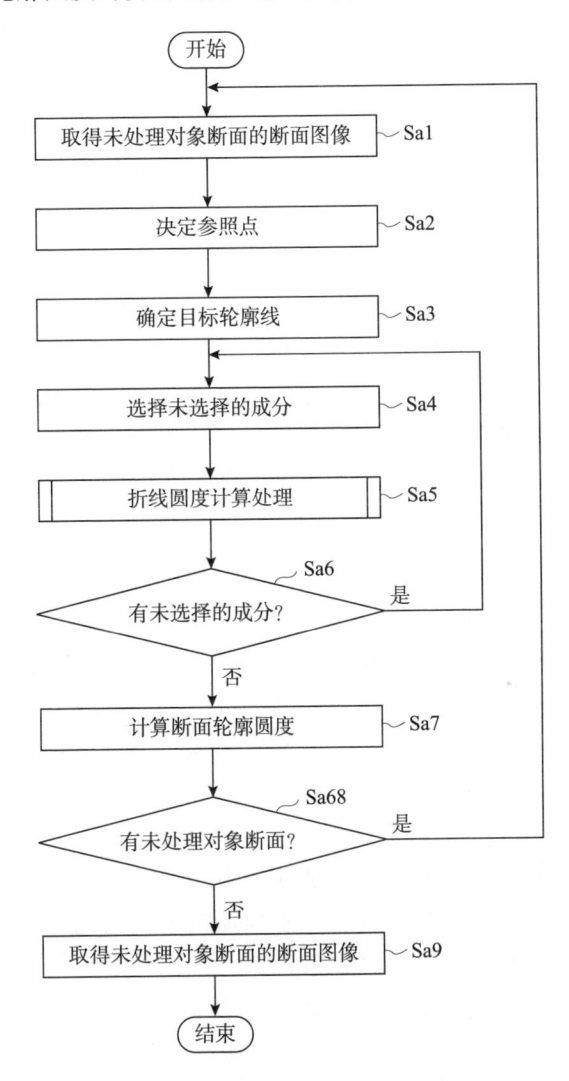

```
开始
  ↓
取得未处理对象断面的断面图像 —— Sa1
  ↓
决定参照点 —— Sa2
  ↓
确定目标轮廓线 —— Sa3
  ↓
选择未选择的成分 —— Sa4
  ↓
折线圆度计算处理 —— Sa5
  ↓
有未选择的成分? —— Sa6 —是→(回到Sa4)
  ↓否
计算断面轮廓圆度 —— Sa7
  ↓
有未处理对象断面? —— Sa68 —是→(回到Sa1)
  ↓否
取得未处理对象断面的断面图像 —— Sa9
  ↓
结束
```

**图 9-1　轮廓圆度计算部的处理步骤流程图**

在步骤 Sa1 中,轮廓圆度计算部例如通过针对处理对象图像的断面变换处理(MPR)等,取得关于朝向相互不同的多个断面(以下记为"处理对象断面")中的未处理的断面的断面图像。

在步骤 Sa2 中，在步骤 Sa1 中取得的断面图像中的结节状区域的内部决定参照点。

在步骤 Sa3 中，在步骤 Sa1 中取得的断面图像中，将目标轮廓线确定为表示能够产生结节的组织的区域（如肺区域）与结节状区域的边界。目标轮廓线可以设为由构成结节状区域的边界的像素的连结构成的数字曲线。

在步骤 Sa4 中，选择如上所述确定的目标轮廓线中包含的曲线成分中的未选择的一个。

在步骤 Sa5 中，将上述选择出的曲线成分作为对象，执行折线圆度计算处理。

在步骤 Sa6 中，确认是否有未选择的曲线成分。然后，如果有未选择的曲线成分，则从步骤 Sa6 返回到步骤 Sa4。然后，在步骤 Sa4 中重新选择了未选择的曲线成分之后，将该曲线成分作为对象，进行步骤 Sa5 的折线圆度计算处理。这样，通过将步骤 Sa4 至步骤 Sa6 反复所需次数，分别计算出与包含在目标轮廓线中的一个以上的曲线成分分别对应的一个以上的折线圆度 $\rho(P)$。如果针对包含在目标轮廓线中的全部曲线成分的折线圆度 $\rho(P)$ 的计算结束，则轮廓圆度计算部 12 从步骤 Sa6 进入到步骤 Sa7。

在步骤 Sa7 中，作为如上所述计算出的一个以上的折线圆度 $\rho(P)$ 的加权平均，计算出成为当前的处理对象的断面图像中显示的结节状区域的轮廓与圆弧近似的程度（以下称为"断面轮廓圆度"）。其中，作为与折线 $P$ 相关的权重，采用与折线 $P$ 相关的线段 $p_1 o$ 与线段 $op_{n+1}$ 所成的角度 $\angle p_1 op_{n+1}$。

在步骤 Sa8 中，确认是否有未处理对象断面。如果有未处理对象断面，则从步骤 Sa8 返回到步骤 Sa2。然后，在步骤 Sa2 中重新取得与未选择的断面相关的断面图像之后，如上所述进行步骤 Sa3 至步骤 Sa7 的处理。这样，通过将步骤 Sa2 至步骤 Sa8 反复所需次数，分别计算出与和处理对象图像相关的所需多个断面分别对应的断面轮廓圆度。如果针对所需多个断面各自的断面轮廓圆度的计算结束，则从步骤 Sa8 进入到步骤 Sa9。

在步骤 Sa9 中，作为如上所述计算出的多个断面轮廓圆度的代表值，计算出结节状区域的轮廓圆度。作为代表值，例如可以使用中央值、平均值。

【权利要求】

1. 一种图像诊断支持处理装置，其特征在于，具备：

结节状区域决定单元，决定包含在表示被检体的内部的图像中的结节状区域；

折线近似处理单元，求出构成与上述结节状区域的轮廓一致的折线的多个

节点;

参照位置决定单元,决定参照点的位置;以及

圆度计算单元,使用根据多个上述节点和上述参照点决定的多个区域的面积来计算出圆度。

【焦点问题】

权利要求1是以功能模块构架形式撰写的产品权利要求,同时该权利要求涉及疾病的诊断和治疗,由此引发的问题是:权利要求1是否属于《专利法》第25条第1款(三)项所述的疾病的诊断和治疗方法。

(二)案例分析

这个焦点问题看似奇怪。权利要求1的主题分明是产品,怎么会被视作疾病的诊断和治疗方法呢?

这个焦点问题的来源在于《专利审查指南2010》中规定,全部以计算机程序流程为依据的发明,既可以写成方法权利要求,也可以在此基础上撰写一个与该计算机程序流程的各步骤完全对应一致的产品权利要求。这样的产品权利要求"应当理解为主要通过说明书记载的计算机程序实现该解决方案的功能模块构架,而不应当理解为主要通过硬件方式实现该解决方案的实体装置"。

于是,主张该案权利要求1属于疾病诊断方法的逻辑是:首先,权利要求1属于上述的功能模块构架的权利要求,而功能模块构架不属于实体装置,实质上属于方法;进而得出这种方法因其解决的是疾病诊断问题而应当属于疾病诊断方法。

在上述逻辑中,只要一个条件不成立,结论即不成立。其中,最核心的问题是,权利要求1是否实质为方法?或者说是否实质上为疾病诊断方法?

1. 权利要求类型的界定

在《专利法》第11条中,专利区分为两种类型,一种为产品专利,一种为方法专利。两类专利在专利侵权意义上的实施方式各不相同。为清楚地界定两类专利,《专利审查指南2010》第二部分第二章规定了产品权利要求与方法权利要求的撰写规则。其中一个重要原则是,权利要求中每一个特征的实际限定作用应当最终体现在权利要求所要求保护的主题上。

因此,权利要求的主题名称是界定权利要求类型的核心。

2. 《专利审查指南2010》关于功能模块构架权利要求的规定

涉及计算机程序的发明通常包含计算机程序流程,与之对应的权利要求通常为方法权利要求。然而,在某些情形下,此类方法权利要求无法有效地保护此类发明。为使申请人获得更为有效的专利保护,2006年《审查指南2006》中

才规定了"功能模块构架类"这一特殊类型的装置权利要求,并延续至今。如果把这类装置权利要求仍然理解为与方法权利要求一样,那么《专利审查指南2010》中完全没有必要单独对其进行规定和解释,申请人在一件发明中申请两项保护范围完全相同的权利要求也是不符合《专利法》的相关规定的。

此外,从权利要求的撰写形式来说,这类权利要求的主题明确请求保护的是一种装置权利要求。《专利审查指南2010》第九章对"功能模块构架类"权利要求的解释也仅仅是在满足两个条件,即"全部以计算机程序流程为依据"以及"完全对应一致"时,将其理解为"主要通过说明书记载的计算机程序实现解决方案的功能模块构架",而排除了"主要通过硬件方式实现该解决方案的实体装置"。这段文字解释的目的主要在于区分这类装置是由软件实现还是硬件实现。但不论采用何种方式实现,都不会影响其权利要求的类型。

3. 如何理解功能模块构架权利要求

功能模块构架权利要求的主题名称是产品,从类型上应当属于产品而不是方法。那么,在这样的权利要求中,对应于流程步骤的各特征的实际限定作用是否"最终体现在权利要求所要求保护的主题上"呢?上述《专利审查指南2010》对这类权利要求撰写的规定本身已经给出了肯定的回答。从技术角度看,计算机产品包括硬件与程序,对计算机程序流程的改进也是对计算机产品的改进方案。因此,对应于计算机程序流程步骤的限定特征与产品权利要求类型之间并无矛盾。事实上,《专利审查指南2010》中所述"不应当理解为主要通过硬件方式实现该解决方案的实体装置"中重点词不在于否定其为装置,而在于强调不是"主要通过硬件方式实现的方案"。其实际意义在于保证这样的权利要求的保护范围与说明书中公开的内容具有一致性。

4. 排除疾病诊断方法专利保护的法理根据

《专利审查指南2010》第二部分第一章第4.3节指出,出于人道主义的考虑和社会伦理的原因,医生在诊断和治疗过程中应当有选择各种方法和条件的自由。另外,这类方法直接以有生命的人体或动物体为实施对象,无法在产业上利用,不属于专利法意义上的发明创造。因此,疾病的诊断和治疗方法不能被授予专利权。

但是,用于实施疾病诊断和治疗方法的仪器或装置,以及在疾病诊断和治疗方法中使用的物质或材料属于可被授予专利权的客体。

显然,这里从专利保护客体中所排除的只是医生的诊疗行为,而不是与诊疗相关的所有发明。作为一种装置权利要求,其所限制的对象是为生产经营目的制造、使用、许诺销售、进口专利产品的行为。作为装置的用户,医生的使用行为如同使用药品的行为一样不能被《专利法》所禁止。

5. 该案的具体分析

就该案而言，权利要求请求保护的是一种"图像诊断支持处理装置"，尽管其是以计算机程序流程为依据，但其属于产品权利要求，而不是方法权利要求。《专利审查指南2010》第二部分第一章中已经明确指出用于实施疾病诊断和治疗方法的仪器或装置可以被授予专利权，当前权利要求请求保护的"图像诊断支持处理装置"，就属于用于实施疾病诊断的仪器或设备。其装置采用了功能模块构架类的方式进行撰写，依据《专利审查指南2010》第二部分第九章的解读，我们并不能改变其权利要求的类型，但是可以明确其是主要通过软件方式实现的一种装置，而非硬件方式实现的实体装置。不论是硬件方式实现的仪器或设备，还是功能模块实现的仪器或设备，都不会影响到医生对疾病的诊断和治疗方法的选择和采用。因此，以计算机程序流程为依据的装置权利要求不应当受到疾病的诊断和治疗方法的限制。

（三）撰写启示

1. 功能模块构架类权利要求不是涉及计算机程序的发明专利申请的唯一撰写形式

通过对上述案例的分析，我们对功能模块构架类的权利要求如何解读有了更为明确的认识。同时，应了解，功能模块构架类权利要求仅仅是涉及计算机程序的发明专利申请的一种撰写形式，但不是唯一的撰写形式。如果采用功能模块构架类权利要求的形式进行撰写，则其保护范围将按照《专利审查指南2010》第二部分第九章中的规定予以解读。

2. 程序为基础的装置权利要求不受疾病的诊断和治疗方法的限制

虽然出于人道主义等因素的考虑，《专利审查指南2010》规定疾病的诊断和治疗方法不能被授予专利权，但是以计算机程序流程为依据的装置权利要求，其仍然属于一种产品，不属于方法，因此不受疾病的诊断和治疗方法的限制。因此，即使涉及疾病的诊断和治疗方法时，涉及计算机程序的发明也可以撰写成装置权利要求寻求保护。

3. 涉及图像处理的相关发明专利申请的保护

在与疾病的诊断和治疗方法相关的发明专利申请中，有大量申请是涉及对医疗设备获取的图像进行处理的发明。这类申请处理的对象是图像数据，处理的过程通常涉及图像处理过程中的图像增强、校正等技术手段，处理的结果用于辅助医生判断。因此，在这类申请的撰写中，只要不同时具备疾病的诊断和治疗方法以有生命的人体或动物体为对象、以获得疾病诊断结果或健康状况为直接目的这两个要件，无论撰写成方法还是产品权利要求，都不应当受疾病的诊断和治疗方法的限制。

## 二、小　　结

随着计算机技术的发展，计算机领域的发明专利申请中真正涉及硬件层面的改进已经越来越少，更多申请涉及软件层面的改进。《专利法》的宗旨是要促进技术的发展，但同时在对发明人的鼓励程度与对社会公众的约束程度之间寻求一种合理的平衡。因此，应该注重对法律体系的整体把握和对法律宗旨的深刻理解，而不必过多地纠缠于权利要求的撰写形式，忽略了发明的技术实质。这样才有利于更好地去解决实践中不断出现的新问题。

本节的以上分析正是基于实践中出现的新问题，顺应技术的发展，在不违背法律宗旨的情况下给出的。我们认为，以计算机程序为基础的涉及疾病诊断和治疗的装置，属于用于实施疾病诊断和治疗方法的仪器或装置，可以被授予专利权。对于涉及图像处理的相关专利申请，不应仅因其处理的对象为通过医疗设备获取的图像而将其一概归为不可授权的客体。

## 第三节　利用计算机程序控制的电力系统

电力系统是由发电、变电、输电、供配和用电等环节组成的电能生产与消费系统。电力系统在各个环节和不同层次具有相应的信息与控制系统，对电能的生产过程进行测量、调节、控制、保护、通信和调度。其中调度系统实行分级调度、分层控制，完成其各项控制工作的主要工具就是计算机。

本节以电力系统中借助计算机程序实现的电力调度为例，说明对于计算机程序与电力技术领域的交叉领域申请在撰写中需要注意的问题。

### 一、控制方法改进的调度系统

（一）案情介绍

该案涉及一种多用户自动协商的非并网的微电网调度系统及方法，通过随时监测用户的用电量和微电网的现有发电量，能够有效调控电量，且容易实施。通过该案希望提醒的问题是，当基于计算机程序流程实现的改进的控制方法符合《专利法》授权条件时，可以同时要求保护与该方法对应的装置。

微电网是指由分布式电源、储能装置、能量转换装置、相关负荷和监控、保护装置汇集而成的小型发配电系统,是一个能够实现自我控制、保护和管理的自治系统,既可以与外部电网并网运行,也可以孤立运行。

根据供配电系统设计规范,不同的用电单位分为一级、二级、三级用户和一级特负荷。这种粗放性的分级依赖的是定性分级,在微电网用电调度的负荷分配时会出现一定的电力浪费。比如,当电力短缺时,电力调度肯定是切除低级别的负荷需求,但是低级别的负荷是否刚好与短缺的电力相等呢?如果相等,没有浪费;如果不相等,由于电力不能存储,必然将多余的电力白白浪费。

该案提供一种分级精确、互动性好、有效调控电量且容易实施的多用户自动协商的非并网的微电网调度系统及方法。

图9-2为多用户自动协商的非并网的微电网调度系统的结构原理图。多用户自动协商的非并网的微电网调度系统含有服务器5和数据库6,二者相互连接。其中服务器5的一端通过因特网4分别与电力调度终端1、用户评价终端2和专家评价终端3连接,服务器5的另一端通过现场总线网络7与调度装置8连接。调度装置8含有通信模块、策略模块、监测模块、分配模块和电源控制模块,分配模块与用户9和微电网16之间的负荷控制开关连接,监测模块与用户9的进线端连接。

服务器5既为电力调度终端1,用户评价终端2和专家评价终端3提供评价及协商界面,后台开展评价存储、分析、处理的服务,又为调度装置8提供策略更新并且需要调度装置8上传管辖范围内的分布式电源发电情况以及用户9负荷情况,将数据存入数据库中。

调度装置8的数量为一个以上(图9-2中为3个,根据需要可以选择5个、6个等,不一一详述),每一调度装置8所调度的用户9的数量为一个以上(图9-2中为3个,根据需要可以选择5个、6个等,不一一详述)。

分布式电源包括生物发电12、小水电13、太阳能电14和风电15。其中,太阳能电14和风电15属于可再生能源,能够不受限制地直接给微电网16供电,生物发电12和小水电13作为微电网16中的后备电源,根据计算后备电源供电的天数以及微电网16的用电需求量进行计划性发电,后备电源通过电源控制装置11给微电网16供电。

电源控制装置11是控制后备电源是否给微电网16供电或供多少电的关键装置,其控制信号来源于设置在调度装置8内的电源控制模块,并且,电源控制装置出口与调度装置8内的监测模块连接。

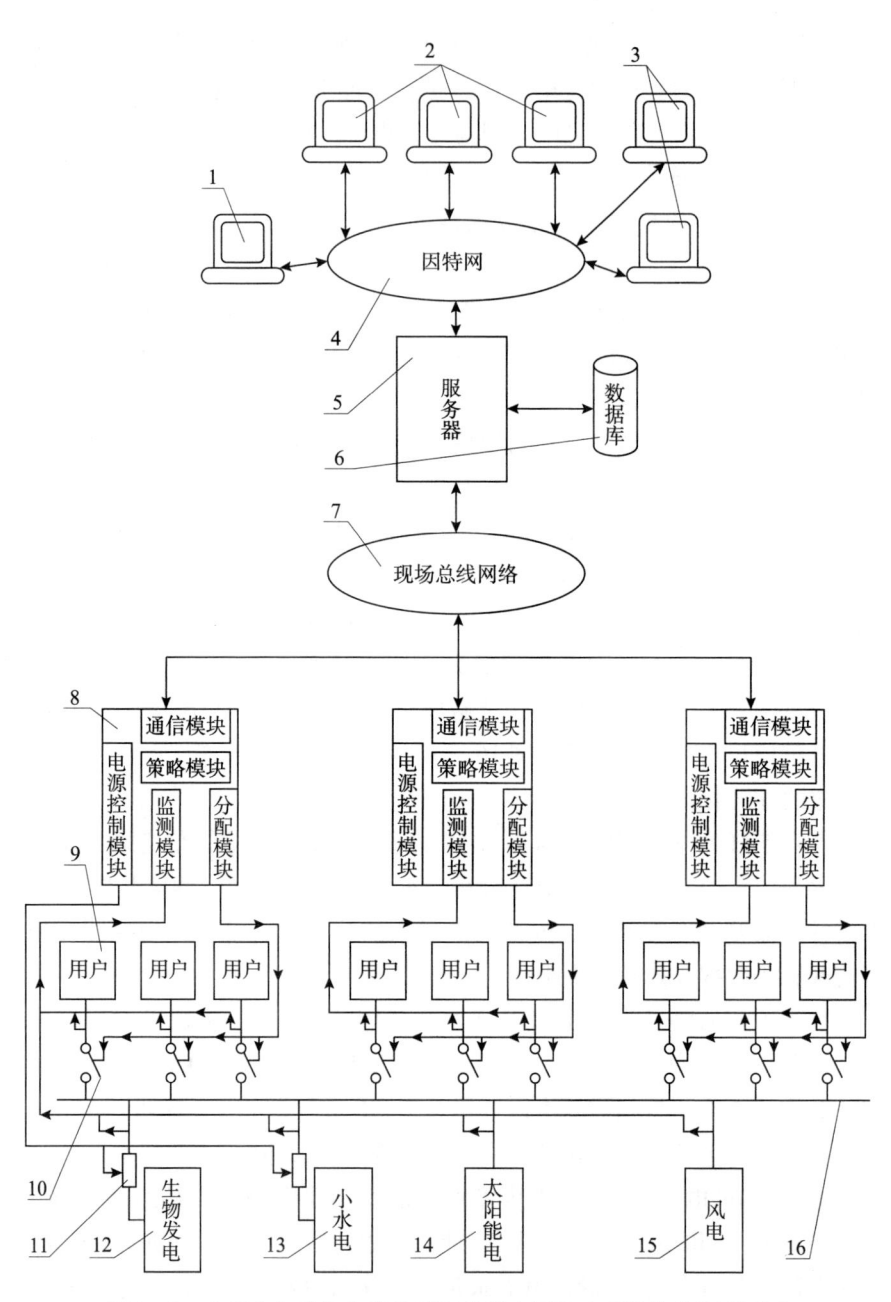

图9-2 多用户自动协商的非并网的微电网调度系统的结构原理图

根据实际需要,所有调度装置8可以都与生物发电12和小水电13连接,也可以一个或部分与生物发电12和小水电13连接。

该案说明书还描述了该调度系统所执行的调度方法,具体见以下权利要求2。

【权利要求】

1. 一种多用户自动协商的非并网的微电网调度系统,含有服务器和数据库,二者相互连接,其特征是:所述服务器的一端通过因特网分别与电力调度终端、用户评价终端和专家评价终端连接,所述服务器的另一端通过现场总线网络与调度装置连接;所述调度装置含有通信模块、策略模块、监测模块、分配模块和电源控制模块,所述分配模块与用户和微电网之间的负荷控制开关连接,所述监测模块与用户的进线端连接。

2. 一种多用户自动协商的非并网的微电网调度方法,包括以下步骤:

a. 将监测模块监测的用户实时用电量和历史用电量存入数据库,根据每个用户的历史用电量信息及合理用电诉求,采用多目标、多用户协商群决策方法,设置用电排序指标;

b. 使用AHP算法获得专家根据上述指标对每一用电户的用电排序评价;

c. 采用遗传蚁群算法综合专家评价,以个体决策值与群决策标准值之间距离的大小来衡量群决策结果是否与大家分别决策的结果一致,得出群集结偏好,从而获得用电户重要程度的排序表;

d. 根据排序表设计策略模块,将策略模块设置在调度装置中,调度装置的监测模块随时监测用户的用电量和微电网的现有发电量,在电力系统异常或紧急情况下,值班调度员根据实际情况通过电力调度终端和服务器来控制调度装置以实现远程调整,或由调度装置自行按照策略模块安排电力调度,调度装置的分配模块通过负荷控制开关对用户的用电量进行重新分配。

【焦点问题】

就该案所属基于计算机程序实现的针对控制方法进行改进的情形而言,如何撰写产品权利要求以使申请获得更全面的保护是我们在此关注的问题。

(二)案例分析

该案是在电力领域中比较常见的一类案例。在当前智能电网方兴未艾、能源革命又再次开启的时代,计算机、通信技术、传感技术等开始更多地融入电力技术中,很多申请涉及采用新型的控制技术来控制电力系统,尤其是在大系统框架下,在电力系统大型一次装置已经完全建立的基础上采用网络控制技术以对电力系统提供安全性更好、效率更高的控制。

这类案例一般而言,主要涉及对现有硬件系统借助新的软件实现控制,属于传统电力行业与计算机行业的交叉领域专利申请。这类申请对现有技术的贡献实质上在于借助计算机程序实现的控制方法的变化，因此，从撰写的角度，其首先可撰写成方法权利要求。

但是，这类专利申请的产品权利要求容易落入现有技术的范围内。在该案中，产品权利要求1在实质审查过程中被以两篇对比文件的结合否定了创造性。其主要的原因在于：权利要求1所要求保护的微电网调度系统仅体现系统结构框架，没有体现基于该系统结构框架实施的控制方法，而该系统结构框架是在现有技术系统结构的基础上容易获得的。因此虽然事实上该案的"非并网的微电网"与对比文件公开的用于电力补偿的分布式电源系统相比，两者的体系构架、参与者的利益分配、用电排序、分布式电源系统状态和应用场合不同且两者的协调对象不同、决策层以及数据库的结构和管理方法不同，但分布式电源本身也是属于微网组成的一部分，其工作不与大电网交互的情形下即成为与该案相同的非并网的微网，也就是说，分布式电源和微网本身在体系结构上并无相应的差别，其区别仅在于控制系统内部，但是使该发明具备创造性的决策层、数据库结构和控制方法等方面并未在权利要求1中体现。因此该案权利要求1的撰写存在缺陷。

此外，该案说明书从撰写角度上也有可以进一步改进的地方。该案要求保护多用户自动协商的微电网调度方法，但纵观其说明书，对于微电网调度方法的描述与权利要求2的内容基本相同。

事实上，基于权利要求书、说明书的不同作用，对它们的撰写要求是不同的，为保证说明书对权利要求方案提供清楚完整的说明，使所属技术领域的技术人员能够实现，通常与权利要求相比，说明书应记载权利要求方案具体实施方式的更多细节。例如，该案这种将计算机程序实现的算法运用到电力系统所实施的控制方法中，以解决具体技术问题的情形下，在说明书中可以增加对AHP算法如何获得专家的用电排序评价、遗传蚁群算法如何得到用电户重要程度的排序表，以及调度装置如何根据排序表进行重新分配的具体说明。

（三）撰写启示

在涉及电力系统发明的权利要求撰写中，如果是基于电力系统现有框架结构进行由计算机程序实现的控制方面的改进，除了撰写控制方法权利要求外，也可撰写系统或装置权利要求。在进行装置权利要求的撰写时，必须体现出在系统结构框架下由程序流程引导的控制方法作为与现有技术不同的特征，从而使得系统或装置权利要求相对于现有技术具有技术改进，保证其具备创造性。

在该案中，在满足说明书清楚记载控制方法实施方式的撰写要求的前提下，为克服产品权利要求的创造性缺陷，体现发明的技术贡献，如果方法权利要求经修改符合授权条件,则可以将使方法权利要求具备创造性的控制方法相关特征补入权利要求 1 中,以在对调度系统的限定中体现各模块的数据处理流程。具体的撰写方式可以参考本书第八章的内容。特别是,参考第八章第四节对多方参与情况下权利要求的撰写建议,考虑该案实现控制方法的关键部件在于调度装置,也可以围绕调度装置进行的数据处理,以调度装置为要求保护的主题撰写权利要求,从而更利于发明授权后的维权。

## 二、小　　结

在传统电学技术领域的发明专利申请中,越来越多的申请涉及计算机程序的应用。由于涉及计算机程序的发明自身的特点,在审查和法律适用上都具有一定的特殊性,了解其特殊性才能较好地完成相关申请文件的撰写。因此,对于这类交叉领域专利申请的撰写提出以下建议:

(1)了解《专利审查指南 2010》第二部分第九章关于涉及计算机程序的发明专利申请审查的若干规定的内容,特别是其中关于说明书和权利要求撰写的规定。

(2)涉及计算机程序发明的一个突出特点在于,由于计算机程序所固有的方法流程的性质,以计算机程序为基础的发明可能更多地体现为方法发明,而不必包含对已有装置或系统的硬件结构的改变。但即使如此,对于这类发明除撰写方法权利要求外,也可以撰写实现该程序功能的装置或系统权利要求,因为即便硬件结构没有改变,但程序的运行本身已经通过对已有装置功能的改变使之成为新的装置或系统。这一点与传统技术领域的认知有所不同,需要特别注意。具体到如何撰写这类装置权利要求,可以参考本书第八章的建议。

# 第四节　涉及化学材料的元器件

元器件领域的专利技术改进之处通常集中在以下三个方面:一是元器件的整体或其构成部件的结构改进;二是元器件的构成部件所使用的化学材料的改进;三是上述二者的组合,获得的技术效果通常体现于元器件电性能的改进。对于涉及结构改进的专利申请,其撰写类似于机械领域的专利申请,虽然某些申请的技术效果由于涉及电性能的改进导致其技术效果没有机械领域的技术效果直观,但是相对而言通过结构分析结合电学理论是比较好判断和撰写的。对于涉及化学材料改进的专利申请,其所要求保护的主题类型通常包括某元器件和/或其制造方法、用于某元器件的某化学材料和/或其制造方法、某化学材料在某元器件中的应用等。无论以怎样的方式出现，对现有技术的贡献体现在元器件中使用该化学材料，由该化学材料在元器件中所起的作用，使得元器件的电性能得以改善，因此在专利申请文件撰写中要突出体现该化学材料在元器件中所起的作用。然而，由于技术效果通常体现为元器件的电性能，需要通过原理分析进行说明和/或通过性能测试即试验数据进行验证，这一点在撰写实践中应予以高度重视，同时由于涉及化学材料，因此专利申请文件撰写还需要满足《专利审查指南2010》第二部分第十章关于化学领域专利申请的相关规定，这是电学领域专利申请文件撰写中容易被忽略的地方。

## 一、新的化学材料首次应用于元器件

### （一）案情介绍

该案涉及一种有机电致发光器件，解决其技术问题的关键技术手段是使用一种新的化合物。

使用有机发光材料的有机电致发光器件（有机EL器件）能够得到一种利用自发光、具有高响应速率并且对视角没有任何依赖的平板显示器。当前，用作发光材料的有机化合物种类繁多，理论上可通过改变它们的分子结构而随意变化发光颜色。因此，与使用无机材料的薄膜电致发光器件相比，通过适当的分子设计，更容易得到具有全色显示所需的良好颜色纯度的R（红色）、G（绿色）和B（蓝色）三色。

然而，有机电致发光器件仍存在问题需要解决。更具体地说，难以得到一种具有高亮度的稳定的红色发光器件。虽然在目前已知用作电子传递材料的三(8-喹啉酚根)合铝中掺杂DCM［（4-二氰基亚甲基-6-（对-二甲基氨基苯乙烯基）-2-甲基-4H-吡喃）］能够得到红色发光，但是在最大亮度和可靠性方面都不能令人满意。该案通过使用新的有机发光层材料，从而提供一种能够保证高亮度和稳定红色发光的有机电致发光器件，非常适用于全色显示。所述新的有机发光材料为具有不对称结构且具有一定通式结构的苯乙烯基化合物，这样的苯乙烯基化合物可单独或结合使用。

【权利要求】

1. 一种有机电致发光器件，它包括位于阳极与阴极之间的有机层，其中所述有机层包含至少一种具有不对称结构且由以下通式（1）表示的苯乙烯基化合物作为有机发光材料，

通式（1）：

其中 R$^1$ 和 R$^2$ 可以相同或不同，且分别表示以下通式（2）、通式（3）或通式（4）的芳基，

通式（2）：

通式（3）：

通式（4）：

其中 R$^3$、R$^4$、R$^5$、R$^6$、R$^7$、R$^8$、R$^9$、R$^{10}$、R$^{11}$、R$^{12}$、R$^{13}$、R$^{14}$、R$^{15}$、R$^{16}$、R$^{17}$、R$^{18}$、R$^{19}$、R$^{20}$ 和 R$^{21}$ 可以相同或不同，且独立地表示氢原子、饱和或不饱和烷氧基、烷基、氨基、烷基氨基或芳基，且 X 表示取代或未取代芳基或环状烃基。

【焦点问题】

该案的有机电致发光器件通过使用新的有机发光材料实现高亮度且稳定的红色发光，非常适用于高亮度的稳定全色显示。其中，新的有机发光材料是实现有机电致发光器件的关键，而在现有技术中，并未发现该类化合物，由此可以判定该化合物是一种新的化合物。对于在元器件中使用新化合物的专利申请文件，对新化合物有哪些撰写要求是需要关注的焦点。

（二）案例分析

该案权利要求要求保护一种电致发光器件，没有要求保护化合物。《专利审查指南2010》第二部分第十章第3.1节的规定，对于化合物发明，说明书中应当说明该化合物的化学名称及结构式（包括各种官能基团、分子立体构型等）或者分子式，对化学结构的说明应当明确到使本领域的技术人员能确认该化合

物的程度；并应当记载与发明要解决的技术问题相关的化学、物理性能参数（例如各种定性或者定量数据和谱图等），使要求保护的化合物能被清楚地确认。此外，说明书中应当记载至少一种制备方法。完整地公开该化合物的用途和/或使用效果。该案没有要求保护化合物，是否适用上述规定呢？

该案权利要求所限定的器件结构是本领域公知的，其对现有技术的贡献仅在于提供一种新的化合物，即通式（1）的苯乙烯基化合物，通过使用该化合物，使有机电致发光器件具有高亮度和稳定的红色发光。而要实现有机电致发光器件，首先本领域技术人员要能够确认该化合物，这里的"确认"就包括说明书中应当记载至少一种制备方法。该案说明书和权利要求中记载了该化合物的化学名称及结构通式，说明书中还给出了19种具体化合物的结构式，详细描述了利用该化合物制备有机电致发光器件的工艺，以及由于该化合物的使用使得有机电致发光器件获得的技术效果。发光器件获得的技术效果与解决的技术问题相应，由化合物的化学、物理特性决定，由此可以认为记载了化合物的与要解决的技术问题相关的物理、化学性能参数。然而，说明书中并没有提供所述化合物的制备方法，说明书中仅给出了采用该化合物制成发光器件的实施例。

由于通式（1）的苯乙烯基化合物是新的，而该案说明书中没有记载通式（1）的苯乙烯基化合物的制备方法，现有技术中也没有关于此化合物的制备方法的信息，致使本领域技术人员根据现有技术和说明书记载的内容，无法确认并得到该苯乙烯基化合物，从而也就不能实现所要求保护的有机电致发光器件，因此所要求保护的电致发光器件不能获得专利保护。

（三）撰写启示

该案涉及在元器件领域中使用新的化学材料，改进之处仅在于化学材料，属于电学和化学的交叉领域，需要注意化学领域的一些撰写要求和特点，在撰写中需要注意以下方面。

（1）该案要求保护的主题是有机电致发光器件，因此撰写专利申请文件时往往将关注的重点集中于元器件的结构及其制备，在所使用的有机发光材料的化学名称和结构式已经记载的情况下，容易忽视作为新材料要记载至少一种制备方法。新的化合物与已有化合物不同，在说明书中除了对新化合物本身的名称、结构式作清楚的描述外，还应该对该化合物的制备方法作进一步的描述，即在说明书中应当记载至少一种该化合物的制备方法，说明实施所述方法所用的原料物质、工艺步骤和条件、专用设备等，使本领域的技术人员能够实施并得到该化合物。

（2）对于此类对现有技术的贡献体现在以新化合物材料应用于元器件中的情况，如果确认该化合物是新的，在说明书中记载了其制造方法的情况下，为了获得更大的保护范围，通常可以撰写一组以化学材料为保护主题的权利要求，同时再另外撰写一组有机电致发光器件的权利要求，这样能够更好地保护申请人的利益。

## 二、已知化学材料首次应用于元器件

（一）案情介绍

该案涉及一种锌高铁碱性电池，相对于现有技术，其改进之处在于在电池正极材料中使用超导体 Bi–Sr–Ca–Cu–O 化合物。

高铁电池是以合成稳定的高铁酸盐（$K_2FeO_4$、$BaFeO_4$等）作为高铁电池的正极材料，具有能量密度大、体积小、重量轻、寿命长、绿色无污染的特点。在高铁电池中，可作为电池负极的材料很多，包括锌、铝、铁、镉和镁等。高铁酸盐放电后的产物为 FeOOH 或 $Fe_2O_3$–$H_2O$，无毒无污染，对环境好。由于高铁酸盐导电性差，现有技术的高铁电池还不够成熟，尚未广泛生产应用。

针对现有技术的不足，该案提出一种锌高铁碱性电池。该案与现有技术相比的有益效果是：该案的锌高铁碱性电池，开路电压在 1.6～1.65V，工作电压在 1.2～1.5V，比现有技术的一次电池高 0.1～0.15V，而且无污染、安全、性能优良。

【权利要求】

1. 一种锌高铁碱性电池，包括外壳、正极材料、负极材料、碱性电解液以及置于正负极之间的隔膜；负极材料为锌负极，电解液为 6～9mol/L 的 NaOH 或 KOH 水溶液，其正极材料和电解液组成以重量百分比计：电解液：6～9mol/L 的 NaOH 或 KOH 水溶液为 10%～15%，正极材料为 85%～90%，辅助材料粘合剂为 0%～3%；其特征在于：所述正极材料以重量百分比计，由 95%～99.5%的高铁酸盐与 0.5%～5%的超导体 Bi–Sr–Ca–Cu–O 化合物构成。

【焦点问题】

该案涉及现有技术已知的超导体 Bi–Sr–Ca–Cu–O 化合物首次应用于电池领域，但专利申请文件中并没有清楚描述超导体化合物在电池中所起的作用，判断超导体 Bi–Sr–Ca–Cu–O 化合物对现有技术的贡献是此案的焦点。

（二）案例分析

该案要求保护一种锌高铁碱性电池，相对于现有技术，区别在于在正极材料中添加超导体 Bi–Sr–Ca–Cu–O 化合物。该超导体化合物是现有技术中已知的材料，本领域技术人员已知，该材料为半导体材料，在低温110K 下具有超导性，常温下并非电的良导体。然而，该材料在涉及电池正极材料的现有技术中未曾出现过，即该材料首次应用于电池领域。

作为已知材料，现有技术已经公开了该超导化合物的化学名称、结构式、性能及其制备方法，因此在该案说明书中并不要求必须记载其制造方法，只需记载"超导体 Bi–Sr–Ca–Cu–O 化合物"，本领域技术人员就应该能够确认并获得该化合物，除非有证据证明在该案的申请日之前无法获得该化合物。然而，该超导化合物首次应用于电池领域，需要详细记载利用该化合物的何种性质，解决什么技术问题以及获得怎样的技术效果。

该案说明书中并未记载利用了超导体 Bi–Sr–Ca–Cu–O 化合物的何种性能，也没有清楚说明解决的技术问题和取得的技术效果。由于现有技术中已经存在用高铁酸盐作为电池正极材料的技术手段，那么与其相关的绿色无污染、能量密度大、体积小、重量轻、寿命长等效果已经实现了，除此之外，说明书中关于技术问题的记载仅有"由于高铁酸盐导电性差，现有技术的高铁电池还不够成熟，尚未广泛生产应用"，因此，确定提高高铁酸盐导电性是该案要解决的技术问题。但是，从技术效果来看，根据现有技术的记载，普通锌高铁的电动势为 1.75V，开路电压 1.68V，平均放电电压 1.55V，经过与该案比较，本领域技术人员难以得出该案中的锌高铁电池所获得的技术效果优于现有技术的结论。

由于该案没有清楚描述超导体 Bi–Sr–Ca–Cu–O 化合物在电池中所起的作用，根据该超导体的已知性能分析，超导体在 110K 左右的温度下具有超导性，在常温下并非电的良导体，而电池一般工作在常温下，即使在低温下工作，温度也达不到 110K，该超导体化合物作为电的不良导体，添加到正极材料中，不会增加导电性，同时由于占据正极材料的空间，因此电池在相同的体积下承载的活性材料减少，相应会减少电池容量。综上所述，本领域技术人员通过分析判定，通过在电池材料中添加超导体 Bi–Sr–Ca–Cu–O 化合物，不能解决该案所称的提高导电性的问题，反而有可能使得电池的容量变得更小，由此可能会导致该案不满足创造性的要求。

（三）撰写启示

该案属于将已知的化学材料首次应用于元器件领域，化学材料的性能以及化学材料在元器件中所起的作用是技术方案的基础，因此撰写中要注意在说明书中清楚描述利用该化学材料的何种性质、解决什么技术问题、获得怎样的技术效果。

1. 找到最接近的现有技术

在撰写之前，充分检索现有技术，查找最接近的现有技术，做到知彼知己，是准确认定技术问题、技术方案和技术效果的基础，也有利于后续权利要求书的修改和意见陈述。例如，在中国专利库中通过简单检索就可以发现与该案相关的现有技术，公开了一种密封型碱性电池，包括正极、负极、碱性电解液以及置于正负极之间的隔膜，正极活性材料是高铁酸盐，高铁酸盐是 $BaFeO_4$ 和 $K_2FeO_4$ 中的一种或它们的混合物，电解液是 NaOH 或 KOH 水溶液。该案至少应该基于这样的现有技术确认解决的技术问题和获得的技术效果。

2. 清楚描述已知材料在元器件中所起的作用

如果利用已知材料的已知性质，例如在电池的正极材料中添加碳黑以增加导电性，而正极材料需要好的导电性是本领域技术人员已知的，同时现有技术中已经公开碳黑具有良好的导电性，虽然没有用于电池领域，然而，这种利用已知物质的已知性质构成的技术方案仍然不具备创造性。如果材料已知，然而发现了其特殊的、尚不为人知的性质，利用该性质构成的技术方案，能够获得预料不到的技术效果，则应当在说明书中清楚地表述这样的效果，从而对该技术方案的创造性提供支持，否则，即便申请日后声明这样的技术效果并提供证明材料，由于原始说明书中没有关于该效果的记载，因而缺乏证明的基础。

### 三、已知化学材料相互间的协同作用

（一）案情介绍

该案涉及一种锰酸锂电池用电解液，相对于现有技术，其改进之处在于在电解液中添加两种添加剂，两种添加剂都是现有技术中已经添加到电解液中的添加剂。

锰酸锂是锂离子电池正极材料中具有优势的正极材料，但是尖晶石锰酸锂存在严重的容量衰减问题，其容量衰减原因主要有：锰的溶解、Jahn-Teller 效应和电解液不稳定等。特别是在高温条件下，电解液不稳定产生的微量 HF 会加速锰的溶解，从而锰酸锂电池的性能特别是高温性能（包括高温存储和高温循环性能）成为制约其发展的重要影响因素。除了在锰酸锂材料的制备过程中控制和改善锰酸锂的品质以及在电池制备过程优化工艺来改善锰酸锂电池性能外，相关研究者试图从电解液着手，优化溶剂体系、添加新型功能添加剂来改善锰酸锂电池的性能，特别是高温性能。其中的新型功能添加剂主要有两类：一类是能稳定电解液中水分、酸度或锂盐的稳定添加剂；另一类是能在正负极表面形成致密的固体电解质膜的成膜添加剂。

现有技术 1 公开一种非水电化学装置，其中的电解液包括作为添加剂的饱和磺内酯和含氟表面活性剂，但没有使用不饱和磺酸内酯。

现有技术 2 公开了一种非水电解液，可用于正极为锰酸锂的电池，该电解

液包括非水溶剂、锂盐，还可包括氟代芳香族化合物如 2-氟代联苯、联苯等过充添加剂以及通式（1）表示的高温添加剂。

通式（1）

$$\begin{array}{c}R^7\\R^8\end{array}\!\!\!\!\diagup\!\!\!\!\!\!\diagdown\!\!\!\!\begin{array}{c}O\\\parallel\\S\!=\!O\\\mid\\O\end{array}\!\!\!\!\Big)_n$$

在通式（1）中，$R^7 \sim R^{10}$ 可以相同或不同，表示的是氢原子、氟原子或可含氟原子的碳原子数为 1~12 的烷基，n 为 0~3 的整数，例如：1,3-丙烯磺酸内酯，此外，还可以含有碳酸亚乙烯酯等防过充添加剂、含有环状酰胺类稳定添加剂。

该案所要解决的技术问题是：提供一种锰酸锂电池用电解液，该电解液由于高温添加剂和氟碳表面活性剂的加入，能使电解液快速有效地润湿极片且能在电池的电极表面形成致密的耐高温 SEI 膜，使用该电解液能有效提高锰酸锂电池的循环寿命和高温性能。在电解液中添加了高温添加剂不饱和磺酸内酯和氟碳表面活性剂，通过二者协同作用，使电解液的润湿性大大提高从而电极极化减小，并使得电池的电极表面能形成耐高温的致密 SEI 膜，从而大大减少了电解液对电极的腐蚀和破坏，大大提高锰酸锂电池的循环寿命和高温性能。

该案的说明书中记载了多个实施例和对比例，其中对比例中没有仅添加不饱和磺酸内酯的对比例，也没有仅添加氟碳表面活性剂的对比例。对比例中二者均不添加，实施例中二者均添加，对实施例和对比例的测试包括常温和高温下的表面张力测试和循环测试，结果表明实施例的表面张力和循环保持率均优于对比例。

【权利要求】

1. 一种锰酸锂电池用电解液，该电解液包含：非水有机溶剂、锂盐和添加剂，其特征在于：所述添加剂含有作为高温添加剂的不饱和磺酸内酯和作为表面活性剂的氟碳表面活性剂，其中不饱和磺酸内酯选自以下通式（2）表示的化合物中的一种或多种：

通式（2）

$$\begin{array}{c}R^1\\R^2\end{array}\!\!\!\!\diagup\!\!\!\!\!\!\diagdown\!\!\!\!\begin{array}{c}O\\\parallel\\S\!=\!O\\\mid\\O\end{array}\!\!\!\!\Big)_n$$

在通式（2）中，$R^1 \sim R^4$ 是氢原子、氟原子或具有 1~12 个碳原子的含氟或不含氟的烃基，n 为 0~3 的整数。

**【焦点问题】**

该案涉及在元器件领域使用本领域已知的两种化学材料，判断两种化学材料相互之间的协同作用是该案的焦点。

（二）案例分析

该案属于利用两种现有技术中已经用于电池电解液中的已有材料，在取得的技术效果方面强调二者的协同作用从而获得更好的技术效果。具体地说，现有技术 1 公开了在电解液中添加起润湿作用的氟碳表面活性剂，现有技术 2 公开了电解液中添加作为高温添加剂的不饱和磺酸内酯，该案中的电解液同时添加了二者，并且强调了高温添加剂不饱和磺酸内酯和氟碳表面活性剂的协同作用。在创造性判断中，对于协同作用所产生的技术效果，应当判定不饱和磺酸内酯和氟碳表面活性剂在功能上是否相互支持，使得技术方案获得了预料不到的技术效果。然而，在该案中，说明书没有说明利用了不饱和磺酸内酯和氟碳表面活性剂的何种特性，也没有说明二者在功能上如何相互支持，同时，实施例的技术方案是二者均包含，比较例的技术方案是二者均不包含，由此也不能证明不饱和磺酸内酯和氟碳表面活性剂的协同作用所产生的技术效果。根据现有技术和该案说明书的内容，本领域技术人员得出的结论是，不饱和磺酸内酯的作用就是提高电池的耐高温性能，表面活性剂的作用就是提高电解液的润湿性使得电极极化减小，二者在电解液中仍然各自发挥着自身原有的功能，其技术效果也是本领域技术人员基于现有技术能够预料到的，因此该案的权利要求 1 有可能不符合创造性的要求。

（三）撰写启示

在元器件领域，新材料的研发比较困难，因此大量的申请涉及材料之间的组合或者复合利用，如果现有技术公开了这些材料，在撰写专利申请文件时就要突出材料之间功能上相互支持从而产生协同作用，使技术方案获得预料不到的技术效果，这样撰写，会比在答复审查意见时才予以澄清更加有利。对于以材料间协同作用作为主要改进方向的专利申请而言，在撰写专利申请文件时可以从以下方面考虑。

1. 关于协同作用的撰写要点

如果对现有技术的贡献就在于材料相互之间的协同作用，就应该在原始专利申请文件中将协同作用作为技术贡献详细阐述。如果在撰写之初就在说明书中记载了材料相互间的协同作用，并且有原理阐述或者数据支撑，通常有利于技术方案创造性的确立。如果原始专利申请文件中没有记载，也没有原理阐述或者数据支撑，则如果审查阶段对创造性提出质疑，在答复审查意见的时候再强调协同作用，由于原始专利申请文件中没有记载，同时原始专利申请文件在撰写之初也没有注意突出体现由于材料之间的协同作用而获得的技术效果，因此有可能此时强调的协同作用不被接受。进一步地，即使原始专利申请文件有记载，如果本领域技术人员根据现有技术所公开的各种材料的性能，所属技术领域的技术人员有动机将这些材料组合使用，并且通过分析或者逻辑推理就能够确认材料之间的相互协同作用，这属于本领域技术人员根据现有技术能够预料的程度，并没有使得技术方案获得了预料不到的技术效果，此时技术方案仍然可能被认为不具备创造性。

2. 实施例和对比例的设置

当各材料相互之间确实有协同作用时，在撰写说明书具体实施方式部分时要注意，通过实施例和对比例加以证明，会有利于创造性的确立。例如，假设申请的技术方案中包含 A 材料与 B 材料，并且二者之间具有协同作用，在设置实施例和对比例时，为了证明协同作用，应包括没有 A 材料和 B 材料的对比例，仅有 A 材料的对比例，仅有 B 材料的对比例，同时含有 A 材料和 B 材料的实施例，并且能够证明由于 A 材料和 B 材料的协同作用，使得技术方案所获得的技术效果优于 A 材料和 B 材料各自发挥的作用之和，本领域技术人员难以预料到这样的技术效果。

## 四、小　　结

本节通过具体案例阐述了在元器件领域利用化学材料的专利申请文件撰写中应当注意的问题，特别是应该注意《专利审查指南 2010》第二部分第十章有关化学材料的相关撰写规定以及重视对化学材料在技术方案中所起作用的描述。

在元器件领域，涉及对元器件所用材料改进的申请，首先应明确该材料是新化合物、已知化合物首次应用于元器件领域还是已经用于元器件领域的已知化合物之间的组合协同作用，不同的情况有不同的撰写要点。

（1）对现有技术的改进在于使用一种新材料。通常说明书中要明确该新材料的化学名称、结构式和组成、新材料的制造方法，达到使本领域的技术人员能确认该化合物的程度，必要时应当记载与发明要解决的技术问题相关的化学、物理性能参数，例如各种定性或者定量数据和测试谱图等，使要求保护的化合物能被清楚地确认。

（2）对现有技术的改进在于在元器件领域首次使用已知材料。通常说明书中应明确该已知材料在元器件中所起的作用、解决的技术问题和取得的技术效果。

（3）对现有技术的改进在于使用已经用于元器件领域的两种以上的材料且材料之间具有协同作用。已经用于元器件领域的两种以上已知化合物之间的协同作用要突出各已知化合物在功能上的相互支撑，使得技术方案获得了预料不到的技术效果。

对于元器件领域涉及化学材料的专利申请，可以利用已知的科学原理对化学材料所起的作用进行分析描述，也可以利用试验数据进行验证，在利用试验数据进行验证的情况下，要注意实施例和对比例的设置，使得通过试验数据确实能够证明化学材料所起的作用。

## 第五节 参数限定的产品

在电学领域，由于产品的技术效果往往体现在电性能参数上，同时所使用的化学材料也需要参数来表征，因此存在大量用性能、参数限定产品权利要求的专利申请。产品权利要求用产品的结构和/或组成特征来表征是最清楚的。然而随着技术的快速发展，确实存在某些特征无法用结构和/或组成限定的情况，或者仅用结构和/或组成进行表征无法将其与现有技术的产品进行区别。为了清楚表征要求保护的产品，需要借助参数特征。用参数表征产品权利要求，为界定权利要求的保护范围以及与现有技术进行对比带来了一定的困难。首先，参数种类繁多，不同的申请可能用不同的参数表征，相同的参数也可能用不同的单位表征，有些单位之间能够进行换算，有些单位之间无法换算。其次，参数的测试方法多样，一种参数可能对应多种测试方法，每种测试方法又涉及各种测试条件，测试方法的不同、相同测试方法的不同测试条件都可能影响到参数值。

在电学领域，通常用参数表征产品的特性值或者表征材料的特性值，例如电阻器的电阻、电池的放电容量、电极材料的导电率、电极材料的X-射线衍射图等。参数从表现形式上分为数值和数学表达式，从应用程度上分为公知参数和非公知参数。

对于公知参数，本领域对其有较明确的通用定义，本领域技术人员能够清楚确定其内容和范围。而对于非公知参数，例如自定义参数，应当在说明书中对其进行记载、说明，必要时，还应当说明其与所表征产品中其他技术特征之间的相互关系，以使所属技术领域的技术人员能够理解该参数、参数数值范围和/或参数数学表达式的技术含义，并据此准确地理解要求保护的主题。如果是采用特殊方法测试得到的，则应当对测试方法详细说明，使得本领域技术人员能够准确确定该参数。

## 一、公知参数

（一）案情介绍

该案涉及一种钛酸化合物，具体地说，所述钛酸化合物具有由X-射线衍射图表征的特定的晶体结构。

锂二次电池通常由正极（其由含锂的过渡金属化合物构成）、能够吸留和释放锂的负极和非水电解质溶液构成。尽管已使用可提供平稳电势的石墨作为负极，但石墨具有低放电电势，因此放电电势为1.5V的钛酸化合物得到格外关注。

钛酸化合物作为电极活性材料，问题仍在于，电池容量不足、循环特性差，且电池容量在反复充放电中极大降低。经过研究发现，具有指定晶体结构的新型钛酸化合物，使用该钛酸化合物作为电极活性材料的电池表现出高的电池容量和优异的循环特性。

该案提供了一种钛酸化合物，其具有除（200）面的峰之外与青铜型二氧化钛的X-射线衍射图等同的X-射线衍射图，并具有0.2或更低的（200）面与（001）面的峰强度比（$I_{(200)}/I_{(001)}$）。该钛酸化合物不特别限于所述组成，只要该化合物是由钛、氧和氢构成的化合物并表现出上述X-射线衍射图即可，但如果其组成用组成式 $H_xTi_yO_z$ 表示，则该组成优选在0.02~0.40的x/y和2.01~2.30的z/y的范围内。该范围容易提供具有这种晶体结构的化合物。作为该钛酸化合物的制备方法，在200℃~330℃的温度将$H_2Ti_3O_7$热脱水；或在250℃~650℃的温度将$H_2Ti_4O_9$热脱水；或在200℃~600℃的温度将$H_2Ti_5O_{11}$热脱水。在$H_2Ti_3O_7$、$H_2Ti_4O_9$和$H_2Ti_5O_{11}$任一种中，低于各自范围的加热温度不表现出（001）面和（200）面的上述X-射线衍射图；高于各自范围的加热温度使脱水过度进展并容易产生青铜型二氧化钛。作为原料的$H_2Ti_3O_7$、$H_2Ti_4O_9$和$H_2Ti_5O_{11}$通过使碱金属钛酸盐与酸性化合物反应，用氢离子取代碱金属钛酸盐中的碱金属离子而制得。

【权利要求】

1. 一种钛酸化合物，其具有除（200）面的峰之外与青铜型二氧化钛的X-射线衍射图等同的X-射线衍射图，并具有0.2或更低的（200）面与（001）面的峰强度比$I_{(200)}/I_{(001)}$。

【焦点问题】

对于采用公知参数限定的产品权利要求，判断、确认该参数对产品权利要求的限定作用是该案的焦点。

(二) 案 例 分 析

该案要求保护一种钛酸化合物,属于产品权利要求,通常采用化学组成式进行限定,也可以采用制备方法、物理/化学参数进行限定,该案采用参数限定方式。

1. 关于充分公开

对于要求保护的化合物,为了满足充分公开的要求,说明书应当清楚地描述该钛酸化合物的化学组成、用途或技术效果及其制备方法,以满足"说明书应当对发明或者实用新型作出清楚、完整的说明,以所属技术领域的技术人员能够实现为准"的要求,专利申请文件中不能仅仅存在参数或性能特征的表述,而没有关于化合物确认信息的描述。对于钛酸化合物的组成,该案说明书记载了"钛酸化合物不特别限于所述组成,只要该化合物是由钛、氧和氢构成的化合物并表现出上述 X-射线衍射图即可,但如果其组成用组成式 $H_xTi_yO_z$ 表示,则该组成优选在 0.02~0.40 的 x/y 和 2.01~2.30 的 z/y 的范围内。该范围容易提供具有这种晶体结构的化合物。对于钛酸化合物的制备方法,该案说明书记载了"在 200℃~330℃的温度将 $H_2Ti_3O_7$ 热脱水;或在 250~650℃的温度将 $H_2Ti_4O_9$ 热脱水;或在 200℃~600℃的温度将 $H_2Ti_5O_{11}$ 热脱水。在 $H_2Ti_3O_7$、$H_2Ti_4O_9$ 和 $H_2Ti_5O_{11}$ 任一种中,低于各自范围的加热温度不表现出 (001) 面和 (200) 面的上述 X-射线衍射图;高于各自范围的加热温度使脱水过度进展并容易产生青铜型二氧化钛"。由此可见,该案说明书满足了公开充分的要求。

2. 关 于 清 楚

《专利审查指南 2010》第二部分第二章第 3.2.2 节规定:"产品权利要求适用于产品发明或者实用新型,通常应当用产品的结构特征来描述。特殊情况下,当产品权利要求中的一个或多个技术特征无法用结构特征予以清楚地表征时,允许借助物理或化学参数表征。"同时进一步规定:"使用参数表征时,所使用的参数必须是所属技术领域的技术人员根据说明书的教导或通过所属技术领域的惯用手段可以清楚而可靠地加以确定的。"

该案希望保护一种钛酸化合物,并采用 X-射线衍射图来限定,那么这样的限定是否清楚呢?根据说明书的描述,该钛酸化合物并不特别限定组成,只要该化合物是由钛、氧和氢构成的化合物并表现出上述 X-射线衍射图即可,但如果其组成用组成式 $H_xTi_yO_z$ 表示,则该组成优选在 0.02~0.40 的 x/y 和 2.01~2.30 的 z/y 的范围内。由此可见,虽然说明书中给出了化合物的化学组成式,但是该化学组成式 $H_xTi_yO_z$(限定 x/y、z/y 比值)仅是"优选",如果化学组成式与 X-射线衍射图等同，即这样的化学组成式必然具有这样的 X-射线衍射图，反之亦然，则用 X-射线衍射图和用化学组成式表达的保护范围相同，此时根据《专利审查指南 2010》规定应当用化学组成式进行限定，实际上也是用化学组成限定比用参数限定保护范围更清楚。然而，根据该案说明书的描述分析，"优选"的由化合物组成式所表示范围中的大部分化合物具有如权利要求 1 所限定的 X-射线衍射图，具有权利要求 1 所限定的 X-射线衍射图的化合物非常可能具有说明书所描述的化学组成式，因此二者不一定是等同关系。为了使电池表现出高的电池容量和优异的循环特性，需要采用具有如权利要求 1 所限定的 X-射线衍射图特征的钛酸化合物，正因如此，该案在权利要求 1 中用 X-射线衍射图来限定该钛酸化合物。

权利要求 1 中的 X-射线衍射图是对材料的晶体结构进行表征的常用手段，有统一的测试和解读标准，因此权利要求 1 中所限定的参数特征是所属技术领域的技术人员通过所属技术领域的惯用手段可以清楚而可靠地加以确定的，是清楚、明确的。

3. 关于新颖性

《专利审查指南 2010》第二部分第三章第 3.2.5 节规定：对于包含性能、参数特征的产品权利要求，应当考虑权利要求中的性能、参数特征是否隐含了要求保护的产品具有某种特定结构和/或组成。如果该性能、参数隐含了要求保护的产品具有区别于对比文件产品的结构和/或组成，则该权利要求具备新颖性；相反，如果所属技术领域的技术人员根据该性能、参数无法将要求保护的产品与对比文件产品区分开，则可推定要求保护的产品与对比文件产品相同，因此申请的权利要求不具备新颖性，除非申请人能够根据专利申请文件或现有技术证明权利要求中包含性能、参数特征的产品与对比文件产品在结构和/或组成上不同。对于采用参数限定的产品权利要求，在解读、分析权利要求时着重考虑性能、参数特征是否隐含了要求保护的产品具有某种特定结构和/或组成。正如《专利审查指南 2010》中给出的例子："专利申请的权利要求为用 X 衍射数据等多种参数表征的一种结晶形态的化合物 A，对比文件公开的也是结晶形态的化合物 A，如果根据对比文件公开的内容，难以将两者的结晶形态区分开，则可推定要求保护的产品与对比文件产品相同，该申请的权利要求相对于对比文件而言不具备新颖性，除非申请人能够根据申请文件或现有技术证明，申请的权利要求所限定的产品与对比文件公开的产品在结晶形态上的确不同。"

该案的现有技术 1 和现有技术 2 已经公开了分子式 $H_2Ti_{12}O_{25}$（用组成式

$H_xTi_yO_z$ 表示时，x/y=0.167，z/y=2.084）和 $H_{0.5}Ti_3O_{6.25}$（用组成式 $H_xTi_yO_z$ 表示时，x/y=0.167，z/y=2.084）的钛酸化合物，上述两个分子式是该案说明书中所记载的钛酸化合物的化学组成式中的两种具体物质，其 X-射线衍射图很可能符合权利要求 1 所限定的 X-射线衍射图特征。此外，现有技术 3 公开了与该案说明书中记载的方法相同的钛酸化合物的制备方法，相同的制备方法也能够得到相同的化合物。由此推定现有技术 1～3 所公开的化合物同样具有权利要求 1 所限定的 X-射线衍射图参数特征，因此，推定现有技术 1～3 公开了权利要求 1 所要求保护的钛酸化合物，权利要求 1 不满足新颖性的要求。

此外，采用性能参数特征限定时，应注意《专利审查指南 2010》第二部分第二章中关于功能和效果特征限定的相关规定，以满足《专利法》第 26 条第 4 款关于支持的规定。

（三）撰写启示

该案属于采用公知参数表征化合物的情况，此时：

（1）应明确用参数限定的产品权利要求和用化合物名称及分子式限定的产品权利要求在保护范围上有何不同，如果两种限定方式等同，最好采用化合物名称及分子式的方式进行限定。如果采用参数限定的方式能够获得更大的保护范围或能够更好地限定发明，或者用化学名称及分子式不能概括或者清楚地限定所要求保护的产品，则可以考虑采用参数限定的方式。

（2）性能、参数特征是所要求保护的产品的内在结构和/或材料特性的综合体现，在确定此性能、参数是相对于现有技术作出技术贡献的技术特征时，说明书中应明确采用了何种技术手段才能获得此性能、参数，如通过特定的制造方法，或者通过特定的晶体结构（同时也要给出其制造方法），使得本领域技术人员通过阅读说明书能够确认产品的结构和/或组成相对于现有技术发生了变化，导致呈现的性能、参数有别于现有技术。这样的撰写内容有助于本领域技术人员理解技术方案和确立技术方案的新颖性。

## 二、非公知参数

（一）案情介绍

该案涉及一种具有高充放电倍率能力的锂二次电池，采用自定义参数对电池进行限定。

锂离子电池使用锂金属或者完全锂化的石墨化碳电极 $LiC_6$ 时，二者都倾向于与接触它们的材料发生反应，例如聚合物粘结剂和液体电解质锂盐溶液。特别地，液体电解质组分与金属锂和锂化碳反应，在负极材料表面形成亚稳态保护层，即所谓固体电解质界面（SEI）。

SEI 的形成过程及其在电池循环和储存中的部分更新不可逆地从电池中消耗部分活性锂，从而造成容量损失。如果从正极材料中移除的锂量大于用于形成 SEI 所需要的锂以及碳材料的可得锂插入容量的总和，多出的锂就会沉积，或者镀覆为碳粒子外表面上的金属锂。所述锂镀覆表现为一种非常活性的高表面积沉积物的形式，也就是所谓"海绵状锂"，它不仅由于其高电阻抗使电池性能退化，而且严重损害其安全性。

该案的锂离子电池能够在极其高倍率的充电和放电中进行反复、安全、稳定的充电和放电，具有高能量和功率能力、多次高倍率充放电循环后表现出低的容量和放电功率损失。该案说明书实施方式部分记载了，电阻率或阻抗例如电池向交流电电流提供的总阻抗的单位为欧姆，充放电容量的单位为每千克存储材料的安培时（Ah/kg）或每克存储材料的毫安时（mAh/g），充放电倍率的单位为每克存储化合物毫安（mA/g）和 C 倍率两者。当以 C 倍率的单位给出，所述 C 倍率定义为以慢倍率测量的使用电池全容量所需的时间（小时）的倒数。1C 倍率指 1 个小时的时间；2C 倍率指 0.5 个小时的时间，C/2 倍率指 2 个小时的时间，如此等等。通常，C 倍率由以 mA/g 为单位的倍率相对于以等于或低于 C/5 的低倍率测量的化合物或电池的容量计算出。根据法拉第定律，"充电状态"（SOC）指仍未使用的活性材料所占的比例。在电池的情况下，这是以它的标称容量或额定容量为参照、仍未使用的电池的容量的比例。完全充电电池的 SOC＝1 或 100%，而完全放电电池的 SOC＝0 或 0%。

面积比阻抗（ASI）指对于表面积进行归一化的设备的阻抗，并定义为使用 LCZ 仪或频率响应分析器在 1kHz（Ω）上测量的阻抗、乘以对电极的表面积（cm$^2$）获得的。总电池面积比阻抗测量：面积比阻抗（ASI）指对于表面积进行归一化的设备的阻抗，定义为使用 LCZ 仪或频率响应分析器在 1kHz（Ω）上测量的阻抗、乘以对电极的表面积（cm$^2$）获得的。这种测量通过施加小的正弦电压（5mV）于所述电池以及测量产生的电流响应。所产生的响应可通过同相及异相分量描述。然后通过在 1kHz 下阻抗的该同相（实部或电阻的）分量乘以对电极的表面积（cm$^2$）得出面积比阻抗。

【权利要求】

1. 一种高容量、高充电倍率锂二次电池，包括：
   与正极集电器电子接触的含锂正极，所述集电器电连接于外部电路；
   与负极集电器电子接触的负极，所述集电器电连接于外部电路；

置于正极和负极之间并与二者离子接触的隔膜；和

与正极和负极离子接触的电解质，

其中，正极和负极单位面积的充电容量各为至少 $0.75\text{mAh/cm}^2$，而且正极的面积比阻抗是负极的面积比阻抗的至少约 3 倍。

2. 一种对锂二次电池进行充电的方法，包括：

（a）提供锂二次电池，包括：

与正极集电器电子接触的含锂正极，所述集电器电连接于外部电路；

与负极集电器电子接触的负极，所述集电器电连接于外部电路；

在正极和负极之间并与二者离子接触的隔膜；和

与正极和负极离子接触的电解质，

其中，正极和负极单位面积的充电容量各为至少 $0.75\text{mAh/cm}^2$，

所述电池的总面积比阻抗和正极与负极的相对面积比阻抗使负极电位在大于或等于 4C 的充电过程中高于金属锂的电位；和

（b）以至少 4C 的 C 倍率对电池充电，其中，在少于 15 分钟以内获得至少 95% 的充电状态。

【焦点问题】

对于采用自定义参数特征限定的产品权利要求，如何清楚表述自定义参数、如何判定该参数对产品权利要求的限定作用是该案的焦点。

（二）案例分析

《专利审查指南 2010》第二部分第二章第 3.2.2 节中规定："使用参数表征时，所使用的参数必须是所属技术领域的技术人员根据说明书的教导或通过所属技术领域的惯用手段可以清楚而可靠地加以确定的。"该案独立权利要求 1 提到了正极和负极的面积比阻抗，独立权利要求 2 提到了电池的总面积比阻抗以及正极和负极的面积比阻抗，在权利要求中对上述概念没有给出定义。对于"面积比阻抗"，说明书中仅给出了以下记载："面积比阻抗（ASI）指对于表面积进行归一化的设备的阻抗，并定义为使用 LCZ 仪或频率响应分析器在 1kHz（Ω）上测量的阻抗、乘以对电极的表面积（$\text{cm}^2$）获得的""总电池面积比阻抗测量：面积比阻抗（ASI）指对于表面积进行归一化的设备的阻抗，定义为使用 LCZ 仪或频率响应分析器在 1kHz（Ω）上测量的阻抗、乘以对电极的表面积（$\text{cm}^2$）获得的。通过施加小（5mV）的正弦电压于所述电池以及测量产生的电流响应而进行这种测量。可通过同相及异相分量描述所产生的响应。然后在 1kHz 下阻抗的该同相（实部或阻抗的）分量乘以对电极的表面积（$\text{cm}^2$）以给出面积比阻抗"。

根据上述记载，说明书给出了面积比阻抗的含义和计算方法，即面积比阻抗 ASI = 阻抗 R × 对电极表面积 S。但是，这样的记载仍然不能使所属技术领域技术人员明确电极的"面积比阻抗"和"电池的总面积比阻抗"的具体含义。

首先，上述记载没有明确到底是电极的"面积比阻抗"还是电池的"总面积比阻抗"的解释，二者的测量和计算方法显然应当有所不同，而根据说明书的记载不能区分二者。

其次，针对 ASI 中的两个因数：阻抗 R 和对电极的表面积 S，说明书没有给出清楚的描述。关于阻抗 R，本领域技术人员已知，电池的阻抗是会随着电池的充放电状态、循环次数、测量温度等参数变化的。该案说明书中仅提出使用 LCZ 仪或频率响应分析器在 1kHz（Ω）上测量，但没有提及测量阻抗时电池的充电状态、循环次数、测试温度等具体条件，从而所属技术领域技术人员不清楚说明书中的"面积比阻抗"是指电池在什么状态下的参数。关于对电极的表面积 S，本领域技术人员已知，电池中存在彼此面对的正、负两个电极，对于"正极的面积比阻抗"而言，此时"对电极的表面积 S"通常应当被理解为"负极的表面积"，因为"对电极"在本领域中通常是指与本电极相对的另一个电极，这对于正极或负极的表面积还可以理解，但是对于"电池的总面积比阻抗"而言，电池的"对电极的表面积"具体指代哪个电极的表面积就不清楚了。

因此，说明书和权利要求都没有对所涉及的参数特征进行清楚的描述，该参数特征也不属于本领域惯用的或具有通常含义的参数特征，所属技术领域技术人员根据说明书和权利要求书的内容或通过所属技术领域的惯用手段无法清楚而可靠地确定该参数及其所表达的内容和含义，导致权利要求和说明书都没有达到实质上清楚的要求，由于该参数特征表达的含义不清楚，从而导致权利要求的保护范围也无法清楚界定。

（三）撰写启示

该案属于采用自定义参数限定产品权利要求的情况，此时：

（1）可以使用自定义参数对产品权利要求进行限定，此时应当在说明书中清楚描述该参数的定义及其测量方法，使得本领域技术人员能够确认和获得该参数，从而能够实施该技术方案，在权利要求中，也应该尽可能清楚限定该参数的含义。

（2）若参数的测量方法为标准测量方法（如 ISO、GB、ASTM 或 JIS 等中规定的方法）或者所属技术领域通用的测量方法，则说明书中通常可以不记载其测量方法。例如，如果根据说明书中的记载或者现有技术，所属技术领域的技术人员可以知道采用何种方法进行测量，或者知道采用所有的测量方法均将得到相同的结果，则说明书中可以不记载所述测量方法。但是，如果现有技术中存在导致不同结果的多种测量方法，或者不同的测量条件下得到的测量结果不同，例如该案中阻抗 R 的测量，则即使该测量方法为标准或通用测量方法，也应当在说明书中说明测量的条件，使得本领域技术人员能够理解并准确获得该参数。

（3）虽然可以采用自定义参数对产品权利要求进行限定，但是自定义参数容易出现参数定义不明确、测量方法不清楚等情况。此外，自定义参数存在与现有技术比较困难的情况，《专利审查指南 2010》第二部分第十章第 5.3 节中规定："对于用物理化学参数表征的化学产品权利要求，如果无法根据所记载的参数对由该参数表征的产品与对比文件公开的产品进行比较，从而不能确定采用该参数表征的产品与对比文件产品的区别，则推定该参数表征的产品权利要求不具备专利法第二十二条第二款所述的新颖性。"因此，采用非公知参数限定，容易被本领域技术人员推定不满足新颖性的规定，在专利申请文件撰写时还是尽量采用公知参数。

### 三、小　　结

本节对用性能、参数限定产品权利要求的情况进行了说明，通过具体案例，对采用公知参数和非公知参数限定产品权利要求时，在专利申请文件的撰写中容易出现的问题进行了说明，主要包括：

（1）无论采用公知参数还是非公知参数限定产品权利要求，都应当确保专利申请文件中对参数的定义、测量方法作出了清楚的描述，使得所属技术领域的技术人员根据说明书的教导或通过所属技术领域的惯用手段可以清楚而可靠地加以确定，这里的"确定"指的是本领域技术人员根据说明书和公知常识能够理解该参数的含义、明确测量的条件、获得唯一确定的测量结果。

（2）参数是产品结构和/或组成的直接或者间接的表征，如果限定产品权利要求的参数特征是使该产品区别于现有技术的关键特征，则在专利申请文件中应详述并使得所属技术领域的技术人员能够确认利用该性能、参数特征限定的产品与现有技术中的产品在结构和/或组成上存在不同，以满足新颖性的要求。

（3）若参数的测量方法不是标准或通用测量方法，则说明书中应当记载其测量方法，必要时还应当记载参数的测量条件和/或装置，以使所属技术领域的技术人员能够理解并准确地获得该参数。

## 第六节  方法或用途限定的产品

　　有些产品无法用结构特征来清楚描述，只能用制造方法来限定，或者用方法特征限定能更好地体现对现有技术的贡献，由此出现了用制造方法特征限定的产品权利要求，此类权利要求与用结构特征限定的产品权利要求和制造方法权利要求有何区别呢？

　　根据《专利法》第11条的规定，对于专利产品，其保护包括该产品的制造、使用、许诺销售、销售和进口；对于专利方法，其保护包括该方法的使用和由该方法直接获得的产品的使用、许诺销售、销售及进口。由于产品专利保护该产品的制造，即采用任何方法来制造同样的产品都是被禁止的，因此可以认为，产品的保护是一种绝对的保护。制造方法的保护除了该方法本身，还延及由该方法直接获得的产品，但对该产品的保护不包括其制造，因此当所获得的产品还可由其他方法来获得时，则其他方法的使用将不应被禁止，与此同时，由其他方法所获得的同样的产品，也可不经方法专利权人许可而使用、销售或进口。由此可见，当方法不是某产品的唯一制造方法时，与产品专利的保护相比，方法专利的保护只是一种相对的保护。❶

　　尽管对于用制备方法特征限定的产品权利要求保护范围的解读一直存在不同的观点，但是根据《专利审查指南2010》的规定，其解读原则是当产品权利要求采用方法特征来限定时，其保护的主题仍然是产品而不是方法，方法特征对产品是否有限定作用要考虑方法特征是否导致产品具有某种特定的结构和/或组成。如果申请人贡献的是制造方法，就应该撰写为方法类权利要求，该方法权利要求所获得的保护包括该制造方法及由该方法直接获得的产品，如果申请人将用一种新的制造方法获得老产品的情况撰写为用方法特征限定产品权利要求的情形，由于产品是已知的，将不能被授予专利权。因此，采用方法特征限定的产品必须是新的、无法用结构特征清楚限定的产品。

　　此外，对于用用途限定产品权利要求的情况，与方法特征限定产品的情况类似，《专利审查指南2010》的第二部分第三章第3.2.5节中的"包含性能、参数、用途或制备方法等特征的产品权利要求"中给出了相关规定，同样是要考虑权利要求中的用途特征是否隐含了要求保护的产品具有某种特定结构和/或组成。

---

❶ 曾志华. 产品的制造方法与由方法限定的产品 [J]. 审查业务通讯，1998：(4)：10.

虽然《专利审查指南 2010》中有明确规定，然而，在电学领域，尤其当涉及微观结构变化时，对采用制备方法或用途特征限定产品权利要求的撰写还是难点。

## 一、方法对产品没有限定作用

（一）案情介绍

该案涉及一种用于燃料电池的聚合物电解质膜，权利要求中采用方法步骤特征进行限定。

聚合物电解质膜燃料电池（PEMFC）具有良好的能量密度和高输出，因此其研究和开发较为活跃。对 PEMFC 而言必不可少的膜电极组件（MEA）包括向其加入氢燃料的阳极和向其加入空气的阴极。在 MEA 的每个电极中使用如铂的昂贵催化剂，造成了高制造成本，因此，PEMFC 的商业化需要降低制造 PEMFC 的铂的用量，同时最好保持 MEA 的性能。通常，向 MEA 中引入催化剂的工艺包括将电极催化剂直接涂覆在离子交换膜的表面上，或者将催化剂涂覆在碳纸上并将得到的产物层叠在离子交换膜上。但是，因为常规工艺是将催化剂涂覆或层叠在具有相对平坦表面的离子交换膜上，其限制了在催化剂和离子交换膜之间的反应区域的最大化，对 MEA 的寿命有不利影响。

该案提供一种在离子导电聚合物电解质膜的表面上形成的具有微米尺度的精细图形的离子导电聚合物电解质膜的制备方法，还提供一种能够减少催化剂用量，在膜电极组件中能够使三相边界反应区最大化，并与电极有极佳界面稳定性的离子导电聚合物电解质膜。该案中用于燃料电池的聚合物电解质膜具有在其至少一个表面上形成的多个凹槽，通过在其至少一个表面上形成的精细凹槽而使膜电极组件中三相边界反应区最大化，从而降低了催化剂的用量。由于凹槽的锚固效应，电解质膜可以改善与电极的界面稳定性。通过涂覆工艺制备的聚合物电解质膜可以在其一个或两个表面上具有多个凹槽，凹槽可以具有 1nm 至 10μm 的深度，但并不限于此范围。在只在聚合物电解质膜的一个表面上形成凹槽的情况下，优选在与具有相对低反应速率的空气电极（阴极）相接触的一侧上形成凹槽。该电解质膜的制造方法包括：在基板上通过光刻法形成多个凹槽；在具有多个凹槽的基板的表面上涂覆用于形成电解质膜的离子交换树脂溶液；干燥离子交换树脂溶液以形成聚合物电解质膜；以及从基板上分离形成的聚合物电解质膜。基板的材料可以采用玻璃、聚合物等。用于在基板上形成凹槽的方法典型地使用光刻法，但并不限于此，只要其能够形成多个纳米级凹槽或数十个微米级凹槽即可。例如，所述方法还可以是纳米压印光刻法、电子束光刻法等。

【权利要求】

1. 一种用于聚合物电解质膜燃料电池的聚合物电解质膜，其特征在于通过以下方法制造：（S1）在基板上通过光刻法形成多个凹槽；（S2）在具有多个凹槽的基板的表面上涂覆用于形成电解质膜的离子交换树脂溶液；（S3）干燥离子交换树脂溶液以形成聚合物电解质膜；以及（S4）从基板上分离形成的聚合物电解质膜。

【焦点问题】

该案希望保护一种燃料电池电解质膜产品，用方法特征限定是否合适是该案的焦点。

（二）案例分析

该案属于想要保护产品，采用了制备方法特征限定产品权利要求的方式。

1. 该案用制备方法特征限定产品权利要求是否清楚

《专利审查指南2010》第二部分第二章第3.2.2节中规定："产品权利要求适用于产品发明或者实用新型，通常应当用产品的结构特征来描述。特殊情况下，当产品权利要求中的一个或多个技术特征无法用结构特征予以清楚地表征时，允许借助物理或化学参数表征；当无法用结构特征并且也不能用参数特征予以清楚地表征时，允许借助于方法特征表征。"权利要求1要求保护聚合物电解质膜，在说明书中清楚记载了其结构特征"在电解质膜的至少一个表面上具有多个凹槽"，附图同时示出了表面上带有凹槽的电解质膜结构，因此该案不属于无法用结构特征限定产品权利要求的情况，应当用结构特征来限定。

2. 权利要求1的保护范围如何确定

《专利审查指南2010》第二部分第二章3.1.1节中有如下规定："通常情况下，在确定权利要求的保护范围时，权利要求中的所有特征均应当予以考虑，而每一个特征的实际限定作用应当最终体现在该权利要求所要求保护的主题上。"该案要求保护的主题是聚合物电解质膜，虽然通过制备方法特征来限定，但是一系列的制备步骤执行下来，所得到的电解质膜就是说明书文字和附图所记载的表面带有凹槽的结构形态，因此，权利要求1所要求保护的电解质膜就是"至少一个表面上具有凹槽"的电解质膜。

3. 权利要求1是否满足新颖性的要求

《专利审查指南2010》第二部分第三章第3.2.5节中规定：对于包含制备方法特征的产品权利要求，如果所属领域的技术人员可以断定该方法必然使产品具有不同于对比文件的产品的特定结构和/或组成，则该权利要求具备新颖性；相反，如果申请的权利要求所限定的产品与对比文件产品相比，尽管所述方法不同，但产品的结构和组成相同，则该权利要求不具备新颖性，除非申请人能够根据申请文件或现有技术证明该方法导致产品在结构和/或组成上与对比文件产品不同，或者该方法给产品带来了不同于对比文件产品的性能从而表明其结构和/或组成已发生改变。

该案的现有技术公开了一种用于燃料电池的聚合物电解质膜的制造方法及其膜电极组件，并公开了加热聚四氟乙烯膜到135℃，在聚四氟乙烯膜的一侧用300kgf/cm$^2$的力量压不锈钢网，不锈钢丝直径为30μm，钢丝之间的距离为87μm，从而在一侧形成规则的凹槽，然后利用刮刀法在聚四氟乙烯膜上涂覆用于形成聚合物电解质膜的离子交换树脂组合物，干燥形成聚合物电解质层，从聚四氟乙烯膜上剥离电解质层。通过上述方法获得的电解质膜的表面上同样具有凹槽，并且能够解决该案提出的问题，因此从电解质膜产品来看，该案的产品与现有技术的产品实质上相同。比较现有技术和本案的方法，现有技术公开了该案制造方法的大部分特征，仅仅是在基板上形成凹槽的方法不同，该案采用光刻法，现有技术采用热压法，然而说明书中并没有记载关于光刻法使得电解质膜的结构发生了怎样的变化，无论基板上的凹槽通过光刻法还是热压法形成，利用具有凹槽的基板形成的电解质膜的结构是相同的，所属技术领域的技术人员无法区分权利要求1的电解质膜和现有技术的电解质膜，因此权利要求1不满足颖性的规定。此外，该案的制造方法与现有技术的制造方法的区别仅在于基板凹槽的形成方法不同，说明书中没有记载光刻法使得电解质膜的制造方法获得怎样的技术效果，因此该案不具备保护电解质膜制造方法的条件。

（三）撰写启示

该案属于用方法特征限定产品，而方法特征没有隐含产品具有特定的结构，根据此案可以获得如下启示：

（1）确定产品是否适合采用方法特征限定。在撰写产品权利要求时，应根据《专利审查指南2010》的规定判定是否属于无法用结构特征限定、用制备方法限定是最好的限定方式的情况。例如，根据该案的背景技术的描述，撰写时认定的现有技术是其表面没有凹槽的电解质膜，所要求保护的是表面具有凹槽的电解质膜，产品的结构发生了变化，并且可以用结构特征来限定。需要注意的是，如果采用制备方法特征限定产品，其要求保护的主题仍然是产品，方法特征对产品的限定作用体现在制备方法是否对产品的结构/组成产生影响。对于产品权利要求，用结构或组成限定最明确，在不能用结构特征限定的情况下，可以采用制备方法特征限定。

（2）方法特征限定产品的方式。如果必须采用制备方法特征限定，可以采用产品的结构特征加上制备方法特征的混合限定方式，也可以采用纯方法特征限定，但无论哪种限定方式，都要注意使得产品权利要求具备新颖性。

（3）用方法特征限定产品，方法步骤对产品所起的作用是考虑的重点。如果采用方法特征限定产品，方法一定不同于现有技术，并且方法步骤能够使得产品具有特定的结构，因此方法步骤所起的作用是撰写的重点。例如，该案采用方法特征对产品权利要求进行限定，如果认定发明对现有技术的贡献在于方法，则在说明书中应清楚说明方法步骤与现有技术有何不同，仅撰写方法权利要求。如果进一步认定由于制备方法的不同导致产品在结构/组成上有变化，应该在说明书中详细说明有何变化，或者相对于现有技术的制备方法，产品的性能有何不同。

## 二、方法对产品有限定作用

（一）案情介绍

该案涉及一种全固体锂离子二次电池及其制备方法，其对现有技术的贡献在于方法，并且由于方法的不同，导致电池的结构和性能也不同于现有技术。

固体电解质安全性高，但是由于离子传导通路少，与电解液比较，存在速率特性差的问题。为了改善这个问题，作为全固体电池的制造方法提出了利用真空蒸镀进行固体电解质层的成膜的方法和在阳极和电解质之间以及电解质和阴极之间设置中间层的方法。

在利用真空蒸镀成膜的方法得到的电池中，由于电极和电解质界面的有效表面积小，不能实现大电流、高速率放电特性。另外，设置中间层，由于各层是以压制成型或者辊压成型的方式预先形成阳极、阴极、固体电解质层和中间层，然后再层叠烧制，导致电极、电解质层和中间层之间接合不好，离子传导性不好。

为了解决上述问题，提出了一种全固体锂离子二次电池及其制造方法，预先形成一次烧结的阳极、阴极和电解质层，在进行阳极、固体电解质层和阴极的叠层时，阳极和电解质层之间以及阴极和电解质层之前隔着未干燥状态的第一前体层和/或第二前体层叠层，然后进行烧制，从而第一前体层形成为第一中间层，第二前体层形成为第二中间层。因为中间层的存在使阳极和固体电解质层之间、和/或阴极和固体电解质层之间的界面接合良好，离子传导性提高，实质上可以大大扩大有效表面积。利用上述制造方法得到的全固体锂离子二次电池可得到优良的高速率放电特性和优良的循环特性。

该案说明书包括3个实施例和1个比较例，实施例的制造步骤包括：制备溶胶状阳极前体、溶胶状阴极前体和溶胶状电解质前体；形成阳极一次烧结体、电解质一次烧结体、阴极一次烧结体；形成溶胶状中间层前体；将溶胶状中间层前体涂覆在电解质一次烧结体两面或者阳极和阴极一次烧结体的一面；在氮气气氛下烧结，得到全固体锂离子二次电池。比较例与实施例的区别在于同时形成阴极一次烧结体、阳极一次烧结体、电解质一次烧结体和中间层一次烧结体，然后按照在阳极一次烧结体和电解质一次烧结体之间夹持中间层一次烧结体，在阴极一次烧结体和电解质一次烧结体之间夹持中间层一次烧结体的方式层叠，烧结得到全固体锂离子二次电池。其性能示于表9-1。

表9-1 实施例和比较例的测试结果表

|  | 高速率放电特性（2C/1C）（％） | 500个循环后容量保持率（％） |
| --- | --- | --- |
| 实施例1 | 76 | 88 |
| 实施例2 | 74 | 89 |
| 实施例3 | 65 | 79 |
| 比较例1 | 33 | 69 |

【权利要求】

1. 一种全固体锂离子二次电池，其特征在于，包括：

阳极；

阴极；

配置在所述阳极和所述阴极之间的固体电解质层；和

配置在所述阳极和所述固体电解质层之间的第一中间层和配置在所述阴极和所述固体电解质层之间的第二中间层中至少一个。

【焦点问题】

如何撰写能够使得产品权利要求具备新颖性是该案的焦点。

(二) 案例分析

该案的产品权利要求采用结构特征限定，这是最常见也是保护范围最清楚的限定方式。然而，现有技术公开了一种全固体锂离子二次电池的制造方法，包括：一次烧结体形成工序，分别形成阳极的一次烧结体、阴极的一次烧结体、固体电解质层的一次烧结体、第一和第二中间层的一次烧结体；叠层体形成工序，依次层叠阴极的一次烧结体、第一中间层的一次烧结体、固体电解质层的一次烧结体、第二中间层的一次烧结体和阳极的一次烧结体；和烧制工序，对所述叠层体进行烧制，得到烧结体。由此可见，现有技术所公开的的二次电池与权利要求1要求保护的二次电池结构相同,其中电解质层配置在阳极和阴极之间,中间层配置在阳极和电解质层以及阴极和电解质层之间,导致权利要求1不满足新颖性的要求。

然而,通过分析该案的说明书,可以发现该案相对于现有技术的贡献在于"在进行阳极、固体电解质层和阴极的叠层时,隔着未干燥状态的第一前体层和/或第二前体层叠层,然后进行烧制",由于未干燥的前体层使阳极和固体电解质层之间、和/或阴极和固体电解质层之间的界面接合良好,离子传导性提高,实质上可以大大扩大有效表面积。利用上述制造方法得到的全固体锂离子二次电池可得到优良的高速率放电特性和优良的循环特性,说明书中的实施例和比较例的数据可以证明此技术效果。

就权利要求1的产品而言,现有技术公开了具有中间层的二次电池结构,权利要求1所限定的产品结构没有体现出由于制造步骤中"隔着未干燥状态的第一前体层和/或第二前体层叠层,然后进行烧制"所带来的结构上的改变,因此权利要求1所要求保护的产品与现有技术所公开的产品相同,导致权利要求1不具备新颖性。然而该案说明书记载的制造方法中所包含的"隔着未干燥状态的第一前体层和/或第二前体层叠层,然后进行烧制"步骤,能够使得二次电池中阴极和电解质之间以及电解质和阳极之间的结合界面比现有技术的二次电池好,由此使得该案所获得的二次电池的离子传导性提高,可以大大扩大有效表面积,即由于该制造方法使得产品的结构和性能发生了变化。

此外,由于该案的制造方法导致所得到的二次电池中阴极和电解质之间以及电解质和阳极之间的结合界面的结构变化属于微观变化,不容易用结构特征来描述,而采用方法特征限定比结构特征限定更清楚,因此可以考虑撰写用方法特征限定的产品权利要求。

综上所述,该案可以首先撰写制造方法的权利要求,由于制造方法导致产品的结构发生了变化,还可以撰写包含方法特征的产品权利要求。例如:

1. 一种全固体锂离子二次电池的制造方法,其特征在于,具备:

一次烧结体形成工序,分别形成阳极的一次烧结体、阴极的一次烧结体和固体电解质层的一次烧结体;

叠层体形成工序,在所述阳极的一次烧结体和所述阴极的一次烧结体之间配置所述固体电解质层的一次烧结体,并且在所述阳极的一次烧结体和所述电解质层的一次烧结体之间配置未干燥的第一前体层和在所述阴极的一次烧结体和所述电解质层的一次烧结体之间配置未干燥的第二前体层中的至少一个,形成叠层体;和烧制工序，对所述叠层体进行烧制，得到烧结体，所述烧结体具备对所述阳极的一次烧结体进行再烧制而得的阳极、对所述阴极的一次烧结体进行再烧制而得的阴极、和对配置在所述阳极和所述阴极之间的所述固体电解质层的一次烧结体进行再烧制而得的固体电解质层，并且还具备对配置在所述阳极和所述固体电解质层之间的所述第一前体层进行烧制而得的第一中间层、和对配置在所述阴极和所述固体电解质层之间的所述第二前体层进行烧制而得的第二中间层中的至少一个。

2. 一种全固体锂离子二次电池，其特征在于，利用权利要求1所述的全固体锂离子二次电池的制造方法而得到。

(三) 撰写启示

该案属于相对于现有技术的技术贡献在于制备方法，而且制备方法导致产品的结构和性能发生变化，并且产品的结构难以用结构特征描述清楚，而用方法特征限定能够更清楚地限定产品权利要求的情况，针对这样的申请，用方法特征限定产品的撰写方式是优选的。在这种情况下，可以首先撰写好方法权利要求，然后产品权利要求可以简单化为直接引用方法权利要求的方式，即"利用权利要求×的制造方法得到"。当然，产品权利要求也可以采用"产品结构＋制造方法特征"的混合限定方式，此时能用产品结构特征限定的用产品结构特征限定，不能用结构特征限定的就采用制备方法特征限定。

## 三、用途对产品无限定作用

(一) 案情介绍

该案涉及一种锂离子电池电解液的添加剂。

锂离子电池的安全性一直是业界关心的首要问题。目前锂离子电池采用的电解液一般是使用易燃的有机碳酸酯体系，当电池在滥用状态下（如热冲击、过充、过放、短路等）可能发生放热反应，当电池的温度高于预定温度时就可能起火甚至爆炸，引发不安全事故。为了提高锂离子电池安全性，最常用的方法是向电解液中添加阻燃添加剂，阻燃添加剂的加入可以使易燃有机电解液变成难燃或不可燃的电解液，降低电池放热值和自热率，同时也增加电解液自身的稳定性，避免电池在过热条件下的燃烧或爆炸。目前关于阻燃添加剂的研究较多，包括含磷、卤素等酯类或醚类等化合物，但这些阻燃添加剂或具有较大的黏度，使得电解液的电导率下降，从而大大降低了电池的充放电效率、倍率放电特性，或严重影响电池的高低温性能等。

该案提供一种提高电池的综合性能的电解液阻燃添加剂,此添加剂不仅能提高电池的安全性能,而且,含有此电解液添加剂的电池的倍率放电特性、循环性能和高温存贮性能均有很大的提高。

【权利要求】

1. 一种用于锂离子二次电池电解液的添加剂,其特征在于,所述添加剂为通式(I)所示的吡啶类化合物:

通式为

$$\begin{array}{c} R_3 \\ R_4 \diagup \diagdown R_2 \\ R_5 \diagdown_N \diagup R_1 \end{array} \quad (I)$$

其中,$R_1 \sim R_5$ 各自独立的选自卤素原子、硝基、氰基、含 1~20 个碳原子的酯基或含有卤素原子的含 1~20 个碳原子的酯基、含 1~20 个碳原子的烷氧基或含有卤素原子的含 1~20 个碳原子的烷氧基、含 1~20 个碳原子的烷基或含有卤素原子的含 1~20 个碳原子的烷基、含 6~30 个碳原子的芳基或含有卤素原子的含 6~30 个碳原子的芳基中的任意一种;$R_1 \sim R_5$ 中至少有一个选自卤素原子。

【焦点问题】

确定权利要求 1 要求保护的主题以及如何撰写具备新颖性的权利要求是该案的焦点。

(二)案例分析

该案要求保护一种用于锂离子二次电池电解液的添加剂,采用化合物的化学结构式进行限定。

1. 关于权利要求 1 的保护主题

该案权利要求 1 所要求保护的主题是"用于锂离子二次电池的电解液添加剂",其特征限定了该添加剂就是通式(I)所示化合物,因此判定权利要求 1 实质上要求保护一种产品,所述产品是具有通式 I 所限定的化学结构式的化合物,并且用用途特征对产品进行了,即用于锂离子二次电池的电解液,权利要求 1 的撰写方式属于用用途特征限定产品的情况。

2. 关于权利要求的新颖性

根据《专利审查指南 2010》第二部分第十章第 5.1 节中规定:"如果一份对比文件已经提到该化合物,即推定该化合物不具备新颖性……这里所谓'提到'的含义是:明确定义或者说明了该化合物的化学名称、分子式(或结构式)、理化参数或制备方法(包括原料)。""一个具体化合物的公开使包括该具体化合物的通式权利要求丧失新颖性,但不影响该通式所包括的除该具体化合物以外的其他化合物的新颖性。"该案现有技术公开了"2-溴-6-甲基吡啶"（CAS 登记号为 5315-25-3），属于通式（I）所包含的一种具体化合物，但是现有技术仅公开了上述化合物的制备方法和化学式结构，并且其作为合成另一种化合物的中间产物存在，没有公开其具体用途。权利要求1限定了具有（I）的化合物的用途是作为电池的电解液添加剂，然而，对于具有确定化学结构式的化合物，无论该化合物作何用途，其化学结构式是固定的，如果现有技术公开了该结构式，或者公开了结构式的下位概念，则将破坏用结构式（I）限定的、包含用途特征的化合物的新颖性，即用途特征没有隐含产品具有特定的结构或组成。该案权利要求1限定的化学式（I）中的一个具体化合物被现有技术提到，由此可以得出，权利要求1所要求保护的锂离子二次电池电解液添加剂不符合新颖性的规定。

3. 怎样撰写权利要求

目前撰写的权利要求1没有体现出对现有技术的贡献，通过分析可以看出，该案对现有技术的贡献是将（I）所示的化合物作为锂离子电池电解液的添加剂的应用，而非化合物本身。根据《专利审查指南2010》第二部分第十章第5.4节的规定，虽然一种已知产品不能因为提出了某一新的应用而被认为是一种新的产品，但是，如果一项已知产品的新用途本身是一项发明，则已知产品不能破坏该新用途的新颖性。这样的用途发明属于使用方法发明，因为发明的实质不在于产品本身，而在于如何去使用它。化学产品的用途发明其本质不在于产品本身，而在于产品性能的应用。如果现有技术仅公开了产品本身而没有公开其用途，则不影响该用途权利要求的新颖性。从用途发明的创造性角度分析，对于已知产品的用途发明，如果该新用途不能从已知产品的结构、组成、分子量、已知的物理化学性质以及该产品的现有用途显而易见地得出或者预见到，而是利用了产品新发现的性质，并且产生了预料不到的技术效果，可认为这种已知产品的用途发明有创造性。

该案的现有技术没有公开2-溴-6-甲基吡啶的用途及技术效果，在其他现有技术也没有公开式（I）所包含的化合物的用途的情况下，本案可以考虑要求保护具有通式（I）所示化合物的用途，即：

1. 一种式 I 所示的吡啶类化合物作为锂离子二次电池的电解液添加剂的用途，

通式为

$$\text{结构式}\ (I)$$

（吡啶环上取代基为 $R_2$, $R_3$, $R_4$, $R_5$, $R_1$）

其中，$R_1 \sim R_5$ 各自独立的选自卤素原子、硝基、氰基、含 1~20 个碳原子的酯基或含有卤素原子的含 1~20 个碳原子的酯基、含 1~20 个碳原子的烷氧基或含有卤素原子的含 1~20 个碳原子的烷氧基、含 1~20 个碳原子的烷基或含有卤素原子的含 1~20 个碳原子的烷基、含 6~30 个碳原子的芳基或含有卤素原子的含 6~30 个碳原子的芳基中的任意一种；所述 $R_1 \sim R_5$ 中至少有一个选自卤素原子。

此外，对于式（I）化合物在作为二次电池电解液添加剂的应用，还可以考虑撰写主题为"一种锂离子电池电解液"的权利要求，此时要求保护的对象是电解液，而不是化合物本身。

（三）撰写启示

（1）用途特征对化学产品本身通常不具有限定作用。对于用途特征限定产品权利要求的撰写形式，应明确保护的主题是产品，此时用途特征对产品权利要求的限定作用要通过判定该用途特征对产品本身带来何种影响而定。例如，《专利审查指南2010》给出的"用于钢水浇铸的模具"和"一种用于冰块成型的塑料模盒"，显然用途特征对产品具有限定作用。就该案而言，权利要求1所要求保护的主题是"用于锂离子二次电池的电解液添加剂"，其特征限定了该添加剂就是（I）所示化合物，因此权利要求1的实质是用用途特征限定产品的情况。而对于化学产品，当分子式/组成确定之后，由于该化学产品已经是已知产品，无论其用于何种用途均不会对其分子式/组成产生影响，从而必然不具备新颖性。

（2）考虑撰写用途权利要求。如果要求保护的产品已经被现有技术公开，而对现有技术的贡献在于发现一种已知产品的新用途，这样的用途发明属于使用方法发明，可以考虑撰写用途权利要求。此外，如果这种已知产品用到了电学领域，可以考虑要求保护电学领域的产品，即权利要求的主题为电学领域的某产品，而非已知产品本身。

## 四、小　　结

本节利用具体案例说明了制备方法特征或者用途特征对产品权利要求的限定作用。

（1）产品权利要求尽量用结构/组成限定。在能够用结构/组成特征限定的情况下，产品权利要求应当用结构/组成特征限定，因为这种限定方式最清楚明确，有利于审查过程和诉讼过程中对权利要求保护范围的确定，也有利于保护申请人的利益。

（2）产品权利要求可以用方法特征限定。用制备方法特征限定产品权利要求的情况应当是下列情况：由于制备方法的改进，导致产品的结构/组成发生了变化，从而获得的好的技术效果，同时产品的结构/组成难以用结构特征描述清楚，用制备方法特征能够更好地表征。如果属于上述情况，专利申请文件撰写中应重点描述制备方法相对于现有技术的改进，并且使得所述技术领域的技术人员能够确认制备方法的改进导致产品的结构/组成发生了变化。

（3）用途特征限定的产品权利要求和产品的用途权利要求有很大的区别。对于在元器件中使用某化学材料的发明，可以要求保护一种元器件，也可以要求保护一种用途特征限定的产品，还可以要求保护一种化学材料的用途，无论要求保护哪种保护主题，弄清楚权利要求的保护类型和范围是关键。用途权利要求是方法权利要求，其保护的实质在于如何使用该化学材料，而采用用途特征限定产品时，其要求保护的是产品本身。